重点大学计算机专业系列教材

数据库原理与技术
——基于SQL Server 2012

李春葆 主编
陈良臣 曾平 喻丹丹 编著

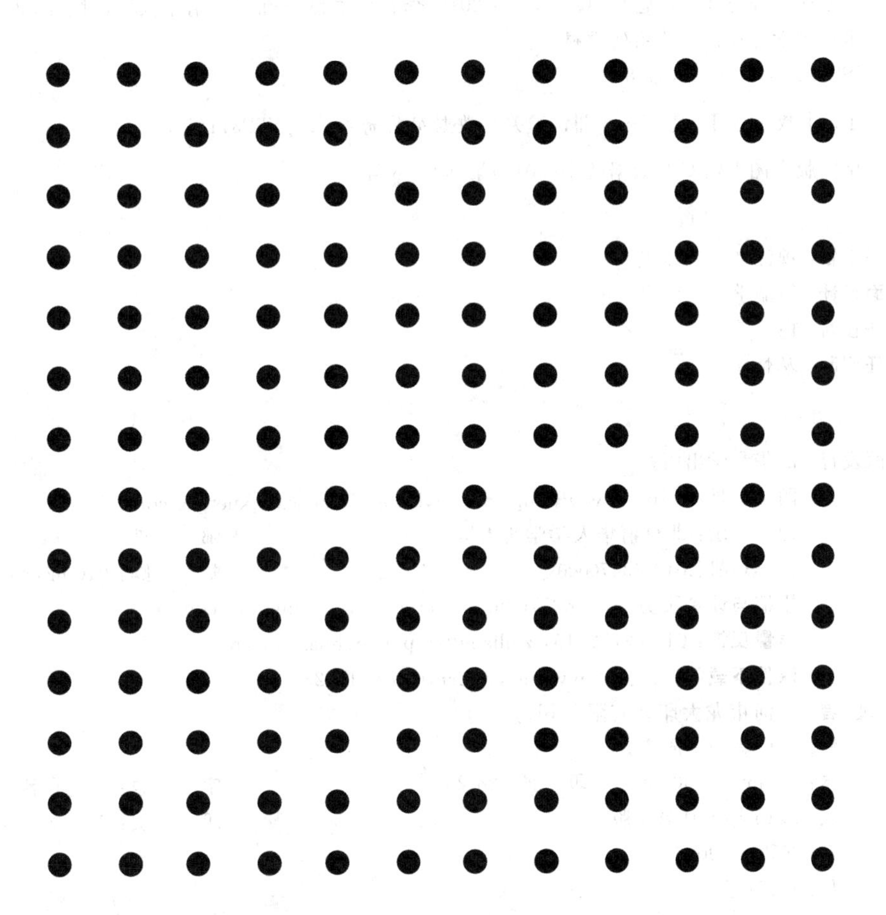

清华大学出版社
北京

内容简介

本书讲授数据库基本原理和技术，并以 SQL Server 2012 为平台介绍数据库管理系统的应用。全书分为两个部分，第 1～5 章介绍数据库的一般原理；第 6～18 章介绍 SQL Server 的数据管理技术。

本书由浅入深、循序渐进地介绍各个知识点，提供了大量例题并做了深入的剖析，有助于读者理解概念和巩固知识；各章都有一定数量的练习题，附录中给出了部分练习题的参考答案和 10 个上机实验题，便于学生学习和上机实训。

本书可以作为各类院校计算机科学与技术及相关专业的“数据库原理与技术”课程的教学用书，对于计算机应用人员和计算机爱好者而言本书也是一本实用的自学参考书。

图书在版编目(CIP)数据

数据库原理与技术：基于 SQL Server 2012/李春葆主编. —北京：清华大学出版社，2015 (2024.7 重印)
重点大学计算机专业系列教材
ISBN 978-7-302-40073-8

Ⅰ. ①数… Ⅱ. ①李… Ⅲ. ①关系数据库系统 Ⅳ. ①TP311.138

中国版本图书馆 CIP 数据核字(2015)第 089606 号

责任编辑：魏江江　王冰飞
封面设计：傅瑞学
责任校对：白　蕾
责任印制：丛怀宇

出版发行：清华大学出版社
　网　址：https://www.tup.com.cn，https://www.wqxuetang.com
　地　址：北京清华大学学研大厦 A 座　**邮　编**：100084
　社 总 机：010-83470000　**邮　购**：010-62786544
　投稿与读者服务：010-62776969，c-service@tup.tsinghua.edu.cn
　质量反馈：010-62772015，zhiliang@tup.tsinghua.edu.cn
　课件下载：https://www.tup.com.cn，010-83470236
印 装 者：三河市龙大印装有限公司
经　销：全国新华书店
开　本：185mm×260mm　**印　张**：26.25　**字　数**：630 千字
版　次：2015 年 8 月第 1 版　**印　次**：2024 年 7 月第10次印刷
印　数：10501～11000
定　价：44.50 元

产品编号：064094-01

出版说明

随着我国改革开放的进一步深化，高等教育也得到了快速发展，各地高校紧密结合地方经济建设发展需要，科学运用市场调节机制，加大了使用信息科学等现代科学技术提升、改造传统学科专业的投入力度，通过教育改革合理调整和配置了教育资源，优化了传统学科专业，积极为地方经济建设输送人才，为我国经济社会的快速、健康和可持续发展以及高等教育自身的改革发展做出了巨大贡献。但是，高等教育质量还需要进一步提高以适应经济社会发展的需要，不少高校的专业设置和结构不尽合理，教师队伍整体素质亟待提高，人才培养模式、教学内容和方法需要进一步转变，学生的实践能力和创新精神亟待加强。

教育部一直十分重视高等教育质量工作。2007 年 1 月，教育部下发了《关于实施高等学校本科教学质量与教学改革工程的意见》，计划实施"高等学校本科教学质量与教学改革工程（简称'质量工程'）"，通过专业结构调整、课程教材建设、实践教学改革、教学团队建设等多项内容，进一步深化高等学校教学改革，提高人才培养的能力和水平，更好地满足经济社会发展对高素质人才的需要。在贯彻和落实教育部"质量工程"的过程中，各地高校发挥师资力量强、办学经验丰富、教学资源充裕等优势，对其特色专业及特色课程（群）加以规划、整理和总结，更新教学内容、改革课程体系，建设了一大批内容新、体系新、方法新、手段新的特色课程。在此基础上，经教育部相关教学指导委员会专家的指导和建议，清华大学出版社在多个领域精选各高校的特色课程，分别规划出版系列教材，以配合"质量工程"的实施，满足各高校教学质量和教学改革的需要。

本系列教材立足于计算机公共课程领域，以公共基础课为主、专业基础课为辅，横向满足高校多层次教学的需要。在规划过程中体现了如下一些基本原则和特点。

（1）面向多层次、多学科专业，强调计算机在各专业中的应用。教材内容坚持基本理论适度，反映各层次对基本理论和原理的需求，同时加强实践和应用环节。

（2）反映教学需要，促进教学发展。教材要适应多样化的教学需要，正确把握教学内容和课程体系的改革方向，在选择教材内容和编写体系时注意体现素质教育、创新能力与实践能力的培养，为学生的知识、能力、素质协调发展创造条件。

（3）实施精品战略，突出重点，保证质量。规划教材把重点放在公共基础课和专业基础课的教材建设上；特别注意选择并安排一部分原来基础比较好的优秀教材或讲义修订再版，逐步形成精品教材；提倡并鼓励编写体现教学质量和教学改革成果的教材。

（4）主张一纲多本，合理配套。基础课和专业基础课教材配套，同一门课程可以有针对不同层次、面向不同专业的多本具有各自内容特点的教材。处理好教材统一性与多样化，基本教材与辅助教材、教学参考书，文字教材与软件教材的关系，实现教材系列资源配套。

（5）依靠专家，择优选用。在制定教材规划时依靠各课程专家在调查研究本课程教材建设现状的基础上提出规划选题。在落实主编人选时，要引入竞争机制，通过申报、评审确定主题。书稿完成后要认真实行审稿程序，确保出书质量。

繁荣教材出版事业，提高教材质量的关键是教师。建立一支高水平教材编写梯队才能保证教材的编写质量和建设力度，希望有志于教材建设的教师能够加入到我们的编写队伍中来。

21世纪高等学校计算机基础实用规划教材

联系人：魏江江 weijj@tup.tsinghua.edu.cn

前 言

数据库技术是目前IT行业中发展最快的技术之一，已经广泛应用于各种类型的数据处理系统之中，了解并掌握数据库知识已经成为各类科技人员和管理人员的基本要求。现在，"数据库原理与技术"课程已成为普通高校计算机及相关专业本、专科学生的一门重要的专业课程，本课程既具有较强的理论性，又具有很强的实践性。

本书基于SQL Server 2012讨论数据库的原理和技术。全书分为两部分，第1～5章为数据库基础部分，介绍数据库的一般原理。其中，第1章为数据库系统概述，第2章为数据模型，第3章为关系数据库，第4章为关系数据库规范化理论，第5章为数据库设计。第6～18章为SQL Server数据库管理和应用部分，介绍SQL Server 2012的数据管理方法和数据访问技术。其中，第6章为SQL Server系统概述，第7章为创建和删除数据库，第8章为创建和使用表，第9章为T-SQL基础，第10章为T-SQL程序设计，第11章为索引和视图，第12章为数据完整性，第13章为事务处理和数据锁定，第14章为函数和存储过程，第15章为触发器，第16章为SQL Server的安全管理，第17章为数据文件安全和灾难恢复，第18章为SQL Server数据访问技术。本书中带"*"部分为选修内容。

本书每章都给出了一定数量的练习题，附录A给出了部分练习题的参考答案，附录B给出了SQL Server数据管理的上机实验题供读者选做。

本书内容由浅入深、循序渐进、通俗易懂，适合自学，既讲授一般性的数据库原理，又突出数据库实际应用技术。书中提供了大量例题，有助于读者理解概念、巩固知识、掌握要点、攻克难点。本书可以作为各类院校计算机科学与技术及相关专业的"数据库原理与技术"课程的教学用书，对于计算机应用人员和计算机爱好者而言本书也是一本实用的自学参考书。

为便于教学和学习，本书提供了完整的配套资源，包括PPT课件、全部上机实验题参考答案、示例数据库文件和第18章的程序，这些资源均可从清华大学出版社网站下载。

由于编者水平所限，书中难免存在不足之处，敬请广大读者指正。编者的E-mail为licb1964@126.com。

编　者

2015年5月

前言

目　录

第1章 数据库系统概述

数据库是一门研究数据管理的技术，始于20世纪60年代末，经过五十多年的发展已形成理论体系，成为计算机软件重要的分支之一。数据库技术主要研究如何存储、使用和管理数据，是计算机数据管理技术发展的最新阶段。本章主要介绍数据管理技术的发展、数据模型和数据库系统的基本概念等，为后面各章的学习奠定基础。

1.1 数据和数据管理

数据库系统的目标是高效地管理和共享大量的信息，而信息和数据是分不开的。

数据是描述现实世界中事物的符号，可以是数字、文字、图形、图像和声音等。数据有多种表现形式，它们都可以经过数字化后存入计算机，数据的表现形式不一定完全表达其内容。

信息是数据所包含的意义，是对数据的解释、运用与解算。数据和信息之间的关系如下：

- 数据是客观事物的表示，是信息的载体，数据是信息的具体表示形式。
- 信息是现实事物的存在特征、运动形态以及不同事物间的相互联系等诸要素在人脑中的抽象反映，信息是数据的内涵，同一信息可以有不同的数据表示形式，而同一数据也可能有不同的解释。

例如，一段密码数据是102013102，其实际表示的含义即信息是“我周六到”。在这里，数据表达的信息需要通过密码系统来翻译。

又如，一位男性同学的基本情况是学号为101、姓名为“李军”、出生日期是1992年2月20日、班号为1003。在计算机中常常这样来描述：

```
(101,李军,男,1992 - 2 - 20,1003)
```

即把学生的学号、姓名、性别、出生日期和班号等组织在一起，构成一个记录。学生记录就是描述学生的数据，前者的基本情况描述就是该数据的信息。这里的数据和信息差别不大，基本上可以通过数据反映其信息。

从以上可以看出，信息和数据既有联系，又有区别。在数据库领域，通常处理的是像学生记录这样的数据，它是有结构的，称之为结构化数据。正因为如此，通常对数据和信息不作严格区分。

数据处理是指从已知数据出发，参照相关数据进行加工计算，产生出一些新的数据的过程。例如，为了统计每个班的男生和女生的人数，首先要获取所有学生的基本数据，如图1.1(a)所示，通过数据处理，产生如图1.1(b)所示的汇总信息，从中可以看到，1001和1003两个班的男生人数均为两人，女生人数均为一人。

数据管理是指数据的收集、整理、组织、存储、查询、维护和传送等各种操作，是数据处理的基本环节，是数据处理必有的共性部分。因此，对数据管理应当加以突出，集中精力开发出通用且方便好用的软件，把数据有效地管理起来，以便最大限度地减轻程序员的负担。数据库技术正是针对这一目标逐渐完善起来的一门计算机软件技术。

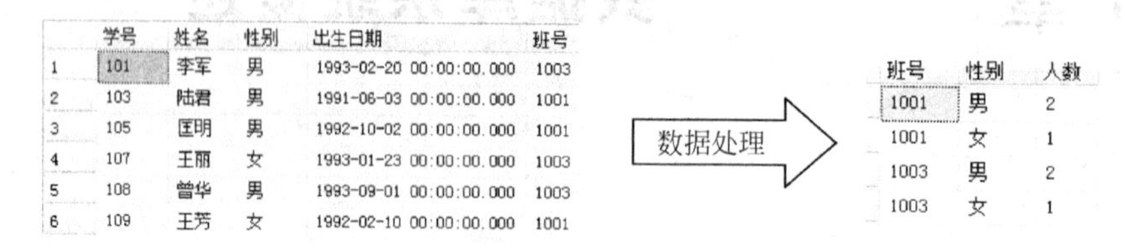

	学号	姓名	性别	出生日期	班号
1	101	李军	男	1993-02-20 00:00:00.000	1003
2	103	陆君	男	1991-06-03 00:00:00.000	1001
3	105	匡明	男	1992-10-02 00:00:00.000	1001
4	107	王丽	女	1993-01-23 00:00:00.000	1003
5	108	曾华	男	1993-09-01 00:00:00.000	1003
6	109	王芳	女	1992-02-10 00:00:00.000	1001

班号	性别	人数
1001	男	2
1001	女	1
1003	男	2
1003	女	1

图 1.1　数据处理示例

1.2　数据管理技术的发展

数据管理技术的发展与计算机硬件和软件的发展有密切的关系。数据管理技术的发展大致经历了人工管理、文件系统和数据库系统 3 个阶段，现在正向新一代的更高级的数据库系统发展。

1.2.1　人工管理阶段(20 世纪 50 年代)

在这一时期，没有磁盘，没有专门的数据管理软件，人工管理阶段的数据管理如图 1.2 所示，其主要特点如下。

- 数据不保存：由于计算机主要用于科学计算，数据量不大，不需要将数据长期保存，只是在计算某一任务时将数据输入，用完就“撤走”。
- 程序与数据合在一起，因此数据没有独立性，要修改数据必须修改程序。
- 编写程序时要安排数据的物理存储：一旦数据的物理存储改变，必须重新编程，程序员的工作量大、烦琐，程序难以维护。
- 数据面向应用，这意味着即使多个不同程序用到相同数据也得各自定义，数据不仅高度冗余，而且不能共享。

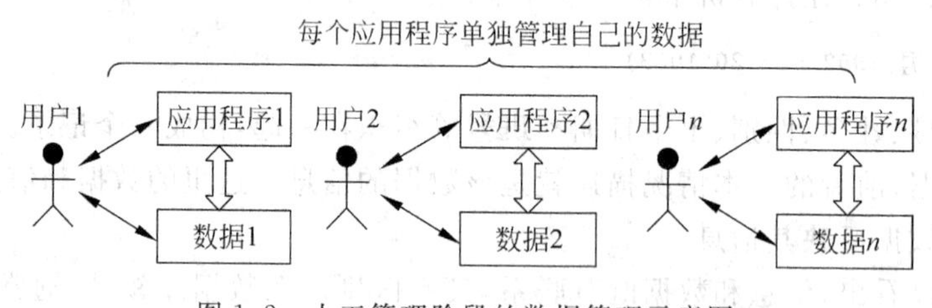

图 1.2　人工管理阶段的数据管理示意图

1.2.2　文件系统阶段(20 世纪 60 年代)

在这一时期，计算机外存已有了磁盘等存储设备，软件有了操作系统。人们在操作系统的支持下设计开发了一种专门管理数据的计算机软件，称之为文件系统。这时计算机不仅用于科学计算，也已大量用于数据处理。文件系统阶段的数据管理如图 1.3 所示，其主要特点如下。

- 数据以文件的形式长期保存：由于计算机大量用于数据处理，数据需要长期保留在外存上反复处置，即经常对其进行查询、修改、插入和删除等操作。因此，在文件系统中按一定的规则将数据组织为一个文件，存放在外存储器中长期保存。

- 数据的物理结构与逻辑结构有了区别，但比较简单：程序员只需用文件名与数据“打交道”，不必关心数据的物理位置，可由文件系统提供的读写方法去读写数据。
- 文件形式多样化。为了方便数据的存储和查找，人们研究了许多文件类型，如索引文件、链接文件、顺序文件和倒排文件等。数据的存取基本上是以记录为单位的。
- 程序与数据之间有一定的独立性：应用程序通过文件系统对数据文件中的数据进行存取和加工，因此，在处理数据时程序不必过多地考虑数据的物理存储的细节，文件系统充当应用程序和数据之间的一种接口，使应用程序和数据都具有一定的独立性。这样，程序员可以集中精力于算法，而不必过多地考虑物理细节。并且，数据在存储上的改变不一定反映在程序上，这可以大大节省维护程序的工作量。

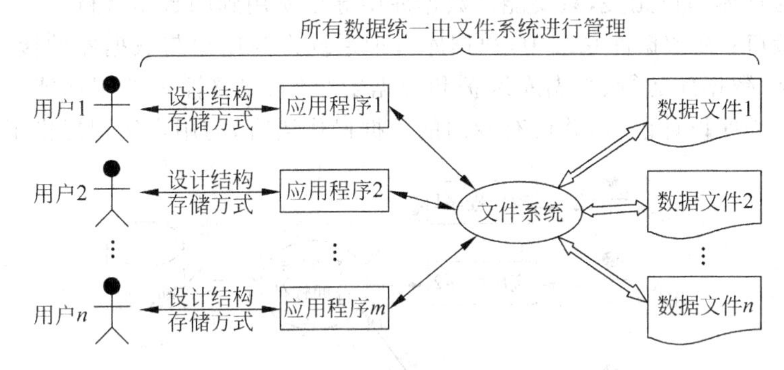

图 1.3 文件系统阶段的数据管理示意图

尽管文件系统有上述优点，但是，这些数据在数据文件中只是简单地存放，文件中的数据没有结构，文件之间并没有有机的联系，仍不能表示复杂的数据结构；数据的存放仍依赖于应用程序的使用方法，基本上是一个数据文件对应于一个或几个应用程序；数据面向应用，独立性较差，仍然出现数据重复存储、冗余度大、一致性差（同一数据在不同文件中的值不一样）等问题。

1.2.3 数据库系统阶段(20世纪60年代后期)

随着计算机软硬件的发展、数据处理规模的扩大，在20世纪60年代后期出现了数据库技术，数据库系统阶段的数据管理如图1.4所示。

数据库系统阶段的主要特点如下。

- 数据结构化：数据库是存储在磁盘等外部直接存取设备上的数据集合，按一定的数据结构组织起来。与文件系统相比，文件系统中的文件之间不存在联系，因此从总体上看数据是没有结构的；而数据库中的文件是相互联系的，并在总体上遵从一定的结构形式，这是文件系统与数据库系统的最大区别。数据库正是通过文件之间的联系反映现实世界事物间的自然联系。
- 数据共享：数据库中的数据是考虑所有用户的数据需求、面向整个系统组织的，因此数据库中包含了所有用户的数据成分，但每个用户通常只用到其中一部分数据。不同用户所使用的数据可以重叠，同一部分数据也可以被多个用户共享。

- 减少了数据冗余：在数据库方式下，用户不是自建文件，而是取自数据库中的某个子集，它并非独立存在，而是靠数据库管理系统（DataBase Management System，DBMS）从数据库中映像出来的，所以叫做逻辑文件。由于用户使用的是逻辑文件，因此尽管一个数据可能出现在不同的逻辑文件中，但实际上的物理存储只可能出现一次，这就减少了数据冗余。
- 有较高的数据独立性：数据独立的好处是数据存储方式的改变不会影响到应用程序。数据独立又有两个含义，即物理数据独立性和逻辑数据独立性。所谓物理数据独立性是指数据库物理结构（包括数据的组织和存储、存取方法以及外部存储设备等）发生改变时不会影响到逻辑结构，而用户使用的是逻辑数据，所以不必改动程序；所谓逻辑数据独立性是指数据库全局逻辑发生改变时，用户也无须改动程序，就像数据库并没发生变化一样。这是因为用户仅使用数据库的一个子集，全局变化与否与具体用户无关，只要能从数据库中导出所用到的数据就行。
- 用户接口：在数据库系统中，数据库管理系统作为用户与数据库的接口提供了数据库定义、数据库运行、数据库维护和数据安全性、完整性等控制功能。此外，它还支持某种程序设计语言，并设有专门的数据操作语言，为用户编程提供了方便。

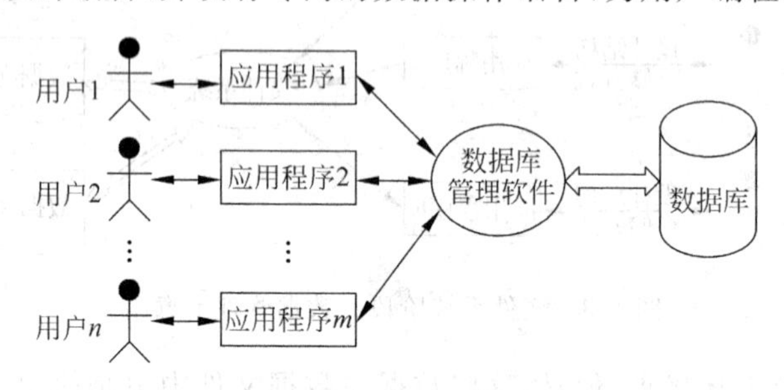

图 1.4　数据库系统阶段的数据管理示意图

图 1.5 说明了数据库系统和文件系统的区别，图 1.5(a)是一个数据库系统，各种用户的数据操作都是通过 DBMS 实现的，而不是直接对数据库文件进行存取；图 1.5(b)是一个文件系统，各种用户直接对自己的数据文件进行存取。

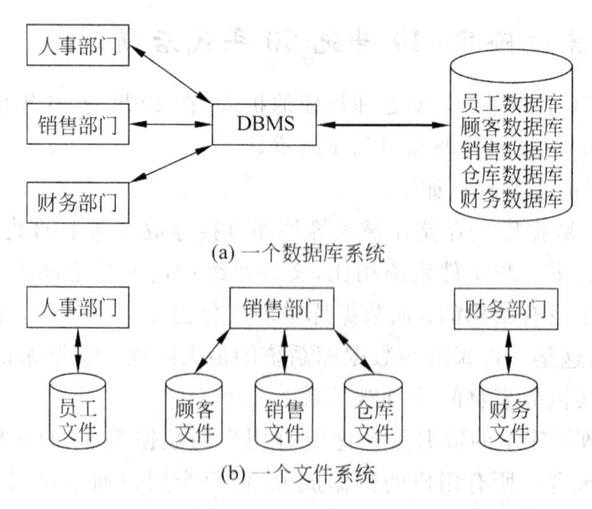

图 1.5　数据库系统和文件系统的区别

从文件系统管理发展到数据库系统管理是信息处理领域的重大变化，人们由传统的关注系统功能设计(因为程序设计处于主导地位，数据服从于程序)转向关注数据的结构设计，数据的结构设计成为信息系统首要关心的中心问题。

1.3 数据库系统

数据库系统(DataBase System，DBS)是数据库应用系统的简称，是具有管理数据库功能的计算机系统。数据库系统由计算机系统、数据库、DBMS、应用程序和用户组成。数据库系统的组成及其各组件之间的关系如图 1.6 所示。

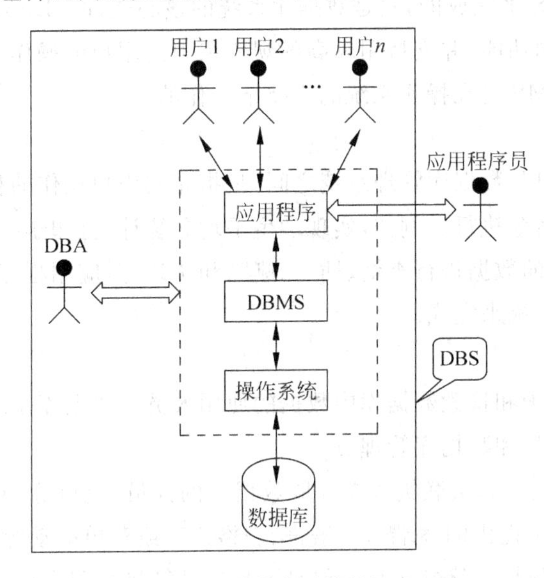

图 1.6 数据库系统的组成

1. 计算机系统

计算机系统由硬件和必需的软件组成。

- 硬件：指存储数据库和运行数据库管理系统 DBMS(包括操作系统)的硬件资源。它包括物理存储数据库的磁盘、磁鼓、磁带或其他外存储器及其附属设备、控制器、I/O 通道、内存、CPU 及其他外部设备等。
- 必需的软件：指计算机正常运行所需要的操作系统和各种驱动程序等。

2. 数据库

数据库是指数据库系统中集中存储的一批数据的集合，它是数据库系统的工作对象。

为了把输入输出或中间数据加以区别，通常把数据库数据称为“存储数据”、“工作数据”或“操作数据”。它们是某特定应用环境中进行管理和决策所必需的信息。

特定的应用环境可以是一个公司、一个银行、一所医院或一所学校等各种各样的应用环境。在这些各种各样的应用环境中，各种不同的应用可通过访问其数据库获得必要的信息，以辅助进行决策，决策完成后，再将决策结果存储到数据库中。

特别需要指出的是，数据库中的存储数据是“集成的”和“共享的”。

所谓“集成”，是指把某特定应用环境中的各种应用相关的数据及其数据之间的联系(联系也是一种数据)全部集中并按照一定的结构形式进行存储,或者说,把数据库看成若干单个性质不同的数据文件的联合和统一的数据整体,并且在文件之间局部或全部消除了冗余,这使数据库系统具有整体数据结构化和数据冗余小的特点。

所谓"共享",是指数据库中的一块块数据可为多个不同的用户所共享,即多个不同的用户使用多种不同的语言为了不同的应用目的同时存取数据库,甚至同时存取同一块数据。共享实际上是基于数据库是"集成的"这一事实的结果。

3. DBMS

DBMS 用于负责数据库的存取、维护和管理。数据库系统的各类用户对数据库的各种操作请求都是由 DBMS 来完成的,它是数据库系统的核心软件。DBMS 提供一种超出硬件层的对数据库的观察的功能,并支持用较高的观点来表达用户的操作,使数据库用户不受硬件层细节的影响。DBMS 是在操作系统的支持下工作的。

4. 应用程序

应用程序介于用户和数据库管理系统之间,是指完成用户操作的程序,该程序将用户的操作转换成一系列的命令执行。例如,实现学生平均分统计、打印学生学籍表等。在这些命令中,需要对数据库中的数据进行查询、插入、删除和统计等,应用程序将这些复杂的数据库操作交由数据库管理系统来完成。

5. 用户

用户是指存储、维护和检索数据库中数据的使用人员。数据库系统中主要有 3 类用户,即终端用户、应用程序员和数据库管理员。

- 终端用户:指从计算机联机终端存取数据库的人员,也可称为联机用户。这类用户使用数据库系统提供的终端命令语言、表格语言或菜单驱动等交互式对话方式来存取数据库中的数据。终端用户一般是不精通计算机和程序设计的各级管理人员、工程技术人员或各类科研人员。终端用户有时也称最终用户。
- 应用程序员:指负责设计和编制应用程序的人员。这类用户通过设计和编写"使用及维护"数据库的应用程序来存取和维护数据库。这类用户通常使用计算机语言(如 C#)来设计和编写应用程序,以对数据库进行存取操作。应用程序员也称为系统开发员。
- 数据库管理员(DBA):指全面负责数据库系统的"管理、维护和正常使用的"人员,可以是一个人或一组人。特别是对于大型数据库系统,DBA 极为重要,常设置有 DBA 办公室,应用程序员是 DBA 手下的工作人员。担任数据库管理员,不仅要具有较高的技术专长,还要具备较深的资历,并具有了解和阐明管理要求的能力。DBA 的主要职责有参与数据库设计的全过程,与终端用户、应用程序员、系统分析员紧密结合,设计数据库的结构和内容;决定数据库的存储与存取策略,使数据的存储空间利用率和存取效率均较优;定义数据的安全性和完整性;监督、控制数据库的使用和运行,及时处理运行程序中出现的问题;改进和重新构造数据库系统等。

数据库技术是研究数据库的结构、存储、设计、管理和使用的一门软件学科。

1.4 数据库管理系统

数据库管理系统(DBMS)是数据库系统的关键组成部分。任何数据操作,包括数据库定义、数据查询、数据维护、数据库运行控制等都是在DBMS管理下进行的。DBMS是用户与数据库的接口,应用程序只有通过DBMS才能和数据库"打交道"。SQL Server和Oracle等都是目前流行的数据库管理系统。

1.4.1 DBMS的主要功能

1. 数据库定义功能

DBMS提供数据定义语言(Data Definition Language,DDL)用于描述数据库中要存储的现实世界实体。例如,在关系数据库管理系统中,CREATE DATABASE用于创建数据库,CREATE TABLE用于创建数据库表,它们都是数据定义语句。

2. 数据操作功能

DBMS提供数据操作语言(Data Manipulation Language,DML)实现对数据库数据的基本存取操作,包括检索、插入、修改和删除。检索就是查询,它是最重要、最经常使用的一类操作,所以有些系统把DML称为查询语言。插入、修改和删除有时也称为更新操作。

DML有两类,一类是交互式命令语言,其语法简单,可独立使用,所以称为自主型或自含型的;另一类是把数据库存取语句嵌入在主语言(Host Language)中,如嵌入在Fortran、Pascal或C等高级语言中使用,这类DML语言本身不能独立使用,因此称为宿主型的。

3. 数据库运行管理功能

DBMS提供数据控制功能,即数据的安全性、完整性和并发控制等对数据库运行进行有效的控制和管理,以确保数据库数据的正确有效和数据库系统的有效运行。

- 数据的安全性(Security)控制:指采取一定的安全保密措施确保数据库数据不被非法用户存取。DBMS提供口令检查或其他手段来检查用户身份,只有合格用户才能进入数据库系统;提供用户密级和数据存取权限的定义机制,系统自动检查用户能否执行这些操作,只有检查通过后才能执行允许的操作。
- 数据的完整性(Integrity)控制:指DBMS提供必要的功能确保数据库数据的正确性、有效性与相容性。
- 数据的并发(Concurrency)控制:指DBMS必须对多用户并发进程同时存取、修改数据的操作进行控制和协调,以防止互相干扰导致错误结果。

4. 数据库的建立和维护功能

数据库的建立和维护功能包括数据库初始数据的装入,数据库的转储、恢复、重组织,系统性能的监视、分析等功能。这些功能大多由DBMS的实用程序来完成。

1.4.2 DBMS的组成

DBMS大多是由许多"系统程序"组成的一个集合。每个程序都有自己的功能,一个或几个程序一起完成DBMS的一项或多项工作。各种DBMS的组成因系统而异,一般来说,它由以下几个部分组成。

1. 语言编译处理程序

语言编译处理程序主要包括以下程序。

- 数据定义语言翻译程序：把各级源模式翻译成各级目标模式。
- 数据操作语言处理程序：将应用程序中的 DML 语句转换成可执行程序。
- 终端命令解释程序：解释执行每一个终端命令。例如，用户在命令窗口中输入的命令通过终端命令解释程序来执行，并将执行结果输出到主窗口中。
- 数据库控制命令解释程序：解释执行每一个控制命令。

2. 系统运行控制程序

系统运行控制程序主要包括以下程序。

- 系统总控程序：DBMS 运行程序的核心，它控制和协调各程序的活动。
- 存取控制程序：用于检查用户（或应用程序）是否合法。
- 并发控制程序：协调各应用程序对数据库的操作，保证数据的一致性。
- 完整性控制程序：检查完整性约束条件，决定是否执行对数据库的操作。
- 保密性控制程序：实现对数据库数据安全的保密控制。
- 数据存取和更新程序：实施对数据库数据的检索，执行插入、修改、删除等操作。

3. 系统建立、维护程序

系统建立、维护程序主要包括以下程序。

- 数据装入程序：完成初始数据库的数据装入。
- 数据库重组织程序：当数据库性能变坏时（如查询速度减慢、时间超过规定值），需要重新组织数据库，可按原组织方法重新装入数据（或采用新方法、新结构）。一般来说，重组织是数据库系统的一项周期性活动。
- 数据库系统恢复程序：当数据库系统受到破坏时，用于恢复数据库系统到可用状态。
- 性能监督程序：监督用户操作执行时间与数据存储空间占用情况，做出系统性能估算，以决定数据库是否需要重组织。
- 工作日志程序：记载进入数据库的所有存取，包括用户名、进入时间、操作方式、数据对象、修改前数据、修改后数据等，使每个存取都留下踪迹。

4. 数据字典

数据字典是数据库的重要部分，它存放数据库所用的有关信息，包括数据库模式、数据类型、用户名表和用户权限等，数据库结构的任何改变都要保存在数据字典中。因此 DBMS 的数据字典起着系统状态的目录表的作用，它能帮助用户、数据库管理员和数据库管理系统本身使用和管理数据库。图 1.7 给出了 SQL Server 中对 student 表的定义信息（元数据），它属于数据字典的一部分。

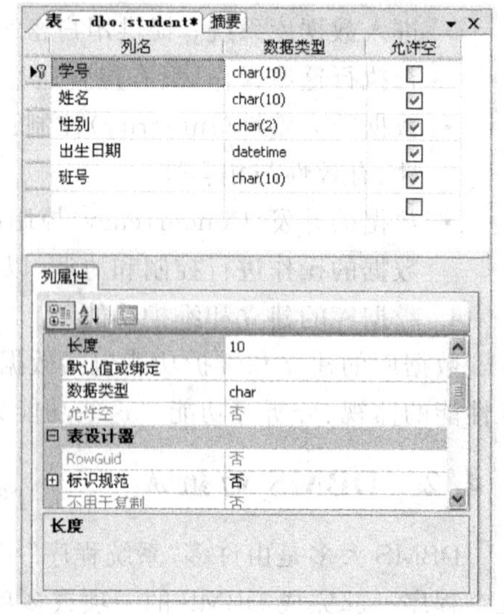

图 1.7 SQL Server 中的元数据

1.4.3 常用的 DBMS

一个 DBMS 可以支持多种不同类型的数据库，数据库可以根据用户数和数据库的位置进行分类。

按照用户数可将数据库分为单用户和多用户数据库。一个单用户数据库在同一时刻只能被一个用户存取，换句话说，如果用户 A 正在使用一个数据库，则用户 B 和 C 必须等待用户 A 使用完毕后才能使用该数据库，运行在个人计算机上的单用户数据库称为桌面数据库。多用户数据库支持多个用户同时使用，当支持同时使用的用户数少于一定数量(通常为 50)时，称为工作组数据库；当支持同时使用的用户数更多(通常大于 50 到数百个用户)时，称为企业数据库。

按照数据库位置可将数据库分为集中式和分布式数据库。仅支持存放在单个位置的数据库称为集中式数据库，支持在多个不同位置存放的数据库称为分布式数据库。

表 1.1 给出了常用的 DBMS 及其支持的用户数和数据库位置的特点。

表 1.1 常用 DBMS 的特点

DBMS	用户数			数据库位置	
	单用户	工作组	多用户	集中式	分布式
Access	√	√		√	
SQL Server	√	√	√	√	√
IBM DB2	√	√	√	√	√
MySQL	√	√	√	√	√
Oracle	√	√	√	√	√

练习题 1

1. 数据管理的主要内容是什么?

2. 从程序和数据之间的关系分析文件系统和数据库系统之间的区别和联系。

3. 数据冗余是指各个数据文件中存在重复的数据，数据库系统与文件系统相比是怎样减少数据冗余的?

4. 什么是数据库管理系统? 简述 DBMS 的基本组成。

5. 数据库系统与数据库管理系统的主要区别是什么?

第2章 数据模型

数据模型是某个数据库的框架，这个框架形式化地描述了数据库的数据组织形式。数据模型是定义数据库的依据，现有的数据库系统均是基于某种数据模型的。因此，了解数据模型的基本概念是学习数据库的基础。本章介绍数据模型的基本概念和在数据库系统中常用的几种数据模型。

2.1 什么是数据模型

数据模型是一种表示数据及其联系的模型，是对现实世界数据特征与联系的抽象反映。数据库系统是一个基于计算机的、统一集中的数据管理机构。现实世界是纷繁复杂的，那么现实世界中各种复杂的信息及其相互联系是如何通过数据库中的数据来反映的呢？本节就来讨论这个问题。

2.1.1 三个世界及其关系

现实世界中错综复杂的事物最后能以计算机所能理解和表现的形式反映到数据库中，这是一个逐步转化的过程，通常分为3个阶段，称之为三个世界，即现实世界、信息世界和机器世界(或计算机世界)。

现实世界存在的客观事物及其联系经过人们大脑的认识、分析和抽象后用符号、图形等表述出来，即得到信息世界的信息，再将信息世界的信息进一步具体描述、规范并转换为计算机所能接受的形式，则成为机器世界的数据表示。三个世界及其关系如图2.1所示。

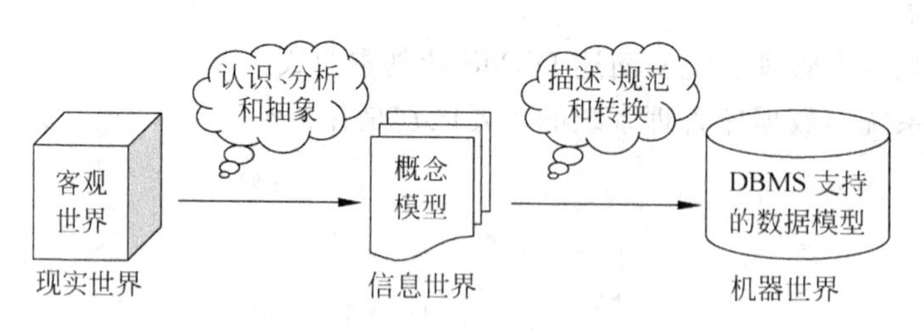

图2.1 三个世界及其关系

1. 现实世界

现实世界就是客观存在的现实世界，它由事物及其相互之间的联系组成，如学生成绩管理中，学生的特征可用学号、姓名和性别等来表示。同时事物之间的联系也是丰富多样的，如学生和课程之间的选课关系。要想让现实世界在计算机的数据库中得以展现，重要的就是将那些最有用的事物特征及其相互之间的联系提取出来。

2. 信息世界

信息世界是现实世界在人们头脑中的反映并用文字或符号记载下来，是人对现实世界的认识抽象过程，经过选择、命名、分类等抽象工作后进入信息世界。信息世界是一种相对抽象和概念化的世界，它介于现实世界和机器世界之间。

信息世界的基本概念如下。

- 实体：现实世界中存在的且可区分的事物称为实体，它是信息世界的基本单位。实体可以是人，也可以是物；可以指实际的对象，也可以指某些概念；可以指事物与事物间的联系，如学生和一个学生选课都是实体。
- 属性：实体所具有的某方面的特性。一个实体可以由若干个属性来刻画，如公司员工实体有“员工编号”、“姓名”、“年龄”、“性别”等属性，再如学生实体有“学号”、“姓名”和“性别”等属性。
- 属性域：属性域是指属性的取值范围，含值的类型，如“姓名”属性域为字符串集合，“性别”属性域为“男”、“女”等。
- 实体型：具有相同属性的实体必须具有共同的特性，用实体名及其属性名集合来抽象和刻画同类实体称为实体型。例如，学生(学号，姓名，性别，班号)就是一个实体型。
- 实体集：同型实体的集合称为实体集，如全体学生就是一个实体集。
- 码(或关键字)：码是能唯一标识每个实体的属性集，例如，“学号”是学生实体的码，每个学生的学号都唯一代表了一个学生。

3. 机器世界

用计算机管理信息，必须对信息进行数据化，数据化后的信息成为机器世界中的数据，数据是能够被计算机识别、存储并处理的。数据化了的信息世界称为机器世界。

机器世界的基本概念如下。

- 数据项(或字段)：标记实体属性的命名单位，是数据库中最小的信息单位。
- 记录：字段值的有序集合。
- 记录型：字段名的有序集合。
- 文件：同类记录的集合，对应于实体集。
- 码(或关键字)：能唯一标识文件中每个记录的字段或字段集。

三个世界的术语虽然各不相同，但存在对应关系。三个世界的术语之间的关系如图 2.2 所示。

2.1.2 两类模型

在数据库中用数据模型这个工具来抽象、表示和处理现实世界中的数据和信息，通俗地讲，数据模型就是现实世界的模拟。数据模型应满足以下 3 个方面的要求：

- 能比较真实地模拟现实世界。
- 容易被人理解。
- 便于计算机实现。

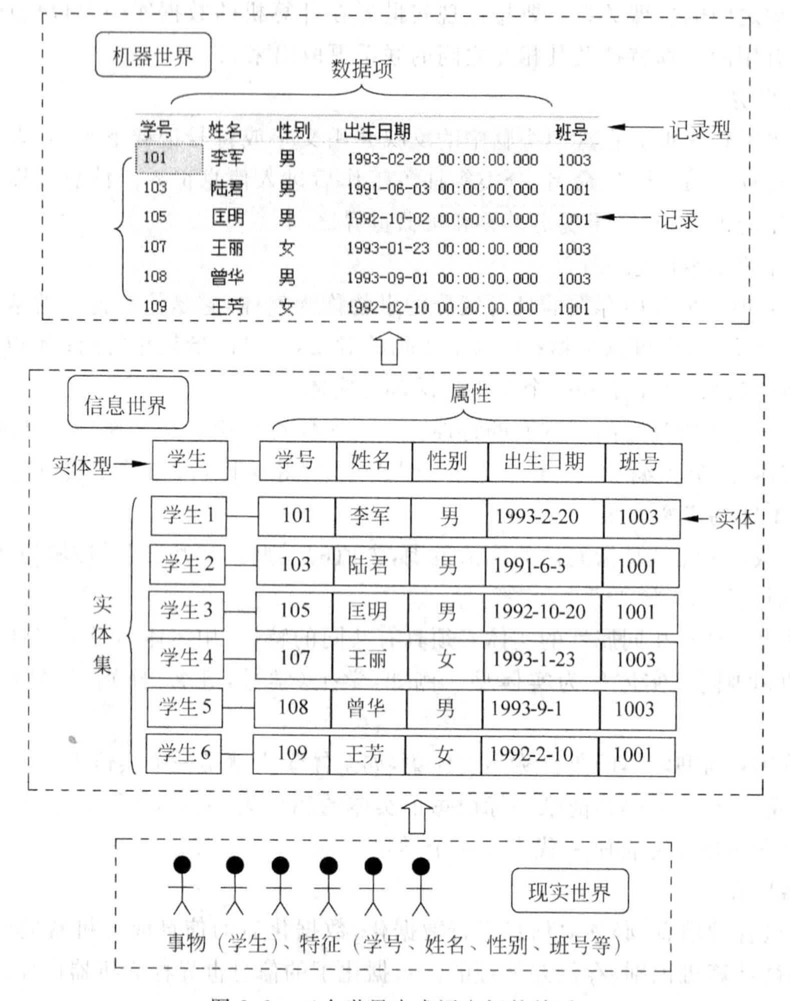

图 2.2　三个世界中术语之间的关系

根据应用的不同目的，数据模型可以划分为两类，它们分别属于不同的层次。第一类是概念模型，第二类是逻辑模型和物理模型，对这些模型的说明如下。

- 概念模型(或称信息模型)：它是按用户的观点来对数据和信息建模，即用于信息世界的建模，所建立的是属于信息世界的模型，主要用于数据库的设计。
- 逻辑模型(或称结构数据模型)：主要包括网状模型、层次模型、关系模型等，是按计算机系统的观点对数据建模，所建立的是属于机器世界的模型，主要用于 DBMS 的实现。后面主要讨论这类数据模型。
- 物理模型：对数据最低层的抽象，是面向计算机物理表示的模型，它描述数据在系统内部的表示方式和存取方法，它不仅与具体的 DBMS 有关，还与操作系统和硬件有关。每一种逻辑模型在实现时都有相对应的物理数据模型。物理模型的具体实现是 DBMS 的任务，DBMS 为了保证其独立性与可移植性，大部分物理数据模型的实现工作由系统自动完成，而设计者只设计索引、聚集等特殊结构。数据库设计人员需要了解和选择物理模型，一般用户则不必考虑物理级的细节。

数据模型是数据库系统的核心和基础，各种机器上实现的 DBMS 软件都是基于某种数据模型或者说是支持某种数据模型的。

从现实世界到物理模型的构建过程如图 2.3 所示，从现实世界到概念模型的转换是由数据库设计人员完成的，从概念模型到数据模型的转换可以由数据库设计人员完成，也可以由数据库设计人员辅助设计工具完成，从数据模型到物理模型的转换一般是由 DBMS 完成的。

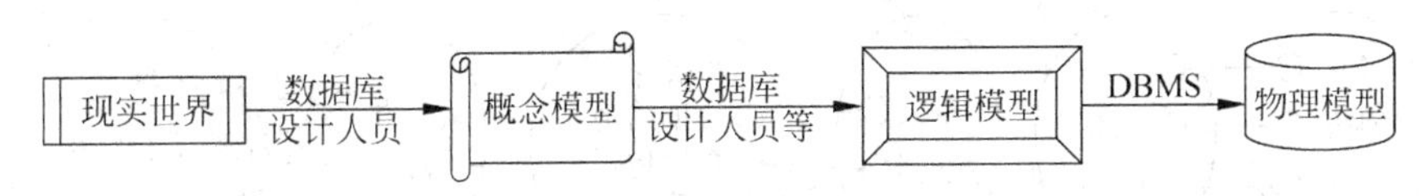

图 2.3　从现实世界到物理模型的构建过程

从中可以看到，数据库设计人员的主要任务是建立概念模型，并在此基础上建立一个适合于 DBMS 表示的数据库层的逻辑模型。

2.2　概念模型

概念模型实际上是现实世界到机器世界的一个中间层次，是现实世界的第一层抽象，主要用来描述现实世界的概念化结构，它使数据库的设计人员在设计的初始阶段摆脱计算机系统及 DBMS 的具体技术问题，集中精力分析数据以及数据之间的联系等，与具体的 DBMS 无关，是数据库设计人员进行数据库设计的有力工具。

2.2.1　实体间的联系方式

在现实世界中，事物内部以及事物之间是有联系的，这些联系在信息世界中反映为实体(型)内部的联系和实体(型)之间的联系。实体内部的联系通常指组成实体的各属性之间的联系。实体之间的联系通常指不同实体集之间的联系。

两个实体集之间的联系可以分为以下 3 类：

- 一对一联系(简记为 1∶1)
- 一对多联系(简记为 1∶n)
- 多对多联系(简记为 m∶n)

1. 1∶1 联系

如果对于实体集 A 中的每一个实体，实体集 B 中最多有一个(也可以没有)实体与之联系；反之亦然，则称实体集 A 与实体集 B 具有 1∶1 联系。

例如，夫妻关系具有一对一联系，如图 2.4(a)所示。

2. 1∶n 联系

如果对于实体集 A 中的每一个实体，实体集 B 中有 n 个实体($n \geqslant 0$)与之联系；反之，对于实体集 B 中的每一个实体，实体集 A 中最多只有一个实体与之联系，则称实体集 A 与实体集 B 有 1∶n 联系。

例如，若每门课程只有一名任课教师，每个教师可以讲授多门课程，则教师和课程之间具有一对多联系，如图 2.4(b)所示。

3. m∶n 联系

如果实体集 A 中的每一个实体，实体集 B 中有 n 个实体($n \geqslant 0$)与之联系；反之，对于

实体集 B 中的每一个实体，实体集 A 中也有 m 个实体($m \geqslant 0$)与之联系，则称实体集 A 与实体集 B 具有多对多联系，记为 $m:n$。

例如，如果一门课程有若干个学生选修，一个学生可以选修多门课程，则学生和课程之间具有多对多联系，如图 2.4(c)所示。

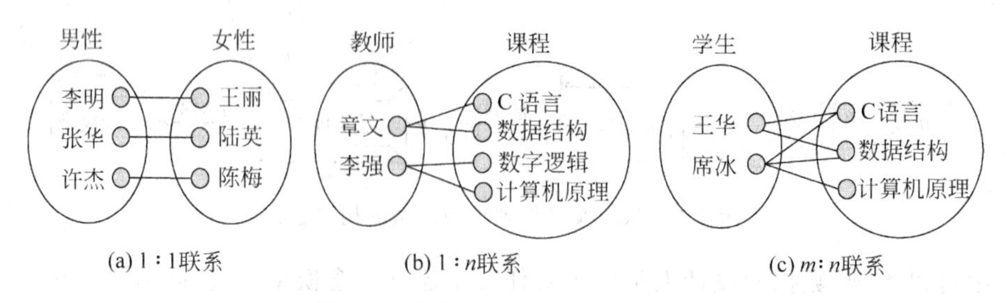

图 2.4　实体之间的三种联系方式

2.2.2　实体-联系表示法

建立概念模型最常用的方法是实体-联系方法，简称 E-R 方法。该方法直接从现实世界中抽象出实体和实体间的联系，然后用 E-R 图来表示数据模型，称为 E-R 模型。除了 E-R 模型外，还有扩充的 E-R 模型、面向对象模型及谓词模型等，这里仅介绍 E-R 模型。

E-R 模型是抽象描述现实世界的有力工具，虽然现实世界丰富多彩，各种信息十分繁杂，但用 E-R 模型仍可以很清晰地表示出其中错综复杂的关系。

在 E-R 图中，实体用方框表示；联系用菱形表示，并且用边将其与有关的实体连接起来，并在边上标上联系的类型；属性用椭圆表示，并且用边将其与相应的实体连接起来。对于有些联系，其自身也会有某些属性，同实体与属性的连接类似，将联系与其属性连接起来。

1. 两个不同实体集之间联系的画法

两个不同实体集之间存在 1∶1、1∶n 和 $m:n$ 联系，可以用图形来表示两个实体集之间的这 3 类联系，如图 2.5 所示。

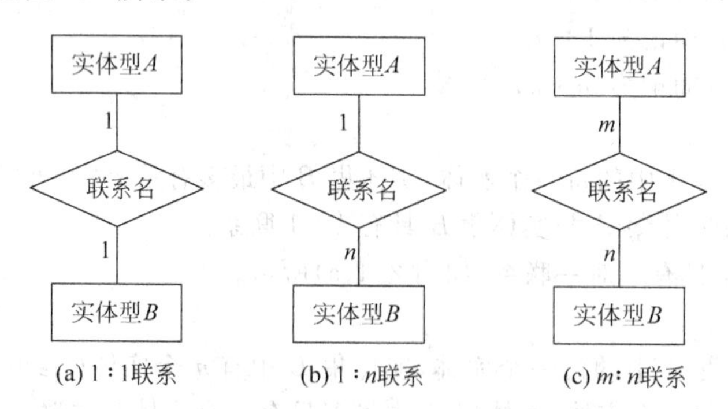

图 2.5　两个实体型之间的 3 类联系

2. 两个以上不同实体集之间联系的画法

两个以上不同实体集之间可能存在各种关系，以 3 个不同实体集 A、B 和 C 为例，它们之间的典型关系有 $1:n:m$ 和 $r:n:m$ 联系。对于 $1:n:m$ 联系，表示 A 和 B 之间是 $1:n$(一对多)联系，B 和 C 之间是 $n:m$(多对多)联系，A 和 C 之间是 $1:m$(一对多)联系。

这两个典型关系的表示方法如图 2.6 所示。

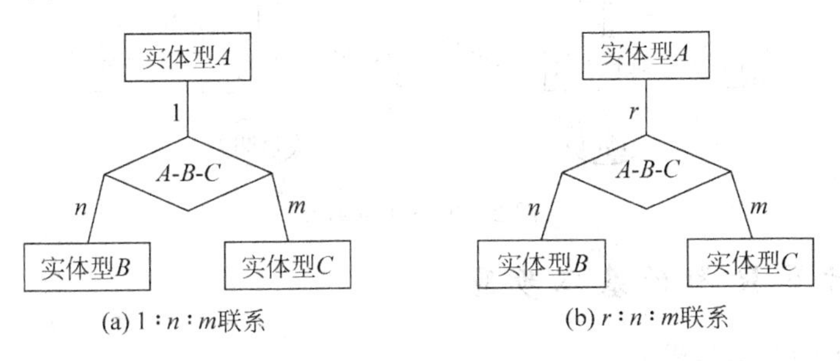

图 2.6　3 个不同实体集之间的 1∶n∶m 和 r∶n∶m 联系

3. 同一实体集内的二元联系的画法

同一实体集内的二元联系表示其中实体之间的相互联系同样有 1∶1、1∶n 和 n∶m 联系。例如，职工实体集中的领导与被领导的联系是 1∶n 的，而职工实体集中的婚姻联系是 1∶1 的。同一实体集内的 1∶1、1∶n 和 n∶m 联系如图 2.7 所示。

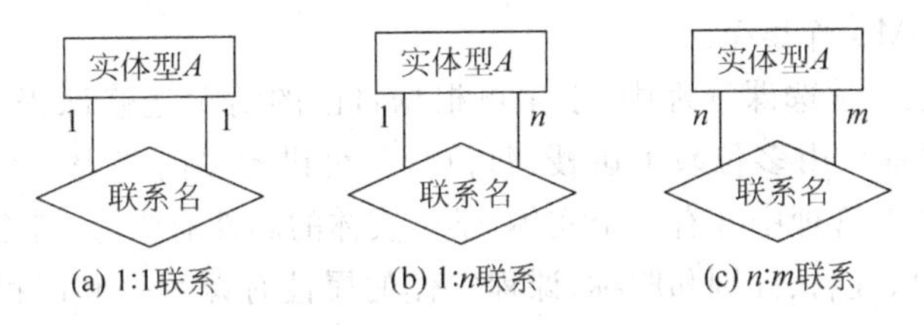

图 2.7　同一实体集内的 1∶1、1∶n 和 n∶m 联系

【例 2.1】　试画出 3 个 E-R 图，要求实体型之间具有一对一、一对多和多对多的联系。

解：例如，部门和部门主任之间的"领导"联系是一个一对一的联系，通常每个部门只有一个部门主任，每个部门主任只在一个部门任职，其 E-R 图如图 2.8 所示。

部门和职工之间的"所属"联系是一个一对多的联系，通常一个部门有多个职工，每个职工只在一个部门任职，其 E-R 图如图 2.9 所示。

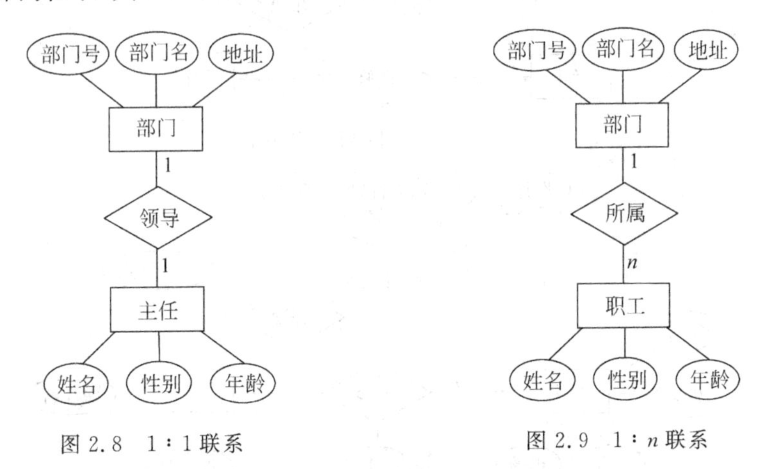

图 2.8　1∶1 联系　　图 2.9　1∶n 联系

维修人员和设备之间的"维修"联系是一个多对多的联系，通常一名维修人员可以维修多台设备，每台设备可以被多名维修人员进行维修，其 E-R 图如图 2.10 所示。

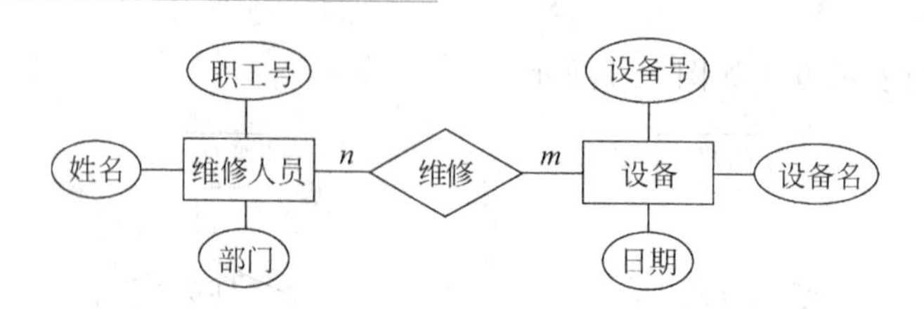

图 2.10　$n:m$ 联系

2.2.3　设计 E-R 图的基本步骤

设计 E-R 图的基本步骤如下：

① 确定系统中包含的所有实体，用方框表示出实体。

② 分析并选择每个实体所具有的属性，用椭圆表示各实体的属性。

③ 确定实体之间的联系，用菱形表示实体之间的联系。

注意：一个系统的 E-R 图不是唯一的，从不同的侧面出发画出的 E-R 图可能很不同。总体 E-R 图所表示的实体-联系模型只能说明实体间的联系关系，还需要把它转换成数据模型才能被实际的 DBMS 所接受。

【例 2.2】 在某大学选课管理中，学生可根据自己的情况选修课程，每名学生可同时选修多门课程，每门课程可由多位教师讲授，每位教师可讲授多门课程。画出对应的 E-R 图。

解：在该大学选课管理中共有 3 个实体，学生实体的属性有学号、姓名、性别和年龄，教师实体的属性有教师号、姓名、性别和职称，课程实体的属性有课程号和课程名，如图 2.11(a)所

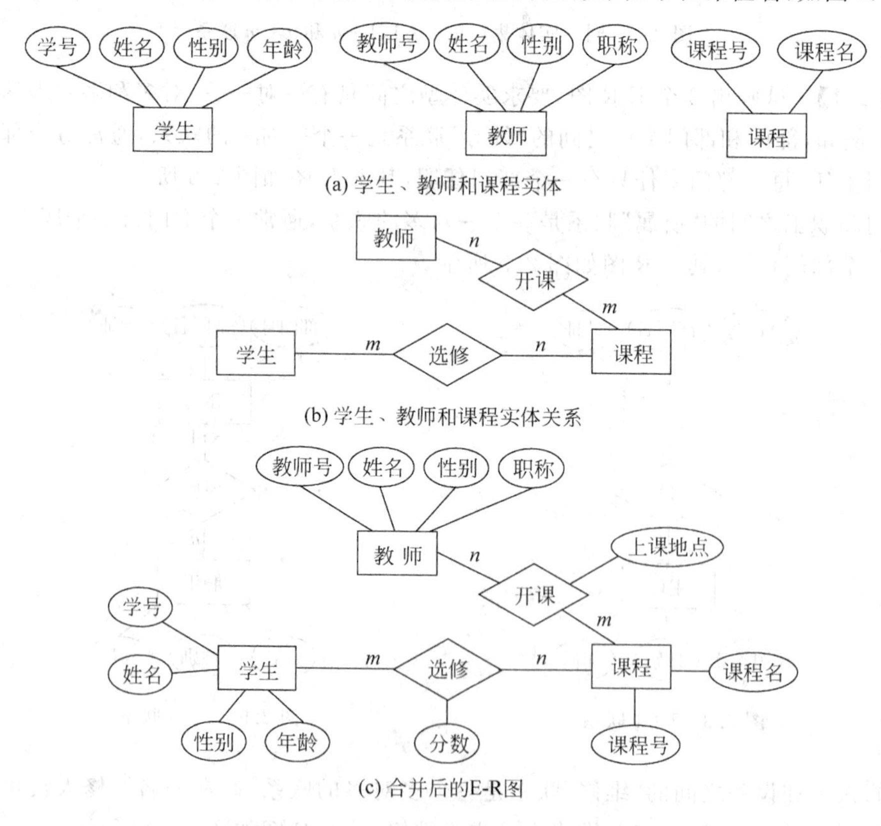

图 2.11　某大学选课管理 E-R 图

示。学生实体和课程实体之间有“选修”联系，这是 $n:m$ 联系，教师实体和课程实体之间有“开课”联系，这是 $n:m$ 联系，如图 2.11(b)所示。将它们合并在一起，给“选修”联系添加“分数”属性，给“开课”联系添加“上课地点”属性，得到最终的 E-R 图，如图 2.11(c)所示。

2.3 DBMS 支持的数据模型

用 E-R 图表示的 E-R 概念模型是独立于具体 DBMS 的，还需将其转换为 DBMS 支持的数据模型，前者是后者的基础。通常将 DBMS 支持的数据模型简称为数据模型，本节介绍数据模型的组成要素和常见的数据模型。

2.3.1 数据模型的组成要素

数据模型建立在概念模型的基础之上，是一个适合计算机表示的数据库层的模型。它通常由数据结构、数据操作和数据约束条件 3 个部分组成。

1. 数据结构

数据结构是刻画一个数据模型性质最重要的方面，通常按数据组织结构的类型来命名数据模型，如层次结构、网状图结构和关系结构的数据模型分别被命名为层次模型、网状模型和关系模型。

数据结构是对系统静态特性的描述，其描述的内容有下面两类。

- 数据的描述：数据库对象类型的集合，与所研究的对象的类型、内容和性质有关。例如，在前面的某大学选课管理中，学生记录型 *S* 为(学号，姓名，性别，年龄)，选修记录型 SC 为(学号，课程号，分数)，学号由长度为 10 的字符型数据构成，性别只能取“男”或“女”等。
- 数据之间联系的描述：与数据之间联系有关的对象集合，指明各个不同记录型间所存在的联系和联系方式。例如，在前面的某大学选课管理中，记录型 SC 的“学号”与记录型 *S* 的“学号”是外码关系。通常，数据之间联系的表示方式有隐式和显式两种，隐式通过数据自身的关联或位置顺序表示，显式通过附加指针表示。

2. 数据操作

数据操作是对系统动态特性的描述，是数据库中的各种对象的实例(值)允许执行的操作的集合，主要有检索和更新(插入、删除、修改)两类操作。数据模型必须定义这些操作的确切含义、操作符号、操作规则、实现操作的语言。

3. 数据的完整性约束条件

数据的完整性约束条件是一组完整性规则的集合，给出数据及其联系所具有的制约、依赖和存储规则，用于限定数据库的状态和状态变化，保证数据库中数据的正确、有效、完全和相容。

2.3.2 3 种基本的数据模型

目前，成熟地应用在 DBMS 中的数据模型有层次模型、网状模型和关系模型。它们之间的根本区别在于数据之间联系的表示方式不同(即记录型之间的联系方式不同)。层次模型是用“树结构”来表示数据之间的联系，网状模型是用“图结构”来表示数据之间的联系，关系模型是用"二维表"(或称为关系)来表示数据之间的联系。

1. 层次模型

层次模型是数据库系统最早使用的一种模型,其代表性是 IBM 公司的 IMS 数据库管理系统。

(1) 层次模型的数据结构

层次模型的数据结构是一棵"有向树"。层次模型的特征如下:

- 有且仅有一个结点(即根结点),没有双亲结点。
- 其他结点有且仅有一个双亲结点。

在层次模型中,每个结点描述一个实体型,称为记录型。一个记录型可有许多记录值,简称为记录。结点之间的有向边表示记录之间的联系。如果要存取某一记录型的记录,可以从根结点开始,按照有向树的层次逐层向下查找,查找路径就是存取路径。

例如,图 2.12 为一个系教务管理层次模型,图 2.12(a)是实体之间的联系,图 2.12(b)是实体型之间的联系。图 2.13 是一个实例。

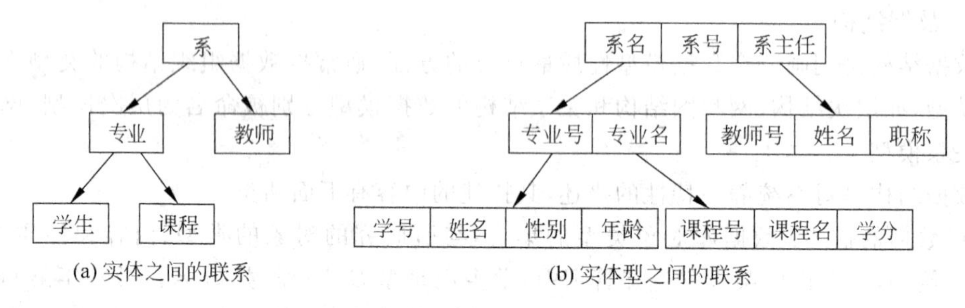

图 2.12　系教务管理层次模型

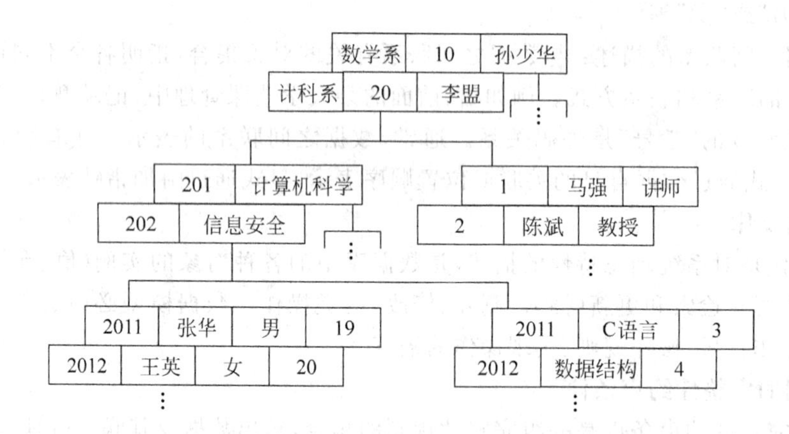

图 2.13　系教务管理的实例

(2) 层次模型的数据操作

在层次模型中,数据库的基本操作包括数据记录的查询、插入、删除和修改等。

(3) 层次模型的完整性约束

层次模型的数据操作需满足完整性约束条件。

- 插入:如果没有双亲结点值就不能插入它的孩子结点值。
- 删除:如果删除双亲结点值,则相应的孩子结点值也被同时删除。

• 修改：保证数据的一致性。

(4) 层次模型的存储结构

在层次数据库中不仅要存储数据本身，还要存储数据之间的层次联系，常用的方法有链接法，如层次序列链接法和孩子兄弟链接法。

(5) 层次模型的优缺点

层次模型的优点如下：

• 数据模型比较简单，操作简单。
• 对于实体间联系是固定的，且预先定义好应用系统，性能较高。
• 提供良好的完整性支持。

层次模型的缺点如下：

• 不适合于表示非层次性的联系。
• 对插入和删除操作的限制比较多。
• 查询孩子结点必须通过双亲结点。
• 由于结构严密，层次命令趋于程序化。

2. 网状模型

用网状结构表示实体及其之间联系的模型称为网状模型。在 20 世纪 70 年代，数据库系统语言协会(CODASYL)下属的数据库任务组(DBTG)提出的 DBTG 系统代表网状数据模型。

(1) 网状模型的数据结构

网中的每一个结点代表一个记录型，联系用链接指针来实现。广义地讲，任何一个连通的基本层次联系的集合都是网状模型。它取消了层次模型的两点限制，网状模型的特征如下：

• 允许结点有多于一个的双亲结点。
• 可以有一个以上的结点没有双亲结点。

图 2.14 给出了一个简单的网状模型，其中图 2.14(a)是学生选课 E-R 图。在图 2.14(b)中，S 表示学生记录型，C 表示课程记录型，用联系记录型 L 表示 S 和 C 之间的一个多对多的选修联系。

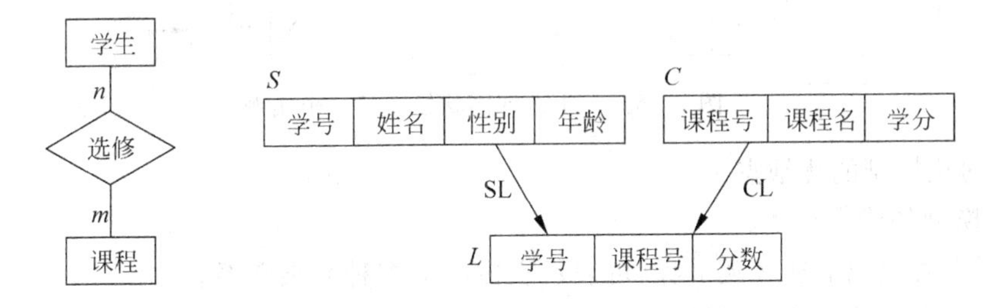

(a) 学生选课E-R图　　(b) 学生、课程和选课记录型之间的关系

图 2.14　学生选课网状模型

在网状模型中，系指两个实体集之间的联系，用基本层次联系 1∶n 表示，包含系型和系值。系型若指主记录型(1 端)称为系主，若指属记录型(n 端)称为成员。系值指系型的实例。

网状模型和层次模型在本质上是一样的。从逻辑上看，它们都是基本层次联系的集合，用结点表示实体，用有向边（箭头）表示实体间的联系。从物理上看，它们的每一个结点都是一个存储记录，用链接指针来实现记录之间的联系。当存储数据时这些指针就固定下来了，数据检索时必须考虑存取路径问题；数据更新时涉及链接指针的调整，缺乏灵活性；系统扩充相当麻烦。网状模型中的指针更多，纵横交错，从而使数据结构更加复杂。

（2）网状模型的数据操作

在网状模型中，数据库的基本操作包括数据记录的查询、插入、删除和修改等。网状模型的数据操作使用的是过程化语言。

（3）网状模型的完整性约束

网状模型的数据操作需满足下列完整性约束条件：

- 一个记录型不能在同一个系型中既是主记录型又是属记录型。
- 一个记录不能出现在同一系型的多个系值中。
- 任何一个系值中最多只有一个主记录。
- 插入一个新记录时，必须遵守插入系籍约束。
- 删除一个记录时，必须遵守删除系籍约束。

（4）网状模型的存储结构

在网状模型的存储结构中，关键是如何实现记录之间的联系，常用的方法有链接法，图 2.15 所示为图 2.14 的学生选课网状模型的一个具体实例，其中 C 记录有一个指针，指向该课程号的第一个 L 记录。L 记录有两个指针，第一个指针指向下一个同课程号的 L 记录，第二个指针指向下一个同学号的 L 记录。S 记录有一个指针，指向该学号的第一个 L 记录。这里构成的单链表均为循环单链接，用这些链表指针实现联系。

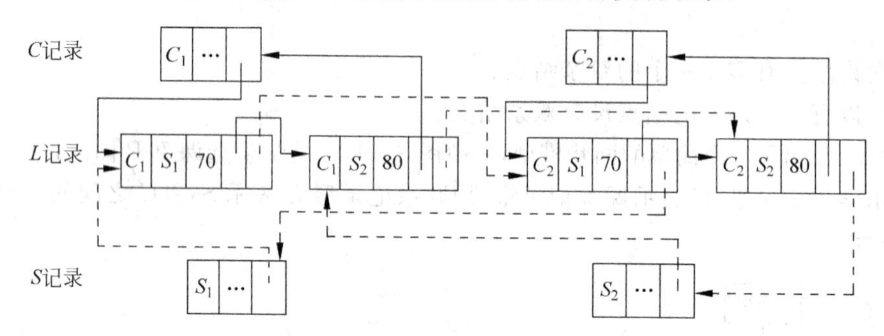

图 2.15　学生选课网状模型的一个实例

（5）网状模型的优缺点

网状模型的优点如下：

- 更为直接地描述客观世界，可表示实体间的多种复杂联系。
- 具有良好的性能和存储效率。

网状模型的主要缺点如下：

- 数据结构复杂，导致其 DDL 语言也极其复杂。
- 数据独立性差，由于实体间的联系本质上是通过存取路径表示的，因此应用程序在访问数据时要指定存取路径。

3. 关系模型

关系模型是目前最重要的数据模型。1970年,IBM公司的E. F. Codd发表了"大型共享系统的关系数据库的关系模型"的论文,首次提出数据库系统的关系模型。关系模型的建立是数据库发展历史中的重要事件,E. F. Codd于1981年获得计算机最高奖——图灵奖。IBM公司以关系模型为基础研制了System R数据库管理系统。

(1) 关系模型的数据结构

关系模型与以往的模型不同,它是建立在严格的数学理论的基础上的。从用户的观点看,关系模型由一组关系组成。每个关系的数据结构是一张规范化的二维表(简称表)。也就是说,无论是实体还是实体之间的联系均由单一结构的表来表示。下面讨论关系模型的一些基本术语。

- 关系:一个关系就是一张表,每个关系有一个关系名。
- 元组:表中的一行即为一个元组,对应存储文件中的一个记录值。
- 属性:表中的列称为属性,每一列有一个属性名。属性值相当于记录中的数据项或者字段值。
- 域:属性的取值范围,即不同元组对同一个属性的值所限定的范围。例如,逻辑型属性只能从逻辑真(如True)或逻辑假(如False)两个值中取值。
- 关系模式:对关系的描述称为关系模式,格式如下。

```
关系名(属性名1,属性名2,…,属性名n)
```

例如,一个学生关系模式定义如下:

```
student(学号,姓名,性别,出生日期,班号)
```

- 候选码(或候选关键字):它是属性或属性组合,其值能够唯一地标识一个元组。在最简单的情况下,候选码只包含一个属性。候选码满足唯一性(关系的任意两个不同的元组,其候选码的值不同)和最小性(在组成候选码的属性集中,任一属性都不能从中删除,否则将破坏关系的唯一性)。
- 主码(或主关键字):在一个关系中可能有多个候选码,从中选择一个作为主码。
- 主属性和非主属性:包含在候选码中的各个属性称为主属性,不包含在任何候选码中的各个属性称为非主属性或非码属性。
- 外码(或外关键字):如果关系R_2的一个或一组属性X是另一关系R_1的主码,则X称为关系R_2的外码,并称关系R_2为参照(引用)关系,关系R_1为被参照关系。
- 全码:关系模型的所有属性都是这个关系模式的候选码,称为全码。

在了解上述术语之后,可以将关系定义为元组的集合,关系模式是命名的属性集合,元组是属性值的集合,一个具体的关系模型是若干个关系模式的集合。

图2.16给出了一个简单的关系模型,它由图2.16(a)所示的两个关系模式组成:

```
教师(教师编号,姓名,性别,所在系名)
课程(课程号,课程名,教师编号,上课教室)
```

图2.16(b)给出了这两个关系模式的关系,关系名称分别为教师关系和课程关系,均包含两个元组。在教师关系中,"编号"为候选码,如果同一个系没有相同姓名的教师,则(姓

名，所在系名）也为候选码，通常选取“编号”为主码；在课程关系中，通常以“课程号”为主码；教师关系的“教师编号”是外码，因为在教师关系中“教师编号”是主码，其参照关系如图 2.17 所示。

教师关系模式：

教师编号	姓名	性别	所在系名

课程关系模式：

课程号	课程名	教师编号	上课教室

(a)关系模式

教师关系

教师编号	姓名	性别	所在系名
001	王丽华	女	计算机系
008	孙军	男	电子工程系

课程关系

课程号	课程名	教师编号	上课教室
99-1	软件工程	001	5-301
99-3	电子技术	008	2-205

(b)关系

图 2.16　关系模型

需要指出的是，外码并不一定要与相应的主码同名。

外码
教师编号
课程关系 → 教师关系
参照关系
被参照关系(目标关系)

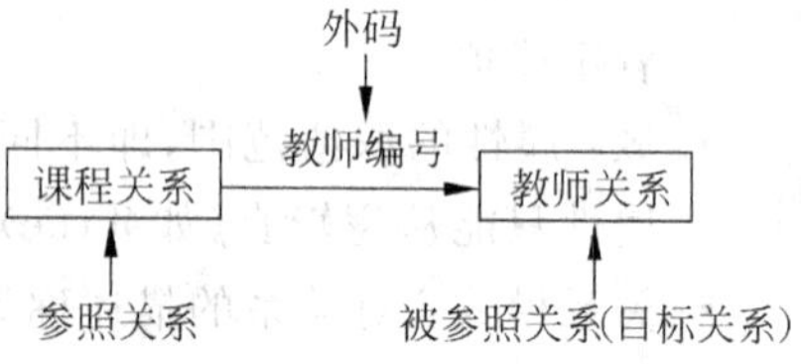

图 2.17　关系的参照图

(2) 关系模型的数据操作

在关系模型中，数据库的基本操作包括数据记录的查询、插入、删除和修改等。SQL 语言是关系数据库的标准数据操作语言。

关系模型中的数据操作是集合操作，操作对象和操作结果都是关系，即若干元组的集合。关系模型把存取路径向用户隐蔽起来，用户只要指出“干什么”，不必详细说明“怎么干”，从而大大地提高了数据的独立性，提高了用户生产率。

(3) 关系模型的完整性约束

关系模型的数据操作须满足完整性约束条件，主要包括实体完整性、参照完整性和用户定义的完整性。

- 实体完整性：规定表的每一行在表中是唯一的实体。在关系中主码值不能为空或部分为空，也就是说，主码中的属性不能取空值，因为关系中的元组一定是可区分的，如果主码的值取空值(空值就是“不知道”或“无意义”的值)，就说明存在某个不可标识的元组，即存在不可区分的元组，这是不允许的。
- 参照完整性(或引用完整性)：指两个表的主码和外码的数据应一致，也就是说，参照完整性规则就是定义外码与主码之间的引用规则。如果关系 R_2 的外码 X 与关系 R_1 的主码相对应，则外码 X 的每个值必须在关系 R_1 的主码值中找到，或者为空值。例如，在图 2.16 中，课程关系中的每个“教师编号”属性只能取空值(表示尚未给该课程安排任课教师)或者非空值(这时该值必须是教师关系中某个元组的“教师编号”值，即被参照的教师关系中一定存在一个元组，它的主码值等于该参照关系(也就是课程关系)中的外码值)。
- 用户定义的完整性：指用户对某一具体数据指定的约束条件进行检验。例如，在图 2.16 中，教师关系的“性别”属性只能取值“男”或“女”。

(4) 关系模型的存储结构

在关系模型中，实体及实体间的联系都用表来表示，不用像层次或网状那样的链接指针。记录之间的联系是通过不同关系中的同名属性来体现的。例如，在图2.16所示的关系模型中，要查找"王丽华"老师所上的课程，首先要在教师关系中根据姓名找到编号001，然后在课程关系中找到001任课教师编号对应的课程名。由此可见，关系模型中的各个关系模式不应当孤立起来，它不是随意拼凑的一堆二维表，必须满足相应的要求。

在关系数据库的物理组织中，表以文件形式存储，有的DBMS一个表对应一个操作系统文件，有的DBMS一个表对应多个操作系统文件，有的DBMS一个操作系统文件存储多个表。

(5) 关系模型的优缺点

关系模型的主要优点如下：

- 与非关系模型不同，关系模型具有较强的数学理论根据。
- 数据结构简单、清晰，用户易懂易用，不仅可用关系描述实体，而且可用关系描述实体间的联系。
- 关系模型的存取路径对用户透明，从而具有更高的数据独立性和更好的安全保密性，也简化了程序员的工作以及数据库的建立与开发工作。

关系模型的缺点如下：

- 由于存取路径对用户透明，查询效率往往不如非关系模型，因此为了提高性能必须对用户的查询表示进行优化，这样又将增加开发数据库管理系统的负担。
- 关系必须是规范化的关系，即每个属性是不可分的数据项，不允许表中有表。

2.4 数据库系统的体系结构

数据库系统有着严谨的体系结构，目前世界上有大量的数据库正在运行，其类型和规模可能相差很大，但是就其体系结构而言大体相同。

2.4.1 数据库系统模式的概念

数据模式是数据库中全体数据的逻辑结构和特征的描述，它仅仅涉及型的描述，不涉及具体的值。模式的一个具体值称为模式的一个实例。同一个模式可以有很多实例。模式是相对稳定的，而实例是相对变动的。模式反映的是数据的结构及其关系，而实例反映的是数据库某一时刻的状态。

模型与模式有很大的区别，模型是以图形来表示的，给人以直观清晰、一目了然之感，但计算机是无法识别的，必须用一种语言(如由DBMS提供的DDL)来描述它，模式是对模型的描述。

2.4.2 数据库系统的三级组织结构

数据库系统的一个主要目的是为用户提供数据的抽象视图并隐藏复杂性。美国国家标准委员会(ANSI)所属标准计划和要求委员会在1975年公布了一个关于数据库标准的报告，通过3个层次的抽象提出了数据库的三级结构组织，这就是著名的SPARC分级结构。

三级结构对数据库的组织从内到外分 3 个层次描述，如图 2.18 所示，这 3 个层次分别称为内模式、概念模式和外模式。

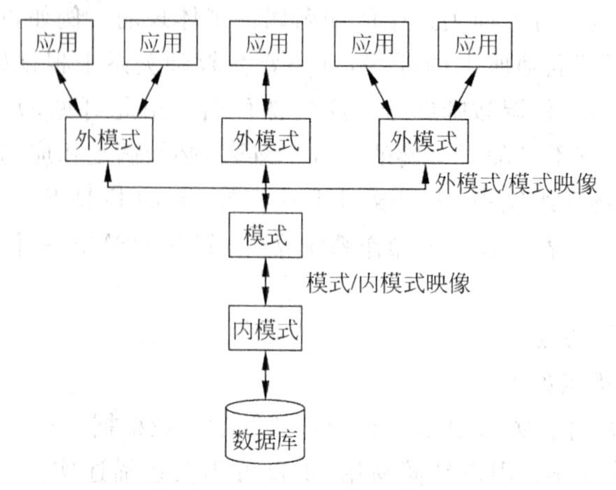

图 2.18　SPARC 分级结构

- 概念模式（简称模式）：对数据库的整体逻辑结构和特征的描述，并不涉及数据的物理存储细节和硬件环境，与具体的应用程序以及使用的应用开发工具无关。
- 内模式（或存储模式）：具体描述了数据如何组织存储在存储介质上。内模式是系统程序员用一定的文件形式组织起来的一个个存储文件和联系手段，也是由他们编制存取程序，实现数据存取的。一个数据库只有一个内模式。
- 外模式（或子模式）：通常是模式的一个子集。外模式是面向用户的，是数据库用户能够看到和使用的局部数据的逻辑结构和特征的描述，是与某一应用有关的数据的逻辑表示。

综上所述，模式是内模式的逻辑表示，内模式是模式的物理实现，外模式则是模式的部分抽取。3 个模式反映了对数据库的 3 种不同观点：模式表示了概念级数据库，体现了对数据库的总体观；内模式表示了物理级数据库，体现了对数据库的存储观；外模式表示了用户级数据库，体现了对数据库的用户观。总体观和存储观只有一个，而用户观可能有多个，有一个应用，就有一个用户观。

图 2.19 是关系数据库的三级模式的一个示例。归纳起来，三级模式的优点如下：

- 保证了数据独立性。
- 保证了数据共享。
- 方便了用户使用数据库。
- 有利于数据的安全和保密。

2.4.3　3 个模式之间的两层映像

在前面谈到的三级模式中，只有内模式才是真正存储数据的，模式和外模式仅是一种逻辑表示数据的方法，但用户可以放心大胆地使用它们，这是靠 DBMS 的映像功能实现的。

数据库系统的三级模式是对数据的 3 个抽象级别，它把数据的具体组织留给 DBMS 管理，使用户能逻辑地、抽象地处理数据，而不必关心数据在计算机中的具体表示方式与存储方式。为了能够在内部实现这 3 个抽象层次的联系和转换，数据库管理系统在这三级模式

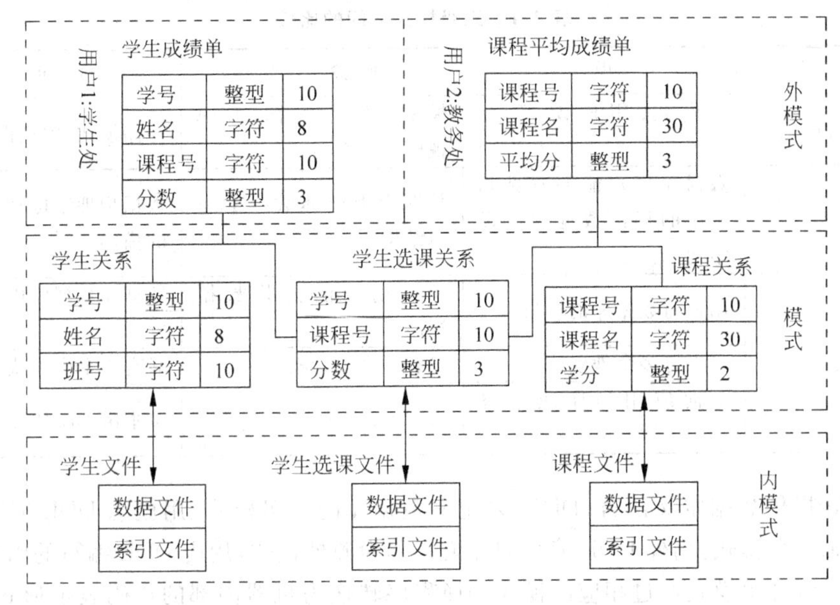

图 2.19 关系数据库的三级模式示例

之间提供了两层映像：

- 外模式/模式映像；
- 模式/内模式映像。

正是这两层映像保证了数据库系统中的数据能够具有较高的逻辑独立性和物理独立性。

1. 外模式/模式映像

模式描述的是数据的全局逻辑结构，外模式描述的是数据的局部逻辑结构。对应于同一个模式可以有任意多个外模式。对于每一个外模式，数据库系统都有一个外模式/模式映像，它定义了该外模式与模式之间的对应关系。这些映像定义通常包含在各自外模式的描述中。

当模式改变时(例如增加新的关系、新的属性、改变属性的数据类型等)，由数据库管理员对各个外模式/模式的映像作相应改变，可以使外模式保持不变。应用程序是依据数据的外模式编写的，从而应用程序不必修改，保证了数据与程序的逻辑独立性，简称数据的逻辑独立性。

2. 模式/内模式映像

数据库中只有一个模式，也只有一个内模式，所以模式/内模式映像是唯一的，它定义了数据库全局逻辑结构与存储结构之间的对应关系。例如，说明逻辑记录和字段在内部是如何表示的。该映像定义通常包含在模式描述中。当数据库的存储结构改变时(例如选用了另一种存储结构)，由数据库管理员对模式/内模式映像作相应改变，可以使模式保持不变，从而应用程序也不必改变，保证了数据与程序的物理独立性，简称数据的物理独立性。

三级模式之间的比较如表 2.1 所示。

表 2.1 三级模式之间的比较

	外 模 式	概念模式	内 模 式
其他名称	子模式、用户模式、外视图	模式、概念视图、DBA 视图	存储模式、内视图
描述	数据库用户能够看见和使用的局部数据的逻辑结构	数据库中全体数据的逻辑结构	数据物理结构和存储方式的描述
特点	用户与数据库的接口	所有用户的公共数据视图	数据在数据库内部的表示方式
	可以有多个外模式	只有一个概念模式	只有一个内模式
	面向应用程序或最终用户	由 DBA 定义	基本由 DBMS 定义

DBMS 提供数据定义语言(DDL)来定义数据库的三级模式,用概念 DDL 编写的概念模式称为源概念模式,用外 DDL 编写的外模式称为源外模式,用内 DDL 编写的内模式称为源内模式。各种源模式通过相应的模式翻译程序转换为机器内部的代码表示形式,分别称为目标概念模式、目标外模式和目标内模式。这些目标模式是对数据库结构信息的描述,而不是数据本身,它们是刻画数据库的框架(结构),并被保存在数据字典中。

2.4.4 数据库系统的结构

数据库系统的结构从不同的角度可以有不同的划分,通常从用户的角度看,数据库系统的结构可分为以下几类。

1. 单用户数据库系统

整个数据库系统(应用程序、DBMS、数据)装在一台计算机上,被一个用户独占,不同机器之间不能共享数据。早期的最简单的数据库系统便是如此。

例如一个企业的各个部门都使用本部门的机器来管理本部门的数据,各个部门的机器是独立的。由于不同部门之间不能共享数据,因此企业内部存在大量的冗余数据。

2. 主从式结构的数据库系统

该结构是一台主机带多个终端的多用户结构,数据库系统(包括应用程序、DBMS、数据)都集中存放在主机上,所有处理任务都由主机来完成,各个用户通过主机的终端并发地存取数据库,共享数据资源。

其优点是易于管理、控制与维护。其缺点是当终端用户个数增加到一定程度后,主机的任务会过于繁重,成为瓶颈,从而使系统性能下降,系统的可靠性依赖主机,当主机出现故障时,整个系统都不能使用。

3. 分布式结构的数据库系统

在该结构中,数据库的数据在逻辑上是一个整体,但物理地分布在计算机网络的不同节点上,网络中的每个节点都可以独立处理本地数据库中的数据,在执行局部应用的同时也可以存取和处理多个异地数据库中的数据,从而执行全局应用。

其优点是适应了地理上分散的公司、团体和组织对于数据库应用的需求。其缺点是数据的分布存放给数据的处理、管理与维护带来困难,当用户需要经常访问远程数据时,系统效率会明显地受到网络传输的制约。

4. C/S(客户机/服务器)结构的数据库系统

在该结构中,把 DBMS 功能和应用分开,网络中某个(些)节点上的计算机专门用于执行 DBMS 功能,称为数据库服务器,简称服务器。其他节点上的计算机安装 DBMS 的外围应用开发工具、用户的应用系统,称为客户机。

C/S 数据库系统的基本种类如下。

(1) 两层 C/S 结构

由服务器和客户机构成两层结构,如图 2.20 所示,又称为胖客户机结构。前端客户机安装专门的应用程序来操作后台数据库服务器中的数据,前端应用程序可以完成计算和接受处理数据的工作,后台数据库服务器主要完成数据的管理工作。

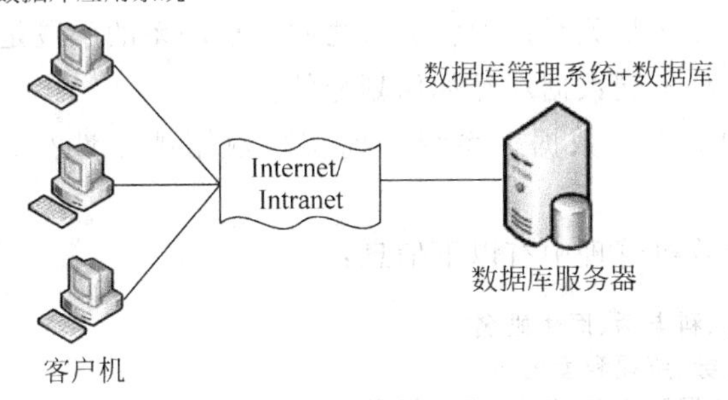

图 2.20　C/S结构

其工作模式是应用程序运行在客户机上,当需要对数据库进行操作时,就向数据库服务器发一个请求,数据库服务器收到请求后执行相应的数据库操作,并将结果返回给客户机上的应用程序。其优点是显著地减少了数据传输量、速度快、功能完备;缺点是维护和升级不方便,数据安全性差。

(2) 三层 C/S 结构

三层 C/S 结构也称为 B/S 结构(浏览器/服务器结构),如图 2.21 所示。它的客户端借助 Web 浏览器处理简单的客户端处理请求,显示用户界面及服务器端运行结果。中间层是 Web 服务器,是连接前端客户机和后台数据库服务器的“桥梁”,负责接收远程或本地的数据查询请求,然后运行服务器脚本,借助中间件把数据发送到数据库服务器上以获取相关数

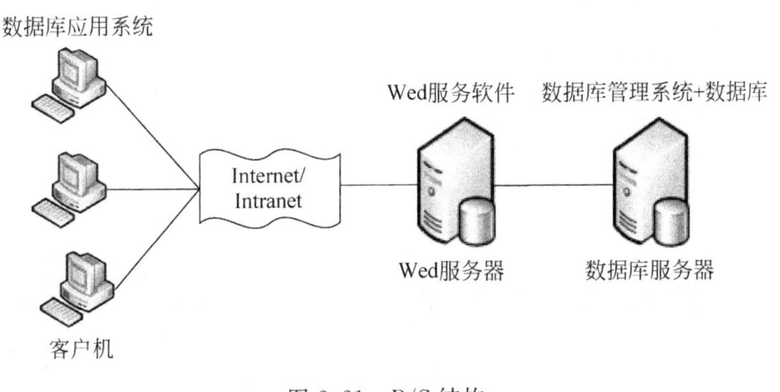

图 2.21　B/S结构

据，再把结果数据传回客户的浏览器。数据库服务器负责管理数据库，处理数据更新及完成查询要求，运行存储过程。

三层C/S结构对表示层、功能层和数据层进行明确分割，并在逻辑上使其独立。其优点是原来的数据层作为数据库管理系统已经独立出来，将表示层和功能层分离成各自独立的程序，并且要使这两层间的接口简洁明了，所以维护和升级方便，数据安全性好；缺点是数据查询等响应速度不如两层C/S结构等。

练习题2

1. 简述模型、模式和具体值三者之间的联系和区别。

2. 层次模型、网状模型和关系模型3种基本数据模型是根据什么来划分的？

3. 什么是关系？什么是关系框架？关系之间实现联系的手段是什么？

4. 对数据库的3种不同数据观是如何划分的？

5. 什么是数据独立性？数据库系统如何实现数据独立性？数据独立性可带来什么好处？

6. 某医院病房计算机管理中有以下信息：

科室：科名、科地址、科电话、医生姓名
病房：病房号、床位数、所属科室名
医生：姓名、职称、所属科室名、年龄、工作证号
病人：病历号、姓名、性别、诊断医生、病房号

其中，一个科室有多个病房、多个医生；一个病房只能属于一个科室；一个医生只属于一个科室，但可负责多个病人的诊治；一个病人的主治医生只有一个。设计该计算机管理系统的E-R图。

7. 学校有若干个系，每个系有若干个教师和学生；每个教师可以讲授若干门课程，并参加多个项目；每个学生可以同时选修多门课程。请设计某学校的教学和项目管理的E-R模型，要求给出每个实体、联系的属性。

第3章 关系数据库

关系数据库系统采用关系模型作为数据的组织方式，例如，SQL Server 就是一种支持关系数据模型的关系数据库管理系统。关系数据操作语言基于关系运算，本章介绍关系的数学定义、关系代数和关系演算等。

3.1 关系和关系数据库

关系模型的数据结构只是单一的表，即关系，但能够表达丰富的语义，描述现实世界中的实体以及实体之间的各种联系。本节用集合代数给出二维表的关系定义。

3.1.1 关系的概念

1. 域

域是一组具有相同数据类型的值的集合。例如，整数、正整数、实数、{0,1,2}等都可以是域。

2. 笛卡儿积

设定一组域“$D_1, D_2, \cdots, D_n$”，这组域中可以存在相同的域。定义“$D_1, D_2, \cdots, D_n$”的笛卡儿积为：

$$D_1 \times D_2 \times \cdots \times D_n = \{(d_1, d_2, \cdots, d_n) | d_i \in D_i, i = 1, 2, \cdots, n\}$$

其中，每一个元素$(d_1, d_2, \cdots, d_n)$叫作一个 n 元组或简称元组。元素中的每个值 $d_i(i=1, 2, \cdots, n)$叫作一个**分量**。

若 $D_i(i=1,2,\cdots,n)$为有限集，其基数为 $m_i(i=1,2,\cdots,n)$，则 $D_1 \times D_2 \times \cdots \times D_n$ 的基数 M 为 $\prod_{i=1}^{m} m_i$。

例如，D_1={张三，李四，王五}表示学生姓名集合，D_2={C 语言，数据结构，计算机原理}表示课程集合。

3. 关系

笛卡儿积 $D_1 \times D_2 \times \cdots \times D_n$ 的任意一个子集称为“$D_1, D_2, \cdots, D_n$”上的一个 n 元关系，表示为：

$$R(D_1, D_2, \cdots, D_n)$$

这里的 R 表示关系的名称，n 是关系的目或度。关系中的每个元素是关系中的元组。

当 $n=1$ 时，称该关系为单元关系。当 $n=2$ 时，称该关系为二元关系。

关系是笛卡儿积的有限子集，所以关系也是一个二维表，表的每行对应一个元组，表的每列对应一个域。由于域可以相同，为了加以区分，必须对每列起一个名称，称为属性，n 元关系有 n 个属性，属性的名称要唯一。

对于前面的 D_1 和 D_2，有：

$D_1 \times D_2$＝{（张三，C 语言），（张三，数据结构），（张三，计算机原理），
（李四，C 语言），（李四，数据结构），（李四，计算机原理），
（王五，C 语言），（王五，数据结构），（王五，计算机原理）}。

集合 R＝{（张三，C 语言），（李四，C 语言），（王五，C 语言）}，$R \subseteq D_1 \times D_2$，它是一个建立在集合 D_1、D_2 上的二元关系，表示学生与课程之间存在选课关系，即"张三"、"李四"和"王五"都选修了"C 语言"。

4. 关系的性质

关系是用集合代数的笛卡儿积定义的，关系是元组的集合，因此关系具有以下性质。

- 列的同质性：每一列中的分量是同一类型的数据，来自同一个域。
- 列名唯一性：每一列具有不同的属性名，但不同列的值可以来自同一个域。
- 元组相异性：关系中的任意两个元组不能完全相同，至少主码值不同。
- 行序的无关性：行的次序可以互换。
- 列序的无关性：列的次序可以互换。
- 分量原子性：分量值是原子的，即每一个分量都必须是不可分的数据项。

3.1.2 关系数据库的概念

在关系模型中，实体以及实体间的联系采用二维关系表来表示。关系实际上就是一个二维表，关系模式是这个表的结构，即它由哪些属性构成。在一个给定的现实世界领域中，相应于所有实体及实体之间的联系的关系集合构成一个关系数据库。

关系数据库也有型和值之分。关系数据库的型也称为关系数据库模式，是对关系数据库的描述，是关系模式的集合。关系数据库的值也称为关系数据库，是关系的集合。关系数据库模式与关系数据库通常统称为关系数据库。

关系模式与关系数据库的要点如下：

- 一个关系只能对应一个关系模式。
- 关系模式是关系的型，按其型装入数据后即形成关系。
- 一个具体的关系数据库是若干关系的集合。

3.1.3 关系操作语言

关系操作语言（或关系数据语言）是数据库管理系统提供的用户接口，是用户用来操作数据库的工具。关系操作语言大致可分为下面 3 种类型。

- 关系代数语言：查询操作是以集合操作作为基础，用对关系的运算来表达查询要求的语言，如 ISBL。
- 关系演算语言：用谓词来表达查询要求的语言，又分为元组关系演算语言和域关系演算语言，前者有 ALPHA，后者有 QBE。
- 结构化查询语言：具有关系代数和关系演算双重特点，如 SQL。

关系操作语言是一种比 Pascal、C 等程序设计语言更高级的语言。其中，关系代数语言

属于过程性语言，在编程时必须给出获得结果的操作步骤，而关系演算语言属于非过程性语言，在编程时只需指出需要什么信息，不必给出具体的操作步骤。

3.2 关系代数

关系代数是一种抽象的查询语言，它用对关系的运算来表达查询。关系代数是施加于关系上的一组集合代数运算，每个运算都以一个或多个关系作为运算对象，并生成另外一个关系作为该关系运算的结果。关系代数包含传统的集合运算和专门的关系运算两类，其中，关系代数的5种基本运算是并、差、笛卡儿积、投影和选择运算。

3.2.1 传统的集合运算

传统的集合运算有并、差、交和笛卡儿积运算。

设关系 R 和 S 具有相同的 n 目（即两个关系都有 n 个属性），且相应的属性取自同一个域。

1. 关系的并

关系 R 和关系 S 的所有元组合并，再删去重复的元组，组成一个新关系，称为 R 和 S 的并，记为 $R \cup S$。即 $R \cup S = \{ t \mid t \in R \lor t \in S \}$，其中 t 为元组变量。

2. 关系的差

关系 R 和关系 S 的差是由属于 R 但不属于 S 的所有元组组成的集合，即关系 R 中删去与 S 关系中相同的元组，组成一个新关系，记为 $R-S$。即 $R-S = \{ t \mid t \in R \land t \notin S \}$。

3. 关系的交

关系 R 和关系 S 的交是由既属于 R 又属于 S 的元组组成的集合，即在两个关系 R 与 S 中取相同的元组，组成一个新关系，记为 $R \cap S$。即 $R \cap S = \{ t \mid t \in R \land t \in S \}$。

4. 笛卡儿积

笛卡儿积的定义参见3.1节。这里的笛卡儿积是广义笛卡儿积，因为笛卡儿积的元素是元组。R、S 可以是不同的关系，R、S 的笛卡儿积表示为 $R \times S = \{ t_r \quad t_s \mid t_r \in R \land t_s \in S \}$。

设 n 目和 m 目的关系 R 和 S，它们的笛卡儿积是一个 $(n+m)$ 目的元组集合。元组的前 n 列是关系 R 的一个元组，后 m 列是关系 S 的一个元组。若 R 有 r 个元组，S 有 s 个元组，则关系 R 和关系 S 的笛卡儿积应当有 $r \times s$ 个元组。

【例 3.1】 有3个关系 R、S 和 T，如图3.1所示，求以下各种运算的结果。

① $R \cup S$

② $R-S$

③ $R \cap S$

④ $R \times T$

解：① $R \cup S$ 由属于 R 和 S 的所有不重复的元组组成。

② $R-S$ 由属于 R 但不属于 S 的元组组成。

③ $R \cap S$ 由既属于 R 又属于 S 的元组组成。

④ $R \times T$ 为 R 和 S 的笛卡儿积，共有 $3 \times 2 = 6$ 个元组。

这4个运算的结果如图3.2所示。

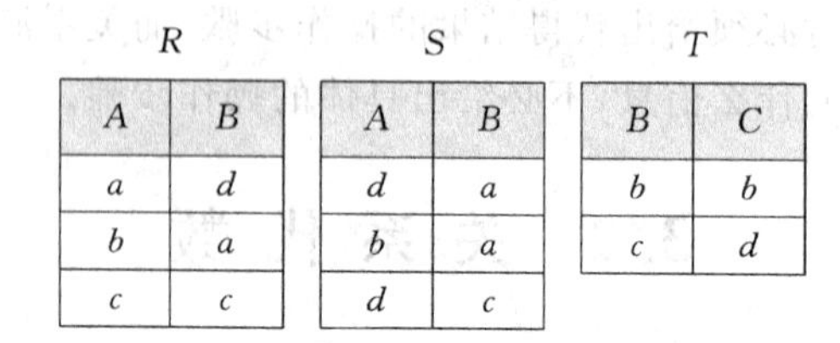

R

A	B
a	d
b	a
c	c

S

A	B
d	a
b	a
d	c

T

B	C
b	b
c	d

图 3.1　3 个关系

$R \cup S$

A	B
a	d
b	a
c	c
d	a
d	c

$R \cap S$

A	B
b	a

$R-S$

A	B
a	d
c	c

$R \times T$

R.A	R.B	T.B	T.C
a	d	b	b
a	d	c	d
b	a	b	b
b	a	c	d
c	c	b	b
c	c	c	d

图 3.2　关系运算结果

3.2.2　专门的关系运算

专门的关系运算有选择、投影、连接和除等运算。

1. 选择

从一个关系中选出满足给定条件的记录的操作称为选择或筛选。选择是从行的角度进行的运算，选出满足条件的记录构成原关系的一个子集。其表示如下：

$$\sigma_F(R) = \{t \mid t \in R \land F(t) = \text{true}\}$$

即由关系 R 中满足 F 条件的元组组成，其中 F 为布尔函数，由属性名（值）、比较符（$<$、$=$、$>$、$\leqslant$、$\geqslant$、$\neq$）和逻辑运算符（$\land$、$\lor$、$\neg$）组成，t 表示 R 中的元组，$F(t)$ 表示 R 中满足 F 条件的元组。

2. 投影

从关系中挑选若干属性组成新的关系称为投影。投影是从列的角度进行的运算，相当于对关系进行垂直分解。经过投影运算可以得到一个新关系，其关系所包含的属性个数往往比原关系少，或者属性的排列顺序不同。如果新关系中包含重复元组，则要删除重复元组。其表示如下：

$$\Pi_L(R) = \{ t[L] \mid t \in R \}$$

即在 R 中取属性名列表 L 中指定的列。

3. 连接

连接是将两个关系的属性名拼接成一个更宽的关系，生成的新关系中包含满足连接条件的元组。运算过程是通过连接条件来控制的，连接是对两个关系的结合。

（1）θ 连接

θ 连接操作是从关系 R 和 S 的笛卡儿积中选取属性值满足某一个条件运算符 θ 的元组，记为 $R \underset{i\theta j}{\bowtie} S$，这里的 i 和 j 分别是关系 R 和 S 中第 i 和第 j 个属性的序号。

如果 θ 是等号=,该连接操作称为“等值连接”。

(2) F 连接

F 连接操作是从关系 R 和 S 的笛卡儿积中选取属性值满足某一个条件公式 F 的元组,记为 $R \underset{F}{\bowtie} S$。这里的 F 是形为 $F_1 \wedge F_2 \wedge \cdots \wedge F_n$ 的公式,每个 $F_i(1 \leqslant i \leqslant n)$ 是形为“$i\theta j$”的式子,其中 i 和 j 分别为 R 和 S 的第 i、第 j 个分量的序号。

(3) 自然连接

自然连接是除去重复属性的等值连接,它是连接运算的一个特例,是最常用的连接运算。

自然连接记为 $R \bowtie S$,其中 R 和 S 是两个关系,并且具有一个或多个同名属性。在连接运算中,同名属性一般都是外码,否则会出现重复数据。

等值连接与自然连接的区别如下:

- 自然连接一定是等值连接,但等值连接不一定是自然连接。因为自然连接要求相等的分量必须是公共属性,而等值连接相等的分量不一定是公共属性。
- 等值连接不把重复的属性去掉,而自然连接要把重复的属性去掉。

4. 除

给定关系 $R(X,Y)$ 和 $S(Y,Z)$,其中 X、Y、Z 为属性组。R 中的 Y 与 S 中的 Y 可以有不同的属性名,但必须出自相同的域集。R 与 S 的除法运算得到一个新的关系 $P(X)$,P 是 R 中满足下列条件的元组在 X 属性列上的投影,元组在 X 上的分量值 x 的象集 Yx 包含 S 在 Y 上的投影,即:

$$R \div S = \{t_r[X] \mid t_r \in R \wedge \Pi_Y(S) \subseteq Yx\}$$

其中的 Yx 为 x 在 R 中的象集,$x = t_r[X]$。

例如,对于图 3.3 所示的两个关系:

选课(学号,课程号)
课程(课程号,课程名)

选课

学号	课程号
1	C_1
1	C_2
1	C_3
2	C_1
2	C_3
3	C_1
3	C_3
4	C_1
4	C_2
5	C_2
5	C_3
5	C_1

课程

课程号	课程名
C_1	数据结构
C_3	Java程序设计

图 3.3 两个关系

求选课÷课程的过程分下面4步进行：

① 将被除关系(选课)的属性分为象集属性和结果属性，与除关系(课程)相同的属性属于象集属性，不相同的属性属于结果属性。这里的象集属性为课程号，结果属性为学号。

② 在除关系(课程)中，对与被除关系(选课)相同的属性(象集属性)进行投影，得到除目标数据集，如图3.4(a)所示。

③ 将被除关系(选课)分组，原则是结果属性值一样的元组分为一组，如图3.4(b)所示。

④ 逐一考察每个组，如果它的象集属性值中包括除目标数据集，则对应的结果属性值应属于该除法运算结果集。如图3.4(c)所示，它表示选修了所有课程的学生学号。

$\Pi_{课程号}$(课程)

课程号
C_1
C_3

(a) 除目标数据集

学号	课程号
1	C_1
1	C_3
2	C_1
2	C_3
3	C_1
3	C_3
5	C_3
5	C_1

(b) 将选课分组

学号
1
2
3
5

(c) 运算结果集

图3.4 求选课÷课程的过程

【例3.2】 有4个关系R、S、U和V，如图3.5所示，求以下各种运算的结果。

① $\sigma_{B=5}(S)$

② $\Pi_{A,C}(R)$

③ $R \underset{3=2}{\bowtie} S$

④ $R \bowtie S$

⑤ $U \div V$

R

A	B	C
1	2	3
4	5	6
7	8	9

S

B	C	D
2	3	2
5	6	3
9	8	5

U

A	B	C	D
a	b	c	d
a	b	e	f
c	a	c	d

a、b在U中的象集

V

C	D
c	d
e	f

图3.5 4个关系

解：① $\sigma_{B=5}(S)$由S的B属性值为'5'的元组组成。

② $\Pi_{A,C}(R)$由R的A、C属性的元组组成。

③ $R \underset{3=2}{\bowtie} S$由$R$的$C$属性值等于$S$的$C$属性值的元组条件连接组成。

④ $R \bowtie S$由R的C属性值等于S的C属性值的元组自然连接组成。

⑤ $U \div V$为U与V的除法运算。

这5个运算的结果如图3.6所示。

$\sigma_{B=5}(S)$

B	C	D
5	6	3

$\Pi_{A,C}(R)$

A	C
1	3
4	6
7	9

$R \underset{3=2}{\bowtie} S$

$R.A$	$R.B$	$R.C$	$S.B$	$S.C$	$S.D$
1	2	3	2	3	2
4	5	6	5	6	3

$R \bowtie S$

A	B	C	D
1	2	3	2
4	5	6	3

$U \div V$

A	B
a	b

图 3.6　关系运算结果

【例 3.3】　设有如图 3.7 所示的关系 S、SC 和 C，试用关系代数表达式表示下列查询语句，并给出前 3 个关系代数表达式的执行过程和结果。

① 检索“程军”老师所授课程的课程号(C＃)和课程名(CNAME)。

② 检索年龄大于 21 的“男”学生的学号(S＃)和姓名(SNAME)。

③ 检索至少选修“程军”老师所授全部课程的学生的姓名(SNAME)。

④ 检索“李强”同学没有选修的课程的课程号(C＃)。

⑤ 检索至少选修两门课程的学生的学号(S＃)。

⑥ 检索全部学生都选修的课程的课程号(C＃)和课程名(CNAME)。

⑦ 检索选修课程包含“程军”老师所授课程之一的学生的学号(S＃)。

⑧ 检索选修课程号为 k_1 和 k_5 的课程的学生的学号(S＃)。

⑨ 检索选修全部课程的学生的姓名(SNAME)。

⑩ 检索选修课程名为“C 语言”的学生的学号(S＃)和姓名(SNAME)。

S

S＃	SNAME	AGE	SEX
1	李强	23	男
2	刘丽	22	女
3	张友	22	男

C

C＃	CNAME	TEACHER
k_1	C 语言	王华
k_5	数据库原理	程军
k_8	编译原理	程军

SC

S＃	C＃	GRADE
1	k_1	83
2	k_1	85
3	k_1	92
2	k_5	90
3	k_5	84
3	k_8	80

图 3.7　关系 S、C 和 SC

解：本题各个查询操作对应的关系代数表达式表示如下。

① $\Pi_{C\#,CNAME}(\sigma_{TEACHER='程军'}(C))$，该关系代数表达式的执行过程和结果如图 3.8 所示。

$\sigma_{TEACHER='程军'}(C)$

C#	CNAME	TEACHER
k_5	数据库原理	程军
k_8	编译原理	程军

⇒

$\Pi_{C\#,CNAME}(\sigma_{TEACHER='程军'}(C))$

C#	CNAME
k_5	数据库原理
k_8	编译原理

图 3.8　关系代数表达式①的执行过程和结果

② $\Pi_{S\#,SNAME}(\sigma_{AGE>21 \wedge SEX='男'}(S))$，该关系代数表达式的执行过程和结果如图 3.9 所示。

$\sigma_{AGE>21 \wedge SEX='男'}(S)$

S#	SNAME	AGE	SEX
1	李强	23	男
3	张友	22	男

⇒

$\Pi_{S\#,SNAME}(\sigma_{AGE>21 \wedge SEX='男'}(S))$

S#	SNAME
1	李强
3	张友

图 3.9　关系代数表达式②的执行过程和结果

③ $\Pi_{SNAME}(S \bowtie (\Pi_{S\#,C\#}(SC) \div \Pi_{C\#}(\sigma_{TEACHER='程军'}(C))))$，该关系代数表达式的执行过程和结果如图 3.10 所示。

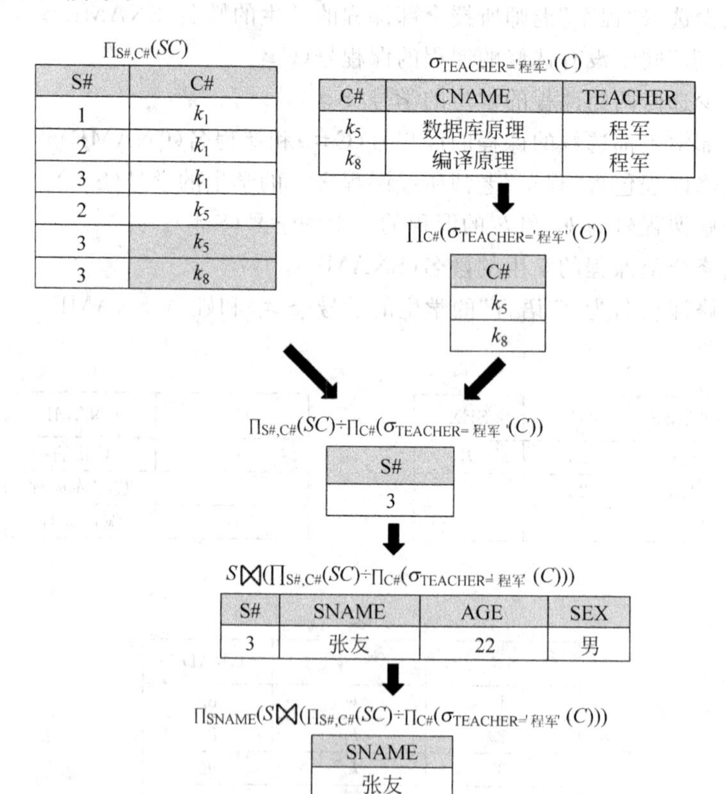

$\Pi_{S\#,C\#}(SC)$

S#	C#
1	k_1
2	k_1
3	k_1
2	k_5
3	k_5
3	k_8

$\sigma_{TEACHER='程军'}(C)$

C#	CNAME	TEACHER
k_5	数据库原理	程军
k_8	编译原理	程军

$\Pi_{C\#}(\sigma_{TEACHER='程军'}(C))$

C#
k_5
k_8

$\Pi_{S\#,C\#}(SC) \div \Pi_{C\#}(\sigma_{TEACHER='程军'}(C))$

S#
3

$S \bowtie (\Pi_{S\#,C\#}(SC) \div \Pi_{C\#}(\sigma_{TEACHER='程军'}(C)))$

S#	SNAME	AGE	SEX
3	张友	22	男

$\Pi_{SNAME}(S \bowtie (\Pi_{S\#,C\#}(SC) \div \Pi_{C\#}(\sigma_{TEACHER='程军'}(C)))$

SNAME
张友

图 3.10　关系代数表达式③的执行过程和结果

④ $\Pi_{C\#}(C)-\Pi_{C\#}(\sigma_{SNAME='李强'}(S)\bowtie SC)$

⑤ $\Pi_{S\#}(\sigma_{[1]=[4]\wedge[2]\neq[5]}(SC\times SC))$

⑥ $\Pi_{C\#,CNAME}(C\bowtie(\Pi_{S\#,C\#}(SC)\div\Pi_{S\#}(S)))$

⑦ $\Pi_{S\#}(SC\bowtie\Pi_{C\#}(\sigma_{TEACHER='程军'}(C)))$

⑧ $\Pi_{S\#}(SC)\div\Pi_{C\#}(\sigma_{C\#='k1'\vee C\#='k5'}(C))$

⑨ $\Pi_{SNAME}(S\bowtie(\Pi_{S\#,C\#}(SC)\div\Pi_{C\#}(C)))$

⑩ $\Pi_{S\#,SNAME}(S\bowtie\Pi_{S\#}(SC\bowtie(\sigma_{CNAME='C语言'}(C))))$

3.3 关系演算

把数理逻辑中的谓词演算应用到关系运算中就得到了关系演算，关系演算可分为元组关系演算和域关系演算，前者以元组为变量，后者以域为变量。

在用关系代数表示查询等操作时，需要提供一定的查询过程描述，而关系演算是完全非过程化的，它只需要提供所需信息的描述，不需要给出获得该信息的具体过程。目前，面向用户的关系操作语言基本上是以关系演算为基础的。

3.3.1 元组关系演算

在元组关系演算中，元组关系演算表达式（简称为元组表达式）的一般形式为$\{t \mid \psi(t)\}$，其中 t 是元组变量，它表示一个元数（对应关系模型中的属性个数）固定的元组，ψ 是公式，公式是由原子公式组成的。

$\{t \mid \psi(t)\}$表示满足公式 ψ 的所有元组 t 的集合。原子公式有下列 3 种形式。

- $R(s)$：其中 R 是关系名，s 是元组变量。它表示这样的一个命题，即“s 是关系 R 的一个元组”。
- $s[i]\theta u[j]$：其中 s 和 u 都是元组变量，θ 是算术比较运算符。该原子公式表示这样的命题，即“元组 s 的第 i 个分量与元组 u 的第 j 个分量之间满足 θ 关系”。
- $s[i]\theta a$ 或 $a\theta s[i]$：这里 a 是一个常量。前一个原子公式表示这样的命题，即“元组 s 的第 i 个分量与常量 a 之间满足 θ 关系”。

在一个公式中，如果一个元组变量的前面没有存在量词∃或全称量词∀等符号，那么称之为自由元组变量，否则称之为约束元组变量。在元组表达式的一般形式$\{t \mid \psi(t)\}$中，t 是 ψ 中唯一的自由元组变量。

在公式中各种运算符的优先级从高到低依次为算术运算符、量词（∃、∀）、逻辑运算符（¬、∧、∨）。

关系代数的 5 种基本运算可以用元组表达式表示如下。

- $R\cup S$：可用$\{t|R(t)\vee S(t)\}$表示。
- $R-S$：可用$\{t|R(t)\wedge\neg S(t)\}$表示。
- $R\times S$：可用$\{t^{(r+s)} \mid (\exists u^{(r)})(\exists v^{(s)})(R(u)\wedge S(v)\wedge t[1]=u[1]\wedge\cdots\wedge t[r]=u[r]\wedge t[r+1]=v[1]\wedge\cdots\wedge t[r+s]=v[s]\}$表示，其中 $t^{(r+s)}$ 表示 t 有 $r+s$ 个属性。
- $\Pi_{i1,\cdots,ik}(R)$：可用$\{t^{(k)} \mid (\exists u)(R(u)\wedge t[1]=u[i_1]\wedge\cdots\wedge t[k]=u[i_k])$表示。
- $\sigma_F(R)$：可用$\{t|R(t)\wedge F'\}$表示，其中 F' 是 F 的等价表示形式。

【例 3.4】 有两个关系 R 和 S，如图 3.11 所示，求以下各种运算的结果。

① $R_1=\{t \mid R(t) \wedge \neg S(t)\}$

② $R_2=\{t \mid (\exists u)(S(t) \wedge R(u) \wedge t[3]<u[2])\}$

③ $R_3=\{t \mid (\forall u)(R(t) \wedge S(u) \wedge t[3]>u[1])\}$

R

A	B	C
1	2	3
4	5	6
7	8	9

S

A	B	C
1	2	3
3	4	6
5	6	9

图 3.11　两个关系 R 和 S

解： R_1 即为 $R-S$。R_2 由 S 的部分元组组成的，这些元组满足条件“它的第 3 列至少小于 R 的某个元组的第 2 列”。R_3 由 R 的部分元组组成的，这些元组满足条件“它的第 3 列比 S 的任何元组的第 1 列都大”。其结果如图 3.12 所示。

R_1

A	B	C
4	5	6
7	8	9

R_2

A	B	C
1	2	3
3	4	6

R_3

A	B	C
4	5	6
7	8	9

图 3.12　元组关系演算

【例 3.5】 对于图 3.7 所示的关系 S、C 和 SC，试用元组演算表达式表示下列查询操作。

① 检索选修课程号为 k_5 的课程的学生的学号和成绩。

② 检索选修课程号为 k_8 的课程的学生的学号和姓名。

③ 检索选修课程名为“C 语言”的课程的学生的学号和姓名。

④ 检索选修课程号为 k_1 或 k_5 的课程的学生的学号。

⑤ 检索选修课程号为 k_1 和 k_5 的课程的学生的学号。

⑥ 检索不选修 k_8 课程的学生的姓名和年龄。

⑦ 检索选修全部课程的学生的姓名。

⑧ 检索所选修课程包含 1 号学生所选课程的学生的学号。

解： 本题各个查询操作对应的元组演算表达式表示如下。

① $R_1=\{t|(\exists u)(\mathrm{SC}(u) \wedge u[2]='k_5' \wedge t[1]=u[1] \wedge t[2]=u[3])\}$

② $R_2=\{t|(\exists u)(\exists v)(S(u) \wedge \mathrm{SC}(v) \wedge v[2]='k_8' \wedge u[1]=v[1] \wedge t[1]=u[1] \wedge t[2]=u[2])\}$

③ $R_3=\{t|(\exists u)(\exists v)(\exists w)(S(u) \wedge \mathrm{SC}(v) \wedge C(w) \wedge u[1]=v[1] \wedge v[2]=w[1] \wedge w[2]='\text{C 语言}' \wedge t[1]=u[1] \wedge t[2]=u[2])\}$

④ $R_4=\{t|(\exists u)(\mathrm{SC}(u) \wedge (u[2]='k_1' \vee u[2]='k_5') \wedge t[1]=u[1])\}$

⑤ $R_5=\{t\mid(\exists u)(\exists v)(SC(u)\wedge SC(v)\wedge u[2]='k_1'\wedge v[2]='k_5'\wedge u[1]=v[1]\wedge t[1]=u[1])\}$

⑥ $R_6=\{t\mid(\exists u)(\forall v)(S(u)\wedge SC(v)\wedge(u[1]\neq v[1]\vee v[2]\neq'k_8')\wedge t[1]=u[2]\wedge t[2]=u[3])\}$

⑦ $R_7=\{t\mid(\exists u)(\forall v)(\exists w)(S(u)\wedge C(v)\wedge SC(w)\wedge u[1]=w[1]\wedge w[2]=v[1]\wedge t[1]=u[2])\}$

⑧ $R_8=\{t\mid(\exists u)(SC(u)\wedge(\forall v)(SC(v)\wedge(v[1]\neq'1'\vee(\exists w)(SC(w)\wedge w[1]=u[1]\wedge w[2]=v[2])))\wedge t[l]=u[1])\}$

3.3.2 域关系演算

域关系演算和元组关系演算是类似的，不同之处是用域变量代替元组变量的每一个分量。与元组变量不同的是，域变量的变化范围是某个值域而不是一个关系，用户可以像元组关系演算那样定义域关系演算的原子公式。域关系演算的原子公式有以下 3 种形式。

- $R(x_1,x_2,\cdots,x_k)$：R 是 k 元关系，每个 x_i 是常量或域变量。该公式表示由分量 x_1、x_2、…、x_k 组成的元组属性关系 R。
- $x_i\theta y_j$：其中 x_i、y_j 是域变量，θ 为算术比较运算符。该公式表示 x_i、y_j 满足比较关系 θ。
- $x_i\theta a$ 或 $a\theta y_j$：其中 x_i，y_j 是域变量，a 为常量，θ 为算术比较运算符。该公式表示 x_i 与常量 a 或常量 a 与 y_j 满足比较关系 θ。

在域关系演算的公式中也可使用 $\wedge$、$\vee$、$\neg$ 等逻辑运算符，还可用 $\exists x$ 和 $\forall x$ 形成新的公式，但变量 x_i 是域变量，不是元组变量。

域关系演算表达式是形为 $\{t_1,\cdots,t_k\mid\psi(t_1,\cdots,t_k)\}$ 的表达式，其中 $\psi(t_1,\cdots,t_k)$ 是关于自由域变量 t_1、…、t_k 的公式。

【例 3.6】 有 3 个关系 R、S 和 W，如图 3.13 所示，求以下各种运算的结果。

① $R_1=\{xyz\mid R(xyz)\wedge x<'5'\wedge y>'3'\}$

② $R_2=\{xyz\mid R(xyz)\vee S(xyz)\wedge y='4'\}$

③ $R_3=\{xyz\mid(\exists u)(\exists v)(R(zxu)\wedge W(yv)\wedge u>v)\}$

R

A	B	C
1	2	3
4	5	6
7	8	9

S

A	B	C
1	2	3
3	4	6
5	6	9

W

D	E
7	5
4	8

图 3.13　3 个关系 R、S 和 W

解：R_1 由 R 中第 1 列小于 5、第 2 列大于 3 的元组组成。R_2 由 R 的所有元组和 S 中的第 2 列等于 4 的元组组成。R_3 由 R 中的第 2 列、W 中的第 1 列和 R 中的第 1 列组成，这些元组满足条件 R 中的第 3 列大于 W 中某个元组的第 2 列。其结果如图 3.14 所示。

R_1

A	B	C
4	5	6

R_2

A	B	C
1	2	3
4	5	6
7	8	9
3	4	6

R_3

B	D	A
5	7	4
8	7	7
8	4	7

图 3.14　域关系演算结果

【例 3.7】 设 R 和 S 分别是三元和二元关系，试把表达式：

$$\Pi_{1,5}(\sigma_{2=4 \vee 3=4}(R \times S))$$

转换成等价的：

① 汉语查询句子。

② 元组表达式。

③ 域表达式。

解：① 对应的汉语查询含义为从 R 与 S 的笛卡儿积中选择 R 的第 2 列与 S 的第 1 列相等或者 R 的第 3 列与 S 的第 1 列相等的元组，并投影 R 的第 1 列和 S 的第 2 列。

② 对应的元组表达式为 $\{t|(\exists u)(\exists v)(R(u) \wedge S(v) \wedge t[1]=u[1] \wedge t[2]=v[2] \wedge (u[2]=v[1] \vee u[3]=v[1]))\}$。

③ 对应的域表达式为 $\{xv \mid (\exists x)(\exists u)(R(xyz) \wedge S(uv) \wedge (y=u \vee z=u))\}$。

3.4　SQL 简介

3.4.1　SQL 概述

SQL(结构化查询语言)是最重要的关系数据库操作语言，其影响已经超出数据库领域，得到其他领域的重视和采用，如人工智能领域的数据检索、第四代软件开发工具中嵌入 SQL 的语言等。

SQL 用于存取数据以及查询、更新和管理关系数据库系统，它是高级的非过程化编程语言，允许用户在高层数据结构上工作。它不要求用户指定对数据的存放方法，也不需要用户了解具体的数据存放方式，只需告诉数据库需要什么数据，怎么显示就可以了，所以具有完全不同底层结构的不同数据库系统，可以使用相同的结构化查询语言作为数据输入与管理的接口。结构化查询语言语句可以嵌套，这使它具有极大的灵活性和强大的功能。

例如，要从 school 数据库的 student 表中查找姓名为“李军”的学生记录，使用简单的一个命令即可，对应的命令如下：

```
SELECT * FROM student WHERE 姓名 = '李军';
```

其中，SELECT 子句表示选择表中的列，* 号表示选择所有列；FROM 子句指定表名，这里从 student 表中获取数据；WHERE 子句表示指定查询的条件，这里指定姓名条件。

3.4.2 SQL 语言的分类

SQL 按照用途主要分为以下 4 类。

- DDL(Data Definition Language,数据定义语言):用于建立和删除数据库对象等,包括 CREATE、ALTER 和 DROP 等。
- DML(Data Manipulation Language,数据操纵语言):用于添加、修改和删除数据库中的数据,包括 NSERT(插入)、DELETE(删除)和 UPDATE(更新)等。
- DQL(Data Query Language,数据查询语言):用于查询数据库中的数据,主要有 SELECT。
- DCL(Data Control Language,数据控制语言):用于数据库对象的权限管理和事务管理,包括 GRANT(授权)、REVOKE(收权)等。

3.4.3 SQL 支持的标准和发展历史

SQL 是 1986 年 10 月由美国国家标准局(ANSI)通过的数据库语言美国标准,接着,国际标准化组织(ISO)颁布了 SQL 的正式国际标准。1989 年 4 月,ISO 提出了具有完整性特征的 SQL89 标准。1992 年 11 月又公布了 SQL92 标准,在此标准中,把数据库分为 3 个级别,即基本集、标准集和完全集。

SQL 的发展历史如下。

- 1970 年:E. F. Codd 发表了关系数据库理论。
- 1974 年—1979 年:IBM 以 Codd 的理论为基础开发了 Sequel,并重命名为"结构化查询语言"。
- 1979 年:Oracle 发布了商业版 SQL。
- 1981 年—1984 年:出现了其他商业版本,分别来自 IBM(DB2)、Data General、Relational Technology(INGRES)。
- 1986 年:SQL 86,ANSI 和 ISO 的第一个标准 SQL。
- 1989 年:SQL89,增加了参照完整性。
- 1992 年:SQL92,被数据库管理系统(DBMS)生产商广泛接受。
- 1997 年:成为动态网站的后台支持。
- 2003 年:SQL 2003,包含了 XML 的相关内容、自动生成列值等。
- 2005 年:SQL2005,定义了结构化查询语言与 XML(包含 XQuery)的关联应用。Sun 公司将以结构化查询语言为基础的数据库管理系统嵌入 Java 6。
- 2007 年:SQL Server 2008 在过去的 SQL 2005 基础上增强了它的安全性,包括简单的数据加密、外键管理等,增强了审查功能,改进了数据库镜像,加强了可支持性。
- 2012 年:微软推出了 SQL Server 2012,增加了列存储索引等。现在,SQL 还在继续发展之中。

练习题 3

1. 什么是关系数据库?
2. 关系操作语言有什么作用?关系操作语言分为哪几类?

3. 简述等值连接与自然连接的区别。

4. 简述 SQL 语言的分类。

5. 设有如图 3.15 所示的两个关系 R 和 S，计算 $R \bowtie S$、$R \underset{2<2}{\bowtie} S$ 和 $\sigma_{A=C}(R\times S)$。

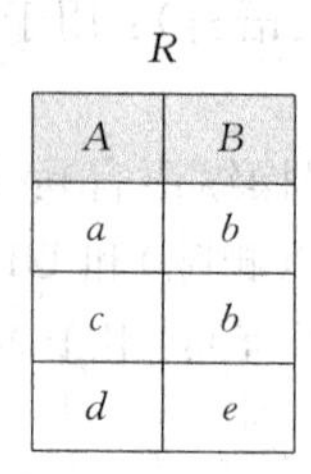

R

A	B
a	b
c	b
d	e

S

B	C
b	c
e	a
b	d

图 3.15　两个关系

6. 设有如图 3.16 所示的两个关系 R、S，计算 $R_1=R-S$、$R_2=R\cup S$、$R_3=R\cap S$ 和 $R_4=R\times S$。

R

A	B	C
a	b	c
b	a	f
c	b	d

S

A	B	C
b	a	f
d	a	f

图 3.16　两个关系

7. 设学生课程数据库中包含以下关系：

```
S(Sno,Sname,Sex,SD,Age)
C(Cno,Cname,Term,Credit)
SC(Sno,Cno,Grade)
```

其中，S 为学生表，它的各属性依次为学号、姓名、性别、系别和年龄；C 为课程表，它的各属性依次为课程号、课程名、上课学期和学分；SC 为学生选课成绩表，它的各属性依次为学号、课程号和成绩。请用关系代数表达式和元组演算表达式查询以下问题。

① 查询选修课程名为“数学”的课程的学生的学号和姓名。

② 查询至少选修了课程号为 1 和 3 的课程的学生的学号。

③ 查询选修了“操作系统”或“数据库”课程的学生的学号和姓名。

④ 查询年龄在 18～20 之间(含 18 和 20)的女生的学号、姓名和年龄。

⑤ 查询选修了“数据库”课程的学生的学号、姓名和成绩。

⑥ 查询选修了全部课程的学生的姓名和所在的系。

8. 设 R 和 S 都是二元关系，把元组表达式：

$$\{t \mid R(t) \land (\exists u)(S(u) \land u[1] = t[2])\}$$

转换成等价的：

① 汉语查询句子。

② 关系代数表达式。

③ 域表达式。

第4章 关系数据库规范化理论

数据库设计的问题可以简单地描述为：如果要把一组数据存储到数据库中，如何为这些数据设计一个合适的逻辑结构？在关系数据库系统中就是如何设计一些关系表以及这些关系表中的属性，这就是本章主要介绍的关系模式的规范化设计问题。

4.1 为什么要对关系模式进行规范化

4.1.1 问题的提出

假定有以下学生关系 S：

S(学号,姓名,性别,课程号,课程名,分数)

其中，S 表示关系名，包含有学号、姓名、性别、课程号、课程名和分数等属性，主码为(学号,课程号)。

这个关系模式存在以下问题。

1. 数据冗余

当一个学生选修多门课程或者多个学生选修同一门课程时就会出现数据冗余。如图 4.1 所示，当一个学生选修多门课程时会出现姓名、性别多次重复存储的情况；当多个学生选修同一门课程时会出现课程名多次重复存储的情况。

学号	姓名	性别	课程号	课程名	分数
S0102	陈功	男	C108	C语言	84
S0102	陈功	男	C206	数据库原理与应用	92
S0108	李丽	女	C206	数据库原理与应用	86

数据冗余

图 4.1 数据冗余的情况

2. 数据不一致性

由于数据存储冗余，当更新某些数据项时有可能一部分字段修改了，而另一部分字段未修改，造成存储数据的不一致性。如图 4.2 所示，S102 的学生选修两门课程，可能会出现姓名输入不一致(同一学号出现不同的姓名)；有两个学生选修同一门课程，可能出现课程名输入不一致(同一课程号出现不同的课程名)。

学号	姓名	性别	课程号	课程名	分数
S0102	陈功	男	C108	C语言	84
S0102	程功	男	C206	数据库原理与应用	92
S0108	李丽	女	C206	数据库技术	86

数据不一致

图 4.2　数据不一致的情况

3. 插入异常

如果某个学生未选修任何课程，则其学号、姓名和性别属性值无法插入，因为此时该学生的课程号为空，关系数据模式规定主码不能为空或部分为空，这便是插入异常。例如，有一个学号为 S0110 的新生“陈强”，由于尚未选课，则不能插入到关系 S 中，无法存放该学生的基本信息。

4. 删除异常

当要删除某学生的分数时，该学生的学号、姓名和性别属性值也都被删除了，再也找不到该学生的基本信息了，这便是删除异常。例如，假设关系 S 中只有一个学号为 S0108 的学生记录，现在需要将其删除，在删除该记录后，学号为 S0108 的学生基本信息也被删除了，且没有其他地方存放该学生的基本信息。

4.1.2　问题的解决

为了解决关系模式 S 出现的诸多问题，可以将 S 关系分解为以下 3 个关系：

S_1(学号，姓名，性别)　　主码为(学号)
S_2(学号，课程号，分数)　　主码为(学号，课程号)
S_3(课程号，课程名)　　主码为(课程号)

这样分解后，上述异常都得到了解决。

数据冗余问题的解决：对于选修多门课程的学生，在关系 S_1 中只有一条该学生的记录，只需在关系 S_2 中存放对应的分数记录，同一学生的姓名和性别不会重复出现。由于在关系 S_3 中存放课程号和课程名，所以关系 S_2 中不再存放课程名，从而避免出现课程名的数据冗余。

数据不一致问题的解决：主要是由于数据冗余引起的，解决了数据冗余，数据不一致性的问题自然就解决了。

插入异常问题的解决：由于关系 S_1 和关系 S_2 是分开存储的，如果某个学生未选修课程，可将其学号、姓名和性别属性值插入到关系 S_1 中，只是关系 S_2 中没有该学生的记录，因此不存在插入异常问题。

删除异常问题的解决：同样，当要删除某学生的分数时，只从关系 S_2 中删除对应的分数记录，而关系 S_1 中的仍保留，从而解决了删除异常问题。

将关系模式 S 分解成多个关系模式的过程就是关系模式的规范化，也就是说，通过关系模式规范化来解决数据冗余、数据不一致、删除异常和删除异常等问题。

4.1.3 关系模式规范化概述

1. 关系模式规范化的目的、原则和方法

关系模式规范化的目的是使结构更合理，消除存储异常，使数据冗余尽量小，便于插入、删除和更新。

关系模式规范化的原则是遵从概念单一化"一事一地"的原则，即一个关系模式描述一个实体或实体间的一种联系。规范化的实质就是概念的单一化。

关系模式进行规范化的方法是将关系模式投影分解成两个或两个以上的关系模式。

2. 关系模式规范化需要进一步学习的内容

这样引出了以下需要进一步学习的内容：

① 为什么将关系 S 分解为关系 S_1、S_2 和 S_3 后，所有的异常问题就解决了呢？这是因为 S 关系中的某些属性之间存在数据依赖。数据依赖是现实世界事物之间的相互关联性的一种表达，是属性的固有语义的体现。人们只有对一个数据库所要表达的现实世界进行认真的调查与分析，才能归纳出与客观事实相符合的数据依赖。现在，人们已经提出了许多类型的数据依赖，其中最重要的是函数依赖(Functional Dependency，FD)，那么如何找出一个关系模式的最小函数依赖集呢？

② 一个关系模式分解可以得到不同关系模式集合，也就是说，分解方法不是唯一的。那么满足什么条件的分解才能解决这些异常问题呢？

③ 要求分解后的关系模式集合应当与原关系模式"等价"，即经过自然连接可以恢复原关系而不丢失信息，并保持属性间合理的联系。那么如何判断它们是等级的呢？

4.2 函数依赖

现实世界中的联系分为两类，一类是实体之间的联系，另一类是实体内部各属性之间的联系，函数依赖讨论后一种联系。函数依赖是关系数据库规范化理论的基础。

4.2.1 函数依赖的定义

关系模式是由一组属性构成的，而属性之间可能存在相关联系。在这些相关联系中，决定联系是最基本的。例如，在公安部门的居民表中，一个身份证号代表一个居民，它决定了居民的姓名、性别等其他属性。因此，应将这种决定联系揭示出来，这就是函数依赖关系。

定义 1：设 $R(U)$是属性集 U 上的关系模式，X、Y 是 U 的子集。若对于 $R(U)$的任意一个可能的关系 r，r 中不存在两个元组在 X 上的属性值相等、在 Y 上的属性值不相等的情况，则称 X 函数决定 Y 或 Y 函数依赖于 X，记作 $X \to Y$。

注意：函数依赖不是指关系模式 R 的某一个或者某些关系满足的约束条件，而是指 R 的一切关系均要满足的约束条件。

例如在一个职工关系表中，通常职工号是唯一的，也就是说，不存在职工号相同而姓名不同的职工记录，因此有职工号→姓名。

在前面的学生关系 S 中，显然有(学号，课程号)→分数，即不存在一个学生选修某门课程有一个以上的分数。同时有学号→姓名、学号→性别、课程号→课程名，其函数依赖关系

如图 4.3 所示,其函数依赖集 F 如下:

F = {学号→姓名,学号→性别,课程号→课程名,(学号,课程号)→分数}

说明:上述函数依赖定义表明,可以从关系集(数据)分析出所有的函数依赖。但在实际中,可以从用户那里或者从基本常识出发得到函数依赖,如"学号→姓名"就是基本常识。

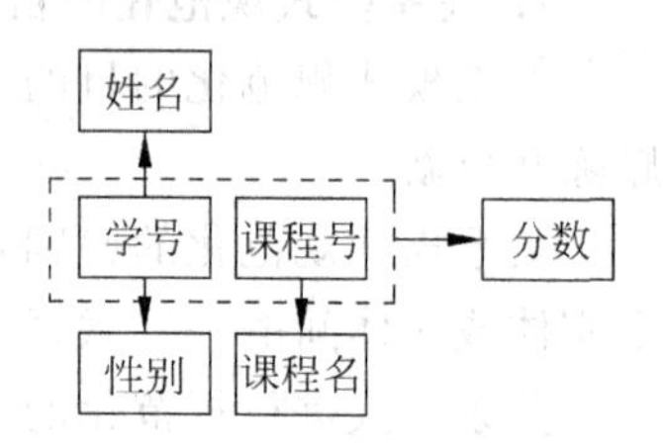

图 4.3 函数依赖

4.2.2 函数依赖与属性关系

属性之间有 3 种关系,但并不是每一种关系中都存在函数依赖。设 $R(U)$是属性集 U 上的关系模式,X、Y 是 U 的子集:

- 如果 X 和 Y 之间是 1∶1 关系(一对一关系),例如学校和校长之间就是 1∶1 关系,则存在函数依赖 $X \rightarrow Y$ 和 $Y \rightarrow X$。
- 如果 X 和 Y 之间是 1∶n 关系(一对多关系),例如学号和姓名之间就是 1∶n 关系,则存在函数依赖 $X \rightarrow Y$。
- 如果 X 和 Y 之间是 m∶n 关系(多对多关系),例如学生和课程之间就是 m∶n 关系,则 X 和 Y 之间不存在函数依赖。

4.2.3 函数依赖的分类

定义 2:设 $R(U)$是属性集 U 上的关系模式,X、Y 是 U 的子集。若 $X \rightarrow Y$ 是一个函数依赖,且 $Y \subseteq X$,则称 $X \rightarrow Y$ 是一个平凡函数依赖。

例如,在前面的学生关系 S 中,显然有(学号,课程号)→学号,(学号,课程号)→课程号,这些都是平凡函数依赖关系。

定义 3:设 $R(U)$是属性集 U 上的关系模式,X、Y 是 U 的子集。若 $X \rightarrow Y$ 是一个函数依赖,并且对于任何 $X' \subset X$,$X' \rightarrow Y$ 都不成立,则称 $X \rightarrow Y$ 是一个完全函数依赖,即 Y 函数依赖于整个 X,记作 $X \xrightarrow{f} Y$。

在前面的学生关系 S 中,(学号,课程号)→分数,但学号→分数和课程号→分数均不成立,即学号不能唯一确定一个学生的分数,课程名也不能唯一确定一个学生的分数,所以(学号,课程号)→分数是完全函数依赖关系,记为(学号,课程号)$\xrightarrow{f}$分数。

定义 4:设 $R(U)$是属性集 U 上的关系模式,X、Y 是 U 的子集。若 $X \rightarrow Y$ 是一个函数依赖,但不是完全函数依赖,则称 $X \rightarrow Y$ 是一个部分函数依赖,或称 Y 函数依赖于 X 的某个真子集,记作 $X \xrightarrow{p} Y$。

例如,在前面的学生关系 S 中,(学号,课程号)→姓名,而对于每个学生都有唯一的学号,所以有学号→姓名。因为(学号,课程号)→姓名,学号→姓名同时成立,所以(学号,课程号)→姓名是部分函数依赖,记为:(学号,课程号)$\xrightarrow{p}$姓名。

定义 5:设 $R(U)$是一个关系模式,X、Y、$Z \subseteq U$,如果 $X \rightarrow Y(Y \not\subseteq X, Y \not\rightarrow X)$,$Y \rightarrow Z$ 成立,则称 Z 传递函数依赖于 X,记为 $X \xrightarrow{t} Z$。

例如,有以下班级关系:

班级(班号,专业名,系名,人数,入学年份)

其中,主码是班号。经分析有班号→专业名,专业名→系名,所以有班号$\xrightarrow{t}$系名。

【例 4.1】 有以下学生关系:

学生(学号,姓名,出生年月,系编号,班号,宿舍区)

其中,主码为“学号”,假设班号是唯一的,所有同系的学生住在同一个宿舍区,一个宿舍区可以住多个系的学生。试分析其中的各种函数依赖关系。

解:因为学生学号是唯一的,一个系有唯一系编号,所以学号→姓名,学号→出生年月,学号→班号,班号→系编号,系编号→宿舍区。

因为一个系有多个学生,系编号与学号是 1∶n 的关系,宿舍区与系编号是 1∶n 的关系,所以学号→系编号,系编号$\nrightarrow$学号,系编号→宿舍区,所以有学号$\xrightarrow{t}$宿舍区。

因为一个系有多个班,系编号与班号之间是 1∶n 的关系,所以班号→系编号,系编号$\nrightarrow$班号,系编号→宿舍区,所以有班号$\xrightarrow{t}$宿舍区。

因为班号与学号是 1∶n 关系,学号→班号,班号$\nrightarrow$学号,班号→系编号,所以学号$\xrightarrow{t}$系编号。

4.2.4 Armstrong 公理

为了从一组函数依赖中求得逻辑蕴涵的函数依赖,例如已知函数依赖集 F,要问是否逻辑蕴涵 $X \to Y$,就需要一套推理规则,这组推理规则是在 1974 年首先由 Armstrong 提出来的,常称为 Armstrong 公理。

Armstrong 公理:设 A、B、C、D 是给定关系模式 R 的属性集的任意子集,并把 A 和 B 的并集 $A \cup B$ 记为 AB,则其推理规则可归结为下面 3 条。

- 自反律:如果 $B \subseteq A$,则 $A \to B$,这是一个平凡的函数依赖。例如,{姓名,班号}→姓名。
- 增广律:如果 $A \to B$,则 $AC \to BC$。例如,若有学号→姓名,则有{学号,课程号}→{姓名,课程号}。
- 传递律:如果 $A \to B$ 且 $B \to C$,则 $A \to C$。例如,若有学号→班号,班号→专业,则有学号→专业。

由 Armstrong 公理可以得到以下推论。

- 自合规则:$A \to A$。例如,学号→学号。
- 分解规则:如果 $A \to BC$,则 $A \to B$ 且 $A \to C$。例如,若有学号→{姓名,班号},则有学号→姓名,学号→班号。
- 合并规则:如果 $A \to B$,$A \to C$,则 $A \to BC$。例如,若有学号→姓名,学号→班号,则有学号→{姓名,班号}。
- 复合规则:如果 $A \to B$,$C \to D$ 成立,则 $AC \to BD$。例如,若有学号→姓名,课程号→课程名,则有{学号,课程号}→{姓名,课程名}。

【例 4.2】 设 R 为关系模式,A、B、C、D、E、F 是它的属性集的子集,R 满足的函数依赖为{$A \to BC$,$CD \to EF$},证明函数依赖 $AD \to F$ 成立。

证明：① $A \to BC$　题中给定

② $A \to C$　分解规则

③ $AD \to CD$　增广律

④ $CD \to EF$　题中给定

⑤ $AD \to EF$　传递律

⑥ $AD \to F$　分解规则

4.2.5 闭包及其计算

1. 什么是闭包

定义 6：设 F 是关系模式 R 的一个函数依赖集，X、Y 是 R 的属性子集，如果从 F 中的函数依赖能够推出 $X \to Y$，则称 F 逻辑蕴涵 $X \to Y$。

定义 7：被 F 逻辑蕴涵的函数依赖的全体构成的集合称为 F 的闭包，记为 F^+。

求一个函数依赖集 F 的 F^+ 是一个 NP 完全问题，例如关系模式 $R(A,B,C)$，$F=\{A \to B, B \to C\}$，则 F^+ 包括 $A \to A$、$AB \to A$、$AC \to A$、$ABC \to A$、$AB \to B$、$ABC \to B$、$ABC \to AB$、$ABC \to AC$、$ABC \to ABC$ 等。比如从 $F=\{X \to A_1, X \to A_2, \cdots, X \to A_n\}$ 出发，至少可以推导出 2^n 个不同的函数依赖，为此引入了以下概念。

定义 8：设 F 是属性集 U 上的一组函数依赖，$X \subseteq U$，则属性集 X 关于 F 的闭包 X_F^+（或简写为 X^+）定义为 $X_F^+ = \{A \mid A \in U$ 且 $X \to A$，可由 F 经 Armstrong 公理导出$\}$，即 $X_F^+ = \{A \mid X \to A \in F^+\}$。

定理 1：设关系模式 $R(U)$，F 为其函数依赖集，$X, Y \subseteq U$，则从 F 推出 $X \to Y$ 的充要条件是 $Y \subseteq X_F^+$。

2. 求闭包的算法

以下是一个求闭包 X_F^+ 的算法。

算法 1：求属性集 X 关于函数依赖 F 的属性闭包 X_F^+。

输入：关系模式 $R(U)$ 属性集 X 和函数依赖集 F。

输出：X_F^+。

方法：按下列步骤计算属性集序列 $X^{(i)}$ $(i=0,1,\cdots)$。

① 令 $X^{(0)}=X, i=0$。

② 求属性集 $B=\{A \mid (\exists V)(\exists W)(V \to W \in F \wedge V \subseteq X^{(i)} \wedge A \in W)\}$。即在 F 中寻找尚未用过的左边是 $X^{(i)}$ 的子集的函数依赖 $Y_j \to Z_j$ $(j=0,1,\cdots,k)$，其中 $Y_j \subseteq X^{(i)}$，再在 Z_j 中寻找 $X^{(i)}$ 中未出现过的属性构成属性集 B。若集合 B 为空，则转④。

③ $X^{(i+1)}=B \cup X^{(i)}$，也可以直接表示为 $X^{(i+1)}=BX^{(i)}$ 或 $X^{(i+1)}=X^{(i)}B$。

④ 判断 $X^{(i+1)}=X^{(i)}$ 是否成立，若不成立则转②。

⑤ 输出 $X^{(i)}$，即为 X_F^+。

对于②的计算停止条件，以下 4 种方法是等价的：

- $X^{(i+l)}=X^{(i)}$。
- 当发现 $X^{(i)}$ 包含了全部属性时。
- 在 F 中的函数依赖的右边属性中再也找不到 $X^{(i)}$ 中未出现过的属性。
- 在 F 中未用过的函数依赖的左边属性集中已没有 $X^{(i)}$ 的子集。

【例 4.3】 设有关系模式 $R(U)$，其中 $U=\{A,B,C,D,E,G\}$，函数依赖集 $F=\{A\to D, AB\to E, BG\to E, CD\to G, E\to C\}$，$X=AE$，计算 X_F^+。

解：求解步骤如下。

① 置 $X^{(0)}=AE$。

② 在 F 中找出左边是 AE 子集的函数依赖，其结果是 $A\to D, E\to C$，则 $X^{(1)}=X^{(0)}DC=ACDE$，显然 $X^{(1)}\neq X^{(0)}$。

③ 在 F 中找出左边是 $ACDE$ 子集的函数依赖，其结果是 $CD\to G$，则 $X^{(2)}=X^{(1)}G=ACDEG$。

④ 虽然 $X^{(2)}\neq X^{(1)}$，但 F 中未用过的函数依赖的左边属性集中已没有 $X^{(2)}$ 的子集，所以不必再计算下去，即 $X_F^+=ACDEG$。

【例 4.4】 设有关系模式 $R(U)$，其中 $U=\{A,B,C,D,E,G\}$；函数依赖集 $F=\{A\to BC, E\to CG, B\to E, CD\to EG\}$，$X=AB$，计算 X_F^+。

解：首先有 $X^{(0)}=AB$。

在 F 中找左边是 AB 的子集的函数依赖，其结果是 $A\to BC, B\to E$，则 $X^{(1)}=X^{(0)}BCE=ABCE$。

在 F 中找左边是 $ABCE$ 的子集的函数依赖，其结果是 $A\to BC, B\to E$ 和 $E\to CG$，则 $X^{(2)}=X^{(1)}G=ABCEG$。

在 F 中找左边是 $ABCEG$ 的子集的函数依赖，其结果是 $A\to BC$、$B\to E$ 和 $E\to CG$，则 $X^{(3)}=X^{(2)}G=ABCEG$。

$X^{(3)}=X^{(2)}$，则算法结束，$X_F^+=ABCEG$。

4.2.6 函数依赖集的等价和覆盖

定义 9：对于一个关系模式 $R(U)$ 上的两个函数依赖集 F 和 G，如果 $F^+=G^+$，则称 F 和 G 是等价的，记作 $F\equiv G$。

如果函数依赖集 $F\equiv G$，则称 G 是 F 的一个覆盖，反之亦然。两个等价的依赖集在表示能力上是完全相同的。

该定义从理论上解决了两个函数依赖集的等价问题，那就是看两个函数依赖集的闭包是否相等，但直接计算两个函数依赖集的闭包十分困难，为此有以下定理。

定理 2：两个函数依赖集 F 和 G 等价的充分必要条件是 $F\subseteq G^+$ 和 $G\subseteq F^+$。

该定理表明，要检查两个函数依赖集 F 和 G 是等价的，只要验证 F 中的每个函数依赖 $X\to Y$ 都在 G^+ 中，同时验证 G 中的每个函数依赖都在 F^+ 中。验证 F 中的函数依赖 $X\to Y$ 在 G^+ 中的方法是计算 X_G^+，验证 $Y\subseteq X_G^+$。

【例 4.5】 设有 F 和 G 两个函数依赖集，$F=\{A\to B, B\to C\}$，$G=\{A\to BC, B\to C\}$，判断它们是否等价。

解：首先检查 F 中的每个函数依赖是否属于 G^+。

因为 $A_G^+=BC$，所以有 $A\to B\in G^+$，另外有 $B\to C\in G^+$，即 F 的所有函数依赖都包含在 G^+ 中，则 $F\subseteq G^+$ 成立。同样的判断有 $G\subseteq F^+$。则两个函数依赖集 F 和 G 是等价的。

4.2.7 最小函数依赖集

前面已解决了如何判断两个函数依赖集是否等价，其另一个有意义的问题是在所有等价的函数依赖集中找出最小的函数依赖集。

1. 最小函数依赖集的定义

定义 10：如果函数依赖集 F 满足以下条件，则称 F 为最小函数依赖集或最小覆盖。

① F 中的任何一个函数依赖的右部仅含有单个属性，即右部单一化。

② F 中不存在函数依赖 $X \rightarrow A$，X 有真子集 Z，使得 $F-\{X \rightarrow A\} \cup \{Z \rightarrow A\}$ 与 F 等价，即左部无多余的属性。

③ F 中不存在函数依赖 $X \rightarrow A$，使得 F 与 $F-\{X \rightarrow A\}$ 等价，即无多余的函数依赖。

【例 4.6】 以下 3 个函数依赖集中哪一个是最小函数依赖集？

$$F_1=\{A \rightarrow D, BD \rightarrow C, C \rightarrow AD\}$$

$$F_2=\{AB \rightarrow C, B \rightarrow A, B \rightarrow C\}$$

$$F_3=\{BC \rightarrow D, D \rightarrow A, A \rightarrow D\}$$

解：在 F_1 中，有 $C \rightarrow AD$，即右部没有单一化，所以 F_1 不是最小函数依赖集。

在 F_2 中，有 $AB \rightarrow C, B \rightarrow C$，即左部存在多余的属性，所以 F_2 不是最小函数依赖集。

F_3 满足最小函数依赖集的所有条件，它是最小函数依赖集。

2. 求最小函数依赖集的算法

以下是一个求最小函数依赖集 F_{min} 的算法。

算法 2：求最小函数依赖集。

输入：一个函数依赖集 F。

输出：最小函数依赖集 F_{min}。

方法：其求解步骤如下。

① 应用分解规则，使 F 中每一个依赖的右部属性单一化。

② 去掉各函数依赖左部多余的属性。具体做法是一个一个地检查 F 中左边是非单属性的函数依赖，例如 $XY \rightarrow A$，则以 $X \rightarrow A$ 代替 $XY \rightarrow A$，判断它们是否等价，只需在 F 中求 X_F^+，若 X_F^+ 包含 A，则 Y 是多余的属性，否则 Y 不是多余的属性，依次判断其他属性即可消除各函数依赖左边的多余属性。

③ 去掉多余的函数依赖。具体做法是从第一个函数依赖开始，从 F 中去掉它(假设该函数依赖为 $X \rightarrow Y$)，然后在剩下的函数依赖中求 X_F^+，看 X_F^+ 是否包含 Y，若是，则去掉 $X \rightarrow Y$；若不包含 Y，则不能去掉 $X \rightarrow Y$，这样依次做下去。

最后得到剩下的函数依赖集即为 F_{min}，它与原来的 F 等价。

说明：F 的最小函数依赖集 F_{min} 不一定是唯一的，它与各函数依赖及 $X \rightarrow A$ 中 X 各属性的处理顺序有关。

【例 4.7】 设有函数依赖集 $F=\{AB \rightarrow C, C \rightarrow A, BC \rightarrow D, ACD \rightarrow B, D \rightarrow EG, BE \rightarrow C, CG \rightarrow BD, CE \rightarrow AG\}$，求其等价的最小函数依赖集 F_{min}。

解：其求解步骤如下。

① 利用分解规则将函数依赖右边的属性单一化，结果为 F_1：

$$F_1 = \begin{bmatrix} AB \rightarrow C & BE \rightarrow C \\ C \rightarrow A & CG \rightarrow B \\ BC \rightarrow D & CG \rightarrow D \\ ACD \rightarrow B & CE \rightarrow A \\ D \rightarrow E & CE \rightarrow G \\ D \rightarrow G & \end{bmatrix}$$

② 在 F_1 中去掉函数依赖左部多余的属性。

对于 $CE \rightarrow A$，由于有 $C \rightarrow A$，则 E 是多余的；

对于 $ACD \rightarrow B$，由于有 $(CD)_{F1}^{+} = ACDEG = ABCDEG$，则 A 是多余的，删除左部多余的属性后得到 F_2：

$$F_2 = \begin{bmatrix} AB \rightarrow C & D \rightarrow G \\ C \rightarrow A & BE \rightarrow C \\ BC \rightarrow D & CG \rightarrow B \\ CD \rightarrow B & CG \rightarrow D \\ D \rightarrow E & CE \rightarrow G \end{bmatrix}$$

③ 在 F_2 中去掉多余的函数依赖。

对于 $CG \rightarrow B$，由于有 $(CG)_{F2}^{+} = BCDG = ABCDG = ABCDEG$，则 $CG \rightarrow B$ 是多余的，删除后得到 F_3：

$$F_3 = \begin{bmatrix} AB \rightarrow C & D \rightarrow G \\ C \rightarrow A & BE \rightarrow C \\ BC \rightarrow D & CG \rightarrow D \\ CD \rightarrow B & CE \rightarrow G \\ D \rightarrow E & \end{bmatrix}$$

F_3 即为与 F 等价的最小函数依赖集 F_{min}。

4.2.8 确定候选码

对于给定的关系模式 $R(U,F)$ 和函数依赖集 F，可以将它的属性划分为 4 类：

- L 类，仅出现在 F 的函数依赖左部的属性；
- R 类，仅出现在 F 的函数依赖右部的属性；
- N 类，在 F 的函数依赖左部和右部均未出现的属性；
- LR 类，在 F 的函数依赖左部和右部两部均出现的属性。

求解候选码的准则是：R 类的属性不在任何候选码中；L 类和 N 类的属性必为 R 的任一候选码中的属性，如果 L^+ 包含全部属性，则 L 为唯一侯选码。

根据这些准则，确定候选码的步骤如下：

① 求出 N 类的属性，作为候选码中必有的属性集，设这样的属性集为 M。

② 求出 L 类的属性，作为候选码中必有的属性集，将其添加到属性集 M 中。

③ 求出 R 类的属性，肯定不是候选码的属性集，设为 N，求余下的属性集 $W=U-M-N$。

④ 从属性集 M 开始，令 $K=M$，如果 $K_F^+=U$，K 就是候选码，否则从 W 中选择属性加入到 K 中，直到 $K_F^+=U$ 为止，K 就是候选码。

注意：一个关系模式可能有多个候选码。

【例 4.8】 假设关系模式 $R(U,F)$，$U=\{A,B,C,D,E,G\}$，函数依赖集 $F=\{BE\to G, BD\to G, CDE\to AB, CD\to A, CE\to G, BC\to A, B\to D, C\to D\}$，求其候选码。

解：由 F 求得最小函数依赖集为 $F_{min}=\{B\to G, CE\to B, C\to A, CE\to G, B\to D, C\to D\}$。

U 中的所有属性都在 F 中出现过，再求出只在左部出现的属性集 $M=\{C,E\}$，只在右端出现的属性集 $N=\{A,D,G\}$，则 $W=U-W-N=\{B\}$。R 的候选码只可能是 CE、CEB。

而 $(CE)_F^+=ABCDEG=U$，所以 R 的候选码是 CE。

4.3 关系模式的规范化

在关系模式的函数依赖的基础上对关系模式进行分类，即确定关系模式符合哪个范式，当关系模式符合特定的范式时就认为是规范化的关系模式。

4.3.1 关系与范式

范式来自英文 Normal Form，简称 NF。要想设计一个好的关系，必须使关系满足一定的约束条件，此约束已经形成了规范，分成几个等级，一级比一级要求得严格。满足最低要求的关系称为属于第一范式的，在此基础上又满足了某种条件，达到第二范式标准，则称它属于第二范式的关系，以此类推，直到第五范式。

通过定义一组范式来反映数据库的操作性能。显然，满足较高条件者必满足较低范式条件，而一个较低范式的关系可以通过关系的分解转换为若干较高级范式关系的集合，这一过程称为关系规范化。在一般情况下，第一范式和第二范式的关系存在许多缺点，实际的关系数据库一般使用第三范式以上的关系。

4.3.2 常用的几种范式

1. 第一范式(1NF)和第二范式(2NF)

定义 11：设 R 是一个关系模式，R 属于第一范式当且仅当 R 中的每一个属性 A 的值域只包含原子项，即不可分割的数据项。

1NF 的关系模式 R 从关系型上看不存在嵌套结构，从关系值上看不存在重复组，1NF 是关系模式的最低要求，也就是说，在关系数据库中所有的关系结构至少是 1NF 的。

如果一个关系不满足 1NF，可以通过以下方法转化为 1NF：

- 如果模式中有组合属性，则去掉组合属性。
- 如果关系中存在重复组，则对其进行拆分。

例如，表 4.1 所示的关系 R 不是 1NF，将其转化为 1NF 的结果如表 4.2 所示。

表 4.1　一个关系 R

学号	姓名	选修课程
1	王华	C 语言、数据结构
2	李明	计算机导论、C 语言
3	张顺	计算机原理

表 4.2　转化为 1NF 的关系 R

学号	姓名	选修课程
1	王华	C 语言
1	王华	数据结构
2	李明	计算机导论
2	李明	C 语言
3	张顺	计算机原理

定义 12：设 R 是一个关系模式，R 属于第二范式当且仅当 R 是 1NF，且每个非主属性都完全函数依赖于任一候选码。

判断一个 1NF 的关系模式 R 是否为 2NF 的方法是求出 R 的候选码，继而求出 R 的所有非主属性，看它们是否都完全函数依赖于任一候选码，若是，则为 2NF，否则不是 2NF。

一个不为 2NF 的关系有许多缺点，它存在数据冗余大、数据不一致、插入异常和删除异常等问题，所以仅仅满足 1NF 的关系不是一个好的关系。

【例 4.9】　对于表 4.3 所示的关系 R，判断它为几范式？是否存在插入和删除操作异常？

表 4.3　一个关系 R

工程号	材料号	单价	数量	开工日期	完工日期
P_1	I_1	100	4	20140501	20150201
P_1	I_2	240	6	20140501	20150201
P_1	I_3	150	15	20140501	20150201
P_2	I_1	100	6	20141020	20151221
P_2	I_4	58	18	20141020	20151221

解：关系 R 的候选码只有(工程号，材料号)，显然有"工程号→开工日期，工程号→完工日期"，即有"(工程号，材料号)$\xrightarrow{p}$开工日期，(工程号，材料号)$\xrightarrow{p}$完工日期"。另外，每种材料的单价是唯一的，有"材料号→单价"，即存在"(工程号，材料号)$\xrightarrow{p}$单价"。也就是说，关系 R 中并非每个非主属性都完全函数依赖于候选码，所以它不属于 2NF，而属于 1NF。

该关系 R 中存在插入和删除操作异常。一个工程项目确定后，若暂时未用到材料，则该工程的数据因缺少码的一部分(材料号)而不能进入到数据库中；在删除一个工程项目后，其用到的部分材料信息可能会找不到了。

那么仅仅满足 2NF 的关系是否都解决了上述问题呢？下面通过一个例子来说明。

【例 4.10】　对于表 4.4 所示的关系 C，判断它为几范式？是否存在删除操作异常？

表 4.4　一个关系 C

课 程 名	任课教师姓名	教师职称
C_1	马宁	副教授
C_2	王诚	教授
C_3	马宁	副教授
C_4	张翰	讲师

解：关系 C 的候选码只有“课程名”，显然有“课程名→教师名”和“课程名→教师职称”，也就是说，每个非主属性都完全函数依赖于候选码，所以，C 属于 2NF。

关系 C 仍存在删除操作异常。如果删除一个教师的所有任课记录，则找不到该教师的姓名和职称信息了。

从上例可以看出，一个仅为 2NF 的关系模式也可能产生操作异常，并伴有大量的数据冗余。

2. 第三范式(3NF)

定义 13：设 R 是一个关系模式，R 属于第三范式当且仅当 R 是 2NF，且每个非主属性都非传递函数依赖于主码。

R 是 3NF 可理解为 R 中的每一个非主属性既不部分依赖于主码，也不传递依赖于主码。在这里，不传递依赖蕴涵着不互相依赖。显然，若关系 R 的所有属性都是主属性，则 R 必定是 3NF。

判断一个关系为 3NF 的方法如下：

① 找候选码，确定非主属性。

② 考察非主属性对候选码的函数依赖是否存在部分函数依赖。如果存在，则该关系模式不是 2NF，否则是 2NF。

③ 考察非主属性之间是否存在函数依赖。如果存在，则该关系模式不是 3NF，否则是 3NF。

例如，判断表 4.4 的关系 C 是否为 3NF 的过程是：C 的候选码是“课程名”，有“课程名→教师名”，而“教师名→课程名”不成立，又有“教师名→教师职称”，所以，课程名$\xrightarrow{t}$教师职称，即存在非主属性“教师职称”对候选码“课程名”的传递依赖，因此，C 不是 3NF，它仅属于 2NF。

从以上分析看出，一个 3NF 的关系必定是 2NF，而一个 2NF 的关系不一定是 3NF。

那么，达到 3NF 的关系是否仍然存在操作问题呢？下面通过一个例子来说明。

【例 4.11】 有如表 4.5 所示的关系 SCT，每个教师只讲授一门课，每门课由若干教师讲授。关系 SCT 是否为 3NF？并分析可能存在的问题。

表 4.5 一个关系 SCT

学 号	课 程 名	任课教师
s_1	英语	王平
s_1	数学	刘红
s_2	物理	高志强
s_2	英语	陈进
s_3	英语	王平

解：① 确定其范式：某一学生选定某门课就确定了一个固定的教师，即(学号，课程名)→任课教师；某个学生选修某个教师的课就确定了所选课的名称，即(学号，任课教师)→课程名。所以关系 SCT 的候选码为(学号，课程名)和(学号，任课教师)，没有非主属性，SCT 至少是一个 3NF 关系。

② 在 3NF 关系 SCT 中存在以下问题。

- 插入异常：例如，一个新课程和任课教师的数据在没有学生选课时不能插入数据库。
- 删除异常：例如，删除某门课的所有选课记录会丢失课程与教师的数据。

3NF 仅对非主属性与候选码之间的依赖做了限制，而对主属性与候选码的依赖关系没有任何约束。这样，当关系具有几个组合候选码，而候选码内的属性又有一部分互相覆盖时，仅满足 3NF 的关系仍可能发生异常，这时就需要用更高的范式去限制它。

3. BC 范式(BCNF)

定义 14：对于关系模式 R，若 R 中的所有非平凡的、完全的函数依赖的决定因素是码，则 R 属于 BCNF。

由 BCNF 的定义可以得到以下结论，若 R 属于 BCNF，则 R 有：

- R 中的所有非主属性对每一个码都是完全函数依赖。
- R 中的所有主属性对每一个不包含它的码也是完全函数依赖。
- R 中没有任何属性完全函数依赖于非码的任何一组属性。

用户也可以这样定义 BCNF，关系模式 $R \in$ 1NF，若函数依赖集合 F 中的所有函数依赖 $X \rightarrow Y$（Y 不包含于 X）的左部都包含 R 的任一候选码，则 $R \in$ BCNF。换言之，BCNF 中的所有依赖的左部都必须包含候选码。

若关系模式 R 属于 BCNF，则 R 中不存在任何属性对码的传递依赖和部分依赖，所以 R 也属于 3NF。因此，任何属于 BCNF 的关系模式一定属于 3NF，反之则不然。

由于 BCNF 的定义没有涉及 2NF、主码及传递依赖等概念，因此更加简洁。

例如，表 4.5 中的关系 SCT 是否为 BCNF？因为有任课教师→课程名，其左部未包含该关系的任一候选码，所以它不是 BCNF。

除了上述范式外，还有 4NF 和 5NF，这里不再讨论。

【例 4.12】 指出下列关系模式是第几范式？并说明理由。

① $R_1(X,Y,Z)$，$F_1=\{XY \rightarrow Z\}$

② $R_2(X,Y,Z)$，$F_2=\{Y \rightarrow Z, XZ \rightarrow Y\}$

③ $R_3(X,Y,Z)$，$F_3=\{Y \rightarrow Z, Y \rightarrow X, X \rightarrow YZ\}$

④ $R_4(X,Y,Z)$，$F_4=\{X \rightarrow Y, X \rightarrow Z\}$

⑤ $R_5(W,X,Y,Z)$，$F_5=\{X \rightarrow Z, WX \rightarrow Y\}$

解：① R_1 是 BCNF。R_1 的候选码为 XY，F_1 中只有一个函数依赖，而该函数依赖的左部包含了 R_1 的候选码 XY。

② R_2 是 3NF。R_2 的候选码为 XY 和 XZ，R_2 中的所有属性都是主属性，不存在非主属性对候选码的传递依赖。

③ R_3 是 BCNF。R_3 的候选码为 X 和 Y，因为 $X \rightarrow YZ$，所以 $X \rightarrow Y$，$X \rightarrow Z$，由于 F_3 中有 $Y \rightarrow Z$，$Y \rightarrow X$，因此 Z 是直接函数依赖于 X，而不是传递函数依赖于 X。又因为 F_3 的每一个函数依赖的左部都包含了任一候选码，所以 R_3 是 BCNF。

④ R_4 是 BCNF。R_4 的候选码为 X，而且 F_4 中每一个函数依赖的左部都包含了候选码 X。

⑤ R_5 是 1NF。R_5 的候选码为 WX，则 Y，Z 为非主属性，又由于 $X \rightarrow Z$，因此 F_5 中存在

非主属性对候选码的部分函数依赖。

4.3.3 关系模式的规范化过程

为什么有些关系模式会出现操作问题呢？从规范化角度讲，说它不够规范化，即对关系的限制太少，造成其中存放的信息太杂，可以采用分解的方法将其分解为更高级的范式来解决操作异常。

对一个关系模式进行规范化的基本过程如图 4.4 所示，这里需要解决两个问题。

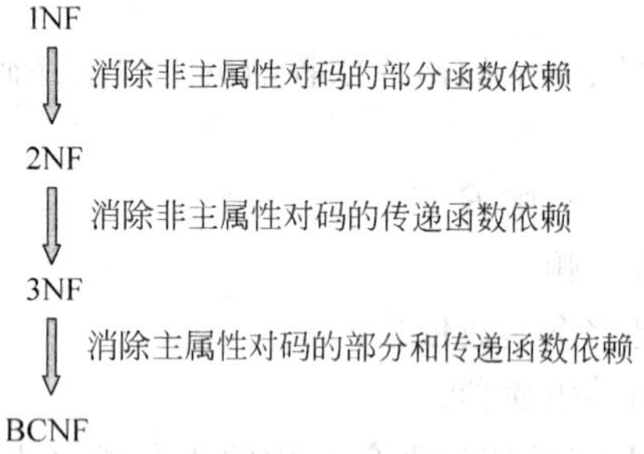

1NF
↓ 消除非主属性对码的部分函数依赖
2NF
↓ 消除非主属性对码的传递函数依赖
3NF
↓ 消除主属性对码的部分和传递函数依赖
BCNF

图 4.4 规范化步骤

1. 关系分解到什么范式为止

前面介绍过，只属于 2NF 非 3NF 的关系模式会产生数据冗余及操作异常的问题，而属于 3NF 的关系模式也可能存在插入和删除异常，但 3NF 的关系已排除了非主属性对于主码的部分依赖和传递依赖，使关系表达的信息相当单一，因此满足 3NF 的关系数据库一般能达到满意的效果。

BCNF 是在函数依赖范畴内实现了彻底的分解，已完全消除了插入和删除操作异常，也就是说，BCNF 是在函数依赖的条件下对关系模式分解所能达到的分解程度的度量。

所以，一个关系模式分解为 3NF 或 BCNF 范式就基本满足关系数据库设计要求了。

2. 关系的基本分解策略

(1) 1NF 到 2NF 的分解

对于 1NF，通过消除非主属性对候选码的部分函数依赖转换为 2NF 来完成。

例如，有属于 1NF 的关系模式 $R(A,B,C,D)$，其候选码为 (A,B)，若 R 满足函数依赖 $A \rightarrow D$，由于非主属性 D 对候选码 (A,B) 存在部分函数依赖，所以 R 不属于 2NF，可对此关系模式 R 进行投影分解为两个关系 R_1 和 R_2：

$R_1(A,D)$　　　　主码为 A

$R_2(A,B,C)$　　　　主码为 (A,B)

则 R_1、R_2 都属于 2NF。

(2) 2NF 到 3NF 的分解

对于 2NF，通过消除非主属性对候选码的传递函数依赖转换为 3NF 来完成。

例如，有属于 2NF 的关系模式 $R(A,B,C)$，主码为 A，满足函数依赖 $B \rightarrow C$，且 $B \nrightarrow A$。由于 $B \rightarrow C$，而 $A \rightarrow B$，所以 $A \xrightarrow{t} C$，因为存在传递函数依赖，所以 R 不属于 3NF，可将 R 分解为以下关系 R_1 和 R_2：

$R_1(B,C)$　　　　主码为 B

$R_2(A,B)$　　　　主码为 A

则 R_1、R_2 都属于 3NF。

(3) 3NF 到 BCNF 的分解

对于 3NF，通过消除主属性对候选码的部分和传递函数依赖转换为 BCNF 来完成，即保证分解后所有依赖的左部都包含候选码。

例如，表 4.5 所示的关系 SCT 中有函数依赖任课教师→课程名，将其分解为 SC(学号，任课教师)和 CT(课程名，任课教师)，它们都是 BCNF。

4.4 关系模式分解的理论

关系模式的分解即关系模式的规范化，其过程就是将一个关系模式分解成一组等级的关系子模式的过程，其子模式为 3NF 或 BCNF。对一个关系模式的分解可能有多种方式，但分解后产生的模式应与原来的模式等价。本节介绍关系模式分解、无损分解和函数依赖保持性的概念和分解算法。

4.4.1 模式分解的定义

关系模式设计得不好会带来很多问题，为了避免这些问题的发生，需要将一个关系模式分解成若干个关系模式，这就是关系模式的分解。其形式化定义如下。

定义 15：设有关系模式 $R(U,F)$，它的一个分解是指 $\rho=\{R_1(U_1,F_1),R_2(U_2,F_2),\cdots,R_k(U_k,F_k)\}$，其中：

$U=\bigcup_{i=1}^{k} U_i$，并且没有 $U_i \subseteq U_j (1 \leqslant i,j \leqslant k)$，$F_i$ 是 F 在 U_i 上的投影，并有：

$$F_i = \Pi_{R_i}(F) = \{X \to Y \mid X \to Y \in F^+ \wedge XY \subseteq U_i\}$$

对于同一关系 R，其分解可能不唯一。例如，图 4.5 给出了关系 $R(A,B,C)$ 的两种分解方式，在分解方式 1 中，$\rho_1=\{\Pi_{AB}(R),\Pi_{AC}(R)\}$，在分解方式 2 中，$\rho_2=\{\Pi_{AB}(R),\Pi_{BC}(R)\}$。

R

A	B	C
1	1	2
2	2	1
3	2	2

(a) 关系 R

$R_1=\Pi_{AB}(R)$

A	B
1	1
2	2
3	2

$R_2=\Pi_{AC}(R)$

A	C
1	2
2	1
3	2

(b) 分解方式 1

$R_1=\Pi_{AB}(R)$

A	B
1	1
2	2
3	2

$R_2=\Pi_{BC}(R)$

B	C
1	2
2	1
2	2

(c) 分解方式 2

图 4.5 关系 R 的两种分解方式

关系模式的分解过程应该是“可逆”的，即模式分解的结果能重新映像到分解前的关系模式。可逆性是很重要的，它意味着在规范化过程中没有信息丢失，且数据间的语义联系必须依然存在。总之，为使分解后的模式保持原模式所满足的特性，要求分解处理具有无损分解和保持函数依赖性。

4.4.2 无损分解的定义和性质

关系模式分解后不应丢失原来的信息，这意味着经连接运算后仍能恢复原关系的所有信息，这种操作称为关系的无损分解。

1. 无损分解的概念

无损分解指的是对关系模式分解时，原关系模式下任一合法的关系值在分解之后应能通过自然连接运算恢复起来。

定义 16：设 $\rho=\{R_1(U_1,F_1),R_2(U_2,F_2),\cdots,R_k(U_k,F_k)\}$ 是关系模式 $R(U,F)$ 的一个分解，如果对于 R 的任一满足 F 的关系 r 都有：

$$r=\pi_{R_1}(r)\bowtie\pi_{R_2}(r)\bowtie\cdots\bowtie\pi_{R_K}(r)$$

则称这个分解 ρ 是函数依赖集 F 的无损分解。

例如，对于图 4.5 所示的两种分解方式，它们自然连接的结果如图 4.6 所示，从中可以看到，分解方式 1 是无损分解，分解方式 2 是有损分解。

$\Pi_{AB}(R)\bowtie\Pi_{AC}(R)$

A	B	C
1	1	2
2	2	1
3	2	1

(a) 分解方式 1 的自然连接

$\Pi_{AB}(R)\bowtie\Pi_{BC}(R)$

A	B	C
1	1	2
2	2	1
2	2	2
3	2	1
3	2	2

(b) 分解方式 2 的自然连接

图 4.6 两种分解方式的自然连接结果

2. 验证无损分解的充要条件

以下定理给出了无损分解的验证条件。

定理 3：如果 R 的分解为 $\rho=\{R_1,R_2\}$，F 为 R 所满足的函数依赖集，则分解 ρ 具有无损分解的充分必要条件如下。

$$R_1\cap R_2\rightarrow(R_1-R_2)\quad 或\quad R_1\cap R_2\rightarrow(R_2-R_1)$$

例如，对于图 4.5 所示的关系 R，候选码为 A，其函数依赖集 $F=\{A\rightarrow B,A\rightarrow C\}$。对于分解方式 1，$\rho_1=\{R_1=\Pi_{AB}(R),R_2=\Pi_{AC}(R)\}$，$R_1\cap R_2=A$，$R_1-R_2=B$，$R_1\cap R_2\rightarrow(R_1-R_2)=A\rightarrow B$ 是成立的，所以，ρ_1 是无损分解。

对于分解方式 2，$\rho_2=\{R_1=\Pi_{AB}(R),R_2=\Pi_{BC}(R)\}$，$R_1\cap R_2=B$，$R_1-R_2=A$，$R_1\cap R_2\rightarrow(R_1-R_2)=B\rightarrow A$ 是不成立的，所以，ρ_2 是有损分解。

4.4.3 无损分解的检验算法

直接由定义判断一个分解是否为无损分解是不可能的，下面给出了一个算法，用于判断一个分解是否为无损分解。

算法 3：检验无损分解的算法。

输入：关系模式 $R(A_1, A_2, \cdots, A_n)$，它的函数依赖集 F 以及分解 $\rho=\{R_1, R_2, \cdots, R_k\}$。

输出：确定 ρ 是否具有无损分解。

方法：其过程如下。

① 构造一个 k 行 n 列的表，第 i 行对应于关系模式 R_i，第 j 列对应于属性 A_j。如果 $A_j \in R_i$，则在第 i 行第 j 列上放符号 a_i，否则放符号 $b_{i,j}$。

② 逐个检查 F 中的每一个函数依赖，并修改表中的元素。其方法如下：取 F 中的一个函数依赖 $X \rightarrow Y$，在 X 的分量中寻找相同的行，然后将这些行中 Y 的分量改为相同的符号，如果其中有 a_j，则将 $b_{i,j}$ 改为 a_j；若其中无 a_j，则改为 $b_{i,j}$。

③ 这样反复进行，如果发现某一行变成了 $a_l, a_2, \cdots, a_n$，则分解 ρ 具有无损分解；如果 F 中的所有函数依赖都不能再修改表中的内容，且没有发现这样的行，则分解 ρ 不具有无损分解。

例如，对于图 4.5 中的关系 R，函数依赖集 $F=\{A\rightarrow B, A\rightarrow C\}$。对于分解方式 1，$\rho_1=\{R_1=\Pi_{AB}(R), R_2=\Pi_{AC}(R)\}$，首先构造初始表，对于 R_1，包括 A、B 两个属性，所以该行中 A、B 列的值分别为 a_1、a_2，R_1 中没有 C 属性，所以该行中 C 列的值分别为 $b_{1,3}$；对于 R_2，包括 B、C 两个属性，所以该行中 B、C 列的值分别为 a_1、a_3，R_2 中没有 B 属性，所以该行中 B 列的值分别为 $b_{2,2}$，初始表如图 4.7(a)所示。

考虑 F 中的第一个函数依赖 $A\rightarrow B$，由于 R_1、R_2 的 A 列相同，则将 R_2 的 B 列修改为 a_2（用粗体表示），得到如图 4.7(a)所示的结果，其中第 2 行为全 a，所以，ρ_1 是无损分解。

R_i	A	B	C
AB	a_1	a_2	$b_{1,3}$
AC	a_1	$b_{2,2}$	a_3

(a) 初始表

R_i	A	B	C
AB	a_1	a_2	$b_{1,3}$
AC	a_1	$\mathbf{a_2}$	a_3

(b) 考虑 $A\rightarrow B$ 修改的结果

图 4.7 判断 ρ_1 是否为无损分解的过程

对于分解方式 2，$\rho_2=\{R_1=\Pi_{AB}(R), R_2=\Pi_{BC}(R)\}$，判断 ρ_2 是否为无损分解的过程如图 4.8 所示，考虑 F 中的两个函数依赖 $A\rightarrow B, A\rightarrow C$，在表中找不到 A 列相同的行，对表值不修改。最后没有找到全 a 的行，所以 ρ_2 是无损分解。

R_i	A	B	C
AB	a_1	a_2	$b_{1,3}$
BC	$b_{2,1}$	a_2	a_3

(a) 初始表

R_i	A	B	C
AB	a_1	a_2	$b_{1,3}$
BC	$b_{2,1}$	a_2	a_3

(b) 考虑 $A\rightarrow B$ 修改的结果

R_i	A	B	C
AB	a_1	a_2	$b_{1,3}$
BC	$b_{2,1}$	a_2	a_3

(c) 考虑 $A\rightarrow C$ 修改的结果

图 4.8 判断 ρ_2 是否为无损分解的过程

【例 4.13】 设有关系模式 $R(U,F)$，其中 $U=\{A,B,C,D,E\}$，$F=\{AB\rightarrow C, C\rightarrow D, D\rightarrow E\}$。判断一个分解 $\rho=\{ABC, CD, DE\}$是否具有无损分解。

解：判断是否为无损分解的过程如下。

① 这里分解的 3 个关系模式为 $R_1(A,B,C)$，$R_2(C,D)$，$R_3(D,E)$，构造的初始表如

图 4.9(a)所示。

② 考虑各函数依赖关系，修改各单元中的 b 值。对于 $AB \rightarrow C$，在表中找不到 A、B 为相同的行，表值不修改；对于 $C \rightarrow D$，在表中找到有 C 相同的行，则将 $b_{1,4}$ 改为 a_4，如图 4.9(b)所示(修改部分用粗体表示)；对于 $D \rightarrow E$，在表中找到有 D 相同的行，则将 $b_{1,5}$ 和 $b_{2,5}$ 均改为 a_5，如图 4.9(c)所示，其中第一行全为 a，所以说明 ρ 是无损分解。

R_i	A	B	C	D	E
ABC	a_1	a_2	a_3	$b_{1,4}$	$b_{1,5}$
CD	$b_{2,1}$	$b_{2,2}$	a_3	a_4	$b_{2,5}$
DE	$b_{3,1}$	$b_{3,2}$	$b_{3,3}$	a_4	a_5

(a) 初始表

R_i	A	B	C	D	E
ABC	a_1	a_2	a_3	$\mathbf{a_4}$	$b_{1,5}$
CD	$b_{2,1}$	$b_{2,2}$	a_3	a_4	$b_{2,5}$
DE	$b_{3,1}$	$b_{3,2}$	$b_{3,3}$	a_4	a_5

(b) 考虑 $AB \rightarrow C$ 和 $C \rightarrow D$ 修改的结果

R_i	A	B	C	D	E
ABC	a_1	a_2	a_3	a_4	$\mathbf{a_5}$
CD	$b_{2,1}$	$b_{2,2}$	a_3	a_4	$\mathbf{a_5}$
DE	$b_{3,1}$	$b_{3,2}$	$b_{3,3}$	a_4	a_5

(c) 考虑 $D \rightarrow E$ 修改的结果

图 4.9　判断是否为无损分解的过程

4.4.4 函数依赖保持性

保持关系模式分解等价的另一个重要条件是，原模式所满足的函数依赖在分解后的模式中仍保持不变，这就是函数依赖保持性问题。

定义 17：设关系模式 R 的一个分解 $\rho=\{R_1(U_1,F_1),R_2(U_2,F_2),\cdots,R_k(U_k,F_k)\}$，$F$ 是 R 的函数依赖集，如果 F 等价于 $F_1 \cup F_2 \cup \cdots \cup F_k$，则称分解 ρ 具有函数依赖保持性。

$$F_i = \Pi_{R_i}(F) = \{X \rightarrow Y \mid X \rightarrow Y \in F^+ \wedge XY \subseteq U_i\}$$

一个无损分解不一定具有函数依赖保持性；同样，一个依赖保持性分解不一定具有无损分解。

【例 4.14】 给定关系模式 $R(U,F)$，其中 $U=\{A,B,C,D\}$，$F=\{A \rightarrow B, B \rightarrow C, C \rightarrow D, D \rightarrow A\}$，判断关系模式 R 的分解 $\rho=\{AB,BC,CD\}$ 是否具有依赖保持性。

解：因为 $\Pi_{AB}(F)=\{A \rightarrow B, B \rightarrow A\}$，

$\Pi_{BC}(F)=\{B \rightarrow C, C \rightarrow B\}$，

$\Pi_{CD}(F)=\{C \rightarrow D, D \rightarrow C\}$，

所以 $\Pi_{AB}(F) \cup \Pi_{BC}(F) \cup \Pi_{CD}(F)=\{A \rightarrow B, B \rightarrow A, B \rightarrow C, C \rightarrow B, C \rightarrow D, D \rightarrow C\}$。

从中可以看到，$A \rightarrow B$，$B \rightarrow C$，$C \rightarrow D$ 均得以保持，又因为 $D_F^+ = ABCD$，$A \subseteq D_F^+$，所以 $D \rightarrow A$ 也得到保持，因此该分解具有函数依赖保持性。

4.4.5 模式分解算法

本小节主要讨论将关系模式分解成 3NF 或 BCNF 的算法，可以将关系模式分解成保持函数依赖的 3NF，也可以分解成既保持函数依赖又具有无损连接性的 3NF。而对模式的

BCNF 分解,可以保证无损连接性,但不一定能保证函数依赖保持性。

算法 4:转换成 3NF 的保持函数依赖的分解。

输入:关系模式 $R(U,F)$。

输出:分解 $\rho=\{R_1(U_1,F_1),R_2(U_2,F_2),\cdots,R_k(U_k,F_k)\}$,$R_i(1\leqslant i\leqslant k)$为 3NF,且 ρ 是具有无损连接又保持函数依赖的分解。

方法:其过程如下。

① 最小化:求出 $R(U,F)$中函数依赖集 F 的最小函数依赖集 F_{min}。

② 独立:找出 F_{min}中不出现的属性,把这样的属性构成一个关系模式,把这些属性从 U 中去掉,剩余的属性仍记为 U。

③ 排除:若有 $X\rightarrow A$,且 $XA=U$,则输出 $\rho=\{R\}$(即 R 也为 3NF,不用分解),转⑥。

④ 分组:对 F_{min}按具有相同左部的原则分组(假设分为 k 组),每一组函数依赖 F_i 所涉及的全部属性形成一个属性集 U_i,于是 $\rho=\{R_1(U_1,F_1),R_2(U_2,F_2),\cdots,R_k(U_k,F_k)\}$构成 $R(U,F)$的一个保持函数依赖的分解,R_i 均属 3NF。

⑤ 添码:若 ρ 中没有一个子模式含 R 的候选码 X,则令 $\rho=\rho\cup\{X\}$;若 $U_i\subseteq U_j(i\neq j)$,则去掉 U_i。

⑥ 停止分解,输出 ρ。

【例 4.15】 设有关系模式 $R(U,F)$,$U=\{A,B,C,D,E,G\}$,最小函数依赖集为 $F_{min}=\{B\rightarrow G,CE\rightarrow B,C\rightarrow A,CE\rightarrow G,B\rightarrow D,C\rightarrow D\}$。求其转换成 3NF 的保持函数依赖的分解。

解:利用算法 4,F_{min}中没有不出现在 U 中的属性。按左部相同分为 3 组,即 $B\rightarrow G$,$B\rightarrow D$;$CE\rightarrow B$,$CE\rightarrow G$;$C\rightarrow A$,$C\rightarrow D$。每组构成一个关系模式,得到转换成 3NF 的保持函数依赖的分解如下。

$$R_1:U_1=\{B,D,G\},\qquad F_1=\{B\rightarrow G,B\rightarrow D\}$$
$$R_2:U_2=\{B,C,E,G\},\qquad F_2=\{CE\rightarrow B,CE\rightarrow G\}$$
$$R_3:U_3=\{A,C,D\},\qquad F_3=\{C\rightarrow A,C\rightarrow D\}$$

算法 5:将一个关系模式转换成 3NF,使它是既具有无损连接又保持函数依赖的分解。

输入:关系模式 $R(U,F)$。

输出:分解 $\rho=\{R_1(U_1,F_1),R_2(U_2,F_2),\cdots,R_k(U_k,F_k)\}$,$R_i(1\leqslant i\leqslant k)$属 3NF,且 ρ 是具有无损连接又保持函数依赖的分解。

方法:其过程如下。

① 根据算法 4 求出保持函数依赖的分解 $\rho=\{R_1(U_1,F_1),R_2(U_2,F_2),\cdots,R_k(U_k,F_k)\}$。

② 选取 R 的主码 X,将主码与函数依赖相关的属性组成一个关系模式 R_{k+1}。

③ 如果 $X\subseteq U_i$,则输出 ρ,否则输出 $\rho\cup\{R_{k+1}\}$。

【例 4.16】 设有关系模式 $R(U,F)$,$U=\{A,B,C,D,E\}$,$F=\{A\rightarrow D,E\rightarrow D,D\rightarrow B,BC\rightarrow D,CD\rightarrow A\}$,将 R 分解为 3NF,并具有无损连接和函数依赖保持性。

解:在 F 中所有函数依赖的右部未出现的属性一定是候选码的成员,所以,R 的候选码中至少包含 C 和 E。

而$(CE)^+=CDE=ACDE=ABCDE=U$,经过分析 R 只有一个候选码 CE。

求出最小函数依赖集 $F_{min}=\{A\rightarrow D,E\rightarrow D,D\rightarrow B,BC\rightarrow D,CD\rightarrow A\}$

分解为 $\rho=\{AD,DE,BD,BCD,ACD\}$

因为 ρ 中无子模式含 R 的候选码，则令 $\rho=\rho\cup\{R$ 的候选码 $CE\}$。

去掉被包含的子集，所以满足 3NF 而且具有无损连接和函数依赖保持性的分解为 $\rho=\{DE,BCD,ACD,CE\}$。

算法 6：将一个关系模式转换成 BCNF，使它具有无损连接性。

输入：关系模式 $R(U,F)$。

输出：分解 $\rho=\{R_1(U_1,F_1),R_2(U_2,F_2),\cdots,R_k(U_k,F_k)\}$，$R_i(1\leqslant i\leqslant k)$ 属 BCNF，且 ρ 是具有无损连接性的分解。

方法：其过程如下。

① 令 $\rho=\{R(U,F)\}$。

② 如果 ρ 中的所有关系模式都是 BCNF，转④。

③ 如果 ρ 中有一个关系模式 $R_i(U_i,F_i)$ 不是 BCNF，则输出 R_i 中必要 $X\rightarrow A\in F_i^+$（A 不属于 X），且 X 不是 R_i 的码。设 $S_1=XA$，$S_2=U_i-A$，用分数 $\{S_1,S_2\}$ 代替 $R_i(U_i,F_i)$，转②。

④ 分解结束，输出 ρ。

【例 4.17】 设有关系模式 $R(U,F)$，$U=\{A,B,C,D,E,G\}$，$F=\{AE\rightarrow G,A\rightarrow B,BC\rightarrow D,CD\rightarrow A,CE\rightarrow D\}$，将 R 分解为 BCNF，并具有无损连接保持性。

解：求出 R 上只有一个候选码 CE。

① 令 $\rho=\{ABCDEG\}$。

② ρ 中的模式不是 BCNF。

③ 考虑 $AE\rightarrow G$，这个函数依赖不满足 BCNF 条件（AE 不包含候选码 CE），将 $ABCDEG$ 分解为 AEG 和 $ABCDE$。

模式 AEG 上的候选码为 AE，其上只有一个函数依赖 $AE\rightarrow G$，故是 BCNF。

模式 $ABCDE$ 的候选码为 CE，不是 BCNF，需要进一步分解。

考虑 $A\rightarrow B$，把 $ABCDE$ 分解为 AB 和 $ACDE$。

模式 AB 已是 BCNF。模式 $ACDE$ 的候选码为 CE，不是 BCNF，需要进一步分解。

考虑 $CD\rightarrow A$，把 $ACDE$ 分解为 ACD 和 CDE，这时 ACD 和 CDE 都是 BCNF。

④ $\rho=\{AEG,AB,ACD,CDE\}$。

通过关系模式的规范化，可以不存储不必要的冗余信息，又能解决插入异常和删除异常。但由于将一个关系模式分解为多个子模式，当某个操作涉及多个子模式时要进行连接运算，这势必会影响操作速度。为此，有了反规范化设计的概念，即对一些特定的应用不规范化，而是通过使用冗余来改进性能。在实际应用中，需要根据数据库系统的性能要求做出适当的选择。

4.5 关系数据库规范化应用实例

本节通过一个学生数据表的规范化过程说明关系数据库规范化的应用，在第 8 章利用其结果在 SQL Server 中具体设计这些表。

【例 4.18】 假设有一个如表 4.6 所示的学生数据表，假设一门课程只有一个教师上课，以它作为一个关系模式，问在进行数据操作时可能存在哪些问题？

表 4.6　一个学生数据表

学号	姓名	性别	出生日期	班号	课程号	课程名	教师编号	教师姓名	教师性别	教师出生日期	职称	系名	分数
101	李军	男	1993-02-20	1003	3-105	计算机导论	825	王萍	女	1982-05-05	讲师	计算机系	85
101	李军	男	1993-02-20	1003	6-166	数字电路	856	张旭	男	1979-03-12	教授	电子工程系	85
103	陆君	男	1991-06-03	1001	3-105	计算机导论	825	王萍	女	1982-05-05	讲师	计算机系	92
103	陆君	男	1991-06-03	1001	3-245	操作系统	804	李诚	男	1968-12-02	教授	计算机系	86
105	匡明	男	1992-10-02	1001	3-105	计算机导论	825	王萍	女	1982-05-05	讲师	计算机系	88
105	匡明	男	1992-10-02	1001	3-245	操作系统	804	李诚	男	1968-12-02	教授	计算机系	75
107	王丽	女	1993-01-23	1003	3-105	计算机导论	825	王萍	女	1982-05-05	讲师	计算机系	91
107	王丽	女	1993-01-23	1003	6-166	数字电路	856	张旭	男	1979-03-12	教授	电子工程系	79
108	曾华	男	1993-09-01	1003	3-105	计算机导论	825	王萍	女	1982-05-05	讲师	计算机系	78
108	曾华	男	1993-09-01	1003	6-166	数字电路	856	张旭	男	1979-03-12	教授	电子工程系	
109	王芳	女	1992-02-10	1001	3-105	计算机导论	825	王萍	女	1982-05-05	讲师	计算机系	76
109	王芳	女	1992-02-10	1001	3-245	操作系统	804	李诚	男	1968-12-02	教授	计算机系	68

解：以它作为一个关系模式时，在进行数据操作时可能存在的问题如下。

① 存在数据冗余：例如学生、教师和课程的信息都有冗余。

② 存在数据不一致性：例如，学号为 101 的学生可能有多个不同的姓名。

③ 存在插入异常：例如，某个学生还没有选修课程，其学号、姓名等信息无法插入，因为{学号，课程号}是其主码，在插入一个记录时，"课程号"不能为空。

④ 存在删除异常：例如，在删除某个学生的所有选课信息时，其学号、姓名的信息都被删除了。

【例 4.19】　对于例 4.18 的学生数据表，给出函数依赖集 F 并求出最小函数依赖集 F_{min}。

解：U={学号，姓名，性别，出生日期，班号，课程号，课程名，教师编号，教师姓名，教师性别，教师出生日期，职称，系名，分数}。从表中数据找函数依赖关系如下：

因为每个学生的学号是唯一的，所以学号→姓名，性别，出生日期，班号。

因为每门课程有唯一的编号，所以课程号→课程名。

因为每个教师的编号是唯一的，所以教师编号→教师姓名，教师性别，教师出生日期，职称，系名。

因为由于一门课程只有一个教师上课，所以课程号→教师编号。

因为每个学生(由学号描述)的每一门课程的分数是唯一的，所以(学号，课程号)→分数。

这样的函数依赖集 F 为：

{学号→姓名，性别，出生日期，班号；课程号→课程名；教师编号→教师姓名，教师性别，教师出生日期，职称，系名；课程号→教师编号；(学号，课程号)→分数}

其中，为了清楚区分，函数依赖之间用分号分隔。

求其最小函数依赖集 F_{min} 的过程如下：

① 利用分解规则，将函数依赖右边的属性单一化，结果为 F_1。

$$F_1=\left[\begin{array}{lll} 学号\rightarrow姓名 & 教师编号\rightarrow教师姓名 & 教师编号\rightarrow系名 \\ 学号\rightarrow性别 & 教师编号\rightarrow性别 & 课程号\rightarrow教师编号 \\ 学号\rightarrow出生日期 & 教师编号\rightarrow教师出生日期 & 课程号\rightarrow课程名 \\ 学号\rightarrow班号 & 教师编号\rightarrow职称 & (学号,课程号)\rightarrow分数 \end{array}\right]$$

② 在 F_1 中去掉函数依赖左部多余的属性，结果没有找到函数依赖中左部多余的属性，所以 $F_2=F_1$。

③ 在 F_2 中去掉多余的函数依赖，结果没有找到多余的函数依赖，所以 $F_3=F_2$。

也就是说，F_1 即为最小函数依赖集，进一步采用 Armstrong 公理的合并规则可以得到最小函数依赖集：

F_{min}＝{学号→姓名，性别，出生日期，班号；教师编号→教师姓名，教师性别，教师出生日期，职称，系名；课程号→课程名，教师编号；(学号，课程号)→分数}

【例 4.20】 对于例 4.19 产生的最小函数依赖集 F_{min}，求其候选码。

解：F_{min}＝{学号→姓名，性别，出生日期，班号；教师编号→教师姓名，教师性别，教师出生日期，职称，系名；课程号→课程名，教师编号；(学号，课程号)→分数}。

求出只在左部出现的属性集 M＝{学号，课程号}，只在右端出现的属性集 N＝{姓名，性别，出生日期，班号，教师姓名，教师性别，教师出生日期，职称，系名，课程名，分数}，则 $W=U-W-N$＝{教师编号}。R 的候选码只可能是{学号，课程号}或{学号，课程号，教师编号}。

$(\{学号,课程号\})^+_{F_{min}}$＝{学号，课程号，教师编号} ＝U，所以其候选码是{学号，课程号}。也就是说，如果将表 4.6 作为一个关系模式，则其候选码是{学号，课程号}。

【例 4.21】 对于例 4.19 产生的最小函数依赖集，采用投影消除方法得到合理的数据关系。

解：用投影消除方法将其分解，F_{min} 中的 4 个函数依赖恰好构成 4 个关系模式，从而得到以下关系(部分属性名做了简化处理)。

```
student(学号,姓名,性别,出生日期,班号)
teacher(编号,姓名,性别,出生日期,职称,系名)
course(课程号,课程名,任课教师编号)
score(学号,课程号,分数)
```

其中，student 对应学生基本关系，teacher 对应教师基本关系，course 对应课程基本关系，score 对应学生考试成绩关系，带下划线的属性为主码。通过分析可知，这 4 个关系均满足 3NF 的要求，它们对应的数据分别如表 4.7～表 4.10 所示。

表 4.7 student 表

学 号	姓 名	性 别	出生日期	班 号
101	李军	男	1993-02-20	1003
103	陆君	男	1991-06-03	1001
105	匡明	男	1992-10-02	1001
107	王丽	女	1993-01-23	1003
108	曾华	男	1993-09-01	1003
109	王芳	女	1992-02-10	1001

表 4.8 teacher 表

编 号	姓 名	性 别	出生日期	职 称	单 位
804	李诚	男	1968-12-02	教授	计算机系
825	王萍	女	1982-05-05	讲师	计算机系
831	刘斌	男	1987-08-14	助教	电子工程系
856	张旭	男	1979-03-12	教授	电子工程系

表 4.9 course 表

课 程 号	课 程 名	任课教师
3-105	计算机导论	825
3-245	操作系统	804
6-166	数字电路	856

表 4.10 score 表

学 号	课 程 号	分 数
101	3-105	85
101	6-166	85
103	3-245	86
103	3-105	92
105	3-105	88
105	3-245	75
107	6-166	79
107	3-105	91
108	3-105	78
108	6-166	
109	3-245	68
109	3-105	76

【例 4.22】 判断例 4.21 产生的分解是否为无损分解。

解：判断是否为无损分解的过程如下。

① 这里分解为 4 个关系模式，首先构造初始表，如图 4.10(a)所示。

② 考虑各函数依赖关系，修改各单元中的 b 值。最终修改结果如图 4.10(d)所示，其中第 4 行全为 a，说明 ρ 是无损分解。

R_i	学号	姓名	性别	出生日期	班号	课程号	课程名	教师编号	教师姓名	教师性别	教师出生日期	职称	系名	分数
student	a_1	a_2	a_3	a_4	a_5	$b_{1,6}$	$b_{1,7}$	$b_{1,8}$	$b_{1,9}$	$b_{1,10}$	$b_{1,11}$	$b_{1,12}$	$b_{1,13}$	$b_{1,14}$
teacher	b_{21}	b_{22}	b_{23}	$b_{2,4}$	$b_{2,5}$	$b_{2,6}$	$b_{2,7}$	a_8	a_9	a_{10}	a_{11}	a_{12}	a_{13}	$b_{2,14}$
course	b_{31}	$b_{3,2}$	$b_{3,3}$	$b_{3,4}$	$b_{3,5}$	a_6	a_7	a_8	$b_{3,9}$	$b_{3,10}$	$b_{3,11}$	$b_{3,12}$	$b_{3,13}$	$b_{3,14}$
score	a_1	$b_{4,2}$	$b_{4,3}$	$b_{4,4}$	$b_{4,5}$	a_6	$b_{4,7}$	$b_{4,8}$	$b_{4,9}$	$b_{4,10}$	$b_{4,11}$	$b_{4,12}$	$b_{4,13}$	a_{14}

(a) 初始表

图 4.10 判断是否为无损分解的过程

R_i	学号	姓名	性别	出生日期	班号	课程号	课程名	教师编号	教师姓名	教师性别	教师出生日期	职称	系名	分数
student	a_1	a_2	a_3	a_4	a_5	$b_{1,6}$	$b_{1,7}$	$b_{1,8}$	$b_{1,9}$	$b_{1,10}$	$b_{1,11}$	$b_{1,12}$	$b_{1,13}$	$b_{1,14}$
teacher	$b_{2,1}$	$b_{2,2}$	$b_{2,3}$	$b_{2,4}$	$b_{2,5}$	$b_{2,6}$	$b_{2,7}$	a_8	a_9	a_{10}	a_{11}	a_{12}	a_{13}	$b_{2,14}$
course	$b_{3,1}$	$b_{3,2}$	$b_{3,3}$	$b_{3,4}$	$b_{3,5}$	a_6	a_7	a_8	$b_{3,9}$	$b_{3,10}$	$b_{3,11}$	$b_{3,12}$	$b_{3,13}$	$b_{3,14}$
score	a_1	$\mathbf{a_2}$	$\mathbf{a_3}$	$\mathbf{a_4}$	$\mathbf{a_5}$	a_6	$b_{4,7}$	$b_{4,8}$	$b_{4,9}$	$b_{4,10}$	$b_{4,11}$	$b_{4,12}$	$b_{4,13}$	a_{14}

(b) 考虑“学号→姓名，性别，出生日期，班号”修改的结果

R_i	学号	姓名	性别	出生日期	班号	课程号	课程名	教师编号	教师姓名	教师性别	教师出生日期	职称	系名	分数
student	a_1	a_2	a_3	a_4	a_5	$b_{1,6}$	$b_{1,7}$	$b_{1,8}$	$b_{1,9}$	$b_{1,10}$	$b_{1,11}$	$b_{1,12}$	$b_{1,13}$	$b_{1,14}$
teacher	$b_{2,1}$	$b_{2,2}$	$b_{2,3}$	$b_{2,4}$	$b_{2,5}$	$b_{2,6}$	$b_{2,7}$	a_8	a_9	a_{10}	a_{11}	a_{12}	a_{13}	$b_{2,14}$
course	$b_{3,1}$	$b_{3,2}$	$b_{3,3}$	$b_{3,4}$	$b_{3,5}$	a_6	a_7	a_8	$b_{3,9}$	$b_{3,10}$	$b_{3,11}$	$b_{3,12}$	$b_{3,13}$	$b_{3,14}$
score	a_1	a_2	a_3	a_4	a_5	a_6	$\mathbf{a_7}$	$\mathbf{a_8}$	$b_{4,9}$	$b_{4,10}$	$b_{4,11}$	$b_{4,12}$	$b_{4,13}$	a_{14}

(c) 考虑“课程号→课程名，教师编号”修改的结果

R_i	学号	姓名	性别	出生日期	班号	课程号	课程名	教师编号	教师姓名	教师性别	教师出生日期	职称	系名	分数
student	a_1	a_2	a_3	a_4	a_5	$b_{1,6}$	$b_{1,7}$	$b_{1,8}$	$b_{1,9}$	$b_{1,10}$	$b_{1,11}$	$b_{1,12}$	$b_{1,13}$	$b_{1,14}$
teacher	$b_{2,1}$	$b_{2,2}$	$b_{2,3}$	$b_{2,4}$	$b_{2,5}$	$b_{2,6}$	$b_{2,7}$	a_8	a_9	a_{10}	a_{11}	a_{12}	a_{13}	$b_{2,14}$
course	$b_{3,1}$	$b_{3,2}$	$b_{3,3}$	$b_{3,4}$	$b_{3,5}$	a_6	a_7	a_8	$\mathbf{a_9}$	$\mathbf{a_{10}}$	$\mathbf{a_{11}}$	$\mathbf{a_{12}}$	$\mathbf{a_{13}}$	$b_{3,14}$
score	a_1	a_2	a_3	a_4	a_5	a_6	a_7	a_8	$\mathbf{a_9}$	$\mathbf{a_{10}}$	$\mathbf{a_{11}}$	$\mathbf{a_{12}}$	$\mathbf{a_{13}}$	a_{14}

(d) 考虑“编号→姓名，性别，出生日期，职称，系名”修改的结果

图 4.10 (续)

【例 4.23】 判断例 4.21 的分解 ρ 是否具有依赖保持性。

解：这里有 F_{min}={学号→姓名，性别，出生日期，班号；教师编号→教师姓名，教师性别，教师出生日期，职称，系名；课程号→课程名，教师编号；(学号，课程号)→分数}。

因为 $\Pi_{学号,姓名,性别,出生日期,班号}(F_{min})$={学号→姓名，性别，出生日期，班号}，

$\Pi_{教师编号,教师姓名,教师性别,教师出生日期,职称,系名}(F_{min})$={教师编号→教师姓名，教师性别，教师出生日期，职称，系名}，

$\Pi_{课程号,课程名,教师编号}(F_{min})$={课程号→课程名，教师编号}，

$\Pi_{学号,课程号,分数}(F_{min})$={(学号，课程号)→分数}，

$\Pi_{学号,姓名,性别,出生日期,班号}(F_{min}) \cup \Pi_{教师编号,教师姓名,教师性别,教师出生日期,职称,系名}(F_{min}) \cup \Pi_{课程号,课程名,教师编号}(F_{min}) \cup \Pi_{学号,课程号,分数}(F_{min})$={学号→姓名，性别，出生日期，班号；教师编号→教师姓名，教师性别，教师出生日期，职称，系名；课程号→课程名，教师编号；(学号，课程号)→分数}，F_{min} 中的所有函数依赖均保持，所以分解 ρ 具有依赖保持性。

【例 4.24】 对于例 4.19 产生的最小函数依赖集 F_{min}，求其转换成 3NF 的保持函数依

赖的分解。

解：利用算法4，F_{min}={学号→姓名，性别，出生日期，班号；教师编号→教师姓名，教师性别，教师出生日期，职称，系名；课程号→课程名，教师编号；（学号，课程号）→分数}，其中没有不出现在U中的属性。按左部相同分为4组，每组只有一个函数依赖，这样每组构成一个关系模式，得到转换成3NF的保持函数依赖的分解为ρ={$R_1(U_1,F_1)$，$R_2(U_2,F_2)$，$R_3(U_3,F_3)$，$R_4(U_4,F_4)$}，各子模式如下。

R_1：U_1={学号，姓名，性别，出生日期，班号}，

F_1={学号→姓名，性别，出生日期，班号}

R_2：U_2={教师编号，教师姓名，教师性别，教师出生日期，职称，系名}，

F_2={教师编号→教师姓名，教师性别，教师出生日期，职称，系名}

R_3：U_3={课程号，课程名，教师编号}，F_3={课程号→课程名，教师编号}

R_4：U_4={学号，课程号，分数}，F_4={（学号，课程号）→分数}

其结果与例4.20的分解相同。

【例4.25】 对于例4.19产生的最小函数依赖集F_{min}，其候选码为{学号，课程号}，将它转换成3NF，使其既具有无损连接又保持函数依赖的分解。

解：利用算法5，例4.22得到的分解为ρ={$R_1(U_1,F_1)$，$R_2(U_2,F_2)$，$R_3(U_3,F_3)$，$R_4(U_4,F_4)$}，候选码X为{学号，课程号}，而$X \subseteq U_4$，所以分解ρ满足无损连接和函数依赖保持性的要求。

练习题4

1. 什么是数据规范化？简述数据规范化的作用。

2. 对于如图4.11所示的数据集，判断它是否可直接作为关系数据库中的关系，若不可以，则改造成尽可能好的并能作为关系数据库中关系的形式，同时说明进行这种改造的理由。

系　名	课程名	教师名
计算机系	DB	李军，刘强
机械系	CAD	金山，宋海
新闻系	CAM	王华
电子工程系	CTY	张红，曾键

图4.11　一个数据集

3. 已知关系模式$R(U,F)$，其中$U=\{A,B,C\}$，$F=\{A \to C, B \to C\}$，求F^+。

4. 设有关系模式$R(U,F)$，其中$U=\{A,B,C,D,E,P\}$，$F=\{A \to B, C \to P, E \to A, CE \to D\}$，求出$R$的所有候选码。

5. 设有关系模式$R(U,F)$，其中$U=\{A,B,C,D,E\}$，$F=\{A \to BC, CD \to E, B \to D, E \to A\}$，计算$B^+$，并求出$R$的所有候选码。

6. 对于如图4.12所示的关系R，回答以下问题：

① 它为第几范式？为什么？

② 是否存在删除操作异常？若存在，则说明是在什么情况下发生的？

③ 将它分解为高一级范式，分解后的关系是如何解决分解前可能存在的删除操作的异常问题的？

课程名	教师名	教师地址
C_1	马千里	D_1
C_2	于得水	D_1
C_3	余快	D_2
C_4	于得水	D_1

图 4.12 一个关系 R

7. 如图 4.13 所示的关系 SC 为第几范式？是否存在插入、删除异常？若存在，则说明是在什么情况下发生的？发生的原因是什么？将它分解为高一级范式，分解后的关系能否解决操作异常问题？

学号	课程号	课程名	任课教师	教师地址	分数
80152	C_1	OS	王平	D_1	70
80153	C_2	DB	高升	D_2	85
80154	C_1	OS	王平	D_1	86
80154	C_3	AI	杨杨	D_3	72
80155	C_4	CL	高升	D_2	92

图 4.13 一个关系 SC

8. 设有关系模式 $R(U,F)$，其中 $U=\{A,B,C,G,M,T\}$，$F=\{B\rightarrow C,MT\rightarrow B,MC\rightarrow T,MA\rightarrow T,AB\rightarrow G\}$，问关系模式 R 的候选码是什么？属于第几范式？不属于第几范式？为什么？

9. 设有关系模式 $R(U,F)$，其中 $U=\{A,B,C,D,E,G,H,P\}$，$F=\{AB\rightarrow CE,A\rightarrow C,GP\rightarrow B,EP\rightarrow A,CDE\rightarrow P,HB\rightarrow P,D\rightarrow HG,ABC\rightarrow PG\}$，计算属性 D 关于 F 的闭包 D_F^+。

10. 设有关系模式 $R(U,F)$，其中 $U=\{A,B,C,D,E\}$，$F=\{A\rightarrow C,B\rightarrow D,C\rightarrow D,DE\rightarrow C,CE\rightarrow A\}$，试问分解 $\rho=\{AD,AB,BE,CDE,AE\}$是否为 R 的无损连接分解？

11. 设有关系模式 $R(U,F)$，其中 $U=\{A,B,C,D,E\}$，$F=\{A\rightarrow D,E\rightarrow D,D\rightarrow B,BC\rightarrow D,DC\rightarrow A\}$。

① 求出 R 的候选码。

② 判断 $\rho=\{AB,AE,CE,BCD,AC\}$是否为无损连接分解？

第5章 数据库设计

数据库应用系统的设计是指创建一个性能良好的、能满足不同用户使用要求的、又能被选定的 DBMS 所接受的数据库以及基于该数据库上的应用程序，其中的核心问题是数据库的设计。本章主要介绍数据库设计的基本步骤和方法。

5.1 数据库设计概述

数据库设计是建立数据库及其应用系统的技术，是信息系统开发和建议中的核心技术。由于数据库应用系统的复杂性，为了支持相关应用程序的运行，数据库设计变得异常复杂，因此最佳设计不可能一蹴而就，而只能是一个“反复探寻，逐步求精”的过程。

数据库设计内容包括结构特性设计和行为特性设计。前者是指数据库总体概念的设计，它应该是具有最小数据冗余的、能反映不同用户数据需求的、能实现数据共享的系统。后者是指实现数据库用户业务活动的应用程序的设计，用户通过应用程序来访问和操作数据库。

按照规范设计的方法，考虑数据库及其应用系统开发的全过程，将数据库设计分为以下 6 个阶段（如图 5.1 所示）：

- 需要分析阶段；
- 概念结构设计阶段；
- 逻辑结构设计阶段；
- 物理结构设计阶段；
- 数据库实施阶段；
- 数据库运行和维护阶段。

需要指出的是，这个设计步骤既是数据库设计的过程，又包括了数据库应用系统的设计过程。在设计过程中把数据库的设计和对数据库中数据处理的设计紧密结合起来，将这两个方面的需求分析、抽象、设计、实现在各个阶段同时进行，相互参照，相互补充，以完善两方面的设计。

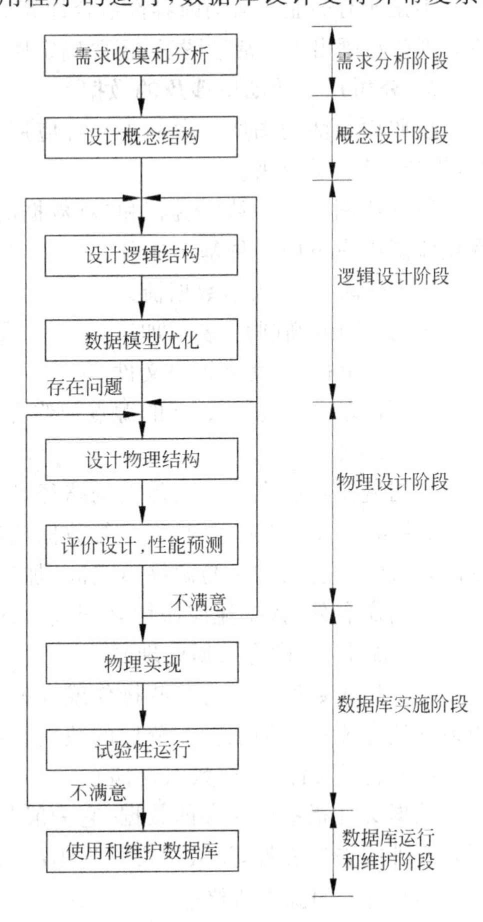

图 5.1 数据库设计的步骤

5.2 需求分析

需求分析的任务是通过详细调查现实世界要处理的对象(组织、部门、企业等),充分了解原系统(手工系统或计算机系统)工作概况,明确用户的各种需求,然后在此基础上确定新系统的功能。

5.2.1 需求分析的步骤

进行需求分析首先要调查清楚用户的实际要求,与用户达成共识,然后分析与表达这些需求。其基本方法是收集和分析用户要求,从分析各个用户需求中提炼出反映用户活动的数据流图,通过确定系统边界归纳出系统数据,这是数据库设计的关键。收集和分析用户要求一般可按以下 4 步进行。

1. 分析用户活动

分析从要求的处理着手,搞清处理流程。如果一个处理比较复杂,就把处理分解成若干子处理,使每个处理功能明确、界面清楚。分析之后画出用户活动图。

2. 确定系统范围

不是所有的业务活动内容都适合计算机处理,有些工作即使在计算机环境下仍需人工完成。因此在画出用户活动图后,还要确定属于系统的处理范围,可以在图上标明系统边界。

3. 分析用户活动所涉及的数据

按照用户活动图所包含的每一种应用弄清所涉及数据的性质、流向和所需的处理,并用"数据流图"表示出来。

数据流图是一种从"数据"和"对数据的加工"两方面表达系统工作过程的图形表示法。数据流图中有下面 4 种基本成分。

- →(箭头):表示数据流。
- ○(圆或椭圆):表示加工。
- —(单杠):表示数据文件。
- □(方框):表示数据的源点或终点。

(1) 数据流

数据流是数据在系统内传播的路径,因此由一组成分固定的数据项组成。例如学生由学号、姓名、性别、出生日期、班号等数据项组成。由于数据流是流动中的数据,所以必须有流向,在加工之间、加工与源终点之间、加工与数据存储之间流动,除了与数据存储之间的数据流不用命名外,数据流应该用名词或名词短语命名。

(2) 加工(又称为数据处理)

加工指对数据流进行某些操作或变换。每个加工也要有名称,通常是动词短语,用于简明地描述完成什么加工。在分层的数据流图中,加工还应采用分层编号。

(3) 数据文件(又称数据存储)

数据文件指系统保存的数据,它一般是数据库文件。流向数据文件的数据流可理解为写入文件或查询文件,从数据文件流出的数据可理解为从文件读数据或得到查询结果。

(4) 数据的源点或终点

本系统外部环境中的实体(包括人员、组织或其他软件系统)统称外部实体。它们是为了帮助用户理解系统接口界面而引入的，一般只出现在数据流图的顶层图中。

4. 分析系统数据

所谓分析系统数据就是对数据流图中的每个数据流名、文件名、加工名给出具体定义，都需要用一个条目进行描述，描述后的产物就是“数据字典”。DBMS有自己的数据字典，其中保存了逻辑设计阶段定义的模式、子模式的有关信息；保存了物理设计阶段定义的存储模式、文件存储位置、有关索引及存取方法的信息；还保存了用户名、文件存取权限、完整性约束、安全性要求的信息，所以DBMS数据字典是一个关于数据库信息的特殊数据库。

5.2.2 需求分析的方法

在众多的需求分析方法中，结构化分析(Structured Analysis，SA)方法是一种简单实用的方法。SA方法是面向数据流进行需求分析的方法，它采用自顶向下、逐层分解的分析策略，画出应用系统的数据流图。

面对一个复杂的问题，分析人员不可能一开始就考虑到问题的所有方面以及全部细节，采取的策略往往是分解，把一个复杂的处理功能划分成若干子功能，每个子功能还可以继续分解，直到把系统工作过程表示清楚为止。在处理功能逐步分解的同时，它们所用的数据也逐级分解，形成若干层次的数据流图。

数据流图表达了数据和处理过程的关系。在SA方法中，处理过程的处理逻辑常常借助判定表或判定树来描述，系统中的数据则借助数据字典(Data Dictionary，DD)来描述。

画数据流图的一般步骤如下：

① 首先画系统的输入/输出，即先画顶层数据流图。顶层流图只包含一个加工，用于表示被设计的应用系统。然后考虑该系统有哪些输入数据，这些输入数据从哪里来；有哪些输出数据，输出到哪里去。这样就定义了系统的输入、输出数据流。顶层图的作用在于表明被设计的应用系统的范围以及它和周围环境的数据交换关系。顶层图只有一张。图5.2所示的是一个图书借还系统的顶层图。

图5.2 图书借还系统的顶层数据流图

② 画系统内部，即画下层数据流图。一般将层号从0开始编号，采用自顶向下、由外向内的原则。在画0层数据流图时，一般根据当前系统工作的分组情况并按新系统应有的外部功能分解顶层流图的系统为若干子系统，决定每个子系统间的数据接口和活动关系。

例如，图书借还系统按功能可分成两部分，一部分为读者借书管理，另一部分为读者还书管理，0层数据流图如图5.3所示。由于在任一时刻只能使用读者借书管理功能和读者还书管理功能中的一种，所以这两个加工之间采用“⊕”符号表示。

一般情况下，在画更下层数据流图时，则分解上层图中的加工，一般沿着输入流的方向，凡数据流的组成或值发生变化的地方设置一个加工，这样一直进行到输出数据流(也可从输出流到输入流方向画)。如果加工的内部还有数据流，则对此加工在下层图中继续分解，直到每一个加工足够简单，不能再分解为止，不再分解的加工称为基本加工。

例如，图5.4是对0层中的加工进一步分解，得到了基本加工。

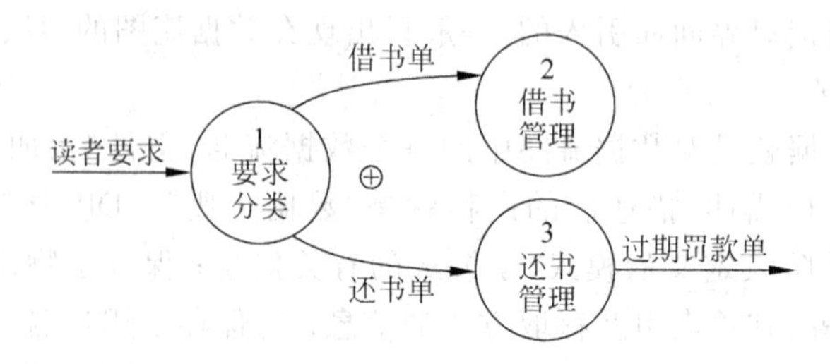

图 5.3　图书借还系统的 0 层数据流图

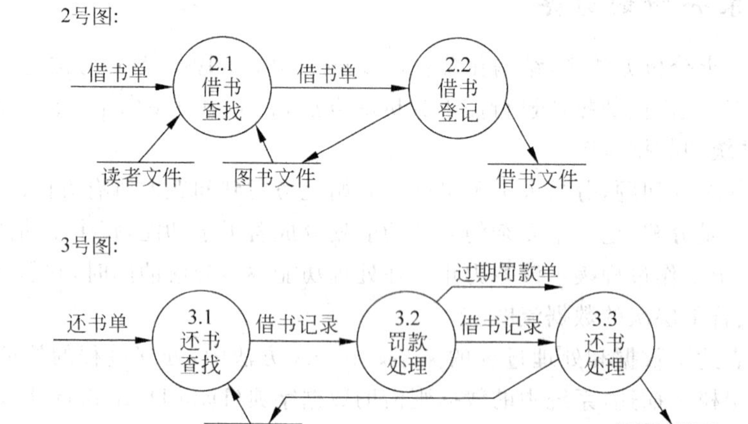

图 5.4　图书借还系统的 1 层数据流图

在画数据流图时应注意以下几点。

- 命名：不论数据流、数据文件还是加工，合适的命名使人们易于理解其含义。数据流的名称代表整个数据流的内容，而不仅仅是它的某些成分，不使用缺乏具体含义的名称，如“数据”、“信息”等，加工名也应反映整个处理的功能，不使用“处理”、“操作”这些笼统的词。
- 每个加工至少有一个输入数据流和一个输出数据流，反映出此加工数据的来源与加工的结果。
- 加工编号：如果一张数据流图中的某个加工分解成另一张数据流图，则上层图为父图，直接下层图为子图。子图应编号，子图上的所有加工也应编号，子图的编号就是父图中相应加工的编号，加工的编号由子图号、小数点及局部号组成，如图 5.3 和图 5.4 所示。
- 父图与子图的平衡：子图的输入、输出数据流和父图相应加工的输入、输出数据流必须一致，即父图与子图平衡。

对用户需求进行分析与表达后，必须提交给用户，征得用户的认可。

数据流图表达了数据和处理的关系，并没有对各个数据流、加工、数据文件进行详细说明，如数据流、数据文件的名称并不能反映其中的数据成分、数据项和数据特性，在加工中不能反映处理过程等。数据字典是用来定义数据流图中的各个成分的具体含义的，它以一种准确的、无二义性的说明方式为系统的分析、设计及维护提供了有关元素的一致的定义和详细的描述。

数据字典有数据流、数据文件、数据项、加工 4 类条目。数据项是组成数据流和数据文件的最小元素。由于源点、终点不在系统之内，故一般不在数据字典中说明。

1. 数据流条目

数据流条目给出了数据流图中数据流的定义，通常列出该数据流的各组成数据项。在定义数据流或数据存储组成时，使用表 5.1 给出的符号。

表 5.1　在数据字典的定义式中出现的符号

符　　号	含　　义	实例及说明
=	被定义为	
+	与	$x=a+b$ 表示 x 由 a 和 b 组成
[⋯|⋯]	或	$x=[a\|b]$表示 x 由 a 或 b 组成
{⋯}	重复	$x=\{a\}$表示 x 由 0 个或多个 a 组成
(⋯)	可选	$x=(a)$表示 a 可在 x 中出现，也可不出现
..	连接符	$x=1..9$，表示 x 可取 1 到 9 中的任意一个值

例如，对图书借还管理系统数据流图中的数据流条目说明如下：

```
读者要求 = [借书单|还书单]
借书单 = 读者编号 + 图书编号
还书单 = 图书编号
借书记录 = 读者编号 + 图书编号 + 借书日期
过期罚款单 = 读者编号 + 姓名 + 罚款数
```

2. 数据文件条目

数据文件条目是对数据文件的定义，每个数据文件包括文件名、数据组成和数据组织等。例如，对图书借还管理系统数据流图中的数据文件条目说明如下：

```
文件名：读者文件
数据组成：{读者编号 + 姓名 + 班号}
数据组织：按读者编号递增排列

文件名：图书文件
数据组成：{图书编号 + 书名 + 作者 + … + 借否}
数据组织：按图书编号递增排列

文件名：借书文件
数据组成：{图书编号 + 读者编号 + 借书日期}
数据组织：按图书编号递增排列
```

3. 数据项条目

数据项条目是不可再分解的数据单位，其定义包括数据项的名称、数据类型和长度等。例如，对图书借还管理系统数据流图中的数据项条目说明如下：

```
读者编号 = C(13)        表示长度为 13 的字符串
图书编号 = C(13)        表示长度为 13 的字符串
借书日期 = D(8)         表示长度为 8 的日期类型
借否 = [true|false]     true 表示已借,false 表示未借
姓名 = C(12)            表示长度为 12 的字符串
```

罚款数 = N(5,1)　　　表示长度为 5、小数位为 1 位的实数

4. 加工条目

加工条目主要说明加工的功能及处理要求，功能是指该处理过程用来做什么(而不是怎么做)，处理要求包括处理频度要求，如单位时间处理多少事务、多少数据量、响应时间要求等。这些处理要求是后面物理设计的输入及性能评价的标准。

例如，对图书借还管理系统数据流图中编号为 2.1 的加工条目说明如下：

加工编号：2.1
加工名称：借书查找
加工功能：根据借书单中的读者编号确定是否为有效的读者(所谓有效读者，是指在读者文件中能够找到该编号的读者记录)；然后根据借书单中的图书编号在图书文件中查找该编号且尚未借出(即借否 = false)的图书记录.

5.3 概念结构设计

概念结构设计阶段的任务是将用户需求抽象为概念模型，其目标是产生整体数据库概念结构，即全局概念模式。概念模式是整个组织中各个用户关心的信息结构，描述概念结构的有力工具是 E-R 模型。

5.3.1 概念结构设计的方法和步骤

1. 概念结构设计的基本方法

设计概念结构有 4 种基本策略。

(1) 自顶向下策略

首先根据需求定义全局概念结构 E-R 模型的框架，然后逐步细化，如图 5.5 所示。

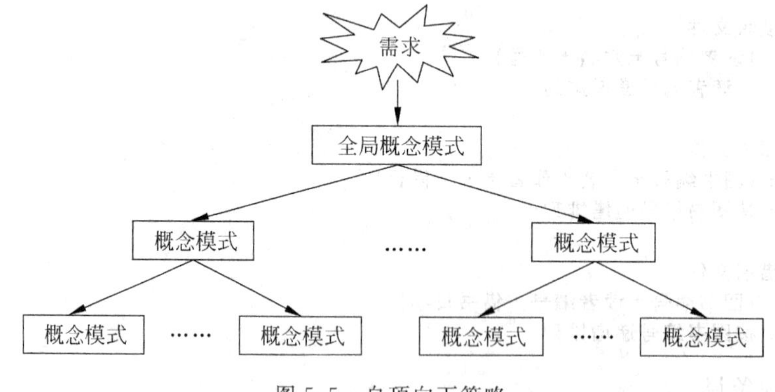

图 5.5　自顶向下策略

(2) 自底向上策略

首先定义各局部应用的概念结构 E-R 模型，然后将它们集成，得到全局概念结构 E-R 模型，如图 5.6 所示。

(3) 由里向外逐步扩张策略

首先定义最重要的核心概念结构，然后向外扩充，以滚雪球的方式逐步生成其他概念结构，直到总体概念结构，如图 5.7 所示。

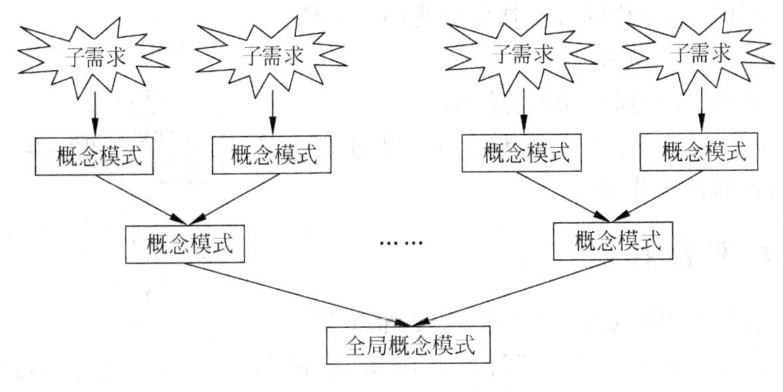

图 5.6　自底向上策略

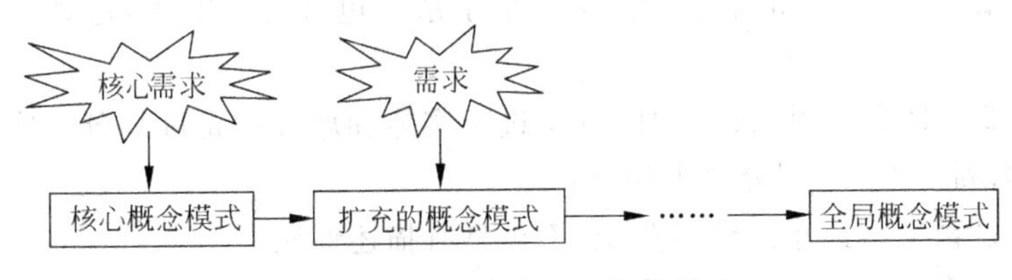

图 5.7　由里向外逐步扩张策略

(4) 混合策略

自顶向下和自底向上相结合的方法，用自顶向下的策略设计一个全局概念结构的架构，以它为骨架集成自底向上策略中设计的各局部概念结构 E-R 图。

2. 与需求分析相结合的概念结构设计步骤

最常用的概念结构设计的策略是采用自底向上的方法，即自顶向下地进行需求分析，然后再自底向上地设计概念结构，如图 5.8 所示。

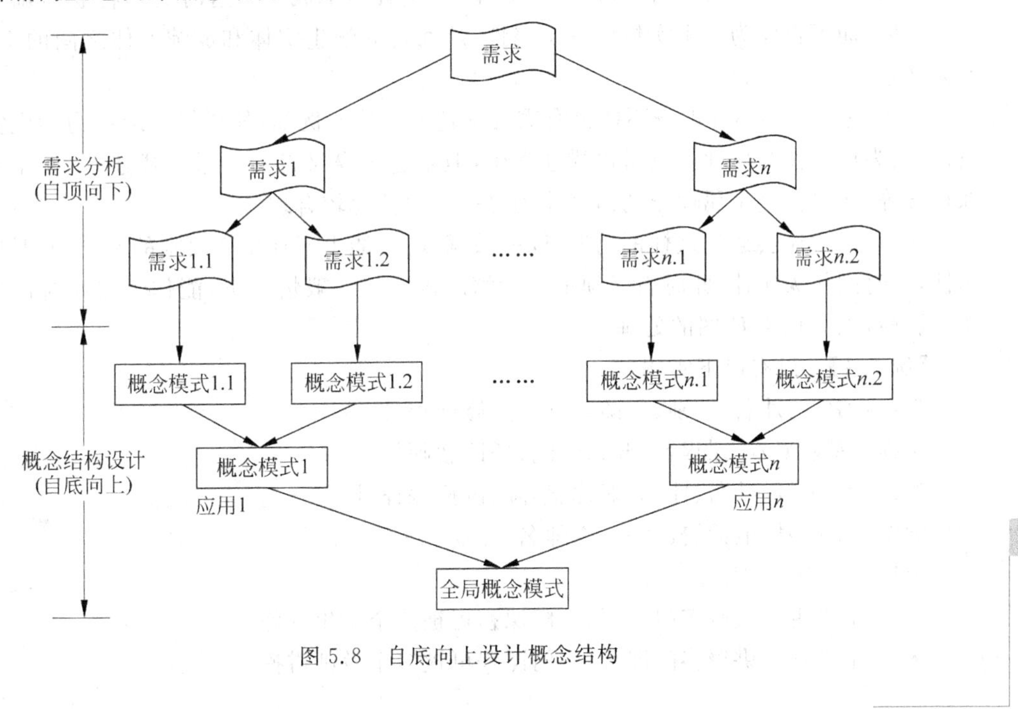

图 5.8　自底向上设计概念结构

自底向上设计概念结构的方法通常分为两个步骤：

① 抽象数据并设计局部视图。

② 集成局部视图，得到全局概念结构。

如图 5.9 所示，通常以 E-R 图为工具来描述概念结构，后面分节讨论这两个步骤。

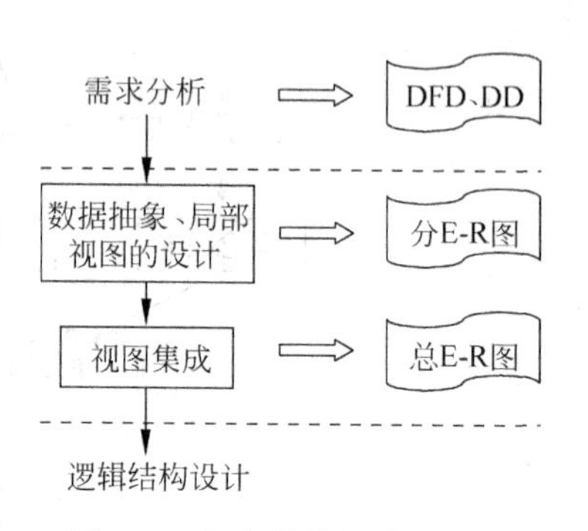

图 5.9　概念结构设计的步骤

5.3.2　局部 E-R 模型设计

利用系统需求分析阶段得到的数据流程图、数据字典和系统分析报告建立对应于每一部门（或应用）的局部 E-R 模型。这里最关键的问题是如何确定实体（集）和实体属性，换句话说，就是要确定系统中的每一个子系统包含哪些实体，这些实体又包含哪些属性。

在设计局部 E-R 模型时，最大的困难莫过于实体和属性的正确划分。实体和属性的划分并无绝对的标准，但基本划分原则如下：

- 属性应是系统中最小的信息单位，不再具有描述性质。
- 属性具有多个值时应该升级为实体。

首先按现实世界中事物的自然划分来定义实体和属性，然后再进行必要的调整。调整的方式如下：

① 实体和描述它的属性间保持为 1∶1 或 n∶1 的联系。例如学生实体和其属性年龄、性别、民族就是 n∶1 的联系，因为一个学生只能有一个年龄值，一种性别，属于一种民族，可以有许多学生具有同一个年龄值，同一种性别，同属一个民族。

按自然划分可能出现实体和属性间的 1∶n 联系。例如学生实体和成绩属性之间就是 1∶n 联系，因为一个学生可能选修多门课程，对应有多个成绩。这时需要将成绩调整为另一个实体，而不再作为学生实体的一个属性，从而建立学生实体和成绩实体之间的 1∶n 的实体联系。

② 描述实体的属性本身不能再有需要描述的性质。例如，如果将成绩作为学生实体的属性，因为成绩作为属性虽然可以描述学生，但是它本身又是需要进行描述的，如需要指出课程号等，所以把这个属性分离出来作为另一个实体比较合理。

此外，用户还会遇到这样的情况，同一数据项，可能由于环境和要求的不同，有时应作为属性，有时则作为实体，此时就必须依实际情况确定。一般情况下，能作为属性对待的尽量作为属性，以简化 *E-R* 图的处理。

【例 5.1】 设有以下实体：

学生：学号、姓名、性别、年龄、学院、选修课程号

课程：课程编号、课程名、开课学院、任课教师号

教师：教师号、姓名、性别、职称、学院、讲授课程号

学院：学院号、电话、教师号、教师名

上述实体中存在以下联系：

- 一个学生可选修多门课程，一门课程可被多个学生选修。
- 一个教师可讲授多门课程，一门课程可被多个教师讲授。

• 一个学院可有多个教师，一个教师只能属于一个学院。

• 一个学院可拥有多个学生，一个学生只属于一个学院。

假设学生只能选修本学院的课程，教师只能为本学院的学生授课，要求分别设计学生选课和教师任课两个局部信息的结构 E-R 图。

解：从各实体属性可以看到，学生实体与学院实体和课程实体关联，不直接与教师实体关联，一个学院可以开设多门课程，学院实体与课程实体之间是 1∶m 关系，学生选课局部 E-R 图如图 5.10 所示。

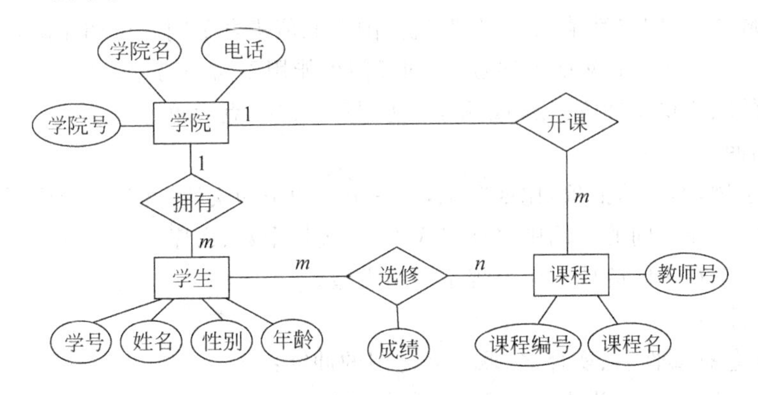

图 5.10　学生选课局部 E-R 图

教师实体与学院实体和课程实体关联，不直接与学生实体关联，教师任课局部 E-R 图如图 5.11 所示。

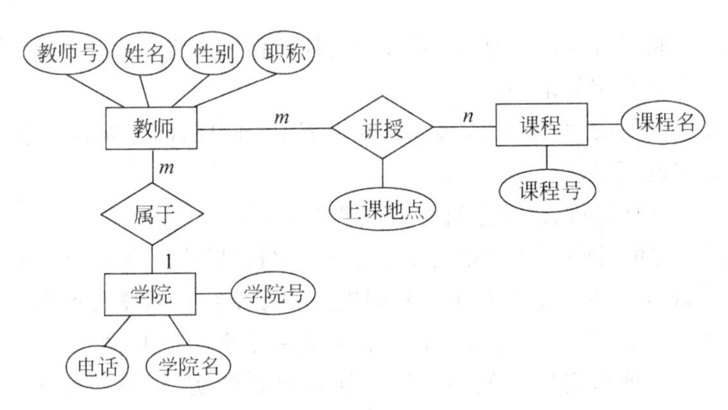

图 5.11　教师任课局部 E-R 图

5.3.3　总体 E-R 模型设计

综合各部门(或应用)的局部 E-R 模型，就可以得到系统的总体 E-R 模型。综合局部 E-R 模型的方法有下面两种：

• 多个局部 E-R 图一次综合。

• 多个局部 E-R 图逐步综合，用累加的方式一次综合两个 E-R 图。

第 1 种方法比较复杂，第 2 种方法每次只综合两个 E-R 图，可降低难度。无论哪一种方法，每次综合可分两步：

① 合并,解决各局部 E-R 图之间的冲突问题,生成初步的 E-R 图。

② 修改和重构,消除不必要的冗余,生成基本的 E-R 图。

以下分步介绍。

1. 消除冲突,合并局部 E-R 图

各类局部应用不同,通常由不同的设计人员设计局部 E-R 图,因此,各局部 E-R 图不可避免地会有很多不一致,这称为冲突。冲突主要有以下几种类型。

(1) 属性冲突

- 属性域冲突,即属性值的类型、取值范围或取值集合不同。比如年龄,可能用出生年月或用整数表示;又如零件号,不同部门可能用不同编码方式。
- 属性的取值单位冲突,比如重量,可能用斤、公斤、克为单位。

(2) 结构冲突

- 同一事物,不同的抽象,比如职工,在一个应用中为实体,在另一个应用中为属性。
- 同一实体在不同的应用中属性组成不同,包括个数、次序。
- 同一联系在不同的应用中呈现不同的类型。

(3) 命名冲突

命名冲突包括属性名、实体名、联系名之间的冲突:

- 同名异义,不同意义的事物具有相同的名称。
- 异名同义(一义多名),同一意义的事物具有不同的名称。

属性冲突和命名冲突可以通过协商来解决,结构冲突则要在认真分析后通过技术手段解决。例如:

- 要使同一事物具有相同的抽象,或者把实体转换为属性,或者把属性转换为实体,但都要符合本节介绍的准则。
- 同一实体合并时的属性组成,通常采取把 E-R 图中的同名实体的各属性合并起来,再进行适当的调整。
- 实体-联系类型可根据语义进行综合或调整。

局部 E-R 图合并的目的不在于把若干局部 E-R 图在形式上合并为一个 E-R 图,而在于消除冲突,使之能成为全系统中所有用户共同理解和接受统一的概念模型。

【例 5.2】 将例 5.1 设计完成的 E-R 图合并成一个全局 E-R 图。

解:将图 5.10 中课程实体的教师号属性转换成教师实体,将两个子图中课程实体的"课程编号"和"课程号"属性统一成"课程号",并将课程实体统一为"课程号"和"课程名"属性。合并后的全局 E-R 图如图 5.12 所示。

2. 消除不必要的冗余

在初步 E-R 图中,可能存在冗余的数据或冗余的联系。冗余的数据是指可由基本的数据导出的数据,冗余的联系是由其他的联系导出的。冗余的存在容易破坏数据库的完整性,给数据库的维护增加困难,应该消除。把消除了冗余的初步 E-R 图称为基本的 E-R 图。通常用分析方法消除冗余。

图 5.12 所示的初步 E-R 图消除冗余联系后("属于"和"开课"是冗余联系,它们可以通过其他联系导出)可获得基本的 E-R 图,如图 5.13 所示。

概念模型设计是成功地建立数据库的关键,决定数据库的总体逻辑结构,是未来建成的

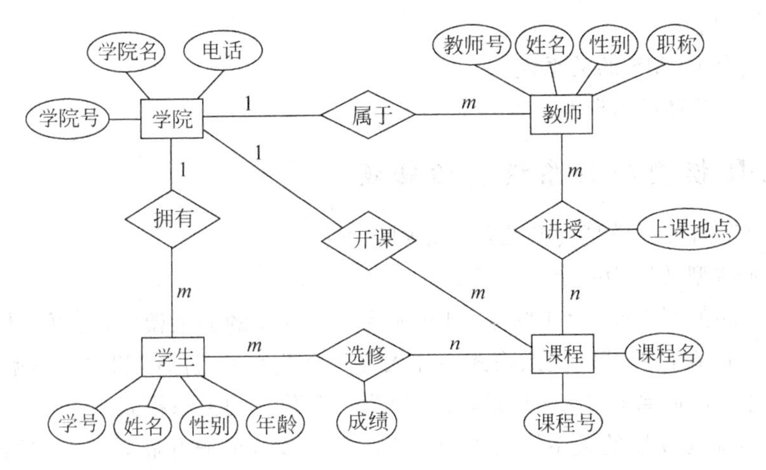

图 5.12 合并后的全局 E-R 图

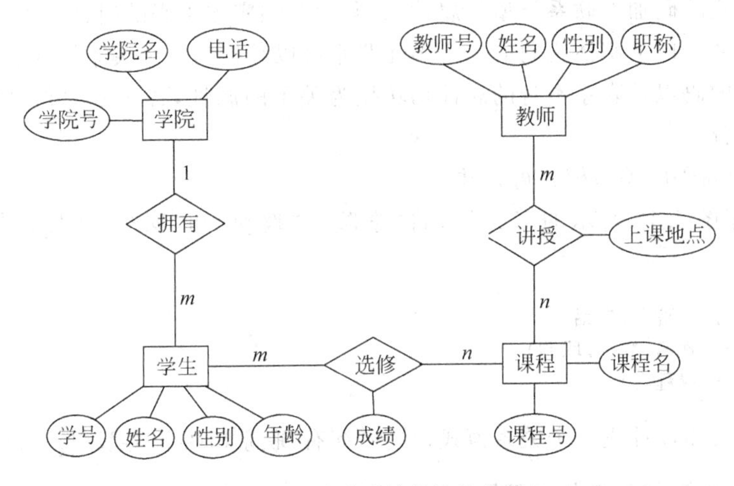

图 5.13 改进后的总体 E-R 图

管理信息系统的基石。如果设计不好,就不能充分发挥数据库的效能,无法满足用户的处理要求。因此,设计人员必须和用户一起对这一模型进行反复认真的讨论,只有在用户确认模型完整无误地反映了他们的要求之后才能进入下一阶段的设计工作。

5.4 逻辑结构设计

逻辑结构设计的任务是将基本 E-R 模型转换为 DBMS 支持的数据模型。以关系数据库管理系统(RDBMS)为例,关系型逻辑结构设计如图 5.14 所示,其步骤如下:

① 将用 E-R 图表示的概念结构转换为关系模型。

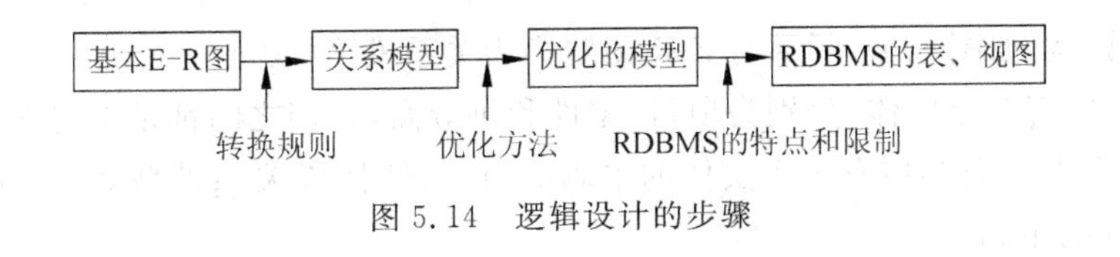

图 5.14 逻辑设计的步骤

② 优化模型。

③ 设计适合 DBMS 的关系模式。

下面主要介绍前两个步骤。

5.4.1 E-R 模型向关系模型的转换

由 E-R 模型向关系模型转换的基本原则如下：

① 一个实体型转换为一个关系模式。

② 若实体间的联系是 1∶1 联系，可转换为一个独立的关系模式，也可与任一端对应的关系模式合并，即在任一端的关系模式中加入另一个关系模式的码和联系类型的属性。

③ 若实体间的联系是 1∶n 联系，可转换为一个独立的关系模式，也可与任一端对应的关系模式合并，即在 n 端的关系模式中加入 1 端关系模式的码和联系类型的属性。

④ 若实体间的联系是 m∶n 联系，则将联系类型转换成关系模式，该关系模式的属性为两端关系模式的码加上联系类型的属性，其码为两端实体主码的组合。

⑤ 3 个或 3 个以上实体之间的一个多元联系可以转换为一个关系模式。与该多元联系相连的各实体的码以及联系本身的属性均转换为关系的属性，各实体的码组成关系的码或关系码的一部分。

⑥ 具有相同码的关系模式可合并。

例如，对于图 5.13 所示的 E-R 图，将“学院”、“教师”和“课程”实体设计成一个关系模式：

学院(学院号,学院名,电话)
教师(教师号,姓名,性别,职称)
课程(课程号,课程名)

将“学生”实体设计成一个关系模式，并将“拥有”联系(1∶m 类型)与其合并，得到：

学生(学号,姓名,性别,年龄,学院号)

将“选修”和“讲授”联系(n∶m 类型)转换为独立的关系模式：

选修(学号,课程号,成绩)
讲授(课程号,教师号,上课地点)

得到最后的关系模型如下(加下划线部分为该关系模式的主码)：

学院(学院号,学院名,电话)
教师(教师号,姓名,性别,职称)
课程(课程号,课程名)
学生(学号,姓名,性别,年龄,学院号)
选修(学号,课程号,成绩)
讲授(课程号,教师号,上课地点)

【例 5.3】 将如图 5.15 所示的 E-R 图转换为关系模型。

解：该图中有 3 个实体，分别为项目、零件和供应商，它们之间都是多对多的联系，联系类型为“供应”，其主码为所有 3 个实体的主码的组合，转换成关系模型如下(加下划线部分为该关系模式的主码)。

供应商(<u>供应商号</u>,供应商名,地址)
零件(<u>零件号</u>,零件名,重量)
项目(<u>项目编号</u>,项目名称,开工日期)
供应(<u>供应商号</u>,<u>项目编号</u>,<u>零件号</u>,零件数)

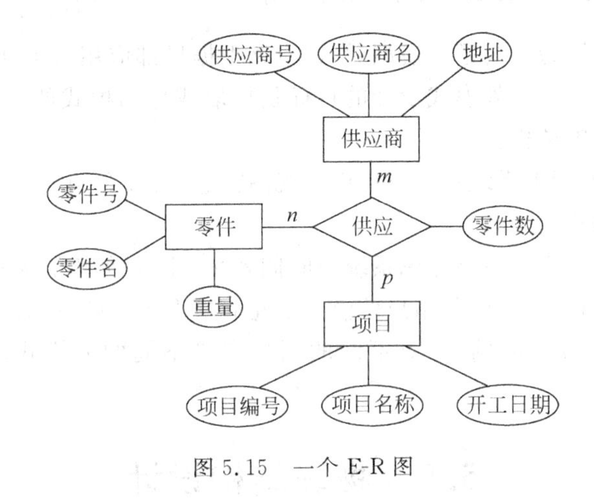

图 5.15　一个 E-R 图

5.4.2　优化模型

应用规范化理论对上述产生的关系逻辑模式进行初步优化,规范化理论是数据库逻辑设计的指南和工具,具体步骤如下:

① 考查各关系模式的函数依赖关系以及不同关系模式属性之间的数据依赖。

② 对各关系模式之间的数据依赖进行最小化处理,消除冗余的联系。

③ 确定各关系模式属于第几范式,并根据需求分析阶段的处理要求确定是否要对这些关系模式进行合并或分解。

例如,对于具有相同主码的关系模式一般可以合并(需要以主码进行连接操作的除外);对于非 BCNF 的关系模式,要考查"异常弊病"是否在实际应用中产生影响,对于那些只是查询,不执行更新操作的,则不必对模式进行规范化(分解)。在实际应用中并不是规范化程度越高越好,有时分解带来的消除更新异常的好处与经常查询需要频繁进行自然连接所带来的效率低相比会得不偿失。对于那些需要分解的关系模式,可用上一章介绍过的规范化方法和理论进行模式分解。

④ 对关系模式进行必要的分解,以提高数据操作的效率和存储空间的利用率。常用的分解方法有垂直分解和水平分解。

- 垂直分解:把关系模式 R 的属性分解成若干属性子集合,定义每个属性子集合为一个子关系。其原则是经常在一起使用的属性从 R 中分解出来形成一个子关系模式。垂直分解可以提高某些事务的效率,但也可能使另一些事务不得不执行连接操作,从而降低了效率。因此,是否进行垂直分解取决于分解后 R 上的所有事务的总效率是否得到了提高。垂直分解需要确保无损连接性和保持函数依赖。
- 水平分解:把基本关系的元组分为若干元组子集合,定义每个子集合为一个子关系,以提高系统的效率。其原则是将经常使用和不经常使用的元组分开存储。例如,职工关系可分成在职职工和退休职工两个关系,从而提高存取记录的速度。

规范化理论提供了判断关系逻辑模式优劣的理论标准，帮助预测模式可能出现的问题，是产生各种模式的算法工具，因此是设计人员的有力工具。

5.4.3 设计适合 DBMS 的关系模式

在将概念模型转换为全局逻辑模型后，还应该根据局部应用需求结合具体 DBMS 的特点设计用户的外(子)模式。外模式设计的目标是抽取或导出模式的子集，以构造各不同用户使用的局部数据逻辑结构。

目前，关系数据库管理系统一般都提供了视图概念，可以利用这一功能设计更符合局部用户需要的用户外模式。

数据库全局模式的建立主要考虑系统的时间效率、空间效率和易维护性等。由于用户外模式与模式是相对独立的，因此用户外模式的建立更多考虑的是用户的习惯与方便，主要包括使用更符合用户习惯的别名，对不同的用户定义不同的外模式，简化用户对系统的使用。

5.5 物理结构设计

在逻辑设计完成后，下一步的任务就是进行系统的物理设计。物理设计是在计算机的物理设备上确定应采取的数据存储结构和存取方法，以及如何分配存储空间等问题。当确定之后，应用系统所选用的 DBMS 提供的数据定义语言把逻辑设计的结果(数据库结构)描述出来，并将源模式变成目标模式。

由于目前使用的 DBMS 主要是关系型的，即 RDBMS，物理设计的主要工作是由系统自动完成的，用户只要关心索引文件的创建即可。尤其是对关系数据库用户来说，用户可做的事情很少，用户只需用 RDBMS 提供的数据定义语句建立数据库结构和相关索引，在建立时指出数据的存放位置等。

5.6 数据库的实施和维护

数据库实施和维护阶段的主要工作有以下几个方面。

1. 应用程序的设计与编写

数据库应用系统的程序设计属于一般的程序设计范畴，但数据库应用程序有自己的一些特点，例如大量使用屏幕显示控制语句、复杂的输入/输出屏幕、形式多样的输出报表、重视数据的有效性和完整性检查以及灵活的交互功能等。

此阶段要进行人机过程设计、建表、输入和输出设计、代码设计、对话设计、网络和安全保护等程序模块设计及编写调试。

为了加快应用系统的开发速度，应选择良好的第 4 代语言开发环境，利用自动生成技术和复用已有的模块技术。在程序设计中往往采用工具(CASE)软件来帮助编写程序和文档，如目前使用的 C# 和 Java 等。

2. 组织数据入库

定义好数据库之后，就可以使用命令向数据库文件中输入数据。由于数据库的数据量非常大，用户对屏幕的输入格式要求多样化，为提高输入效率、满足用户的要求，通常是设计一个数据录入子系统（录入程序模块）来完成数据入库工作。该子系统不仅包括数据录入，还包括录入过程中的数据校验、代码转换、数据的完整性及安全性控制。

3. 应用程序的调试与试运行

程序编写完成后，应按照系统支持的各种应用分别试验它们在数据库上的操作情况，弄清它们在实际运行中能否完成预定的功能。在试运行中要尽可能多地发现和解决程序中存在的问题，把试运行的过程当作进一步调试程序的过程。

在试运行中应实际测量系统的性能指标。如果测试的结果不符合设计目标，应返回到设计阶段重新调整设计和编写程序。

4. 数据库的运行和维护

数据库系统投入正式运行，标志着开发任务的基本完成和维护工作的开始，但并不意味着设计过程已经结束。在运行和维护数据库的过程中，调整与修改数据库及其应用程序的事是常有的。当应用环境发生变化时，数据库结构及应用程序的修改、扩充等维护工作也是必须的，因为用户对信息的要求和处理方法是发展的。事实上，只要数据库存在一天，对系统的调整和修改就会继续一天。

在运行过程中要继续做好运行记录，并按规定做好数据库的转储和重新组织工作。

练习题5

1. 数据库设计的目标是什么？

2. 简述数据库设计的基本步骤。

3. 简述采用E-R方法进行数据库概念设计的过程。

4. 假定生产销售数据库包括以下信息。

职工的信息：职工号、姓名、地址和所在部门。

部门的信息：部门所有职工、部门名、经理、销售产品、销售日期、销售价格及其数量。

产品的信息：产品号、产品名、制造商、价格、型号及制造商生产数量。

制造商的信息：制造商名称、地址、生产的产品。

一个部门可以销售多种产品，同一种产品可以在多个部门销售，一个制造商可以生产多种产品，同一种产品可以由多个制造商生产，同一部门在同一日期的同一种产品的销售价格相同，否则销售价格可能不同。画出这个数据库的E-R图并设计相应的关系模型。

5. 某工厂包含若干分厂和设备处等，如图5.16所示给出(a)、(b)和(c) 3个不同的局部模型，各实体的构成如下。

部门：部门号、部门名、电话、地址

职员：职员号、职员名、职务（干部/工人）、年龄、性别

设备处：单位号、电话、地址

工人：工人编号、姓名、年龄、性别

设备：设备号、名称、规格、价格

零件：零件号、名称、规格、价格

分厂：分厂号、名称、电话、地址

将其合并成一个全局信息结构，并设计相应的关系模型（允许增加认为必要的属性，也可将有关基本实体的属性选作联系实体的属性）。

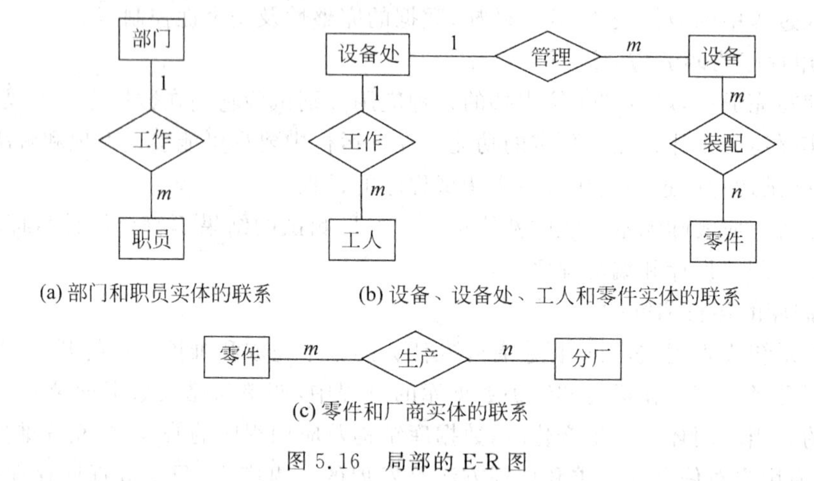

(a) 部门和职员实体的联系

(b) 设备、设备处、工人和零件实体的联系

(c) 零件和厂商实体的联系

图 5.16　局部的 E-R 图

第6章 SQL Server 系统概述

本章首先简要介绍 SQL Server 2012 系统，然后给出了 SQL Server 2012 各版本的软/硬件需求，再以 Express 版本为例介绍了 SQL Server 2012 的安装过程，讨论 SQL Server 2012 提供的基本工具和实用程序，最后分析了 SQL Server 2012 的体系结构。除特别指出外，后面的 SQL Server 均指 SQL Server 2012 版本。

6.1 SQL Server 2012 系统简介

目前，SQL Server 的全名是 Microsoft SQL Server，它是微软公司的产品，Server 是网络和数据库中常见的一个术语，译为服务器，说明 SQL Server 是一种用于提供服务的软件产品。

6.1.1 SQL Server 的发展历史

SQL Server 的主要发展历史如下：

- 1987 年，Sybase 公司发布了 Sybase SQL Server 系统，这是一个用于 UNIX 环境的关系数据库管理系统。
- 1988 年，微软、Sybase 和 Ashton-Tate 公司联合开发出运行于 OS/2 操作系统上的 SQL Server 1.0。
- 1989 年，Ashton-Tate 公司退出 SQL Server 的开发。
- 1990 年，SQL Server 1.1 产品面世。
- 1991 年，SQL Server 1.11 产品面世。
- 1992 年，SQL Server 4.2 产品面世。
- 1994 年，微软和 Sybase 公司分道扬镳。
- 1995 年，微软发布了 SQL Server 6.0 产品，随后的 SQL Server 6.5 产品取得了巨大的成功。
- 1998 年，微软发布了 SQL Server 7.0 产品，开始进入企业级数据库市场。
- 2000 年，微软发布了 SQL Server 2000 产品(8.0)。
- 2003 年，微软发布了 SQL Server 2000 Enterprise 64 位产品。
- 2005 年，微软发布了 SQL Server 2005 产品(9.0)。
- 2008 年，微软发布了 SQL Server 2008 产品。
- 2012 年，微软发布了 SQL Server 2012 产品。

作为最新版本，SQL Server 2012 提供对企业基础架构最高级别的支持，专门针对关键业务应用的多种功能与解决方案可以提供最高级别的可用性、安全性和性能；在业界领先的商业智能领域，提供了更多、更全面的功能以满足不同人群对数据以及信息的需求，包括支持来自于不同网络环境的数据的交互，全面的自助分析等创新功能；针对大数据以及数据仓库，提供从数 TB 到数百 TB 全面的端到端的解决方案。总之，作为微软的信息平台解决方案，SQL Server 2012 的发布可以帮助数以千计的企业用户突破性地快速实现各种数据体验，完全释放对企业的洞察力。

6.1.2 SQL Server 2012 的各种版本

SQL Server 2012 是一个产品系列，主要版本如下。

- 企业版(SQL Server Enterprise)：提供了全面的高端数据中心功能，性能极为快捷、虚拟化不受限制，还具有端到端的商业智能，可为关键任务工作负荷提供较高服务级别，支持最终用户访问深层数据。
- 商业智能版(SQL Server Business Intelligent)：提供了综合性平台，可支持组织构建和部署安全、可扩展且易于管理的 BI (商业智能)解决方案。它提供了基于浏览器的数据浏览与可见性等卓越功能、功能强大的数据集成功能，以及增强的集成管理。
- 标准版(SQL Server Standard)：提供了基本数据管理和商业智能数据库，使部门和小型组织能够顺利地运行其应用程序并支持将常用开发工具用于内部部署和云部署，有助于以最少的 IT 资源获得高效的数据库管理。
- Web 版(SQL Server Web)：为从小规模至大规模 Web 资产提供可伸缩性、经济性和可管理性功能的 Web 宿主和 Web VAP(以手机为用户群的客户机 Web)。
- 开发版(SQL Server Developer)：支持开发人员基于 SQL Server 构建任意类型的应用程序。它包括企业版的所有功能，但有许可限制，只能用作开发和测试系统，不能用作生产服务器。
- 快捷版(SQL Server Express)：入门级的免费 SQL Server 轻型版本，具有快速的零配置安装和必备组件要求较少的特点，具备所有可编程性功能，可用于学习和构建桌面及小型服务器数据驱动应用程序。

不同的版本在转换箱规模限制、高可用性、可伸缩性、安全性和 RDBMS 可管理性等功能上存在性能差异。用户可以根据自己的需要和软、硬件环境选择不同的版本，表 6.1 列出了 SQL Server 2012 各个版本的硬件要求，表 6.2 列出了 SQL Server 2012 的软件要求。本书以 SQL Server Express 2012 为环境讨论 SQL Server 数据库管理系统。

表 6.1 SQL Server 2012 的硬件要求

组　件	要　求
内存	最小值：Express 版本，512MB；其他版本，1GB 建议：Express 版本，1GB；其他版本，4GB
处理器速度	最小值：x86 处理器，1GHz；x64 处理器，1.4GHz 建议：2.0GHz
处理器类型	x64 处理器：AMD Opteron、AMD Athlon 64 等 x86 处理器：PentiumⅢ兼容处理器
硬盘	最少 6GB 的可用硬盘空间

表 6.2 SQL Server 2012 的软件要求

组　　件	要　　求
操作系统	Windows 7 SP1、Windows Server 2008 R1 SP2、Windows Server 2008 SP2 等(安装之前会进行系统检查)
.NET Framework	.NET 4.0 是 SQL Server 2012 所必需的。SQL Server 在功能安装步骤中安装 .NET 4.0。如果安装 SQL Server Express 版本,要确保 Internet 连接在计算机上可用。SQL Server 安装程序将下载并安装.NET Framework 4,因为 SQL Server Express 不包含该软件
SQL Server 安装程序	SQL Server Native Client SQL Server 安装程序支持文件
Internet Explorer	Internet Explorer 7 或更高版本

6.1.3 SQL Server 2012 的组成结构和主要管理工具

1. SQL Server 2012 的组成结构

SQL Server 2012 的组成结构如图 6.1 所示,下面介绍其主要的服务器组件。

(1) SQL Server 数据库引擎(SQL Server DataBase Engine,SSDE)

SQL Server 数据库引擎是核心组件,用于存储、处理和保护数据的核心服务。利用数据库引擎可控制访问权限并快速处理事务,从而满足企业内要求极高并且需要处理大量数据的应用需要。

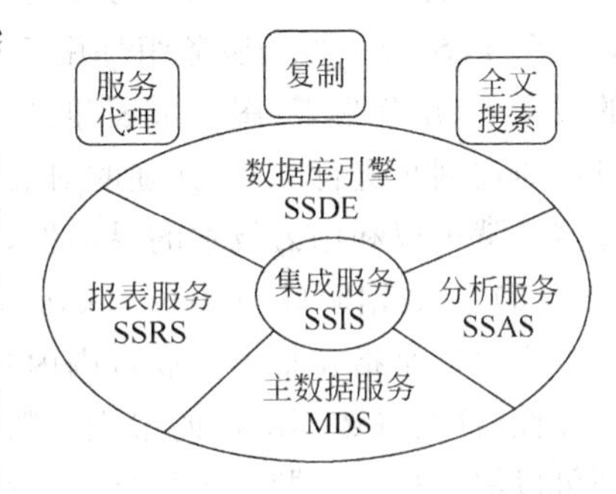

图 6.1 SQL Server 2012 的组成结构

实际上,数据库引擎本身也是一个含有许多功能模块的复杂系统,如服务代理(Service Broker)、复制(Replication)、全文搜索(Full-text Search)以及数据质量服务(Data Quality Services,DQS)等,对各功能模块的说明如下。

- 服务代理:一种用于生成可靠、可伸缩且安全的数据库应用程序的技术,它提供了一个基于消息的通信平台,可用于将不同的应用程序组件链接成一个操作整体,还提供了许多生成分布式应用程序所必需的基础结构,可显著减少应用程序的开发时间。
- 复制:一组技术,它将数据和数据库对象从一个数据库复制和分发到另一个数据库,然后在数据库之间进行同步以保持一致性。使用复制,可以在局域网和广域网、拨号连接、无线连接和 Internet 上将数据分发到不同位置以及分发给远程或移动用户。
- 全文搜索:根据所有实际的文本数据,而不是根据包含一组有限关键字的索引来搜索一个或多个文档、记录或字符串。全文搜索包含对 SQL Server 表中基于纯字符的数据进行全文查询所需的功能。
- 数据质量服务:可为各种规模的企业提供易于使用的数据质量功能,以便帮助提高它们的数据质量。DQS 旨在通过分析、清理和匹配关键数据帮助确保数据质量。

用户可以通过各种数据质量指标(例如完整性、符合性、一致性、准确性和重复性等)定义、评估和管理数据质量。

(2) SQL Server 分析服务(SQL Server Analysis Services,SSAS)

SQL Server 分析服务组件为商务智能(BI)应用程序提供了联机分析处理(OLAP)和数据挖掘功能。它允许用户设计、创建以及管理其中包含从其他数据源(例如关系数据库)聚集而来的数据的多维结构,从而提供 OLAP 支持。对于数据挖掘应用程序,分析服务允许使用多种行业标准的数据挖掘算法来设计、创建和可视化从其他数据源构造的数据挖掘模型。

(3) SQL Server 集成服务(SQL Server Integration Services,SSIS)

SQL Server 集成服务组件提供企业数据转换和数据集成解决方案,可以使用它从不同的源提取、转换以及合并数据,并将其移至单个或多个目标。

SSIS 提供易于使用的各种数据集成和自动处理技术,提高了生产效率,并针对不同复杂度的项目构建数据集成解决方案,实现构建复杂数据集成解决方案的简易性、强大性、规模性和扩展性。

(4) SQL Server 报表服务(SQL Server Reporting Services,SSRS)

SQL Server 报表服务组件用于创建和管理包含来自关系数据源和多维数据源的数据的表报表、矩阵报表、图形报表和自由格式报表,这些报表不仅可以呈现完美的打印效果,还可以通过网页进行交互,并随时对底层数据进行探索,同时,进一步将报表扩展到了云端,这样客户就可以利用云技术的灵活性,从而为用户提供更好的选择。

(5) 主数据服务(Master Data Services,MDS)

主数据是指在整个企业范围内各个系统间要共享的数据,这些数据可能缺乏完整性和一致性,这会导致不准确的报表和数据分析,可能产生错误的业务决策,通过实施主数据管理可以解决这些问题。主数据服务组件是针对主数据管理的 SQL Server 解决方案。

该解决方案使企业可以对其数据建立和维护数据监管。MDS 提供了一个数据中心,该中心可以访问企业中的全部数据,并确保这些数据是权威的、标准的且经过验证的。由于所有应用程序使用 MDS 中同样版本的数据,所以消除了报表和数据分析中的不一致问题,业务用户可以做出更加合理的决策。

2. SQL Server 2012 主要管理工具

为了满足企业数据管理的需求,SQL Server 中包括了不少图形化的管理工具,可以帮助 DBA 与开发人员更高效地创建、管理和维护 SQL Server 解决方案,使得能够快速解决复杂的性能与配置问题。

在实际应用中,经常使用的 SQL Server 2012 的管理工具如表 6.3 所示。

表 6.3 SQL Server 2012 提供的主要管理工具

管理工具	说明
SQL Server Management Studio(SQL Server 管理控制器,SSMS)	用于访问、配置、管理和开发 SQL Server 组件的集成环境,使各种技术水平的开发人员和管理员都能使用 SQL Server
SQL Server 配置管理器	为 SQL Server 服务、服务器协议、客户机协议和客户机别名提供基本配置管理

续表

管 理 工 具	说　明
SQL Server Profiler(SQL Server 事件探查器)	提供了一个图形用户界面,用于监视数据库引擎实例或分析服务实例
数据库引擎优化顾问	可以协助创建索引、索引视图和分区的最佳组合
数据质量客户机	提供了一个非常简单和直观的图形用户界面,用于连接到DQS数据库并执行数据清理操作,还允许集中监视在数据清理操作过程中执行的各项活动
SQL Server 数据工具(SSDT)	提供IDE以便为以下商业智能组件生成解决方案:SSAS、SSRS和SSIS(以前称作 Business Intelligence Development Studio)。SSDT还包含"数据库项目",为数据库开发人员提供集成环境,以便在 Visual Studio 内为任何 SQL Server 平台(无论是内部还是外部)执行其所有的数据库设计工作。数据库开发人员可以使用 Visual Studio 中功能增强的服务器资源管理器轻松创建或编辑数据库对象和数据或执行查询
连接组件	安装用于客户机和服务器之间通信的组件,以及用于DB-Library、ODBC和OLE DB的网络库

6.2　SQL Server 的安装

在使用 SQL Server 2012 之前,首先要进行系统安装。本节以 SQL Server 2012 Express 版本为例介绍系统的安装过程和安装中所涉及的一些相关内容。对于学习数据库的基本原理,SQL Server 2012 Express 版本可以满足要求。

首先确定自己的计算机系统是几位的,可以右击桌面上的"计算机",在出现的快捷菜单中选择"属性"命令,如果看到如图6.2所示的结果,表示计算机系统是32位的。

图6.2　Windows 的"属性"

然后从微软(中国)网站下载 SQL Server 2012 Express 免费版本。下载网址为 http://www.microsoft.com/zh-cn/download/。Microsoft SQL Server 2012 Express 既包含32位版本,也包含64位版本。这里下载32位版本,下载以下文件存放到自己的文件夹中:

- SQLManagementStudio_x86_CHS.exe;
- SQLEXPR_x86_CHS.exe。

其中,第一个文件包含用于管理 SQL Server 实例的工具,包括 LocalDB(它是 Express 系列中新增的一种轻型版本的 Express,该版本具备所有可编程性功能,但在用户模式下运行，并且具有快速的零配置安装和必备组件要求较少的特点）、SQL Express、SQL Azure（一种云数据存储数据服务）等，但不包含数据库。如果拥有数据库且只需要管理工具，则可以使用此版本。第二个文件仅包含数据库引擎，用于接受远程连接或以远程方式进行管理。

下面介绍安装 SQL Server 2012 Express 系统的步骤，首先安装 SQLManagementStudio_x86_CHS.exe 文件，然后安装 SQLEXPR_x86_CHS.exe 文件。安装 SQLManagementStudio_x86_CHS.exe 文件的步骤如下：

① 双击 SQLManagementStudio_x86_CHS.exe，稍等一会儿后，会出现如图 6.3 所示的 SQL Server 安装中心界面，选择“全新 SQL Server 独立安装或向现有安装添加功能”选项。

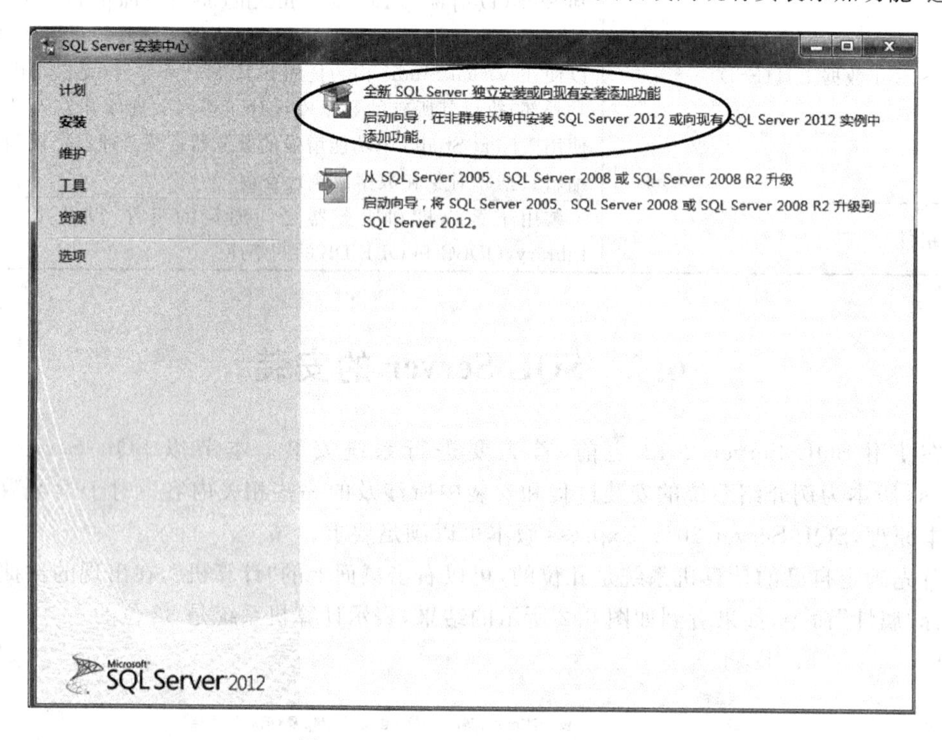

图 6.3　SQL Server 安装中心界面

说明：*可以从 SQL Server 2005、SQL Server 2008 和 SQL Server 2008 R2 升级到 SQL Server 2012，如果要升级，可选图 6.3 中的第 2 项。*

② 安装程序进行支持规则检查，如图 6.4 所示。

③ 出现如图 6.5 所示的许可条款界面，选中“我接受许可条款”复选框，单击“下一步”按钮。

④ 出现如图 6.6 所示的功能选择界面，选中所有复选框，单击“下一步”按钮。

⑤ 出现如图 6.7 所示的安装规则界面，单击“下一步”按钮。

⑥ 出现磁盘空间要求界面，单击“下一步”按钮。

⑦ 出现错误报告界面，单击“下一步”按钮。

⑧ 出现安装进度界面，开始安装文件，安装完毕后会出现如图 6.8 所示的完成界面，单击“关闭”按钮，这样就安装完了 SQLManagementStudio_x86_CHS.exe 文件。

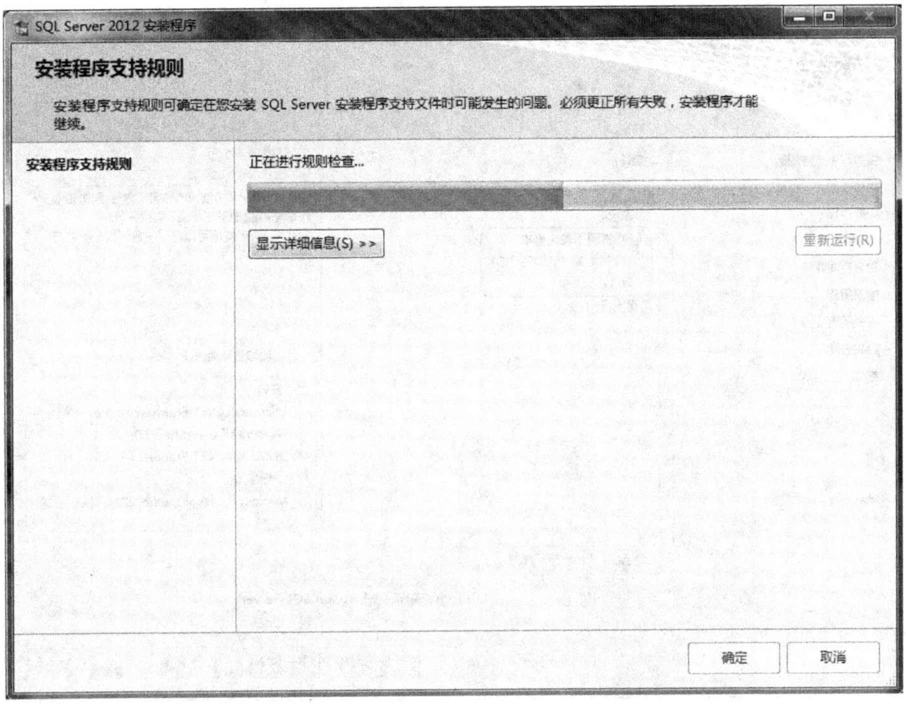

SQL Server 2012 安装程序

安装程序支持规则

安装程序支持规则可确定在您安装 SQL Server 安装程序支持文件时可能发生的问题。必须更正所有失败，安装程序才能继续。

安装程序支持规则

正在进行规则检查...

显示详细信息(S) >>

重新运行(R)

确定　取消

图 6.4　安装程序进行支持规则检查

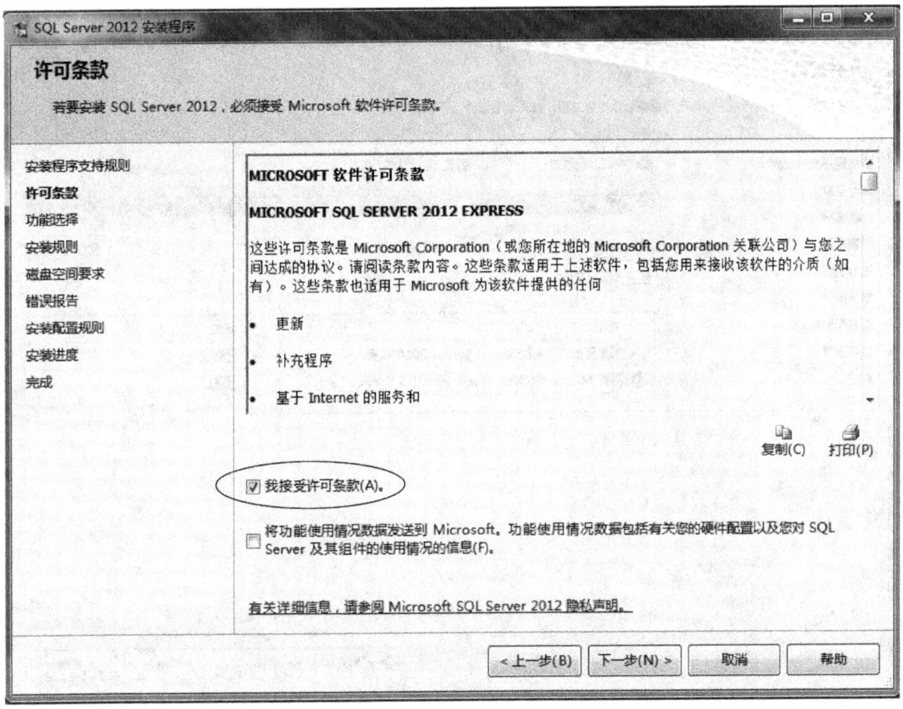

SQL Server 2012 安装程序

许可条款

若要安装 SQL Server 2012，必须接受 Microsoft 软件许可条款。

安装程序支持规则
许可条款
功能选择
安装规则
磁盘空间要求
错误报告
安装配置规则
安装进度
完成

MICROSOFT 软件许可条款

MICROSOFT SQL SERVER 2012 EXPRESS

这些许可条款是 Microsoft Corporation（或您所在地的 Microsoft Corporation 关联公司）与您之间达成的协议。请阅读条款内容。这些条款适用于上述软件，包括您用来接收该软件的介质（如有）。这些条款也适用于 Microsoft 为该软件提供的任何

- 更新
- 补充程序
- 基于 Internet 的服务和

复制(C)　打印(P)

☑ 我接受许可条款(A)。

☐ 将功能使用情况数据发送到 Microsoft。功能使用情况数据包括有关您的硬件配置以及您对 SQL Server 及其组件的使用情况的信息(F)。

有关详细信息，请参阅 Microsoft SQL Server 2012 隐私声明。

< 上一步(B)　下一步(N) >　取消　帮助

图 6.5　许可条款界面

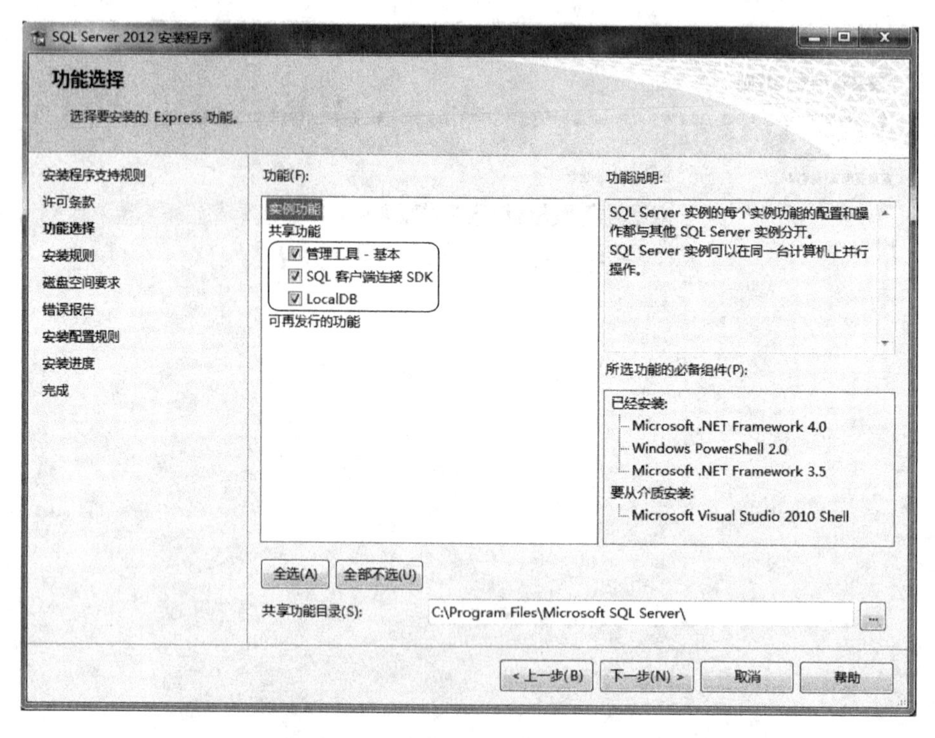

图 6.6　功能选择界面

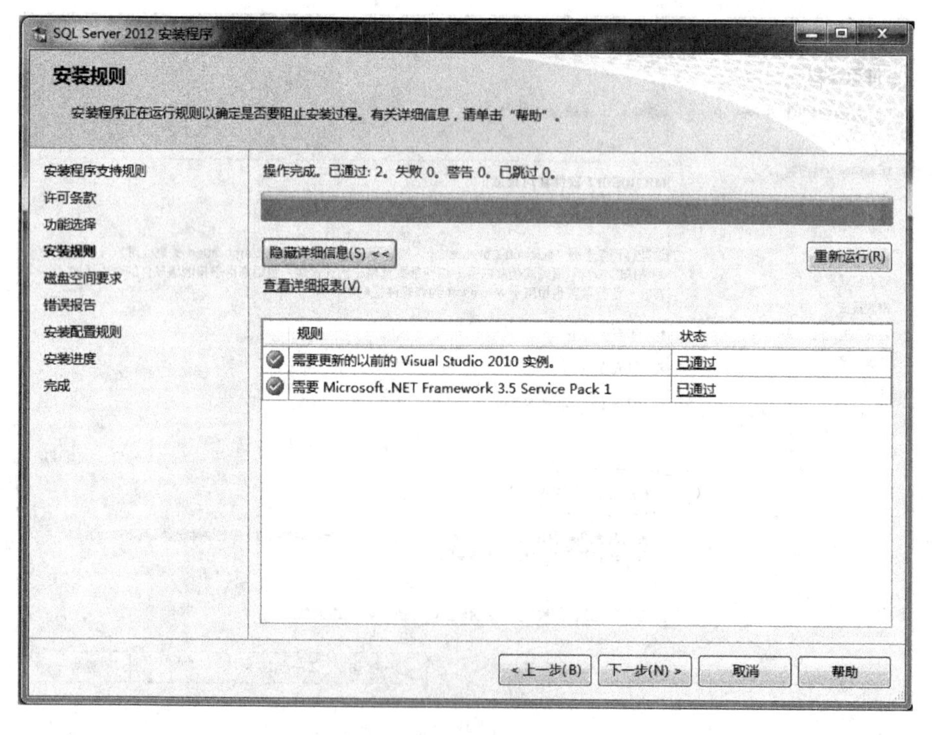

图 6.7　安装规则界面

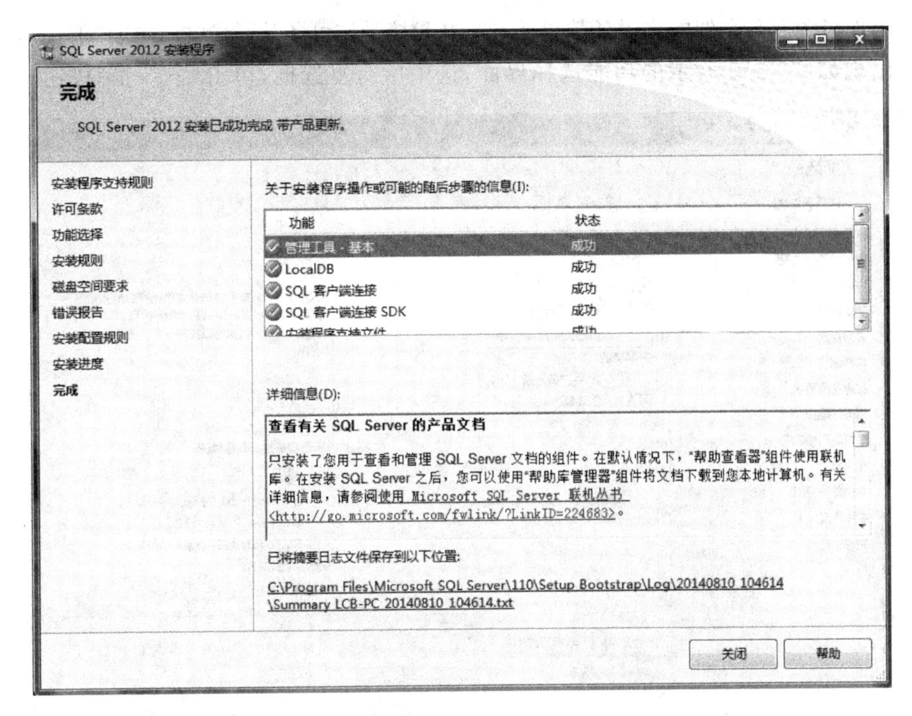

图 6.8　完成界面

安装 SQLEXPR_x86_CHS. exe 文件的步骤如下：

① 双击 SQLEXPR_x86_CHS. exe，稍等一会儿后，会出现与图 6.3 类似的 SQL Server 安装中心界面，选择“全新 SQL Server 独立安装或向现有安装添加功能”选项。

② 安装程序进行支持规则检查，如图 6.9 所示，单击“下一步”按钮。

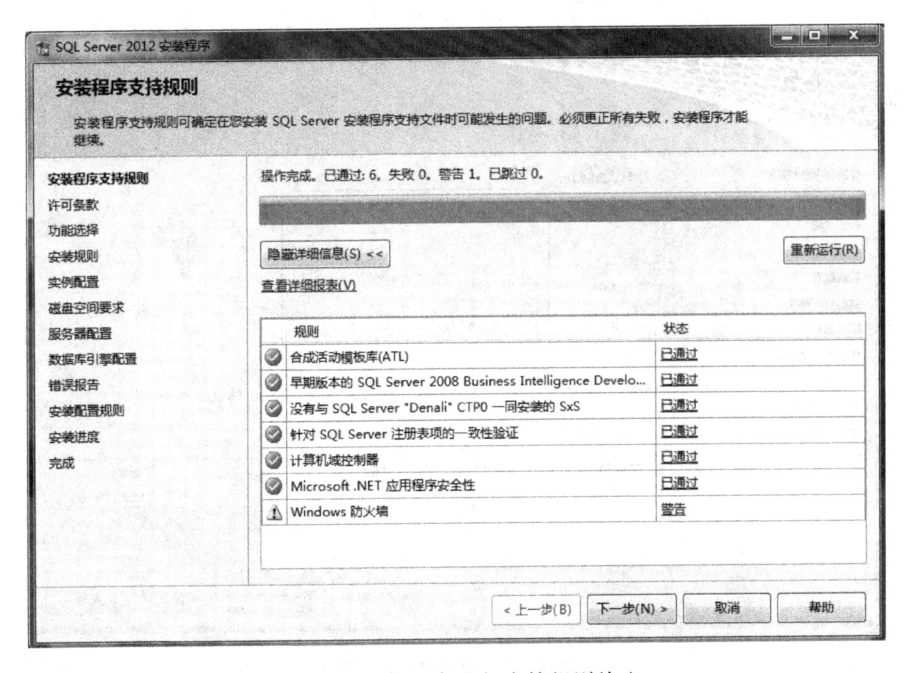

图 6.9　安装程序进行支持规则检查

③ 出现与图 6.5 类似的许可条款界面，选中“我接受许可条款”复选框，单击“下一步”按钮。

④ 出现如图 6.10 所示的功能选择界面，选中所有复选框，单击“下一步”按钮。

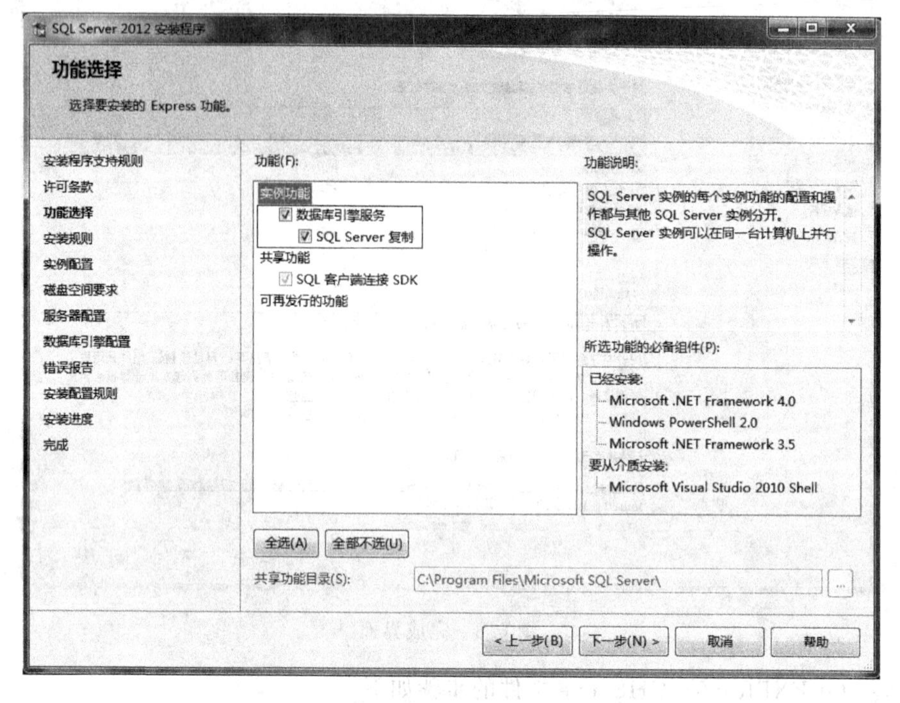

图 6.10　功能选择界面

⑤ 出现如图 6.11 所示的实例配置界面，保证默认值(即命名实例为“SQLExpress”)，单击“下一步”按钮。

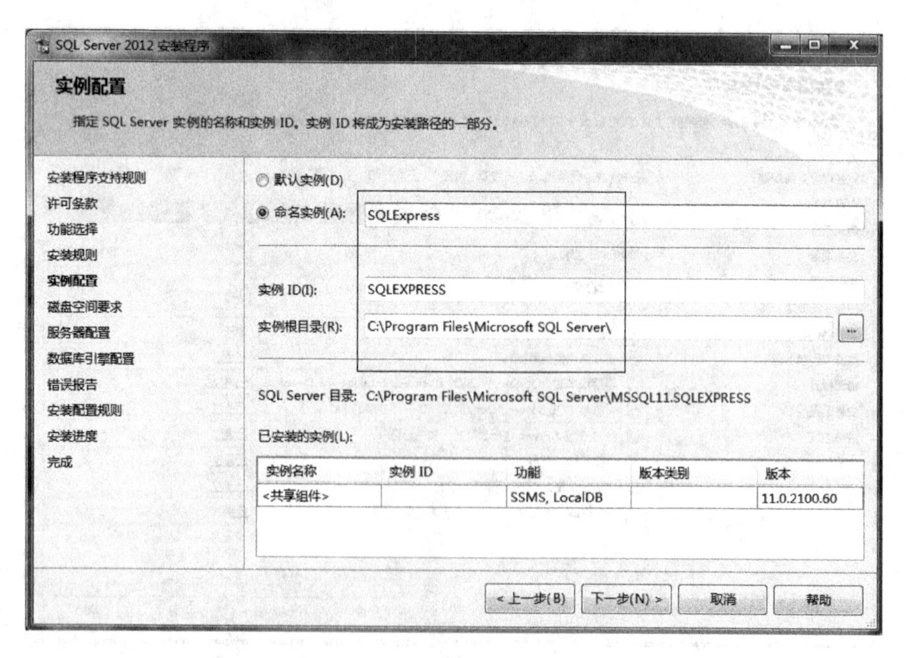

图 6.11　实例配置界面

⑥ 出现如图 6.12 所示的服务器配置界面，保证默认值(即 SQL Server 数据库引擎账户名为“NT Service\MSSQL $ SQLEXPRESS”)，单击“下一步”按钮。

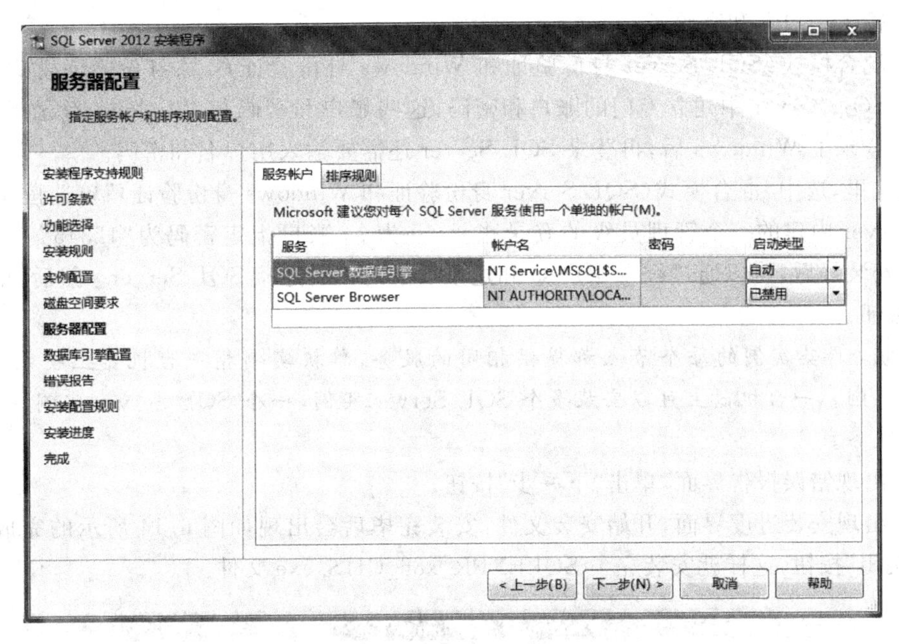

图 6.12　服务器配置界面

⑦ 出现如图 6.13 所示的数据库引擎配置界面，主要用于配置 SQL Server 的身份验证模式。SQL Server 2012 支持下面两种身份验证模式。

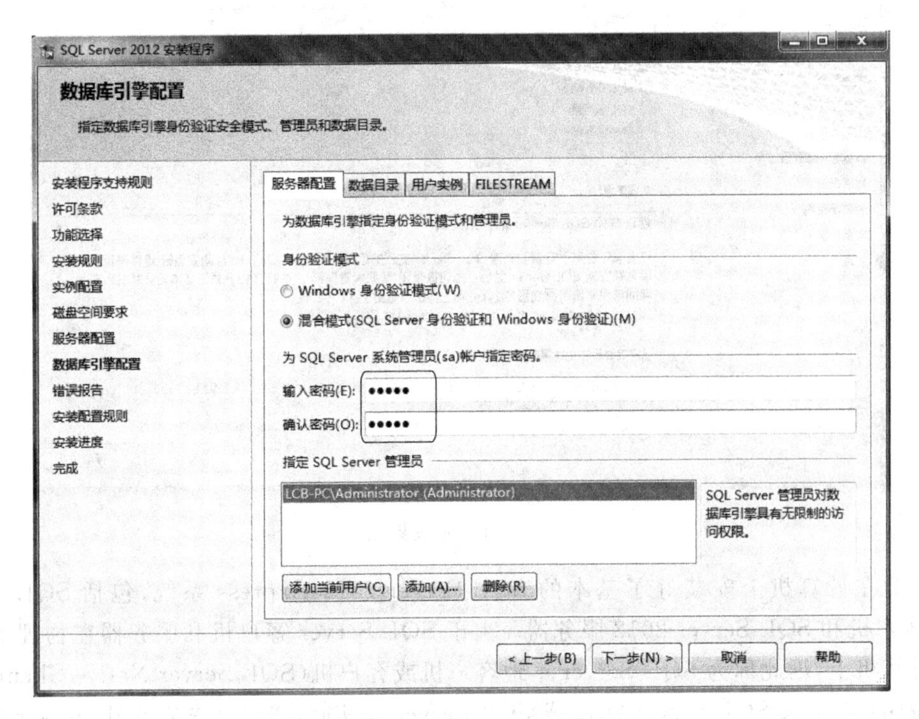

图 6.13　数据库引擎配置界面

- Windows 身份验证模式：该身份验证模式是在 SQL Server 中建立与 Windows 用户账户对应的登录账号，在登录了 Windows 后，再登录 SQL Server 就不用再一次输入用户名和密码了。
- 混合模式(SQL Server 身份验证和 Windows 身份验证)：该身份验证模式就是在 SQL Server 中建立专门的账户和密码，这些账户和密码与 Windows 登录无关。在登录了 Windows 后，再登录 SQL Server 还需要输入用户名和密码。

在这里，选中“混合模式(SQL Server 身份验证和 Windows 身份验证)”单选按钮，sa 是 SQL Server 内建的一个管理员级的登录账号，并为 sa 账户指定密码为“12345”。在 SQL Server 安装好后，可以通过登录账户 sa 和这里设置的密码连接 SQL Server。然后，单击“下一步”按钮。

说明：群集实例的每个节点都提供相同的服务，单机实例指一台机器上安装的 SQL Server 实例。一台机器上可以安装多个 SQL Server 实例，一个 SQL Server 实例在后台对应一个服务。

⑧ 出现错误报告界面，单击“下一步”按钮。

⑨ 出现安装进度界面，开始安装文件，安装完毕后会出现如图 6.14 所示的完成界面，单击“关闭”按钮，这样就安装完了 SQLEXPR_x86_CHS.exe 文件。

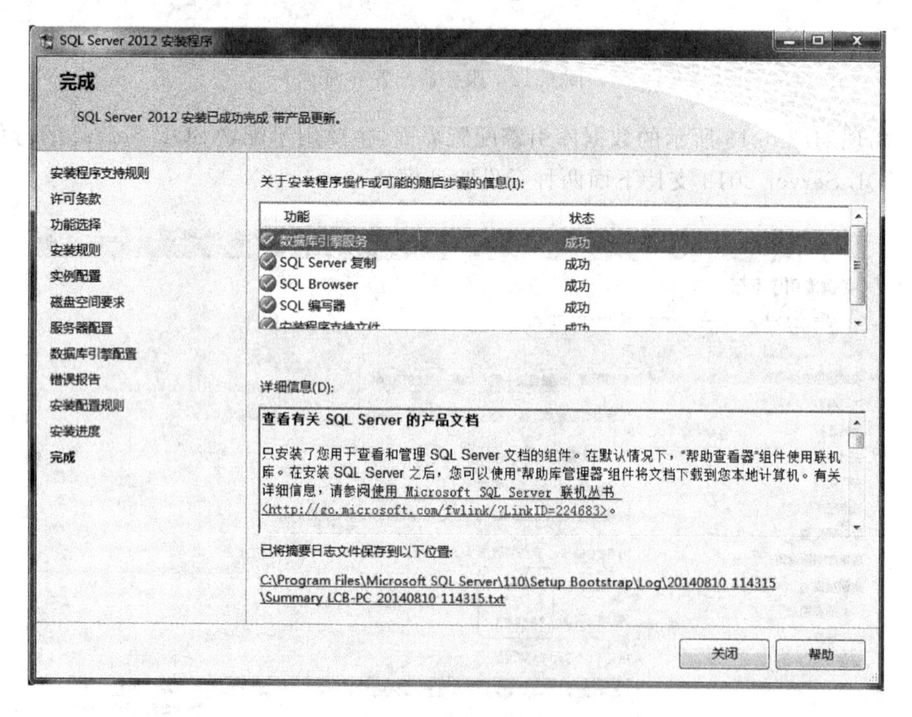

图 6.14　完成界面

至此在计算机上安装好了基本的 SQL Server 2012 Express 系统，包括 SQL Server 2012 客户机和 SQL Server 2012 服务器。由于 SQL Server 客户机和服务器在物理上同在一台计算机上，因此称为 SQL Server 本地客户机或客户机(SQL Server Native Client)。

说明：在安装 SQL Server 2012 或 SQL Server 工具时，将同时安装 SQL Server Native Client 11.0，它是 SQL Server 2012 自带的一种数据访问方法，由 OLE DB 和 ODBC 用于访

问 SQL Server。它将 OLE DB 和 ODBC 库组合成一种访问方法，简化了对 SQL Server 的访问。

6.3 SQL Server 2012 的工具和实用程序

SQL Server 2012 提供了一整套管理工具和实用程序，使用这些工具和程序可以设置和管理 SQL Server 进行数据库管理和备份，并保证数据库的安全和一致。

在安装完成后，在“开始|所有程序”菜单上将鼠标指针移到 Microsoft SQL Server 2012 上即可看到 SQL Server 2012 的安装工具和实用程序，如图 6.15 所示。本节仅介绍 SQL Server 管理控制器和 SQL Server 配置管理器。

6.3.1 SQL Server 管理控制器

SQL Server 管理控制器（SQL Server Management Studio）是为 SQL Server 数据库的管理员和开发人员提供的图形化、集成了丰富开发环境的管理工具，也是 SQL Server 2012 中最重要的管理工具。

图 6.15 SQL Server 2012 的工具和实用程序

启动 SQL Server 管理控制器的具体操作步骤如下：

① 在 Windows 中选择“开始|所有程序|Microsoft SQL Server 2012| SQL Server Management Studio”命令，出现“连接到服务器”对话框，如图 6.16 所示。

图 6.16 “连接到服务器”对话框

② 系统提示建立与服务器的连接，这里使用本地服务器，服务器名称为 LCB-PC，并使用混合模式。因此，在服务器名称组合框中选择“LCB-PC\SQLEXPRESS”选项（默认），在身份验证组合框中选择“SQL Server 身份验证”选项，登录名自动选择“sa”，在密码文本框中输入在安装时设置的密码，单击“连接”按钮，如果进入 SQL Server 管理控制器界面，说明 SQL Server 管理控制器启动成功，如图 6.17 所示。

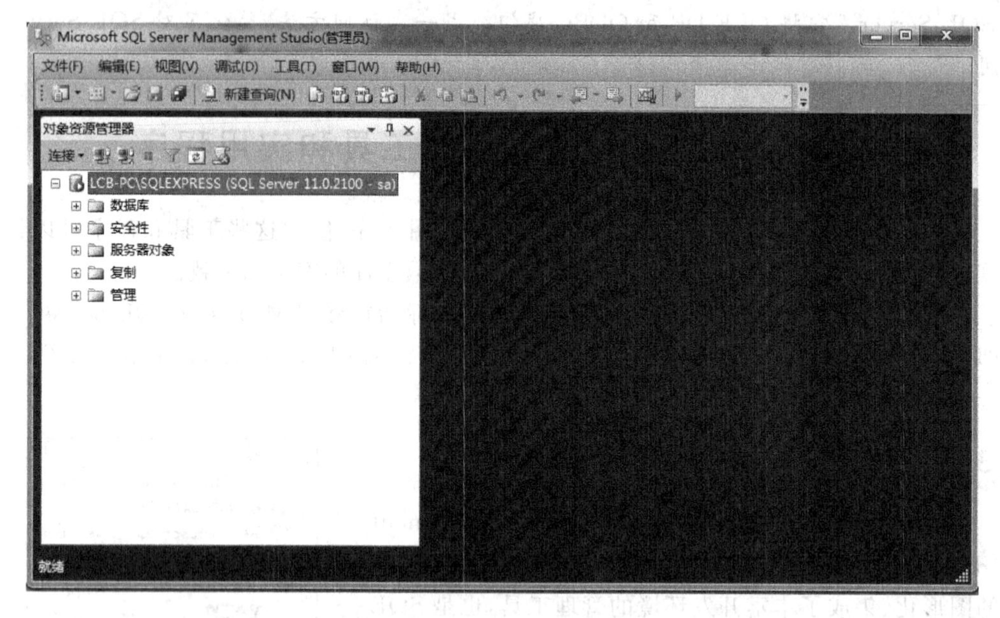

图 6.17　SQL Server 管理控制器

在 Windows 中选择"开始|控制面板|管理工具|服务"命令，在出现的"服务"对话框中可以查看到 SQL Server 的相关服务，如图 6.18 所示，表明 SQLEXPRESS 服务已启动。

名称	描述	状态	启动类型	登录为
SNMP Trap	接收本地或远程简单网络管理协议 (SNMP) 代理程序生成的...		手动	本地服务
Software Protection	启用 Windows 和 Windows 应用程序的数字许可证的下载...		自动(延迟...	网络服务
SPP Notification Service	提供软件授权激活和通知		手动	本地服务
SQL Server (SQLEXPRESS)	提供数据的存储、处理和受控访问，并提供快速的事务处理。	已启动	自动	NT Service\MSSQL$SQLEXPRESS
SQL Server Browser	将 SQL Server 连接信息提供给客户端计算机。		禁用	本地服务
SQL Server VSS Writer	提供用于通过 Windows VSS 基础结构备份/还原 Microsof...		手动	本地系统
SQL Server 代理 (SQLEXPRESS)	执行作业、监视 SQL Server、激发警报，以及允许自动执...		禁用	网络服务
SSDP Discovery	当发现了使用 SSDP 协议的网络设备和服务，如 UPnP 设备...	已启动	手动	本地服务

图 6.18　SQL Server 的相关服务

在 SQL Server 管理控制器中，常用的有"已注册的服务器"、"对象资源管理器"、"文档"和"结果"窗口，如图 6.19 所示。

1. "已注册的服务器"窗口

选择"视图|已注册的服务器"命令即出现"已注册的服务器"窗口，它用于显示所有已注册的服务器名称。

在注册某个服务器后便存储服务器的连接信息，下次连接该服务器时不需要重新输入登录信息。已注册服务器类型主要有数据库引擎、分析服务、报表服务和集成服务等，图 6.19 中表示已注册的服务器是数据库引擎。

SQL Server 管理控制器中有 3 种方法可以注册服务器：

- 在安装 SQL Server 之后首次启动它时将自动注册 SQL Server 的本地实例。
- 随时启动自动注册过程来还原本地服务器实例的注册。
- 使用 SQL Server 管理控制器的"已注册的服务器"工具注册服务器。

2. "对象资源管理器"窗口

选择"视图|对象资源管理器"命令即出现"对象资源管理器"窗口。

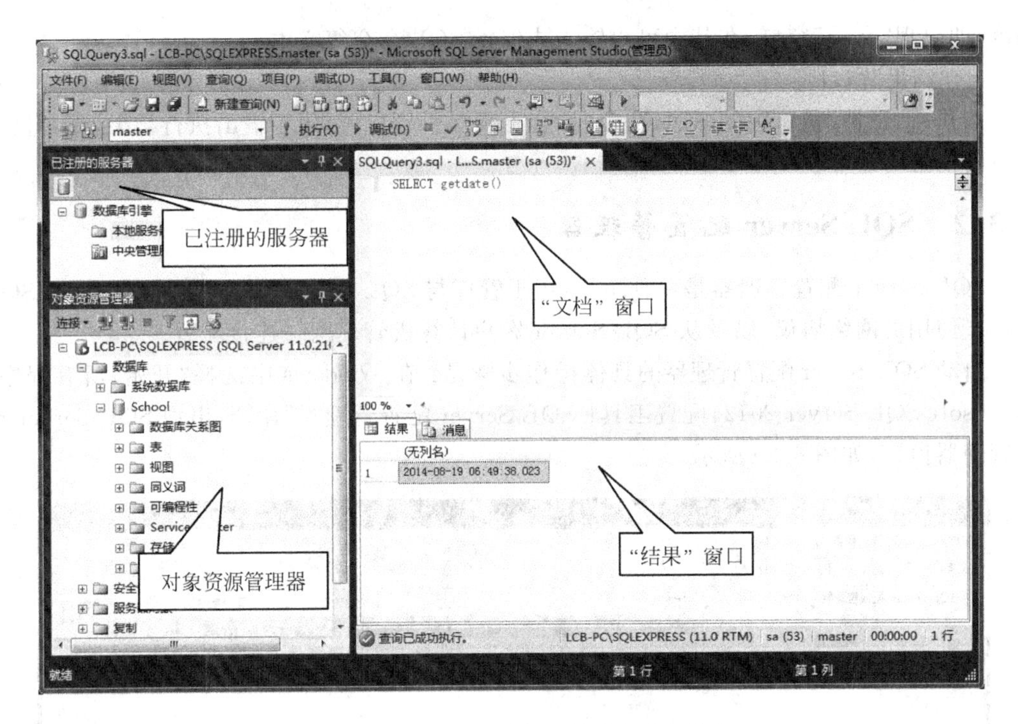

图 6.19　SQL Server 管理控制器中的各种窗口

对象资源管理器是 SQL Server 管理控制器的一个组件，可连接到数据库引擎实例等，它提供了服务器中所有对象的视图，并具有可用于管理这些对象的用户界面。对象资源管理器的功能根据服务器的类型稍有不同，但一般都包括用于数据库的开发功能和用于所有服务器类型的管理功能。

对象资源管理器以树形视图的形式显示数据库服务器的直接子对象（每个子对象作为一个结点）是数据库、安全性、服务器对象、复制、管理和管理等，仅在单击其前一级的加号（+）时，子对象才出现。在对象上右击，则显示该对象的快捷菜单。减号（－）表示对象目前被展开，如果要收缩一个对象的所有子对象，单击它的减号（或双击该文件夹，或者在文件夹被选定时单击左箭头键）。图 6.19 所示的对象资源管理器中显示了数据库引擎实例“LCB-PC\SQLEXPRESS”的所有对象。

在“对象资源管理器”窗口的工具栏中，从左到右各按钮的功能如下。

- 连接：单击此按钮，在出现的下拉菜单中选择“数据库引擎”等，会出现连接对话框，用户可以连接到所选择的服务器。
- 连接对象资源管理器：单击此按钮，用户可以直接连接到对象资源管理器。
- 断开连接：单击此按钮，则断开当前的连接。
- 停止：单击此按钮，则停止当前对象资源管理器动作。
- 筛选器：单击此按钮，则出现筛选对话框，用户输入筛选条件，SQL Server 仅列出满足条件的对象。
- 刷新：单击此按钮，则刷新树结点。

3. “文档”窗口

在“对象资源管理器”窗口中的某个对象上右击，从出现的快捷菜单中选择“新建查询”

命令，即出现“文档”窗口，在其中可以输入或编辑 SQL 命令等文本。

4. “结果”窗口

当执行“文档”窗口中的 SQL 命令时，会出现“结果”窗口，用于输出执行结果，或者显示相应的消息。

6.3.2 SQL Server 配置管理器

SQL Server 配置管理器是一种工具，用于管理与 SQL Server 相关联的服务、配置 SQL Server 使用的网络协议，以及从 SQL Server 客户计算机管理网络连接配置。

启动 SQL Server 配置管理器的具体操作步骤是：在 Windows 中选择“开始|所有程序|Microsoft SQL Server 2012|配置工具| SQL Server 配置管理器”命令，出现 SQL Server 配置管理器窗口，如图 6.20 所示。

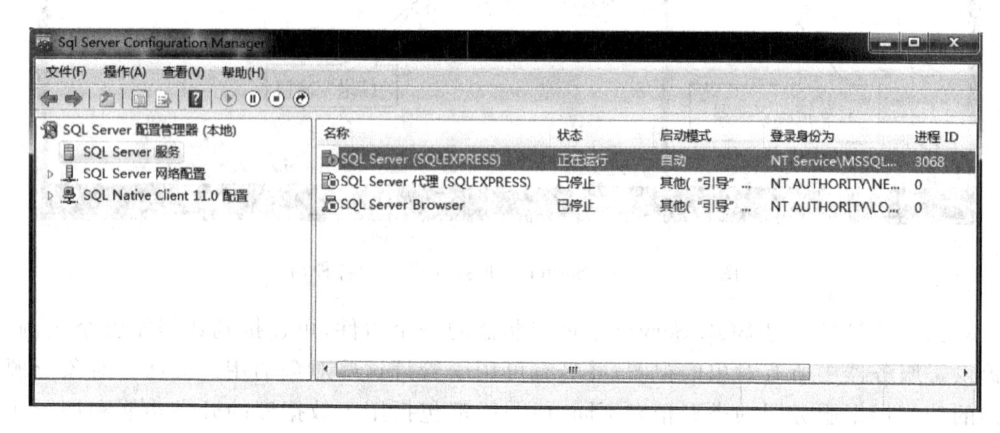

图 6.20 SQL Server 配置管理器

使用 SQL Server 配置管理器可以完成以下功能。

- 管理服务：可以启动、暂停、恢复或停止服务，还可以查看或更改服务属性。
- 更改服务使用的账户：注意要始终使用 SQL Server 工具(例如 SQL Server 配置管理器)来更改 SQL Server 或 SQL Server 代理服务使用的账户，或更改账户的密码。若用其他工具(例如 Windows 服务控制管理器)更改账户名，此时不能更改关联的设置，会导致服务可能无法正确启动。
- 管理服务器和客户机网络协议：可以管理服务器和客户机网络协议，其中包括强制协议加密、查看别名属性或启用/禁用协议等功能；可以创建或删除别名、更改使用协议的顺序或查看服务器别名的属性，其中包括服务器别名(客户机所连接到的计算机的服务器别名)、协议(用于配置条目的网络协议)和连接参数(与用于网络协议配置的连接地址关联的参数)。

6.4 SQL Server 的体系结构

本节通过描述进行一次简单的读取数据请求和一次更新数据请求需要用到的组件介绍了 SQL Server 的体系结构。

6.4.1 SQL Server 的客户机/服务器体系结构

在 SQL Server 的客户机/服务器体系结构中，客户机负责组织与用户的交互和数据显示，服务器负责数据的存储和管理，用户通过客户机向服务器发出各种操作请求(SQL 语句命令等)，服务器根据用户的请求处理数据，并将结果返回客户机，如图 6.21 所示。其中，SQL Server 客户机包括 SQL Server 企业管理器、配置管理器、数据库引擎优化顾问和用于程序开发的工具等；SQL Server 服务器主要包括数据库引擎和数据库等。

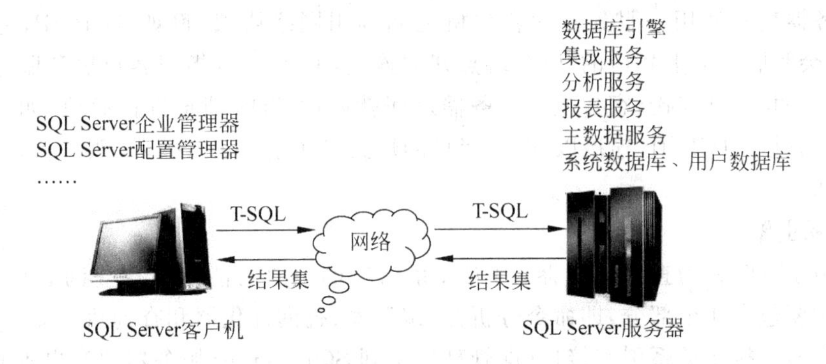

图 6.21 SQL Server 2012 的体系结构

6.4.2 SQL Server 的总体架构

数据库引擎是整个 SQL Server 的核心，其他所有组件都与其有着密不可分的联系，图 6.22 所示为 SQL Server 2012 的总体架构。

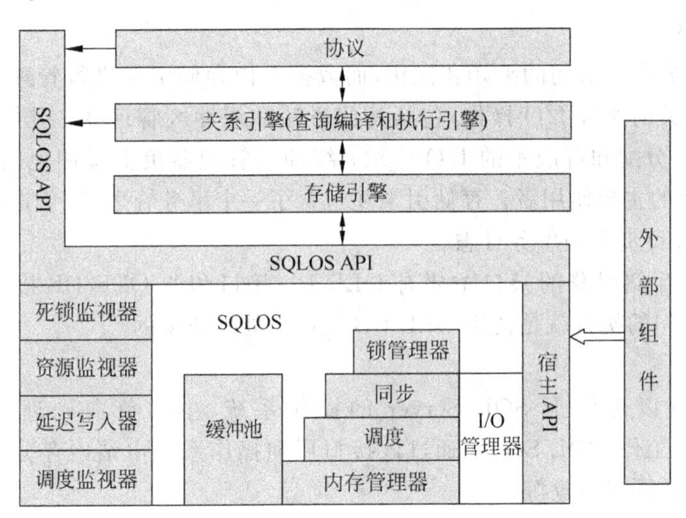

图 6.22 SQL Server 2012 的总体架构

数据库引擎有四大组件，即协议、关系引擎、存储引擎和 SQLOS(SQL Server Operating System，SQL Server 操作系统)，各客户机提交的操作指令都与这 4 个组件交互。

1. 协议

SQL Server 网络接口(SNI)是一个协议层，负责建立客户机和服务器之间的网络连接。

SNI 由一组 API 构成，这些 API 被数据库引擎和 SQL Server 本地客户机使用。SNI 不是直接配置的，只需在客户机和服务器中配置网络协议就可以了。SQL Server 支持共享内存、TCP/IP、命名管道和 VIA 协议。

不管采用什么网络协议进行连接，一旦建立连接，SNI 都会建立一个到服务器上的 TDS 端点的安全连接，然后利用这个连接发送请求和接收数据。在数据库查询生命周期的这一步，SNI 正在发送 SELECT 语句，并且等待接收结果集。

TDS(Tabular Data Stream，表格数据流)是微软公司具有自主知识产权的协议，用来和数据库服务器交互使用。服务器和客户机之间利用网络协议，例如 TCP/IP，建立连接之后，客户机会和服务器上相应的 TDS 端点建立连接，TDS 端点担当客户机和服务器之间的通信端点。一旦建立连接，客户机和服务器之间就通过 TDS 消息进行通信，如客户机的一条 SQL 语句通过 TCP/IP 连接以 TDS 消息的形式发送给 SQL Server 服务器，实现数据的请求和返回。

2. 关系引擎

关系引擎有时称为查询处理器，因为关系引擎的主要功能是进行查询的优化和执行。关系引擎主要包含 4 个部分，即命令分析器、编译器、查询优化器和查询执行器。

命令分析器接受关系引擎接口(即管理连接到 SQL Server 服务器的客户机的开放设计服务 ODS)转发的 SQL 命令，检查其语法并生成查询树。

编译器对命令分析器的查询树进行编译，生成查询计划。

查询优化器对编译器的查询计划采用基于代价的优化方法进行优化，选择一个合理的查询计划作为最终的查询计划。

查询执行器负责优化查询计划的执行。

3. 存储引擎

关系引擎完成查询语句的编译和优化，而数据是由存储引擎进行管理的。存储引擎负责管理与数据相关的所有 I/O 操作，包括访问方法和缓冲区管理器。其中，访问方法负责处理行、索引、页、分配和行版本的 I/O 请求；缓冲区管理器负责缓冲池的管理，缓冲池是 SQL Server 内存的主要使用者。存储引擎还包含了一个事务管理器，负责数据的锁定以实现数据隔离性，并负责管理事务日志。

关系引擎和存储引擎的接口主要有 OLE DB 接口和非 OLE DB 接口两种。典型的 SELECT 查询语句的执行就是使用 OLE DB 接口来处理数据的。

4. SQLOS

SQLOS 则可以理解为 SQL Server 的操作系统，主要负责处理与操作系统(如 Windows)之间的工作，SQL Server 通过该接口层向操作系统申请内存分配、调度资源、管理进程和线程以及同步对象等。

6.4.3 一个基本的 SELECT 查询的执行流程

一个基本的 SELECT 查询的执行流程如图 6.23 所示，其基本步骤如下：

① SQL Server 客户机的网络接口(SNI)通过一种网络协议，例如 TCP/IP，与 SQL Server 服务器的 SNI 建立了一个连接，然后通过 TCP/IP 连接和 TDS 端点创建一个连接，并通过这个连接向 SQL Server 以 TDS 消息的形式发送该 SELECT 语句。

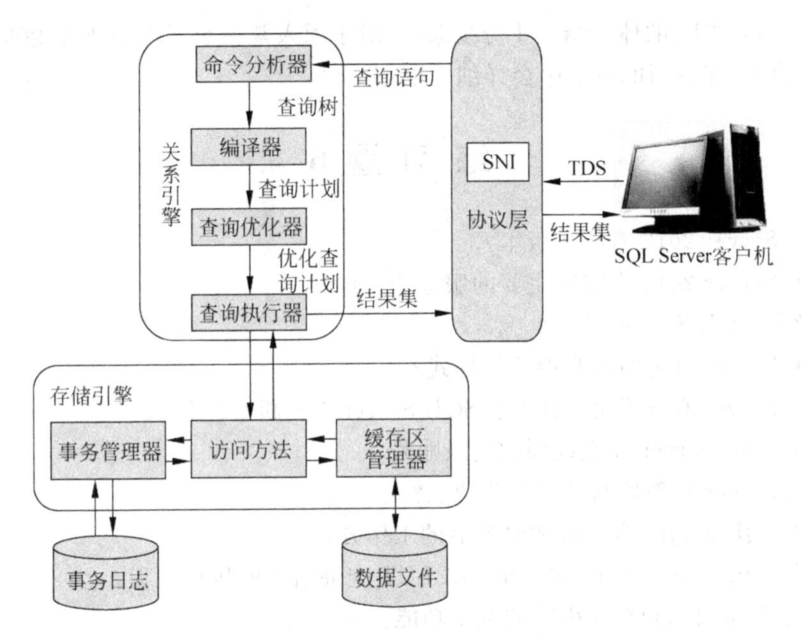

图 6.23　SQL Server 2012 的总体架构

② SQL Server 服务器的 SNI 将 TDS 消息解包，读取 SELECT 语句，然后将这个 SQL 命令发送给命令分析器。

③ 命令分析器在缓冲池的计划缓存中检查是否已经存在一条与接收到的语句匹配且可用的查询计划。如果找不到，命令分析器则基于 SELECT 语句生成一个查询树，然后将查询树传递给编译器。

④ 编译器对接受的查询树进行编译，生成查询计划。

⑤ 查询优化器进行优化，并发送给查询执行器。

⑥ 查询执行器在执行查询计划的时候，首先确定完成这个查询计划需要读取什么数据，然后通过 OLE DB 接口向存储引擎中的访问方法发送访问数据请求。

⑦ 为了完成查询执行器的请求，访问方法需要从数据库中读取一个数据页面，并要求缓冲区管理器提供这个数据页。访问方法是一个代码集合，这些代码定义了数据和索引的存储结构，并提供了检索数据和修改数据的接口。访问方法并不执行实际操作，而是将访问数据的具体请求提交给缓冲区管理器。

⑧ 缓冲区管理器在数据缓存中检查这个数据页是否已经存在。由于这个页并没有在数据缓存中，因此缓冲区管理器首先从磁盘上获取这个数据页面，然后将其存入缓存，并传回给访问方法。

⑨ 访问方法将结果集传递给关系引擎，由关系引擎将查询结果集发送给 SQL Server 客户机。

如果 SQL Server 客户机发出的 SQL 语句是更新命令，当执行到达访问方法的时候，访问方法需要进行数据修改，因此在访问方法发送 I/O 请求之前必须首先将修改的细节持久化在磁盘上。这一步是由事务管理器来完成的。

事务管理器主要包含两个组件，即锁管理器和日志管理器。锁管理器负责提供并发数据访问，通过锁实现设置的隔离级别。日志管理器将数据更改写入事务日志。

SQL Server 2012 的体系结构十分复杂,但对于深入掌握数据库原理是必要的,前面仅介绍了基本内容,在后面的章节中会详细讨论。

练 习 题 6

1. SQL Server 2012 有哪些版本?
2. SQL Server 2012 有哪些主要的服务器组件?
3. 什么是 SQL Server 实例?
4. SQL Server 有哪两种身份验证模式?
5. SQL Server 服务器是指什么? SQL Server 客户机是指什么?
6. sa 是 SQL Server 什么级别的登录账号?
7. SQL Server 管理控制器有哪些功能?
8. 简述 SQL Server 客户机和服务器的工作方式。
9. 简述 SQL Server 2012 中一个 SELECT 查询语句的执行过程。
10. 简述关系引擎和存储引擎的基本功能。

第7章 创建和删除数据库

数据库是存放数据的容器，在设计一个应用程序时，通常要先设计好数据库。SQL Server 提供了方便的数据库创建和删除功能。SQL Server 管理控制器是实现数据库操作的主要工具之一，本章主要介绍使用 SQL Server 管理控制器创建和删除数据库等内容。

7.1 数据库对象

在 SQL Server 中，数据库中的表、视图、存储过程和索引等具体存储数据或对数据进行操作的实体都被称为数据库对象，下面介绍几种常用的数据库对象。

- 表：表也称为数据表，它是包含数据库中所有数据的数据库对象，由行和列组成，用于组织和存储数据，每一行称为一个记录。
- 列：列也称为字段，列具有自己的属性，如列类型、列大小等，其中列类型是列最重要的属性，它决定了列能够存储哪种数据。例如，文本型的列只能存放文本数据。
- 索引：它是一个单独的数据结构，是依赖于表建立的，不能脱离关联表而单独存在。在数据库中索引使数据库应用程序无须对整个表进行扫描就可以在其中找到所需的数据，而且可以大大加快查找数据的速度。
- 视图：它是从一个或多个表中导出的表(也称虚拟表)，是用户查看数据表中数据的一种方式。视图的结构和数据建立在对表的查询基础之上。
- 存储过程：它是一组为了完成特定功能的 T-SQL 语句(包含查询、插入、删除和更新等操作)，经编译后以名称的形式存储在 SQL Server 服务器端的数据库中，由用户通过指定存储过程的名称来执行。当这个存储过程被调用执行时，其包含的操作也会同时执行。
- 触发器：它是一种特殊类型的存储过程，能够在某个规定的事件发生时触发执行。触发器通常可以强制执行一定的业务规则，以保持数据完整性、检查数据的有效性，同时实现数据库的管理任务和一些附加的功能。

7.2 系统数据库

SQL Server 的数据库分为系统数据库和用户数据库，每个 SQL Server 实例都有 master、model、msdb 和 tempdb 共 4 个系统数据库，它们记录了一些 SQL Server 必要的信息，用户不能直接修改这些系统数据库，也不能在系统数据库表上定义触发器，可以在 SQL Server 管理控制器的对象资源管理器中展开“系统数据库”看到，如图 7.1 所示。

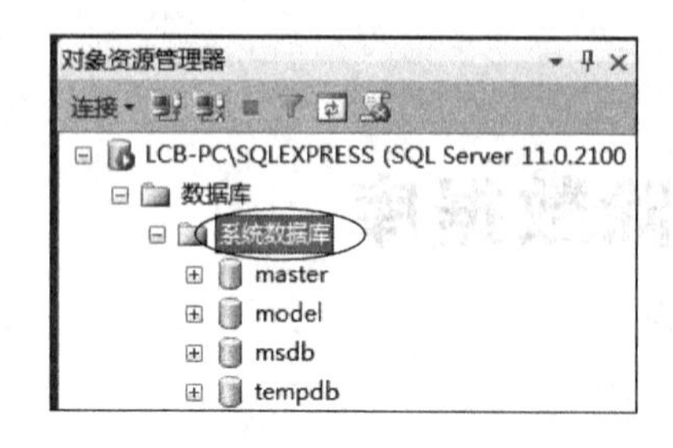

图 7.1　SQL Server 的系统数据库

1. master 数据库

master 数据库是 SQL Server 中最重要的数据库，记录了 SQL Server 实例的所有系统级信息，例如登录账户、连接服务器和系统配置设置，还记录了所有其他数据库是否存在以及这些数据库文件的位置和 SQL Server 实例的初始化信息。

因此，如果 master 数据库不可用，SQL Server 则无法启动。鉴于 master 数据库对 SQL Server 的重要性，所以禁止用户对其进行直接访问，同时要确保在修改之前有完整的备份。

2. model 数据库

model 数据库是用作 SQL Server 实例上创建所有数据库的模板，对 model 数据库进行的修改（如数据库大小、排序规则、恢复模式和其他数据库选项）将应用于以后创建的所有数据库。

3. msdb 数据库

msdb 数据库是由 SQL Server 代理用来计划警报和作业调度的数据库。由于其主要执行一些事先安排好的任务，所以该数据库多用于复制、作业调度和管理报警等活动。

4. tempdb 数据库

tempdb 数据库是一个临时数据库，用于保存临时对象或中间结果集，具体的存储内容包括以下方面：

- 存储创建的临时对象，包括表、存储过程、表变量或游标。
- 当快照隔离激活时，存储所有更新的数据信息。
- 存储由 SQL Server 创建的内部工作表。
- 存储在创建或重建索引时产生的临时排序结果。

7.3　SQL Server 数据库的存储结构

在讨论创建数据库之前，先介绍 SQL Server 数据库和文件的一些基本概念，它们是理解和掌握创建数据库过程的基础。

7.3.1　文件和文件组

1. 数据库文件

SQL Server 采用操作系统文件来存放数据库，数据库文件可分为主数据文件、次数据文件和事务日志文件 3 类。

（1）主数据文件（Primary）

主数据文件是数据库的关键文件，用来存放数据，包含数据库启动信息。每个数据库都必须包含也只能包含一个主数据文件。主数据文件的默认扩展名为.mdf，例如，school 数据库的主数据文件名为“school.mdf”。

（2）次数据文件（Secondary）

次数据文件又称辅助文件，包含除主数据文件以外的所有数据文件。次数据文件是可选的，有些数据库没有次数据文件，而有些数据库有多个次数据文件。次数据文件的默认扩展名为.ndf，例如，school 数据库的次数据文件名为“school.ndf”。

主数据文件和次数据文件统称为数据文件(Data File)，是 SQL Server 中实际存放所有数据库对象的地方。正确地设置数据文件是创建 SQL Server 数据库的关键步骤，同时还要仔细斟酌数据文件的容量。

(3) 事务日志文件(Transaction Log)

事务日志文件用来存放事务日志信息。事务日志记录了 SQL Server 中所有的事务和由这些事务引起的数据库的变化。由于 SQL Server 遵守先写日志再进行数据库修改的规则，所以数据库中数据的任何变化在写到磁盘之前先在事务日志中做了记录。

每个数据库至少有一个事务日志文件(Log File)，也可以不止一个。事务日志文件的默认扩展名为.ldf，例如，school 数据库的事务日志文件名为“school_log.ldf”。

事务日志文件是维护数据完整性的重要工具。如果某一天，由于某种不可预料的原因使得数据库系统崩溃，但仍然保留有完整的日志文件，那么数据库管理员仍然可以通过事务日志文件完成数据库的恢复与重建。

2. 数据库文件组

为了更好地实现数据库文件的组织，从 SQL Server 7.0 开始引入了文件组(FileGroup)的概念，即可以把各个数据库文件组成一个组，对它们进行整体管理。通过设置文件组，可以有效地提高数据库的读/写速度。例如，有 3 个数据文件分别存放在 3 个不同的驱动器上(C 盘、D 盘、E 盘)，将这 3 个文件组成一个文件组。在创建表时，可以指定将表创建在该文件组上，这样该表的数据就可以分布在 3 个盘上。当对该表执行查询操作时，可以并行操作，从而大大提高了查询效率。

SQL Server 提供了 3 种文件组类型，分别是主文件组(名称为“PRIMARY”)、用户定义文件组和默认文件组。

- 主文件组：包含主数据文件和所有没有被包含在其他文件组中的文件。数据库的系统表都被包含在主文件组中。
- 用户定义文件组：包含所有在创建数据库 CREATE DATABASE 语句或修改数据库 ALTER DATABASE 语句中的 FileGroup 关键字所指定的文件组。
- 默认文件组：容纳所有在创建时没有指定文件组的表和索引等数据。在每个数据库中，每次只能有一个文件组是默认文件组。如果没有指定默认文件组，则默认文件组是主文件组。

说明：文件组的创建不能独立于数据库文件，一个文件组只能被一个数据库使用；一个文件只能属于一个文件组；文件组只能包含数据文件；事务日志文件不能属于文件组；数据和事务日志不能共存于同一个文件或文件组上。

7.3.2 数据库的存储结构

一个数据库创建在物理介质的 NTFS 分区或者 FAT 分区的一个或多个文件上。在创建数据库时，同时会创建事务日志。事务日志是在一个文件上预留的存储空间，在修改写入数据库之前，事务日志会自动记录对数据库对象所做的所有修改。

在创建一个数据库时，只是创建了一个空壳，必须在这个空壳中创建对象，然后才能使用这个数据库。在创建数据库对象时，SQL Server 会使用一些特定的数据结构给数据对象分配空间，即区(extent)和页(Page)，它们和数据库文件之间的关系如图 7.2 所示。

1. 数据页

数据页简称为页，它是 SQL Server 中数据存储的基本单位。数据库中的数据文件(.mdf 或.ndf)分配的磁盘空间可以从逻辑上划分成页(从 0 到 n 连续编号)。磁盘的 I/O 操作在页级执行，也就是说，SQL Server 读取或写入所有数据页。

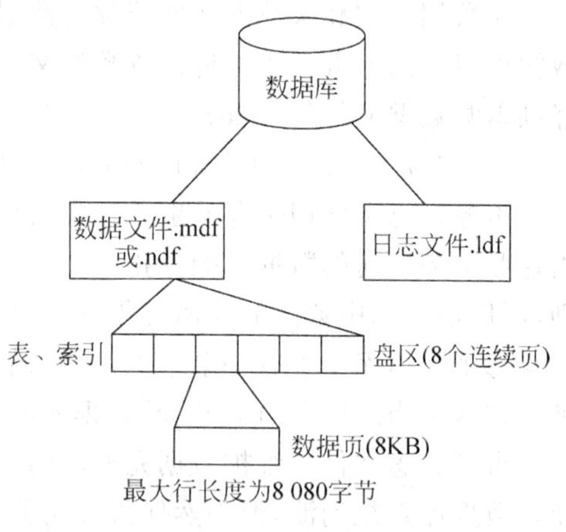

图 7.2　数据库的存储结构

在 SQL Server 中，页的大小为 8KB，这意味着 SQL Server 数据库中每兆字节有 128 页。每页的开头是 96 字节的标头，用于存储有关页的系统信息。此信息包括页码、页类型、页的可用空间以及拥有该页的对象的分配单元 ID。

SQL Server 数据文件中的页按顺序编号，文件的首页以 0 开始。数据库中的每个文件都有一个唯一的文件 ID 号。若要唯一标识数据库中的页，需要同时使用文件 ID 和页码。图 7.3 显示了包含 4MB 主数据文件和 1MB 次要数据文件的数据库中的页码。

每个文件的第一页是一个包含有关文件属性信息的文件的页首页。在文件开始处的其他几页也包含系统信息(例如分配映射)。有一个存储在主数据文件和第一个日志文件中的系统页是包含数据库属性信息的数据库引导页。

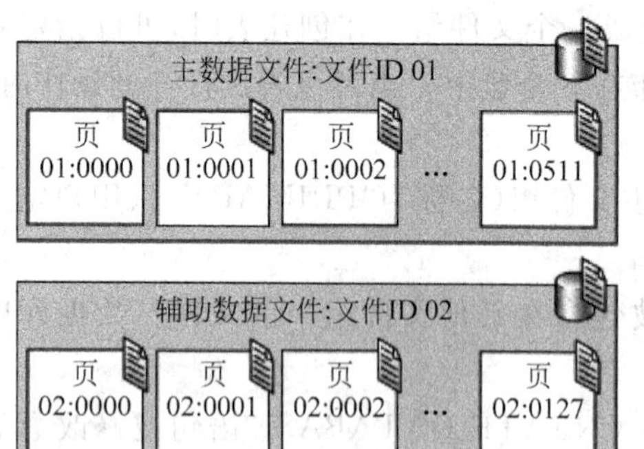

图 7.3　包含主数据文件和次要数据文件的数据库中的页码

SQL Server 文件可以从它们最初指定的大小开始自动增长。在定义文件时，可以指定一个特定的增量。在每次填充文件时，其大小均按此增量增长。如果文件组中有多个文件，则它们在所有文件被填满之前不会自动增长，填满后，这些文件会循环增长。每个文件还可以指定一个最大大小，如果没有指定最大大小，文件可以一直增长到用完磁盘上的所有可用空间。

注意：日志文件不包含页，而是包含一系列日志记录。

2. 区

SQL Server 区是 8 个物理上连续的页的集合，它是一种文件存储结构，每个区的大小为 8×8KB＝64KB。区用来有效地管理页，所有页都存储在区中。当创建一个数据库对象时，SQL Server 会自动以区为单位给它分配空间。每一个区只能包含一个数据库对象。

区分为两种，即混合区和统一区。混合区包含来自多个对象的页，可以同时包含来自表 A 的数据页、表 B 的索引页和表 C 的数据页。因为一个区有 8 个页，所以 8 个不同的对象可以共享一个区。统一区包含 8 个属于同一对象的连续页。如图 7.4 所示，table1 表的数据放在一个统一区中，而混合区中包含 table2 表的数据和索引以及 table3 表的数据和索引。

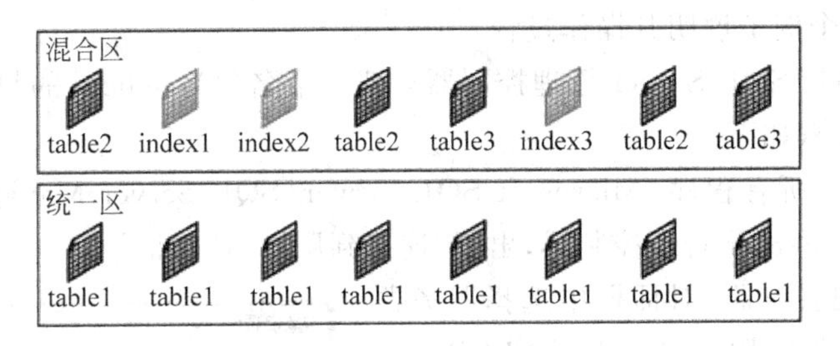

图 7.4 混合区和统一区

在数据库操作期间检索数据或将数据写入磁盘时，区是数据检索的基本单位。

提示：在 SQL Server 中，一个数据库包含数据文件和事务日志文件，数据文件是由区组成的，区是由页面组成的。

7.3.3 事务日志

在创建数据库的时候，事务日志也会随着被创建。事务日志存储在一个单独的文件上。在修改写入数据库之前，事务日志会自动记录对数据库对象所做的修改。这是 SQL Server 的一个重要的容错特性，它可以有效地防止数据库的损坏、维护数据库的完整性。

在 SQL Server 中，事务日志和数据分开存储，这样做有下面几个优点：

- 事务日志可以单独备份。
- 在服务器失效的事件中有可能将服务器恢复到最近的状态。
- 事务日志不会抢占数据库的空间。
- 可以很容易地检测事务日志的空间。
- 在向数据库和事务日志中写入时会较少产生冲突，有利于提高性能。

事务日志文件是由一系列日志记录构成的，是一种串行化的、顺序的、回绕的日志。当把数据修改写入日志时，会得到一个日志序列号 LSN，由于事务日志记录越来越多，最终会被填满。如果已将事务日志设置为自动增长，那么 SQL Server 将分配额外的文件空间以容纳记录日志，直到达到事务日志的最大容量或者磁盘被填满。如果事务日志被填满，那么数据库将不会允许数据修改。

为了避免事务日志被填满，必须定期清理日志中的旧事务，首选的清除方式是备份事务日志。在默认情况下，一旦事务日志成功备份，SQL Server 会清除事务日志的不活动部分，这个不活动的部分包括最早打开的 LSN 到最新的 LSN。用户可以手动清除不活动的部分，但是不推荐这样做，因为这样会删除自上次数据库备份以来的所有数据修改记录。

因此，事务日志是一个回绕文件，一旦到达了物理日志的末尾，SQL Server 将绕回并在物理日志的开头继续写当前日志。

7.4 创建和修改数据库

7.4.1 创建数据库

在使用数据库之前，必须先创建数据库。用户可以使用 SQL Server 管理控制器建立数据库，下面通过一个例子说明其操作过程。

【例 7.1】 使用 SQL Server 管理控制器创建一个名称为 school 的数据库。

解：其操作步骤如下。

① 选择“开始|所有程序|Microsoft SQL Server|SQL Server Management Studio”命令，即可启动 SQL Server 管理控制器，出现“连接到服务器”对话框。

② 在“连接到服务器”对话框中选择服务器类型为“数据库引擎”，服务器名称为“LCB-PC\SQLEXPRESS”，身份验证为“SQL Server 身份验证”，并输入正确的登录名(sa)和密码，单击“连接”按钮，即连接到指定的服务器。

③ 在左边的“对象资源管理器”窗口中选中“数据库”结点，然后右击，在出现的快捷菜单中选择“新建数据库”命令，如图 7.5 所示。

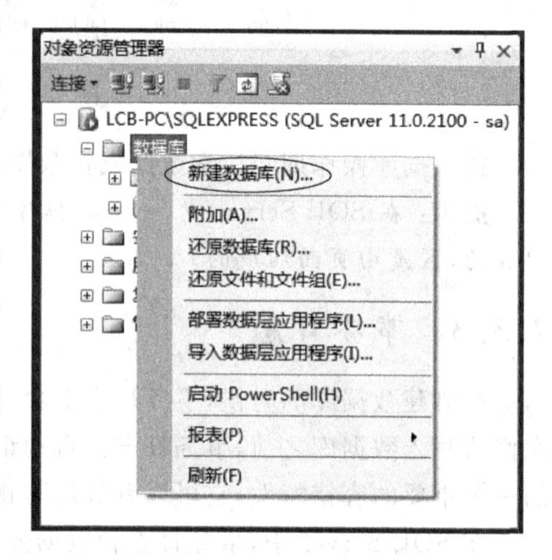

图 7.5 选择“新建数据库”命令

④ 进入“新建数据库”窗口，其中包含 3 个选项卡，它们的功能如下。

“常规”选项卡：它首先出现，用于设置新建数据库的名称及所有者。

在“数据库名称”文本框中输入新建数据库的名称“school”，数据库名称设置完成后，系统自动在“数据库文件”列表中产生一个主数据文件(名称为 school.mdf，初始大小为 5MB)和一个事务日志文件(名称为 school_log.ldf，初始大小为 2MB)，同时显示文件组、自动增长和路径等默认设置。用户可以根据需要自行修改这些默认的设置，也可以单击右下角的“添加”按钮添加数据文件。在这里将主数据文件和日志文件的存放路径改为“G:\DB”，其他保持默认值。

单击“所有者”按钮，在弹出的列表框中选择数据库的所有者。数据库所有者是对数据库具有完全操作权限的用户，这里选择“默认值”选项，表示数据库所有者为用户登录 SQL Server 使用的管理员账户，例如 sa。

这里的“常规”选项卡的设置如图 7.6 所示。

“选项”选项卡：设置数据库的排序规则及恢复模式等选项。这里均采用默认设置。

“文件组”选项卡：显示文件组的统计信息。这里均采用默认设置。

⑤ 如果要更改文件的初始大小，可以直接修改该文件行中的初始大小值。如果要更改文件的自动增长/最大大小，单击该文件行中的“自动增长/最大大小”按钮。图 7.7 所示为“更改 school 的自动增长设置”对话框，在其中可以修改相应值，单击“确定”按钮返回。

⑥ 设置完成后单击“确定”按钮，数据库 school 创建完成。此时在“G:\DB”中增加了 school.mdf 和 school_log.ldf 两个文件。

7.4.2 修改数据库

在 SQL Server 中，数据库是以 model 数据库为模板创建的，因此其初始大小不会小于 model 数据库的大小。在创建数据库后，用户可以根据自己的需要对数据库进行修改。本

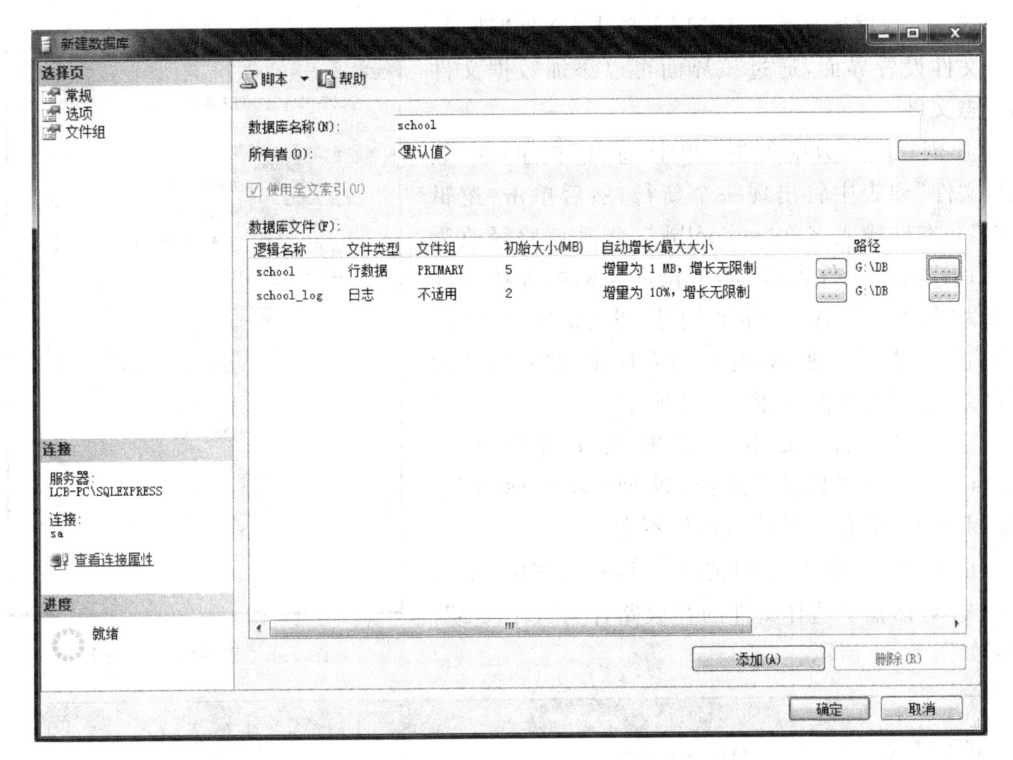

图 7.6 “常规”选项卡的设置

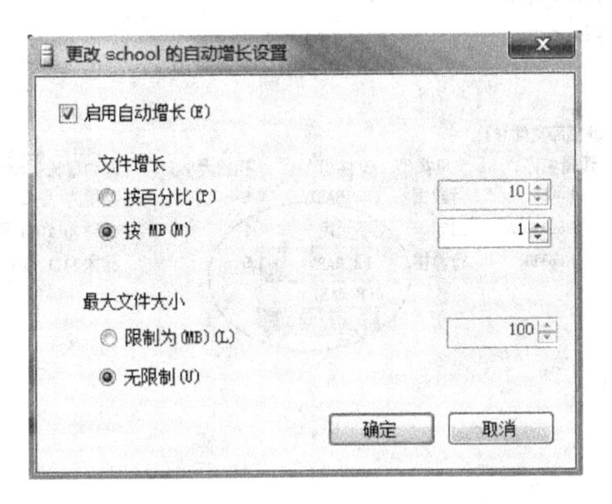

图 7.7 “更改 school 的自动增长设置”对话框

小节主要介绍添加和删除数据文件及日志文件的方法。

用户可以通过添加数据文件和日志文件来扩展数据库，也可以通过删除它们来缩小数据库，下面通过一个例子说明其操作过程。

【例 7.2】 添加 school 数据库的数据文件 schoolbk.ndf、日志文件 school_logbk.ldf。

解：其操作步骤如下。

① 启动 SQL Server 管理控制器，展开“LCB-PC\SQLEXPRESS”服务器结点（参见例 7.1 的操作步骤）。

② 展开“数据库”结点，选中数据库“school”，然后右击，在出现的快捷菜单中选择“属性”命令，进入“数据库属性-school”对话框，如图 7.8 所示。

③ 在"数据库属性-school"中单击"文件"选项，进入文件设置界面，通过该界面可以添加数据文件和日志文件。

④ 现在增加数据文件。单击"添加"按钮，在"数据库文件"列表中将出现一个新行，然后单击"逻辑名称"文本框输入名称"schoolbk"，将默认路径改为"G:\DB"，在"文件类型"的下拉列表框中选择文件类型为"行数据"，在"文件组"下拉列表框中选择"新文件组"，如图 7.9 所示，此时会立即出现"school 的新建文件组"对话框，如图 7.10 所示。

⑤ 在"名称"文本框中输入文件组名称"Backup"，单击"确定"按钮，返回"数据库属性-school"对话框，保持其他默认值不变。

⑥ 单击"路径"后面的按钮[...]，在出现的"定位文件夹"对话框中选择文件的存放路径为"G:\DB"，结果如图 7.11 所示。

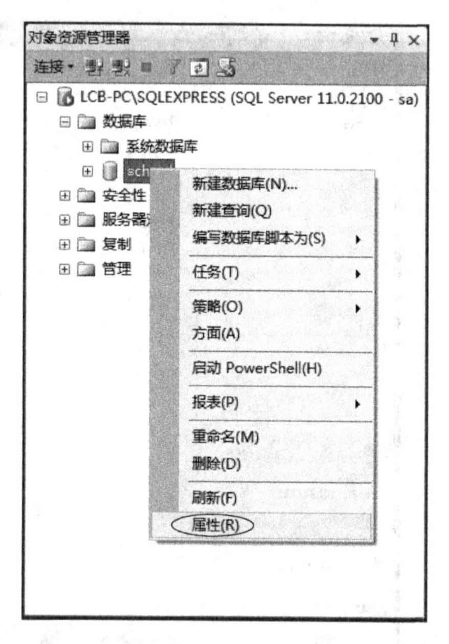

图 7.8　选择"属性"命令

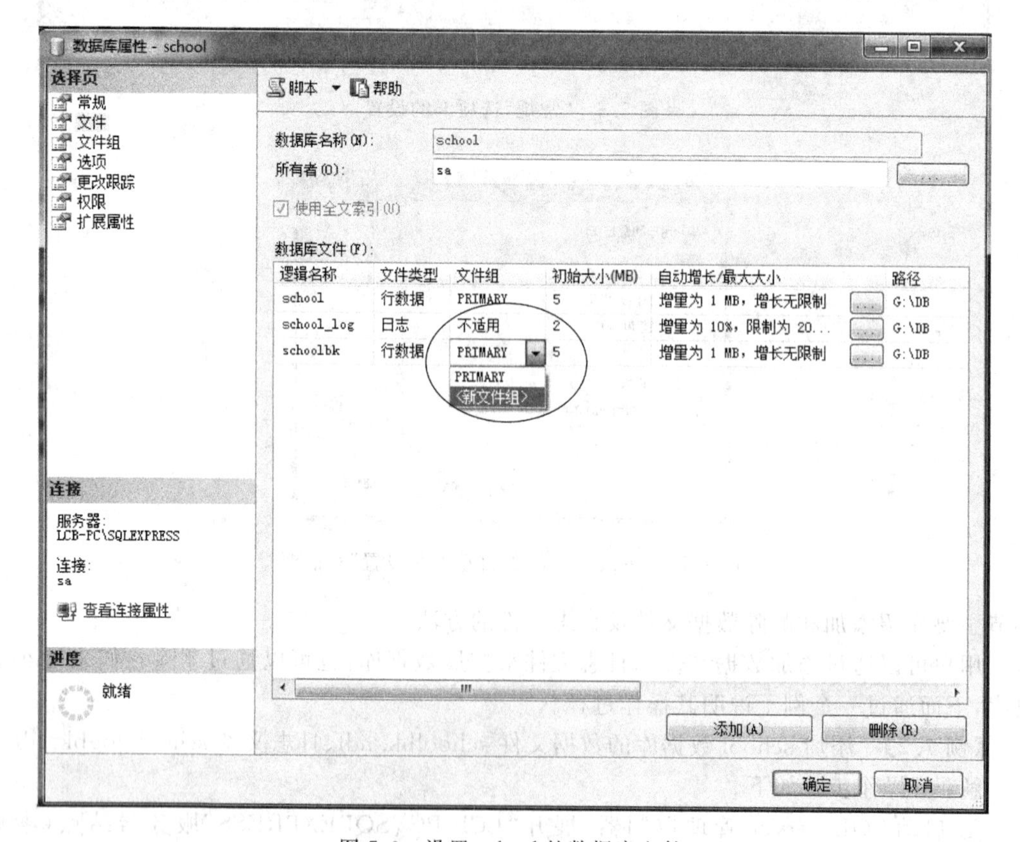

图 7.9　设置 school 的数据库文件

⑦ 现在增加日志文件。单击"添加"按钮，在"数据库文件"列表中将出现一个新行，然后单击"逻辑名称"文本框输入名称"school_logbk"，将默认路径改为"G:\DB"，在"文件类

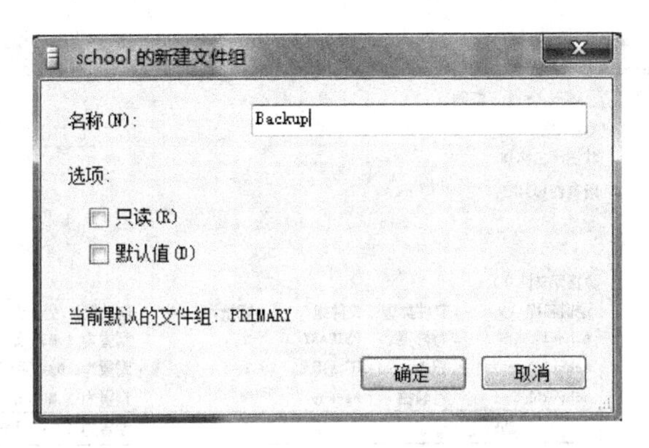

图 7.10 “school 的新建文件组”对话框

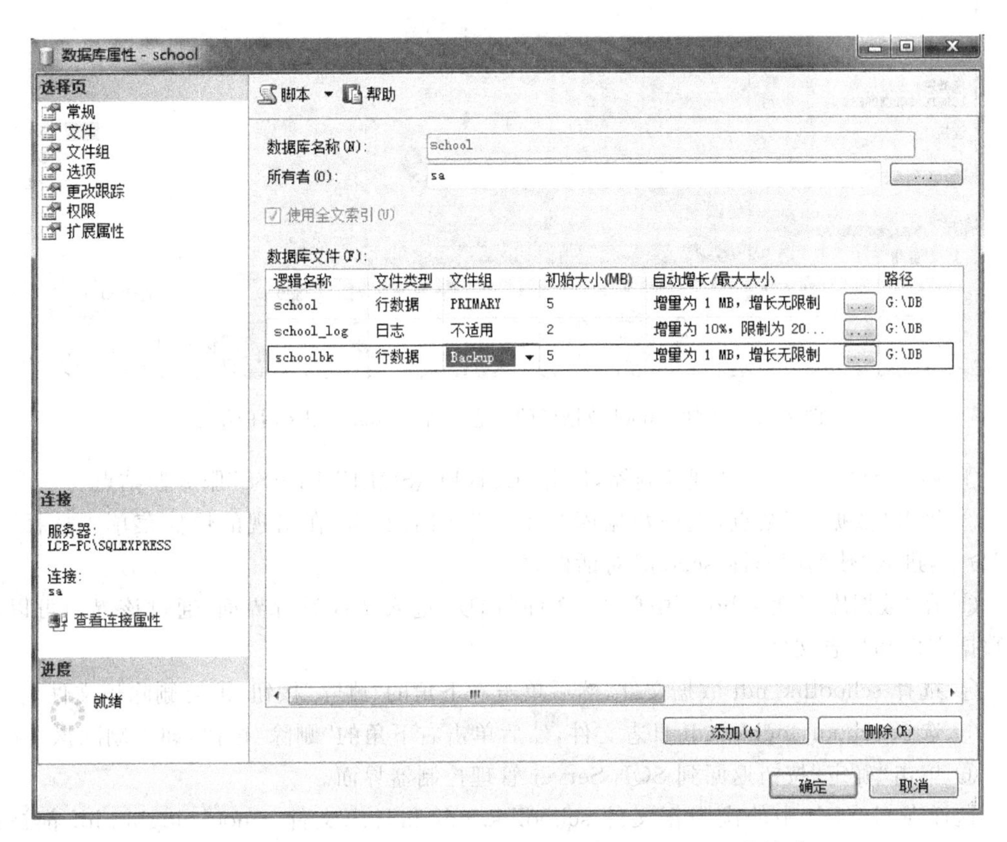

图 7.11 添加 school 数据库的数据文件 schoolbk 后的结果

型”的下拉列表框中选择文件类型为“日志”，其他保持默认值，如图 7.12 所示。

这样在 G:\DB 中增加了次数据文件 schoolbk.ndf 和日志文件 school_logbk.ldf 两个文件。

添加数据或日志文件的操作比较复杂，但删除过程却十分容易，只是在删除时对应的数据文件和日志文件中不能含有数据或日志。

【例 7.3】 删除 school 数据库的数据文件 schoolbk.ndf、日志文件 school_logbk.ldf。

解： 其操作步骤如下。

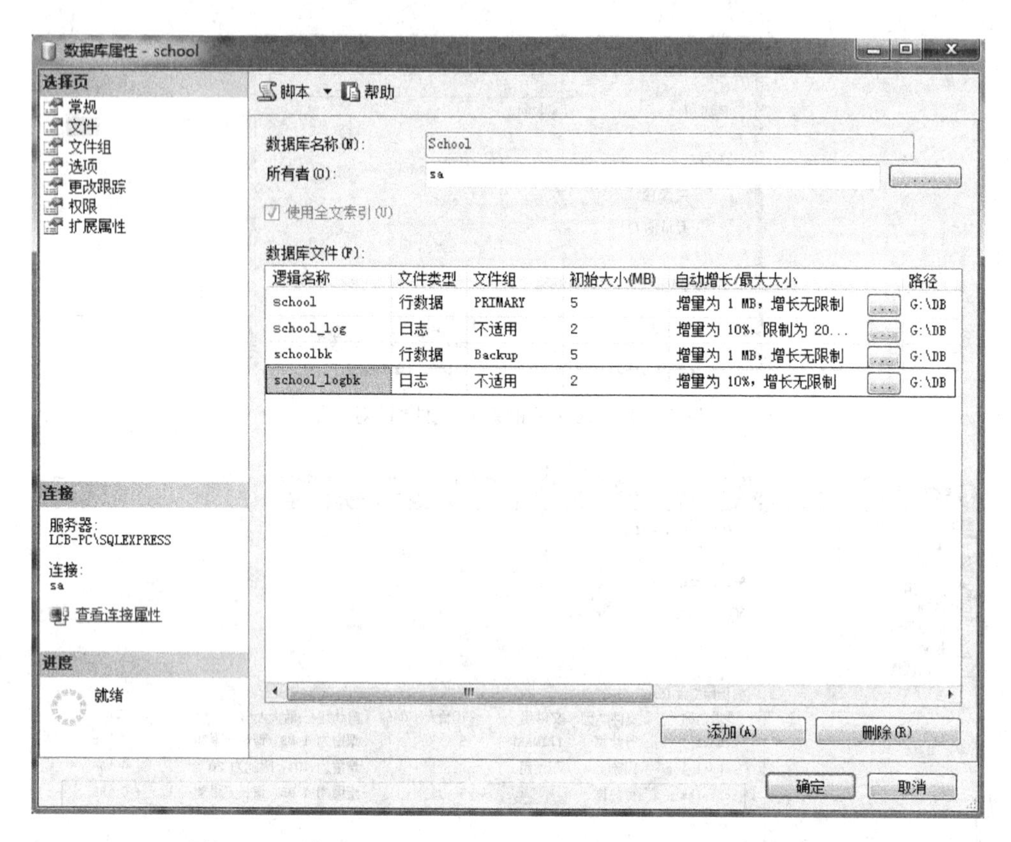

图 7.12　添加 school 数据库的日志文件 school_logbk 后的结果

① 启动 SQL Server 管理控制器，展开“LCB-PC\SQLEXPRESS”服务器结点。

② 展开“数据库”结点，选中数据库“school”，然后右击，在出现的快捷菜单中选择“属性”命令，进入“数据库属性-school”对话框。

③ 在“数据库属性-school”中单击“文件”选项，进入文件设置界面，通过该界面可以删除数据文件和日志文件。

④ 选择 schoolbk. ndf 数据文件，然后单击右下角的“删除”按钮，即可删除该文件。

⑤ 选择 school_logbk. ndf 日志文件，然后单击右下角的“删除”按钮，即可删除该文件。

⑥ 单击“确定”按钮返回到 SQL Server 管理控制器界面。

这样在 G:\DB 中的次数据文件 schoolbk. ndf 和日志文件 school_logbk. ldf 都被删除了。

7.5　重命名和删除数据库

7.5.1　重命名数据库

将已创建的数据库更名称为数据库的重命名。

【例 7.4】　使用 SQL Server 管理控制器将数据库 abc(已创建)重命名为 xyz。

解：其操作步骤如下。

① 启动 SQL Server 管理控制器,在“对象资源管理器”中展开“LCB-PC\SQLEXPRESS”服务器结点。

② 展开“数据库”结点,选中数据库“abc”,然后右击,在出现的快捷菜单中选择“重命名”命令,如图 7.13 所示。

③ 此时数据库名称变为可编辑的,如图 7.14 所示,直接将其修改成“xyz”即可。

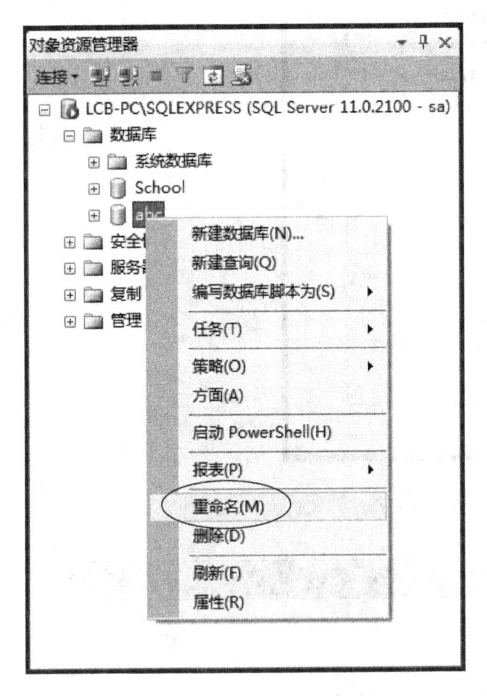

图 7.13 选择“重命名”命令

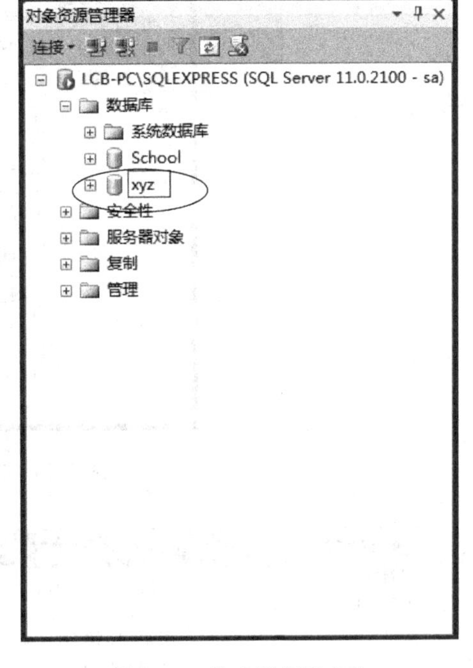

图 7.14 修改数据库名称

7.5.2 删除数据库

当不再需要数据库,或者它被移到另一个数据库或服务器时,即可删除该数据库。数据库被删除之后,文件及其数据都从服务器上的磁盘中删除。一旦删除数据库,它将被永久删除,并且不能进行检索,除非使用以前的备份。

当数据库处于以下 3 种情况之一时不能被删除:

- 用户正在使用此数据库。
- 数据库正在被恢复还原。
- 数据库正在参与复制。

【例 7.5】 使用 SQL Server 管理控制器删除 xyz 数据库。

解:其操作步骤如下。

① 启动 SQL Server 管理控制器,展开“LCB-PC\SQLEXPRESS”服务器结点。

② 展开“数据库”结点,选中数据库“xyz”,然后右击,在出现的快捷菜单中选择“删除”命令,如图 7.15 所示。

③ 出现“删除对象”对话框,如图 7.16 所示,单击“确定”按钮即可删除 xyz 数据库。在删除数据库的同时,SQL Server 会自动删除对应的数据文件和事务日志文件。

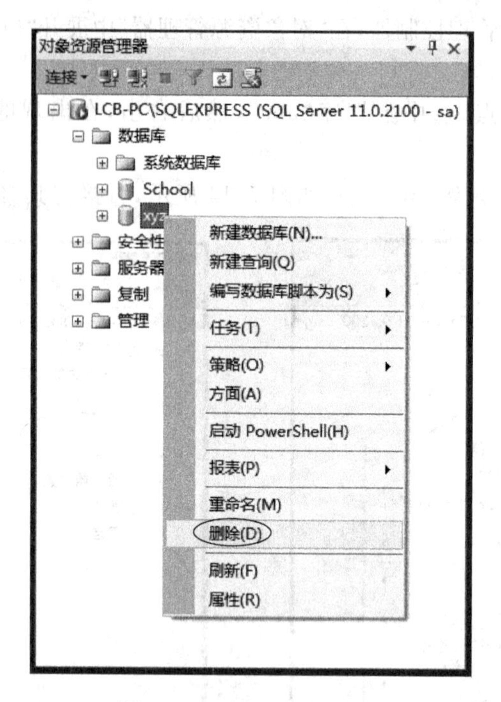

图 7.15　选择“删除”命令

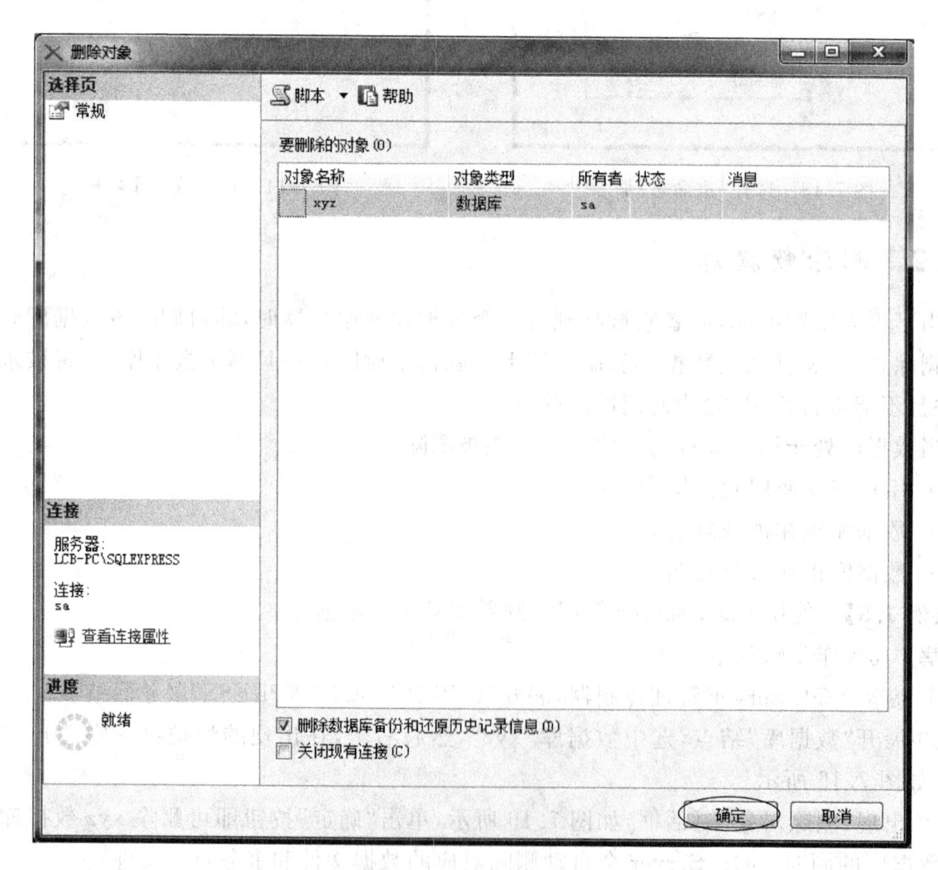

图 7.16　“删除对象”对话框

练 习 题 7

1. SQL Server 有哪些数据库对象？
2. 每一个 SQL Server 实例有哪些系统数据库？
3. 简述文件组的概念，为什么采用文件组？
4. 一个数据库中包含哪几种数据库文件？
5. 简述数据页和区的概念。
6. 数据库的事务日志文件的作用是什么？
7. 简述在 SQL Server 管理控制器中创建和删除数据库的基本步骤。
8. 在什么情况下不能删除数据库？

第 8 章　创建和使用表

在 SQL Server 中，表存储在数据库中。当数据库建立后，接下来就该建立存储数据的表。本章主要介绍使用 SQL Server 管理控制器创建表，并对表记录进行修改和删除等内容。

8.1　表的概念

在介绍在 SQL Server 中建立表之前，本节先介绍表的相关概念，包括什么是表，表的数据完整性等。

8.1.1　什么是表

SQL Server 中的数据库由表的集合组成，这些表用于存储一组特定的结构化数据。表中包含行（也称为记录或元组）和列（也称为属性）的集合。表中的每一列都用于存储某种类型的信息，例如日期、名称、金额和数字。每个表列都需要指定数据类型，SQL Server 中常用的数据类型如表 8.1 所示。

表 8.1　SQL Server 中常用的数据类型

数据类型	说　明
number(p)	整数（其中 p 为精度）
decimal(p,s)	浮点数（其中 p 为精度，d 为小数位数）
char(n)	固定长度字符串（其中 n 为长度）
varchar(n)	可变长度字符串（其中 n 为最大长度）
datetime	日期和时间

空值是列的一种特殊取值，用 NULL 表示。空值既不是 char 型或 varchar 型中的空字符串，也不是 int 型的 0 值。它表示对应的数据是不确定的。

表中的主键列必须有确定的取值（不能为空值），其余列的取值可以不确定（可以为空值）。

8.1.2　表中数据的完整性

数据完整性包括规则、默认值和约束等。

1. 规则

规则是指表中数据应满足一些基本条件。例如，学生成绩表中分数只能在 0～100 之间，学生表中性别只能取“男”或“女”之一等。

2. 默认值

默认值是指表中数据的默认取值。例如，学生表中性别的默认可以设置为“男”。

3. 表的约束

表的约束是指表中数据应满足一些强制性条件，这些条件通常由用户在设计表时指定，表的常用约束如下。

- 非空约束(NOT NULL)：指数据列不接受 NULL 值。例如，学生表中学号通常设定为主键，不能接受 NULL 值。
- 检查约束(CHECK 约束)：指限制输入到一列或多列中的可能值。例如，学生表中性别约束为只能取“男”或“女”值。
- 唯一约束(UNIQUE 约束)：指一列或多列组合不允许出现两个或两个以上的相同的值。例如，学生成绩表中，学号和课程号可以设置为唯一约束，因为一个学生对应一门课程不能有两个或以上的分数。
- 主键约束(PRIMARY KEY 约束)：指定义为主键(一列或多列组合)的列不允许出现两个或两个以上的相同值。例如，若将学生表中的学号设置为主键，则不能存在两个学号相同的学生记录。
- 外键约束(FOREIGN KEY 约束)：一个表的外键通常指向另一个表的候选主键，所谓外键约束是指输入的外键值必须在对应的候选码中存在。例如，学生成绩表 score 中的学号列是外键，对应于学生表的学号主键，外键约束是指输入学生成绩表中的学号值必须在学生表的学号列中已存在，也就是说，在输入这两个表的数据时，一般先输入学生表的数据，然后输入学生成绩表的数据，这样只有学生表中存在的学生才能在学生成绩表中输入其成绩记录。

8.2 创 建 表

SQL Server 提供了两种方法创建数据库表，第一种方法是利用 SQL Server 管理控制器建立表；另一种方法是利用 T-SQL 语句 CREATE TABLE 建立表。本章只介绍采用前一种方法建立表，后一种方法将在下一章介绍。

【例 8.1】 使用 SQL Server 管理控制器在 school 数据库中建立 student 表(学生表)、teacher 表(教师表)、course 表(课程表)和 score 表(成绩表)。

解：其操作步骤如下。

① 启动 SQL Server 管理控制器，展开“LCB-PC\SQLEXPRESS”服务器结点。

② 展开“数据库”结点，选中数据库“school”，展开 school 数据库。

③ 选中“表”，然后右击，在出现的快捷菜单中选择“新建表”命令，如图 8.1 所示。

④ 此时打开表设计器窗口，在“列名”栏中依次输入表的列名，并设置每个列的数据类型、长度等属性，输入完成后的结果如图 8.2 所示。

在图 8.2 中，每个列都对应一个“列属性”对话框，其中各选项的含义如下。

- 名称：指定列名称。
- 默认值或绑定：在新增记录时，如果没有把值赋予该列，则此默认值为列值。

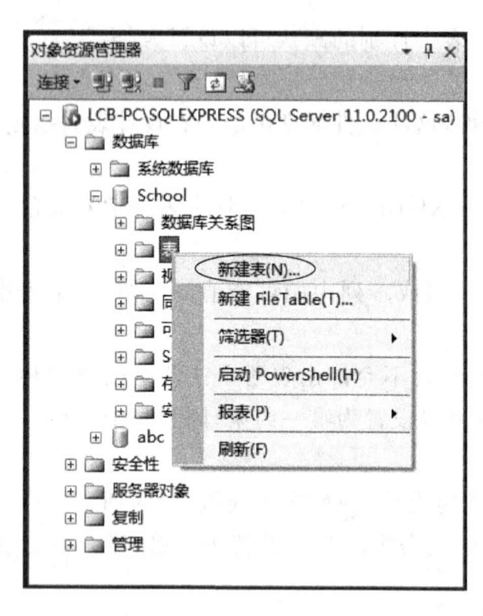

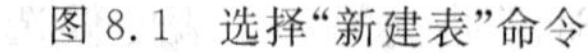
图 8.1 选择“新建表”命令

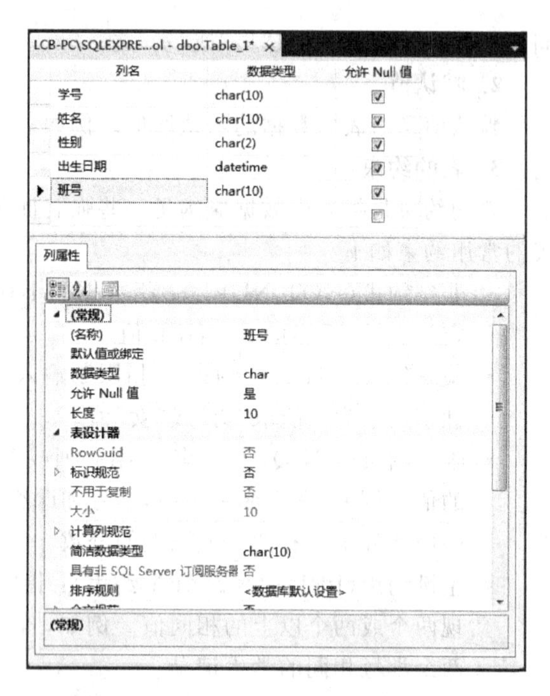

图 8.2 设置表的列

- 数据类型：列的数据类型，用户可以单击该栏，然后单击出现的下三角按钮，即可进行选择。
- 允许 NULL 值：指定是否可以输入空值。
- 长度：数据类型的长度。
- RowGuid：可以让 SQL Server 产生一个全局唯一的列值，但列类型必须是 uniqueidentifier。有此属性的列会自动产生列值，不需要用户输入(用户也不能输入)。
- 排序规则：指定该列的排序规则。

⑤ 在学号列上右击，在出现的快捷菜单中选择“设置主键”命令，如图 8.3 所示，从而将学号列设置为该表的主键，此时，该列名前面会出现一个钥匙图标。

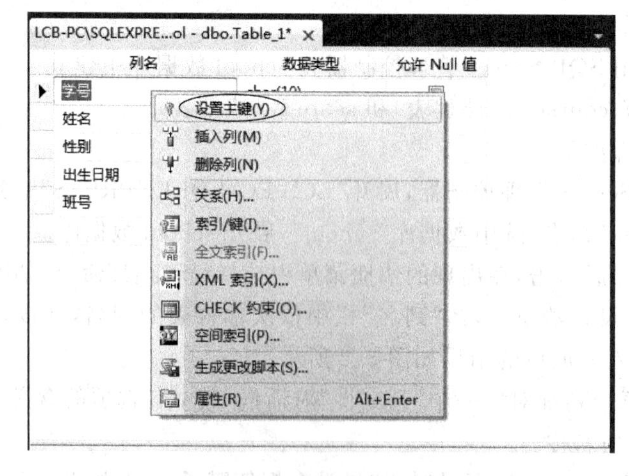

图 8.3 选择“设置主键”命令

提示：如果要将多个列设置为主键，可按住 Ctrl 键，单击每个列前面的按钮来选择多个列，然后再依照上述方法设置主键。

⑥ 单击工具栏中的“保存”按钮，出现如图 8.4 所示的对话框，输入表的名称“student”，单击“确定”按钮，此时便建好了 student 表（表中没有数据）。

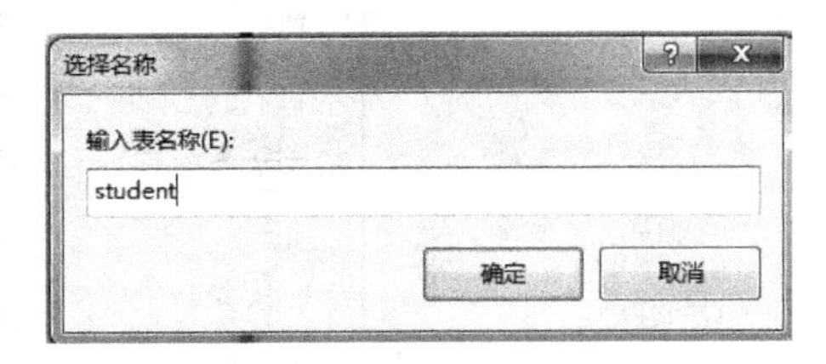

图 8.4 设置表的名称

说明：在创建或更改表结构中，如果保存时出现如图 8.5 所示的保存异常对话框，可以选择菜单栏中的“工具|选项”命令，出现“选项”对话框，单击“设计器”，在显示的页面中取消选中“阻止保存要求重新创建表的更改”复选框，如图 8.6 所示。

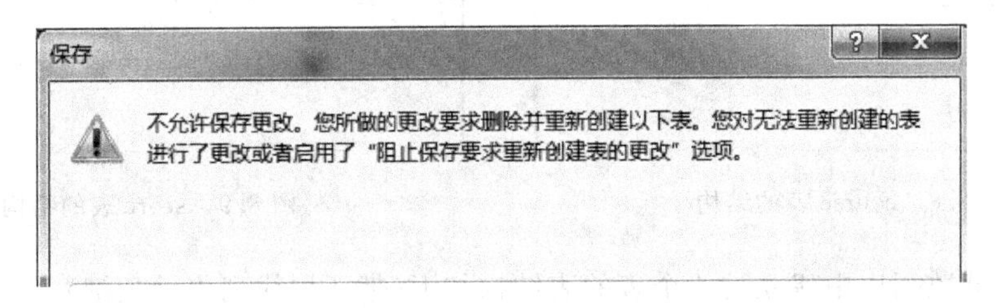

图 8.5 保存异常对话框

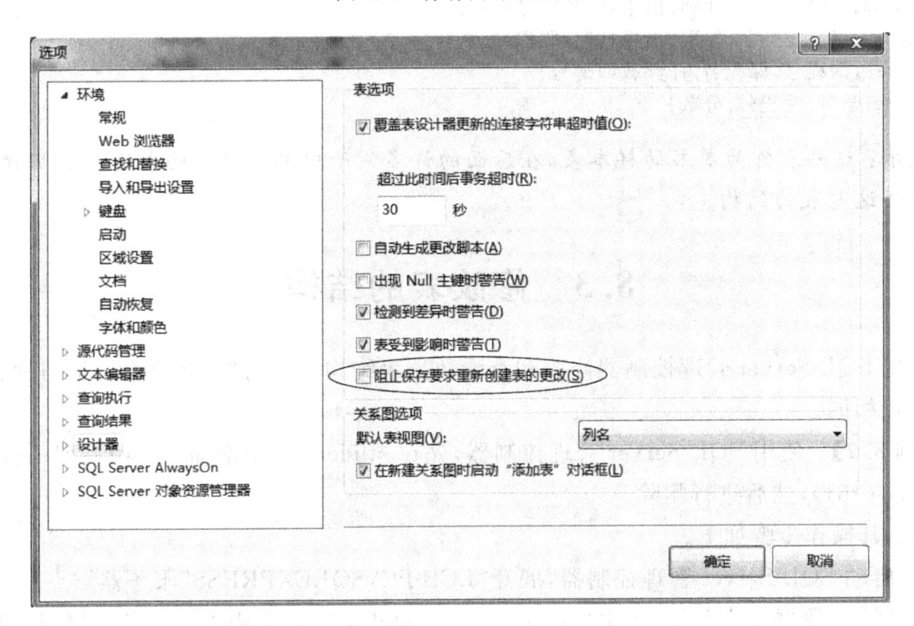

图 8.6 “选项”对话框

⑦ 依照上述步骤再创建 teacher 表（教师表）、course 表（课程表）和 score 表（学生成绩表），表的结构分别如图 8.7～图 8.9 所示。

说明：当用户创建一个表存储到 SQL Server 系统中后，每个表对应 sysobjects 系统表中的一条记录，该表中的 name 列包含表的名称，xtype 列指出存储对象的类型，当它为'U'时表示是一个表，用户可以通过查找该表中的记录判断某表是否被创建。

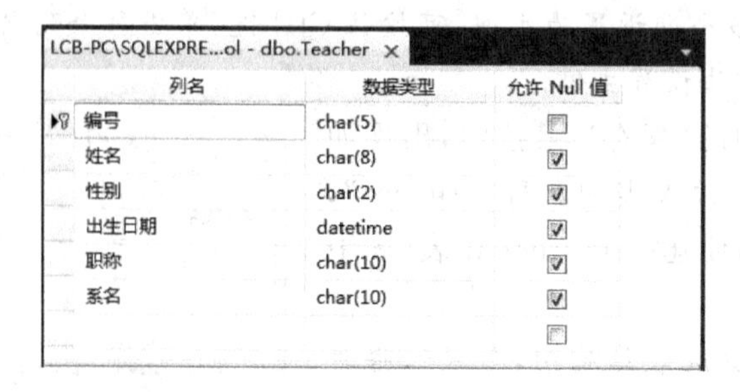

图 8.7　teacher 表的结构

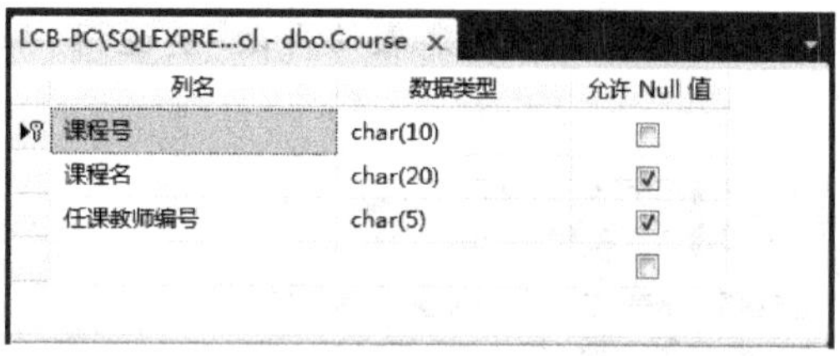

LCB-PC\SQLEXPRE...ol - dbo.Course

列名	数据类型	允许 Null 值
课程号	char(10)	☐
课程名	char(20)	☑
任课教师编号	char(5)	☑

图 8.8　course 表的结构

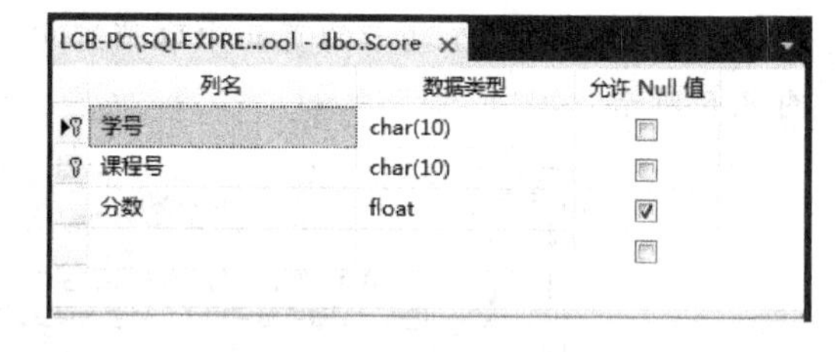

图 8.9　score 表的结构

在 school 数据库中建立的 4 个表的表结构如下(带下划线列表示主键)：

student(学号,姓名,性别,出生日期,班号)
teacher(编号,姓名,性别,出生日期,职称,系名)
course(课程号,课程名,任课教师编号)
score(学号,课程号,分数)

提示：这些表作为本书的样本表，在后面的许多例子中都使用这些表进行数据操作，读者应掌握这些表的结构。

8.3　修改表的结构

采用 SQL Server 管理控制器修改和查看数据表结构十分简单，修改表结构与创建表结构的过程相同。

【例 8.2】 使用 SQL Server 管理控制器，先在 student 表中增加一个民族列(其数据类型为 char(16))，然后进行删除。

解：其操作步骤如下。

① 启动 SQL Server 管理控制器，展开“LCB-PC\SQLEXPRESS”服务器结点。

② 展开“数据库”结点，选中“school”，将其展开，然后选中“表”，将其展开，选中表“dbo. student”，然后右击，在出现的快捷菜单中选择“设计”命令，如图 8.10 所示。

③ 在“班号”列前面增加民族列，其操作是在打开的表设计器窗口中右击“班号”列，然后在出现的快捷菜单中选择“插入列”命令。

④ 在新插入的列中输入“民族”，设置数据类型为 char、长度为 16，如图 8.11 所示。

⑤ 现在删除刚增加的“民族”列。右击“民族”列，然后在出现的快捷菜单中选择“删除列”命令，如图 8.12 所示，这样就删除了“民族”列。

对象资源管理器
连接
LCB-PC\SQLEXPRESS (SQL Server 11.0.2100 - sa)
数据库
系统数据库
abc
School
数据库关系图
表
系统表
FileTables
dbo.Course
dbo.Score
dbo.Student
dbo.Teach
视图
同义词
可编程性
Service Broke
存储
安全性
安全性
服务器对象
复制
管理
新建表(N)...
设计(G)
选择前 1000 行(W)
编辑前 200 行(E)
编写表脚本为(S)
查看依赖关系(V)
全文索引(T)
策略(O)
方面(A)
启动 PowerShell(H)
报表(P)
重命名(M)
删除(D)
刷新(F)
属性(R)
就绪

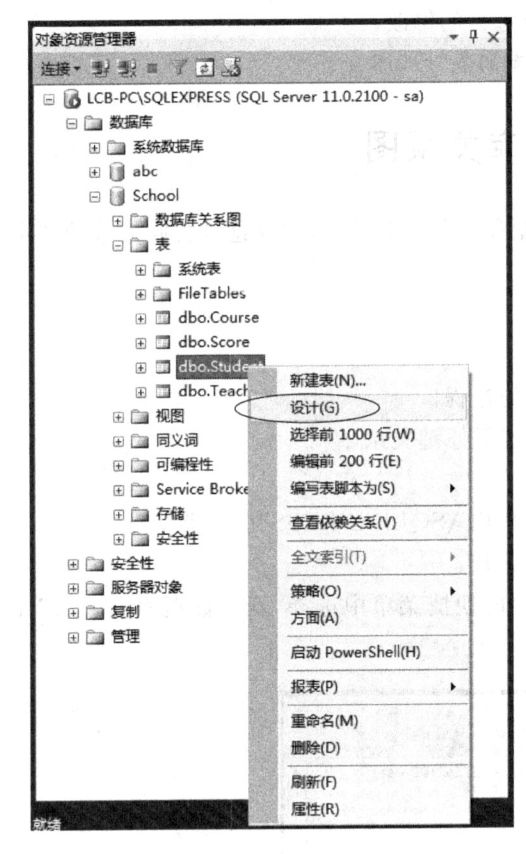

图 8.10　选择“设计”命令

LCB-PC\SQLEXPRE...ol - dbo.Student*
列名
数据类型
允许 Null 值
学号
char(10)
姓名
char(10)
性别
char(2)
出生日期
datetime
民族
char(16)
班号
char(10)

图 8.11　插入民族列

LCB-PC\SQLEXPRE...ol - dbo.Student*
列名
数据类型
允许 Null 值
学号
char(10)
姓名
char(10)
性别
char(2)
出生日期
datetime
民族
班号
设置主键(Y)
插入列(M)
删除列(N)
关系(H)...
索引/键(I)...
全文索引(F)...
XML 索引(X)...
CHECK 约束(O)...
空间索引(P)...
生成更改脚本(S)...
属性(R)
Alt+Enter

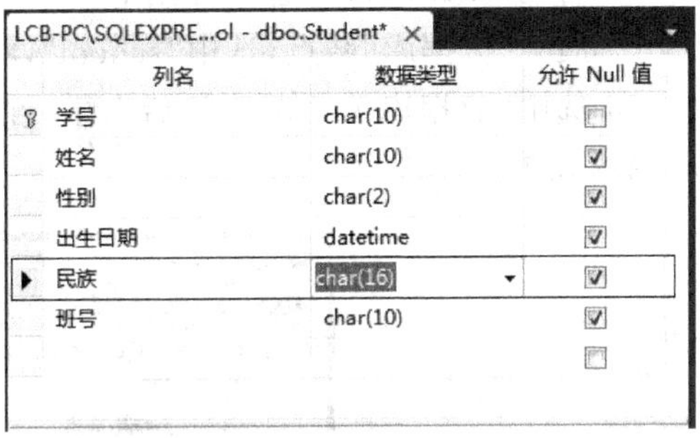

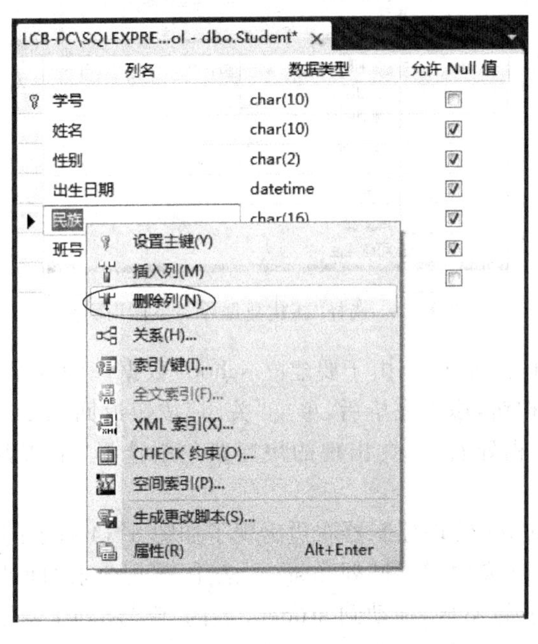

图 8.12　删除“民族”列

⑥ 单击工具栏中的“保存”按钮，保存所进行的修改。

说明：本例操作完毕后，student 表保持原有的表结构不变。

8.4 数据库关系图

在一个数据库中可能有多个表，表之间可能存在着关联关系，建立这种关联关系的图示称为数据库关系图。

8.4.1 建立数据库关系图

下面通过一个示例说明建立数据库关系图的过程。

【例 8.3】 建立 school 数据库中 4 个表的若干外键关系。

解：其操作步骤如下。

① 启动 SQL Server 管理控制器，展开“LCB-PC\SQLEXPRESS”服务器结点。

② 展开“数据库”结点，选中“school”，将其展开。

③ 选中“数据库关系图”，然后右击，在出现的快捷菜单中选择“新建数据库关系图”命令，如图 8.13 所示。

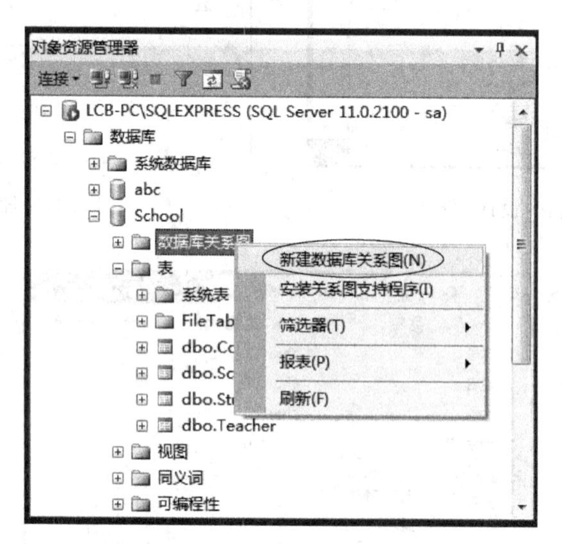

图 8.13 选择“新建数据库关系图”命令

④ 此时出现“添加表”对话框，由于要建立 school 数据库中 5 个表的关系，所以选中每一个表，并单击“添加”按钮，添加完毕后，单击“关闭”按钮返回到 SQL Server 管理控制器。在“关系图”中的任意空白处右击，在出现的快捷菜单中选择“添加表”命令即可出现“添加表”对话框。

⑤ 此时在 SQL Server 管理控制器右边出现了如图 8.14 所示的“关系图”对话框。

⑥ 现在建立 student 表中“学号”列和 score 表中“学号”列之间的关系：选中 score 表中的“学号”列，按下鼠标左键不放，拖动到 student 表的“学号”列上，放开鼠标左键，立即出现如图 8.15 所示的“表和列”对话框，表示要建立 student 表中“学号”列和 score 表中“学号”列之间的关系（用户可以从主键表和外键表组合框中选择其他表，也可以选择其他列名），这

里保持表和列不变，关系名也取默认值，单击“确定”按钮，出现如图8.16所示的“外键关系”对话框，单击“确定”按钮返回到SQL Server管理控制器，这时的“关系图”对话框如图8.17所示，student表和score表之间增加了一条连线，表示在它们之间建立了关联关系（外键关系）。

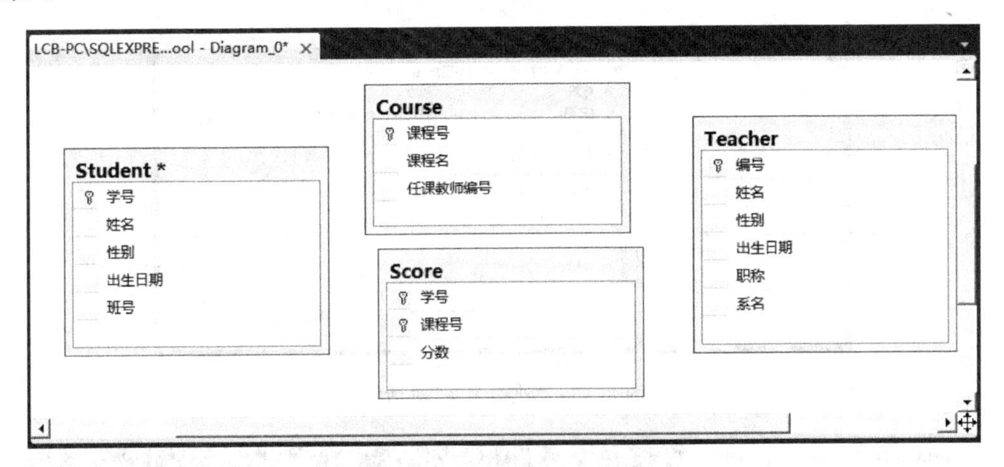

图8.14 “关系图”对话框

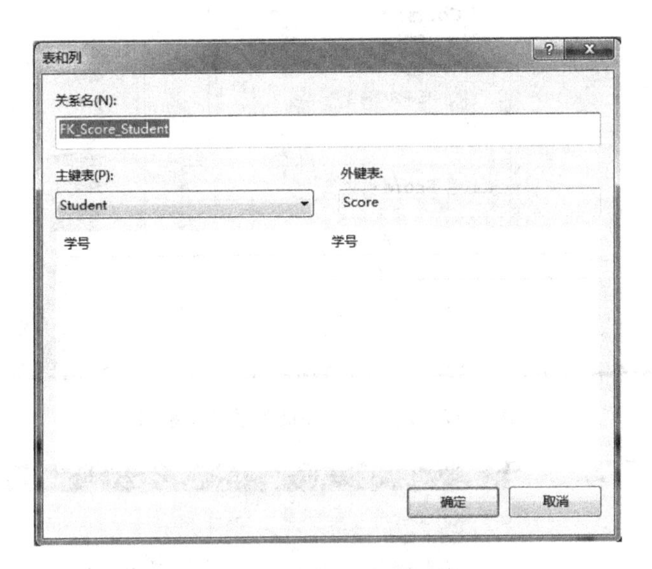

图8.15 “表和列”对话框

⑦ 采用同样的过程建立course表中“课程号”列（主键）和score表中“课程号”列（外键）之间的外键关系。

⑧ 采用同样的过程建立teacher表中“编号”列（主键）和course表中“任课教师编号”列（外键）之间的外键关系。

⑨ 最终建好的关系图如图8.18所示。单击工具栏中的“保存”按钮保存关系，此时出现“选择名称”对话框，保持默认名称（dbo. Diagram_0），单击“确定”按钮返回到SQL Server管理控制器，这样就建好了school数据库中4个表之间的关系。

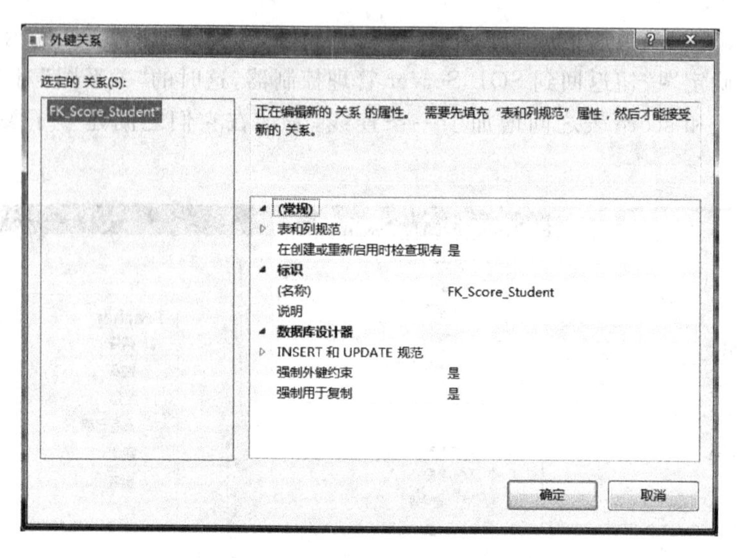

图 8.16 “外键关系”对话框

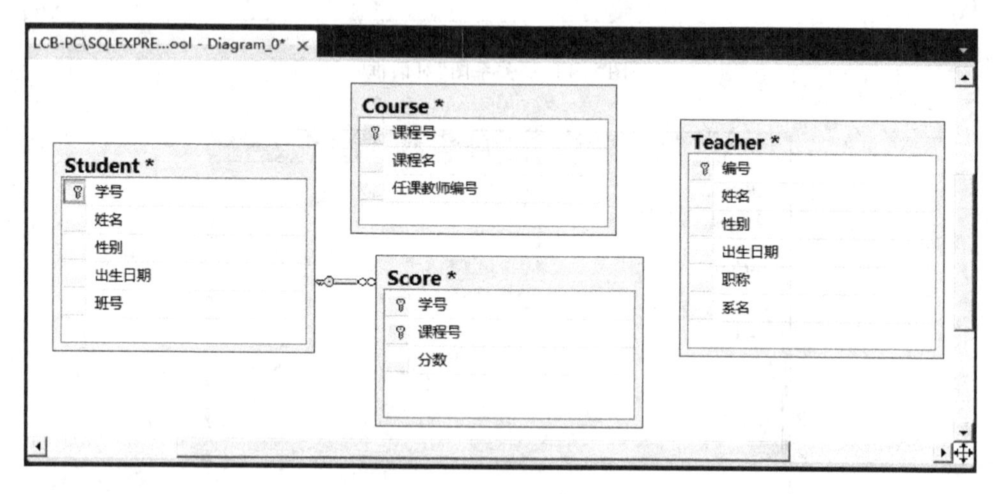

图 8.17 建立一个外键关系的关系图

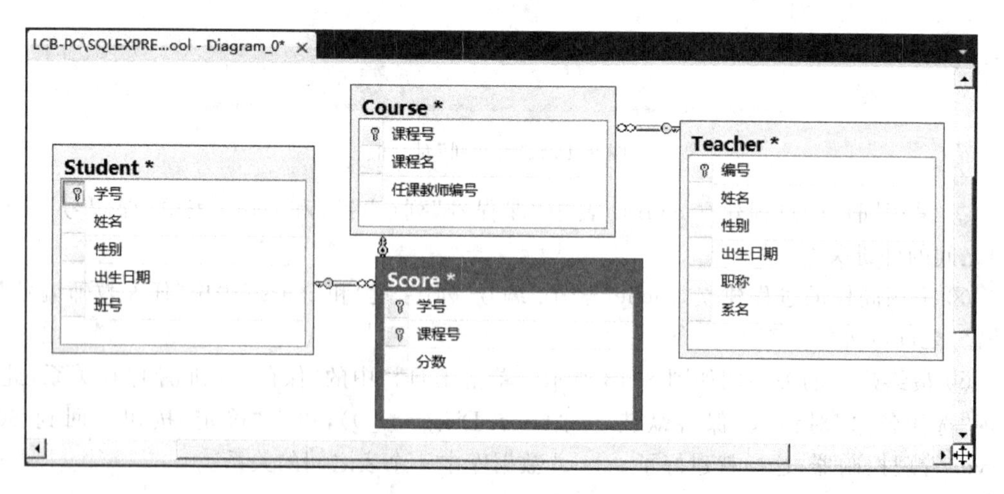

图 8.18 最终的关系图

通过数据库关系图建立的关系反映在各个表的键中，图 8.19 所示为 score 表的键列表，其中 PK_score 键是通过设置主键建立的，而 FK_score_course 和 FK_score_student 两个键是通过上例建立的。

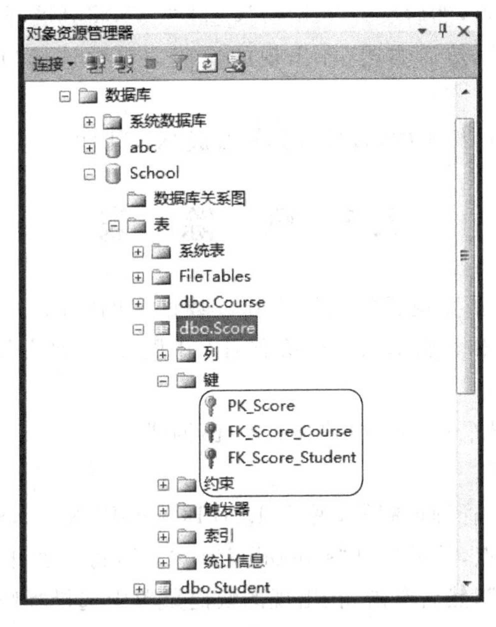

图 8.19　score 表的键列表

8.4.2　删除关系和数据库关系图

1. 通过数据库关系图删除关系

当不再需要表之间的外键关系时，可以通过数据库关系图删除表之间的外键关系。其操作是进入建立该外键关系的数据库关系图，选中该外键关系连线，然后右击，在出现的快捷菜单中选择“从数据库中删除关系”命令，在出现的对话框中单击“是”按钮即可。

2. 删除数据库关系图

当不再需要数据库关系图时，可以选中“数据库关系图”列表中的某个数据库关系图(如 dbo. Diagram_0)，然后右击，在出现的快捷菜单中选择“删除”命令。

删除某个数据库关系图后，其包含的外键关系仍然保存在数据库中，不会连同该数据库关系图一起被删除。若某数据库关系图被删除了，还需要删除其外键关系，只有进入各表的键列表中(如图 8.19 所示)一个一个地将不需要的外键删除掉。

说明：例 8.3 建立的外键关系可能影响后面示例对 school 数据库的操作，如果有影响，可在该例完成后，将所有的外键关系和数据库关系图一起删除。

8.5　更改表名

在有些情况下需要更改表的名称，被更名的表必须已经存在。使用 SQL Server 管理控制器更改表名十分容易。

【例 8.4】 将数据库 school 中的 abc 表(已创建)更名为 xyz。

解:其操作步骤如下。

① 启动 SQL Server 管理控制器,展开“LCB-PC\SQLEXPRESS”服务器结点。

② 展开“数据库”结点,然后展开“school”,选中“表”,将其展开。

③ 选中表“dbo. abc”,然后右击,在出现的快捷菜单中选择“重命名”命令,如图 8.18 所示。

④ 此时表名称变为可编辑的,直接将其修改成“xyz”即可。

8.6 删除表

有时需要删除表(如要实现新的设计或释放数据库的空间),在删除表时,表的结构定义、数据、全文索引、约束和索引都永久地从数据库中删除,原来存放表及其索引的存储空间可用来存放其他表。

【例 8.5】 删除数据库 school 中的 xyz 表(已创建)。

解:其操作步骤如下。

① 启动 SQL Server 管理控制器,展开“LCB-PC\SQLEXPRESS”服务器结点。

② 展开“数据库”结点,然后展开“school”,选中“表”,将其展开。

③ 选中表“dbo. xyz”,然后右击,在出现的快捷菜单中选择“删除”命令。

④ 此时出现“删除对象”对话框,直接单击“确定”按钮将 xyz 表删除。

8.7 记录的新增和修改

记录的新增和修改与记录的表内容的查看的操作过程是相同的,就是在打开表的内容窗口后,直接输入新的记录或者进行修改。

【例 8.6】 输入 school 数据库中 student、teacher、course 和 score 共 4 个表的相关记录。

解:其操作步骤如下。

① 启动 SQL Server 管理控制器,展开“LCB-PC\SQLEXPRESS”服务器结点。

② 展开“数据库”结点,选中“school”,将其展开,然后选中“表”,将其展开。

③ 选中表“dbo. student”,然后右击,在出现的快捷菜单中选择“编辑前 200 行”命令,如图 8.20 所示。

④ 此时出现 student 数据表编辑对话框,用户可以在其中的各列中直接输入或编辑相应的数据,这里输入 6 个学生记录,如图 8.21 所示。

⑤ 采用同样的方法输入 teacher、course 和 score 表中的数据记录,分别如图 8.22～图 8.24 所示。

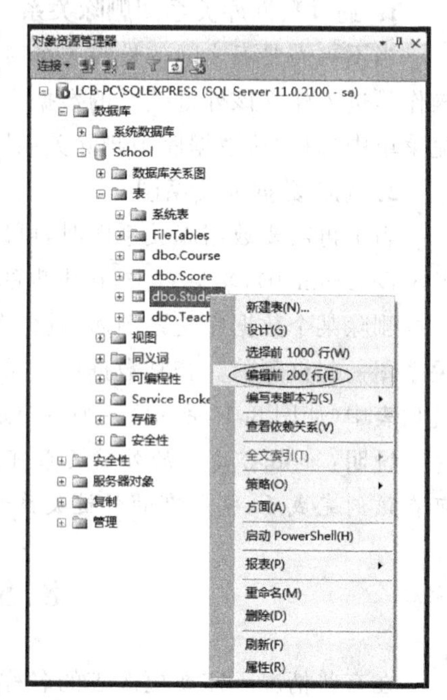

图 8.20 选择“编辑前 200 行”命令

LCB-PC\SQLEXPRE...ol - dbo.Student

学号	姓名	性别	出生日期	班号
101	李军	男	1993-02-20 00:00:00.000	1003
103	陆君	男	1991-06-03 00:00:00.000	1001
105	匡明	男	1992-10-02 00:00:00.000	1001
107	王丽	女	1993-01-23 00:00:00.000	1003
108	曾华	男	1993-09-01 00:00:00.000	1003
109	王芳	女	1992-02-10 00:00:00.000	1001
NULL	NULL	NULL	NULL	NULL

6 /6

图 8.21 student 表的记录

LCB-PC\SQLEXPRE...ol - dbo.Teacher

编号	姓名	性别	出生日期	职称	系名
804	李诚	男	1968-12-02 00:00:00.000	教授	计算机系
825	王萍	女	1982-05-05 00:00:00.000	讲师	计算机系
831	刘冰	男	1987-08-14 00:00:00.000	助教	电子工程系
856	张旭	男	1979-03-12 00:00:00.000	教授	电子工程系
NULL	NULL	NULL	NULL	NULL	NULL

1 /4

图 8.22 teacher 表的记录

LCB-PC\SQLEXPRE...ol - dbo.Course

课程号	课程名	任课教师编号
3-105	计算机导论 ...	825
3-245	操作系统 ...	804
6-166	数字电路 ...	856
8-166	高等数学 ...	NULL
NULL	NULL	NULL

1 /4

图 8.23 course 表的记录

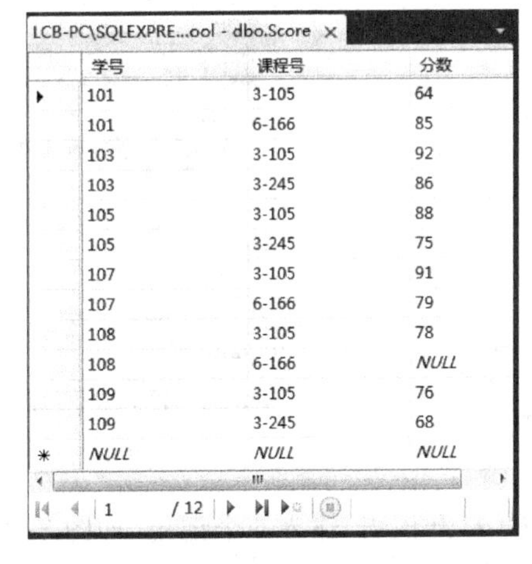

LCB-PC\SQLEXPRE...ool - dbo.Score

学号	课程号	分数
101	3-105	64
101	6-166	85
103	3-105	92
103	3-245	86
105	3-105	88
105	3-245	75
107	3-105	91
107	6-166	79
108	3-105	78
108	6-166	NULL
109	3-105	76
109	3-245	68
NULL	NULL	NULL

1 /12

图 8.24 score 表的记录

注意：在该数据记录编辑对话框中，可以通过选择一个记录，然后右击，在出现的快捷菜单中选择"复制"、"粘贴"和"删除"命令执行相应的记录操作。另外，在新增或修改记录时，随时选择"文件|全部保存"命令保存所进行的改动。

说明：本例中输入的数据作为样本数据，在本书后面的许多例子中会用到。

8.8 表的两种特殊类型的列

本节介绍计算列和标识列两个特殊类型的列。

1. 计算列

计算列由可以使用同一表中的其他列的表达式计算得来。表达式可以是非计算列的列名、常量、函数,也可以是用一个或多个运算符连接的上述元素的任意组合。表达式不能为子查询。

在本书中除非另行指定,否则计算列是未实际存储在表中的虚拟列。每当在查询中引用计算列时,都将重新计算它们的值。数据库引擎在 CREATE TABLE 和 ALTER TABLE 语句中使用 PERSISTED 关键字(持久的)将计算列实际存储在表中。如果计算列的计算更改涉及任何列,将更新计算列的值。

【例 8.7】 在 school 数据库中设计一个含自动计算总分的计算列的表 stud1,并输入记录验证。

解:其操作步骤如下。

① 启动 SQL Server 管理控制器,在 school 数据库中创建 stud1 表,如图 8.25 所示。其中,“总分”列是计算列,其值是由语文、数学、英语和综合 4 门课程累计的。

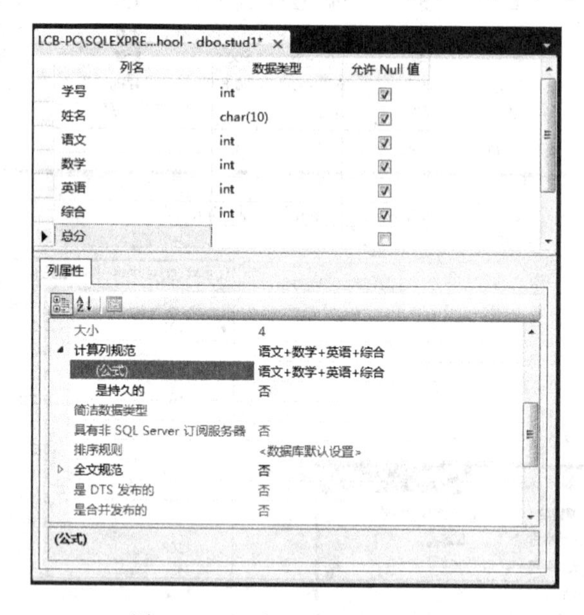

图 8.25　设计 stud1 表的计算列

② 打开该表,输入 6 个记录,如图 8.26 所示,SQL Server 会自动计算出总分,“总分”列呈现浅灰色,不可输入。

LCB-PC\SQLEXPRE...hool - dbo.stud1

学号	姓名	语文	数学	英语	综合	总分
1	王华	80	85	90	152	407
2	陈前	76	80	86	110	352
3	张明	82	70	85	124	361
4	马林	69	78	68	96	311
5	蒋伟	90	92	86	168	436
6	李丽	80	86	95	145	406
NULL	NULL	NULL	NULL	NULL	NULL	NULL

1 /6

图 8.26　计算列的自动计算

2. 标识列

如果一个列包含有规律的数值,可以将其设计成标识列。标识列包含系统生成的连续值,用于唯一标识表中的每一行。因此,标识列不能包含默认值。

在 SQL Server 管理控制器中,将一个列设计成标识列的操作是在"列属性"框中设置以下属性。

- 标识规范:显示此列是否以及如何对其值强制唯一性的相关信息。此属性的值指示此列是否为标识列以及是否与子属性"是标识"的值相同。
- 是标识:指示此列是否为标识列。若要编辑此属性,单击该属性的值,展开下拉列表,然后选择其他值。
- 标识种子:显示在此标识列的创建过程中指定的种子值。此值将赋给表中的第一行。如果将此单元格保留为空白,则默认情况下,会将值 1 赋给该单元格。若要编辑此属性,直接输入新值。
- 标识增量:显示在此标识列的创建过程中指定的增量值。此值是基于"标识种子"依次为每个后续行增加的增量。如果将此单元格保留为空白,则默认情况下,会将值 1 赋给该单元格。若要编辑此属性,直接输入新值。

注意:*若要更改"标识规范"属性显示的值,必须展开该属性,再编辑"是标识"子属性。*

【例 8.8】 在 school 数据库中设计一个含"学号"标识列的表 stud2,并输入记录验证。

解:其操作步骤如下。

① 启动 SQL Server 管理控制器,在 school 数据库中创建 stud2 表,如图 8.27 所示。其中,"学号"列是标识列,它从 100 开始,每次递增 1。

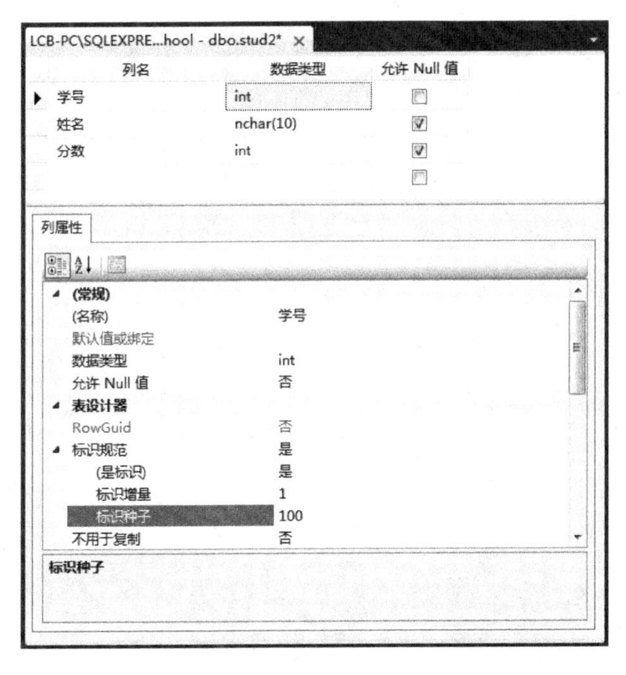

图 8.27 设计 stud2 表的标识列

② 打开该表，输入两个记录，如图8.28所示，可以看到学号是递增的。

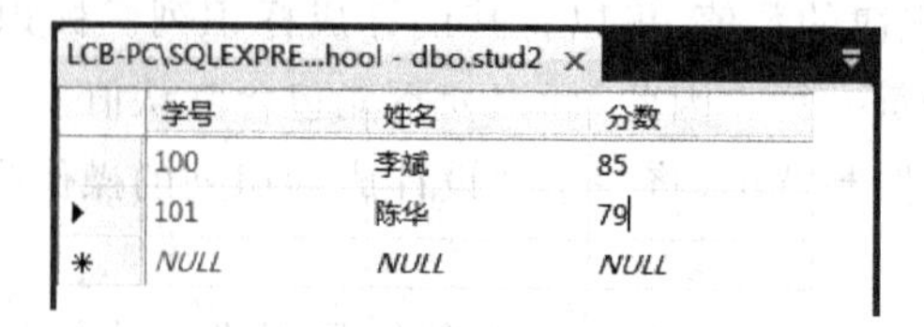

图8.28 标识列的自动计算

练习题8

1. 简述表的定义。
2. 简述列属性的含义。
3. 表关系有哪几种类型?
4. 什么是约束? 为什么需要设计约束?
5. 简述什么是外键约束，并举例说明之。
6. 简述在SQL Server管理控制器中创建和删除数据表的基本步骤。
7. 简述在SQL Server管理控制器中输入表记录的基本步骤。
8. 简述在SQL Server管理控制器中建立数据库关系图的基本步骤。
9. 简述计算列的用途和设计方法。
10. 简述标识列的用途和设计方法。

第 9 章　T-SQL 基础

T-SQL(Transact-SQL 的简写,事务-结构化查询语言)是 SQL Server 提供的一种结构化查询语言,是对 SQL 语言的高效集成与应用,与 SQL Server 通信的所有应用程序都可以通过向服务器发送 T-SQL 语句来实现,而与应用程序的用户界面无关。本章介绍 T-SQL 的 DDL、DML 和 DQL 的基本使用方法。

9.1　T-SQL 语句的执行

在 SQL Server 中,可以使用 SQL Server 管理控制器交互式地执行 T-SQL 语句。SQL Server 管理控制器在执行 T-SQL 语句方面提供以下主要功能:

- 用于输入 T-SQL 语句的自由格式文本编辑器。在 T-SQL 语句中使用不同的颜色,以提高复杂语句的易读性。
- 以网格(单击工具栏中的 按钮,它也是默认的结果显示方式)或自由格式文本(单击工具栏中的 按钮)的形式显示结果。

SQL Server 管理控制器执行 T-SQL 语句的操作步骤如下:

① 启动 SQL Server 管理控制器。

② 在"对象资源管理器"窗口中展开"数据库"列表,单击"school"数据库,在出现的快捷菜单中选择"新建查询"命令,右边会出现一个查询命令编辑窗口,如图 9.1 所示,在其中输入相应的 T-SQL 语句,然后单击工具栏中 ! 执行(X) 的按钮或按 F5 键即可在下方的"结果"窗口中显示相应的执行结果。

SQL 语句的执行机制如图 9.2 所示。其基本步骤如下:

① 分析器扫描 SELECT 语句并将其分成逻辑单元(如关键字、表达式、运算符和标识符)。

② 生成查询树描述将源数据转换成结果集需要的格式所用的逻辑步骤。

③ 查询优化器分析访问源表的不同方法,然后选择返回速度最快且使用资源最少的一系列步骤。更新查询树以确切地记录这些步骤。查询树的最终优化的版本称为"执行计划"。

④ 关系引擎开始执行生成的执行计划。在处理需要表中数据的步骤时,关系引擎请求存储引擎向上传递从关系引擎请求的行集中的数据。

⑤ 关系引擎将存储引擎返回的数据处理成结果集定义的格式,然后将结果集返回客户机。

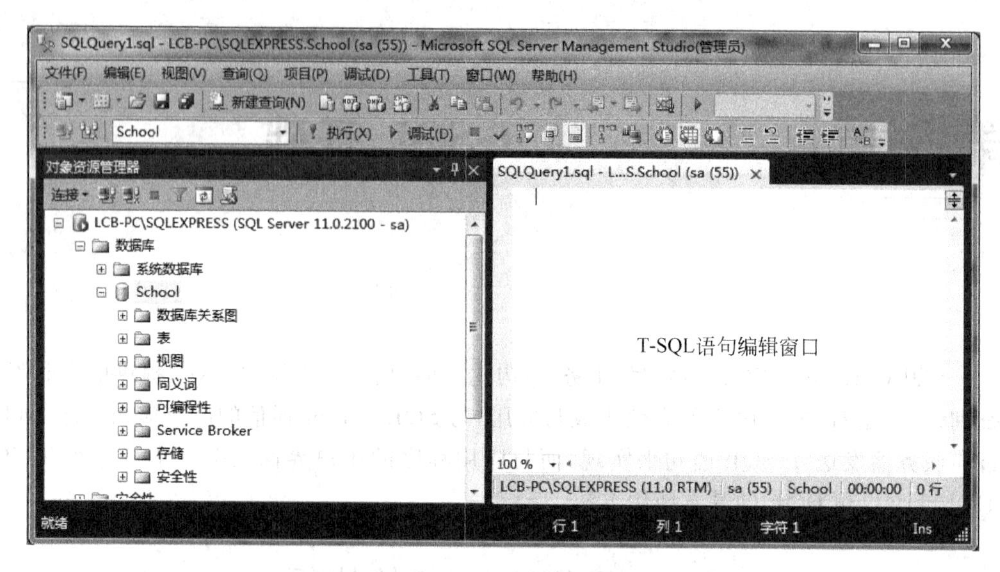

图 9.1 查询命令编辑窗口

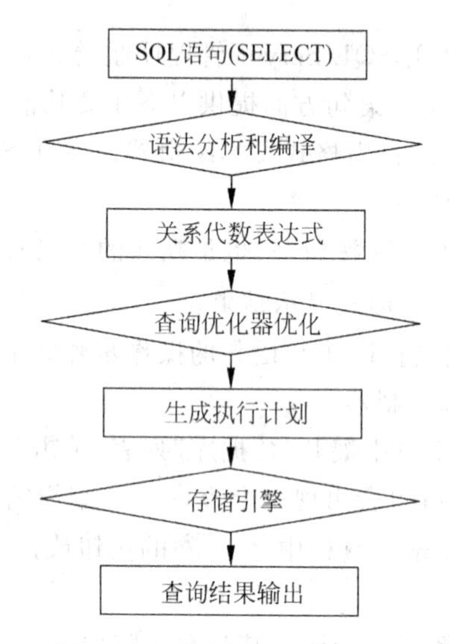

图 9.2 SQL 语句的执行机制

9.2 数据定义语言

数据定义语言(DDL)主要包括一些创建、修改和删除数据库对象的语句。

9.2.1 数据库的操作语句

在第 7 章介绍了使用 SQL Server 管理控制器创建数据库的方法,使用 T-SQL 语句同样可以创建、修改和删除数据库。下面简单介绍有关数据库操作的 T-SQL 语句。

1. 创建数据库

创建数据库可以使用 CREATE DATABASE 语句,该语句简化的语法格式如下:

```
CREATE DATABASE 数据库名
[  [ON [filespec]]
   [LOG ON [filespec]]
]
```

filespec 定义为：

```
( [ NAME = logical_file_name, ]
     FILENAME = 'os_file_name'
      [ , SIZE = size ]
      [ , MAXSIZE = { max_size | UNLIMITED } ]
      [ , FILEGROWTH = growth_increment ] )
```

其中，各参数和子句的说明如下：

- ON 子句显式定义用来存储数据库数据部分的磁盘文件(数据文件)。该关键字后跟以逗号分隔的“filespec”项列表，“filespec”参数用于定义主文件组中的数据文件。
- LOG ON 子句指定显式定义用来存储数据库日志的磁盘文件(日志文件)。该关键字后跟以逗号分隔的“filespec”列表，“filespec”参数用于定义日志文件。如果没有指定 LOG ON，将自动创建一个日志文件。
- FILENAME 子句中的“os_file_name”参数指出操作系统创建“filespec”定义的物理文件时使用的路径名和文件名。
- SIZE 子句中的“size”参数指定“filespec”中定义的文件的大小。如果主文件的“filespec”中没有提供“size”参数，那么 SQL Server 将使用 model 数据库中的主文件大小。
- MAXSIZE 子句中的“max_size”参数指出“filespec”中定义的文件可以增长到的最大大小。如果没有指定“max_size”，那么文件将增长到磁盘变满为止。
- FILEGROWTH 子句中的“growth_increment”参数指出每次需要新的空间时为文件添加的空间大小，指定一个整数，不要包含小数位，0 值表示不增长。如果指定%，则增量大小为发生增长时文件大小的指定百分比。

说明：*在语法格式中，约定[a]表示 a 是可选的，{a}表示 a 是必选的，|表示单选，[…n]表示前面的项可以重复 n 次。*

使用一条 CREATE DATABASE 语句即可创建数据库以及存储该数据库的文件。SQL Server 分两步实现 CREATE DATABASE 语句：

① SQL Server 使用 model 数据库的副本初始化数据库及其元数据。

② SQL Server 使用空页填充数据库的剩余部分，除了包含记录数据库中空间使用情况以外的内部数据页。

如果是仅指定 CREATE DATABASE 数据库名称的语句而不带其他参数，那么数据库的大小将与 model 数据库的大小相等。

【例 9.1】 给出一个 T-SQL 语句，建立一个名称为 test 的数据库。

解：其对应的语句如下。

```
CREATE DATABASE test
```

说明：由若干条 T-SQL 语句组成一个程序，称为脚本，通常以.sql 为扩展名的文件存储。脚本可以直接在查询分析器等工具中输入并执行，也可以保存在文件中，再由查询分析器等工具执行。

执行该语句，若系统提示"命令已成功完成"的消息，表示已成功创建了 test 数据库，如图 9.3 所示。

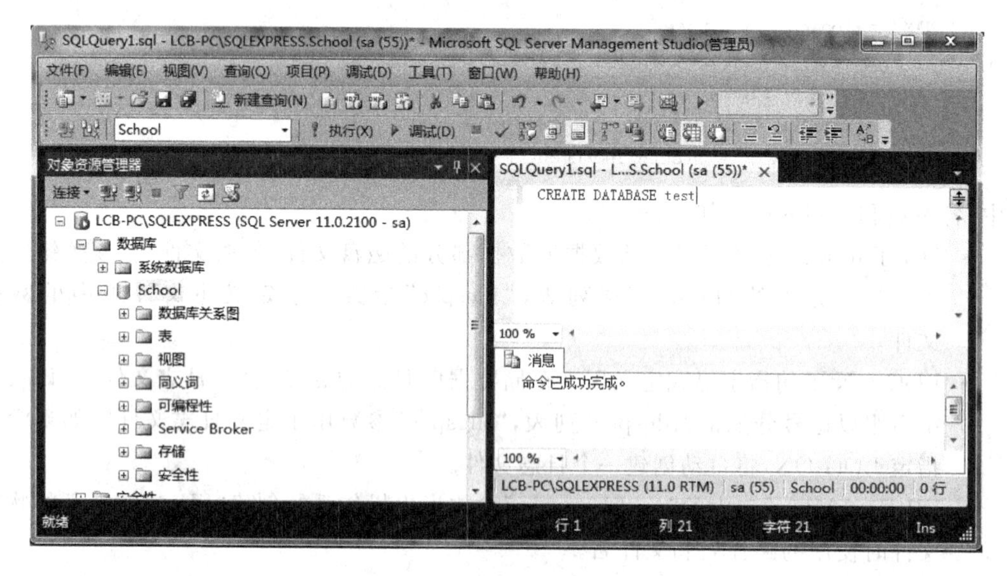

图 9.3 创建 test 数据库

展开 SQL Server 管理控制器左边的"数据库"结点，可以看到新建立的数据库 test。如果看不到，选择"视图"菜单中的"刷新"命令，即可看到新建立的数据库 test。

【例 9.2】 创建一个名称为 test1 的数据库，并设定数据文件为"G:\DB\测试数据 1.MDF"，大小为 10MB、最大为 50MB、每次增长 5MB。事务日志文件为"G:\DB\测试数据 1 日志.MDF"，大小为 10MB、最大为 20MB、每次增长为 5MB。

解：其对应的程序如下。

```
CREATE DATABASE test1
ON (
   NAME = 测试数据 1, FILENAME = 'G:\DB\测试数据 1.MDF',
   SIZE = 10MB, MAXSIZE = 50MB, FILEGROWTH = 5MB
)
LOG ON (
    NAME = 测试数据 1 日志, FILENAME = 'G:\DB\测试数据 1 日志.LDF',
    SIZE = 10MB, MAXSIZE = 20MB, FILEGROWTH = 5MB
)
```

执行该语句，系统提示相应的消息，如图 9.4 所示。

2. 修改数据库

在建立数据库后，用户可根据需要修改数据库的设置。修改数据库可以使用 ALTER DATABASE 语句，该语句简化的语法格式如下：

```
ALTER DATABASE 数据库名
```

```
{ ADD FILE filespec
  | ADD LOG FILE filespec
  | REMOVE FILE logical_file_name
  | MODIFY FILE filespec
  | MODIFY NAME = new_dbname
}
```

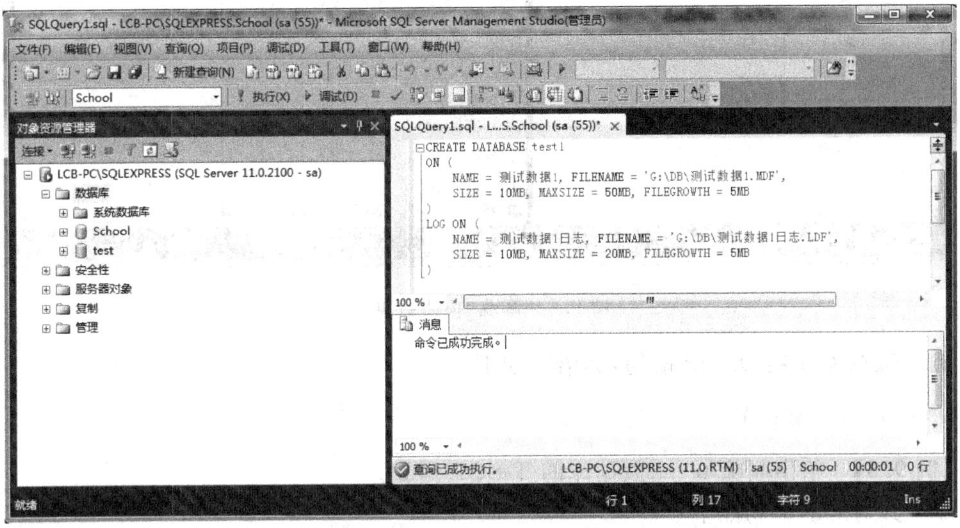

图 9.4　创建 test1 数据库

filespec 定义为：

```
( [ NAME = logical_file_name , ]
   FILENAME = 'os_file_name'
   [ , SIZE = size ]
   [ , MAXSIZE = { max_size | UNLIMITED } ]
   [ , FILEGROWTH = growth_increment ] )
```

其中，各参数和子句的说明如下：

- ADD FILE 子句指定要添加的文件。
- ADD LOG FILE 子句指定要添加的日志文件。
- REMOVE FILE 指出从数据库系统表中删除文件描述并删除物理文件，只有在文件为空时才能删除。
- MODIFY FILE 指定要更改的文件，更改选项有 FILENAME、SIZE、FILEGROWTH 和 MAXSIZE，但一次只能更改这些属性中的一种。
- MODIFY NAME = new_dbname 用于重命名数据库。

例如，为 test1 数据库新增一个逻辑名为“测试数据”的数据文件，其大小及最大值分别为 10MB 和 50MB。输入的 T-SQL 语句和执行结果如图 9.5 所示。

3. 使用和删除数据库

使用数据库使用 USE 语句，其语法如下：

```
USE database 数据库名
```

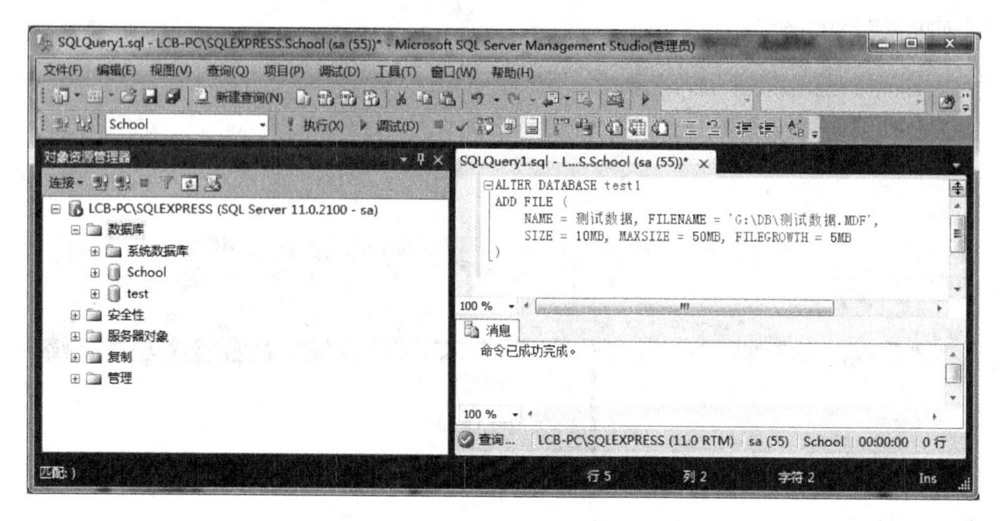

图 9.5 修改 test1 数据库

删除数据库使用 DROP 语句，其语法如下：

```
DROP DATABASE 数据库名
```

【例 9.3】 给出删除 test1 数据库的 T-SQL 语句。

解：其对应的语句如下。

```
DROP DATABASE test1
```

执行结果如图 9.6 所示。

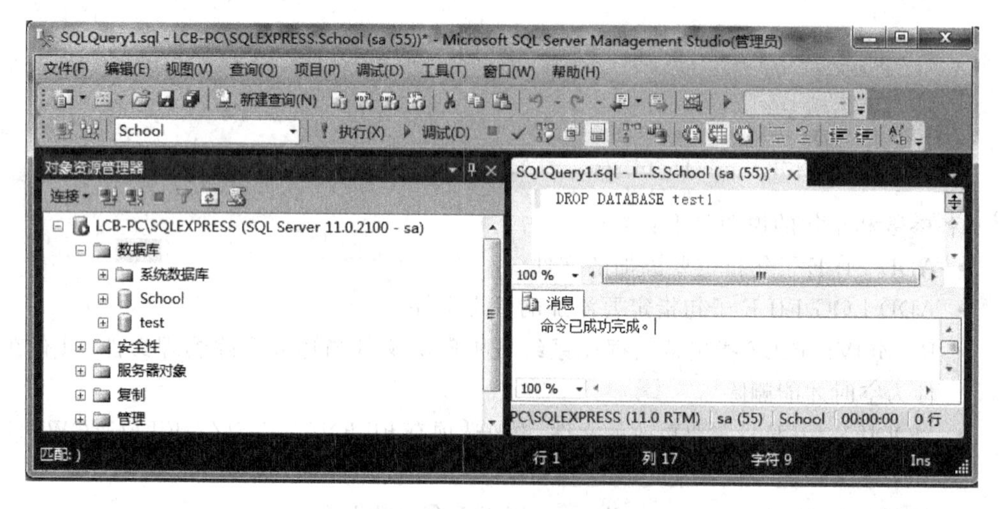

图 9.6 删除 test1 数据库

提示：如果不知道目前的 SQL Server 服务器中包含哪些数据库，可以执行 sp_helpdb 存储过程，使用方式如下。

```
EXEC sp_helpdb
```

如果后面再加上数据库名，则表示查询特定的数据库。其中，EXEC 是执行存储过程或函数的关键字。

9.2.2 表的操作语句

在第 8 章中介绍了使用 SQL Server 管理控制器创建数据表的方法，用户同样可以使用 SQL 语言创建、修改和删除表。

1. 表的创建

使用 CREATE TABLE 语句建立表，其语法如下：

```
CREATE TABLE 表名
(       列名 1 数据类型 [NULL | NOT NULL] [PRIMARY | UNIQUE]
            [FOREIGN KEY [(列名)]] REFERENCES 关联表名称[(关联列名)]
        [列名 2 数据类型 …]
        …
)
```

(1) 基本用法

【例 9.4】 给出以下程序的功能。

```
USE test
CREATE TABLE Emp
(    职工号 int,
     姓名 char(8),
     地址 char(50)
)
```

解：上述程序用于在 test 数据库中创建一个 Emp 表。其中，第 1 行表示使用 test 数据库，创建的 Emp 表中包含 3 个列，即职工号、姓名和地址，数据类型分别为整型、字符型(长度为 8)和字符型(长度为 50)。

提示：*USE 语句只要在第一次使用即可，后续的 T-SQL 语句都是作用在该数据库中。若要使用其他的数据库，才需要再次执行 USE 语句。*

(2) 列属性参数

用户除了可以设置列的数据类型外，还可以利用一些属性参数对列做出限定。例如，将列设置为主键，限制列不能为空等。

常用的属性参数如下：

- NULL 和 NOT NULL 用于限制列可以为 NULL(空)，或者不能为 NULL(空)。
- PRIMARY KEY 用于设置列为主键。
- UNIQUE 指定列具有唯一性。

【例 9.5】 给出以下程序的功能。

```
USE test
CREATE TABLE Dep
(    部门号 int NOT NULL PRIMARY KEY,
     部门名 char(8) NOT NULL,
     部门简介 char(40)
)
```

解：上述程序用于在 test 数据库中建立一个 Dep 表，并指定部门号为主键，而部门名为非空。

(3) 与其他表建立关联

表的列可能关联到其他表的列，这就需要将两个表建立关联。此时，就可以使用以下语法：

```
FOREIGN KEY REFERENCE 关联表名(关联列名)
```

【例 9.6】 给出以下程序的功能。

```
USE test
CREATE TABLE authors
(    作者编号 int NOT NULL PRIMARY KEY,
     作者姓名 char(20),
     作者地址 char(30)
)
CREATE TABLE book
(    图书编号 int NOT NULL PRIMARY KEY,
     书号 char(8) NOT NULL,
     作者编号 int FOREIGN KEY REFERENCES authors(作者编号)
)
```

解：上述程序首先创建一个 authors 表，然后创建 book 表，并将“作者编号”列关联到 authors 表的“作者编号”列。右击 authors 表，在出现的快捷菜单中选择“查看依赖关系”命令，其结果如图 9.7 所示。

提示：在创建 book 表时，由于将 authorid 列关联到了 authors 表，因此 authors 表必须存在，这也是上面首先创建 authors 表的原因。

authors
book

图 9.7　authors 和 book 表的依赖关系

2. 由其他表来创建新表

用户可以使用 SELECT INTO 语句创建一个新表，并用 SELECT 的结果集填充该表。新表的结构由选择列表中表达式的特性定义。其语法如下：

```
SELECT  列名表  INTO  表 1  FROM  表 2
```

该语句的功能是由“表 2”的“列名表”来创建新表“表 1”。

【例 9.7】 给出以下程序的功能。

```
USE school
SELECT 学号,姓名,班号 INTO student1
FROM student
```

解：该程序从 student 表创建 student1 表，它包含 student 表的“学号”、“姓名”和“班号”3 个列和对应的记录。

3. 修改表结构

SQL 语言提供了 ALTER TABLE 语句来修改表的结构。其基本语法如下：

```
ALTER TABLE 表名
  ADD [列名 数据类型]
      [PRIMARY KEY | CONSTRAIN]
```

```
    [FOREIGN KEY (列名) REFERENCES 关联表名(关联列名)]
  DROP [CONSTRAINT] 约束名称 | COLUMN 列名
```

其中,各参数的含义如下:

- ADD 子句用于增加列,后面为属性参数设置。
- DROP 子句用于删除约束或者列。CONSTRAINT 表示删除约束;COLUMN 表示删除列。

【例 9.8】 给出以下程序的功能。

```
USE school
ALTER TABLE student1 ADD 民族 char(10)
```

解:该程序给 school 数据库中的 student1 表增加一个"民族"列,其数据类型为 char、长度为 10。

4. 删除关联和表

使用 SQL 语言要比使用 SQL Server 管理控制器删除表容易得多。删除表的语法如下:

```
DROP  TABLE  表名
```

【例 9.9】 给出删除 school 数据库中 student1 表的程序。

解:其对应的程序如下。

```
USE school
DROP TABLE student1
```

9.3 数据操纵语言

数据操纵语言(DML)主要用于在数据表中插入、修改和删除记录等。

9.3.1 INSERT 语句

INSERT 语句用于向数据表或视图中插入一行数据。其基本格式如下:

```
INSERT [INTO]  表或视图名称[(列名表)] VALUES(数据值)
```

在使用 INSERT 语句插入数据时应注意以下几点:

- 必须用逗号将各个数据项分隔,字符型和日期型数据要用单引号括起来。
- 若 INTO 子句中没有指定列名,则新插入的记录必须在每个列上均有值,且 VALUES 子句中值的排列次序要和表中各列的排列次序一致。
- 将 VALUES 子句中的值按照 INTO 子句中指定列名的次序插入到表中。
- 对于 INTO 子句中没有出现的列,新插入的记录在这些列上取空值。

【例 9.10】 给出向 student 表中插入一个学生记录('200','曾雷','女','1993-2-3','1004')的 T-SQL 程序。

解:其对应的程序如下。

```
USE school                -- 打开数据库 school
INSERT INTO student VALUES('200','曾雷','女','1993 - 2 - 3','1004')
```

9.3.2 UPDATE 语句

UPDATE 语句用于修改数据表或视图中特定记录或列的数据。其基本格式如下：

```
UPDATE 表或视图名
SET 列名 1 = 数据值 1[,…n]
[WHERE 条件]
```

其中，SET 子句给出要修改的列及其修改后的数据值；WHERE 子句指定要修改的行应当满足的条件，当 WHERE 子句省略时，修改表中的所有行。

【例 9.11】 给出将 student 表中上例插入的学生记录的性别修改为“男”的 T-SQL 程序。

解：其对应的程序如下。

```
USE school                  -- 打开数据库 school
UPDATE student
SET 性别 = '男'
WHERE 学号 = '200'
```

9.3.3 DELETE 语句

DELETE 语句用于删除表或视图中的一行或多行记录。其基本格式如下：

```
DELETE 表或视图名[WHERE 条件表达式]
```

其中，WHERE 子句指定要删除的行应当满足的条件表达式，当 WHERE 子句省略时，删除表中的所有行。

【例 9.12】 给出删除学号为“200”的学生记录的 T-SQL 程序。

解：其对应的程序如下。

```
USE school                  -- 打开数据库 school
DELETE student WHERE 学号 = '200'
```

9.4 数据查询语言

数据库存在的意义在于将数据组织在一起，以方便查询。“查询”的含义就是用来描述从数据库中获取数据和操纵数据的过程。

SQL 语言中最主要、最核心的部分是它的查询功能。数据查询语言(DQL)用来对已经存在于数据库中的数据按照特定的组合、条件表达式或者一定的次序进行检索。其基本格式是由 SELECT 子句、FROM 子句和 WHERE 子句组成的 SQL 查询语句：

```
SELECT 列名表
FROM 表或视图名
WHERE 查询限定条件
```

也就是说，SELECT 指定了要查看的列(列)，FROM 指定这些数据来自哪里(表或者视图)，WHERE 则指定了要查询哪些行(记录)。

提示：在 SQL 语言中，SELECT 子句除了进行查询外，其他的很多功能也离不开 SELECT 子句，例如，创建视图是利用查询语句来完成的；插入数据时，在很多情况下是从另外一个表或者多个表中选择符合条件的数据。所以，掌握查询语句是掌握 SQL 语言的关键。

一般的 SELECT 语句的用法如下：

```
SELECT [DISTINCT] 列名表
FROM 表或视图名
[WHERE 查询限定条件]
[GROUP BY 分组表达式]
[HAVING 分组条件]
[ORDER BY 次序表达式 [ASC|DESC]]
```

其中，带有方括号的子句均是可选子句。其执行次序如下：

① 源(表或视图)

② WHERE

③ GROUP BY

④ HAVING

⑤ SELECT

⑥ DISTINCT

⑦ ORDER BY

下面以前面两章建立的 school 数据库为例来介绍各个子句的使用。先在对象资源管理器的数据库列表中选择“school”数据库，然后在 T-SQL 语句的编辑窗口中输入相应的 SELECT 语句。

9.4.1 投影查询

使用 SELECT 语句可以选择查询表中的任意列，其中，“列表名”指出要检索的列的名称，可以为一个或多个列。当为多个列时，中间要用“,”分隔。FROM 子句指出从什么表中提取数据，如果从多个表中取数据，每个表的表名都要写出，表名之间用“,”分隔。

【例 9.13】 给出功能为“查询 student 表中所有记录的姓名、性别和班号列”的程序及其执行结果。

解：其对应的程序如下。

```
SELECT 姓名,性别,班号 FROM student
```

上述语句的功能是先打开 school 数据库，然后从 student 表中选择所有记录的姓名、性别和班号列数据并显示在输出窗口中。本例的执行结果如图 9.8 所示。

结果 消息

	姓名	性别	班号
1	李军	男	1003
2	陆君	男	1001
3	匡明	男	1001
4	王丽	女	1003
5	曾华	男	1003
6	王芳	女	1001

图 9.8 程序执行结果

如果要去掉重复的显示行，可以在列名前加上“DISTINCT”关键字来说明。

【例 9.14】 给出功能为“查询教师所有的单位(即不重复的单位)列”的程序及其执行结果。

解：其对应的程序如下。

```
SELECT DISTINCT 系名 FROM teacher
```

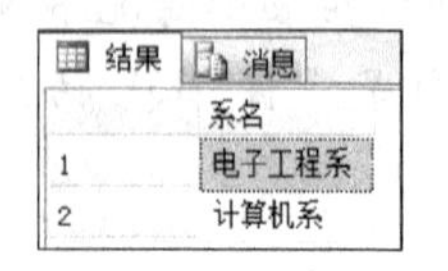

	系名
1	电子工程系
2	计算机系

图 9.9 程序执行结果

本例的执行结果如图 9.9 所示。

当显示查询结果时，选择列通常是以原表中的列名作为标题显示。这些列名在建表时，出于节省空间的考虑通常较短，含义也模糊。为了改变查询结果中显示的标题，可以在列名后使用“AS 标题名”(其中 AS 可以省略)，在显示时便以该标题名来显示。

注意：AS 子句中的标题名可以用双引号或单引号括起来，如果不加任何引号，则当成是查询结果集的列名。

【例 9.15】 给出功能为“查询 student 表的所有记录，用 AS 子句显示相应的列名”的程序及其执行结果。

解：其对应的程序如下。

```
SELECT 学号 AS 'SNO',姓名 AS 'SNAME',
  性别 AS 'SSEX',出生日期 AS 'SBIRTHDAY',
  班号 AS 'SCLASS'
FROM student
```

本例的执行结果如图 9.10 所示。

	SNO	SNAME	SSEX	SBIRTHDAY	SCLASS
1	101	李军	男	1993-02-20 00:00:00.000	1003
2	103	陆君	男	1991-06-03 00:00:00.000	1001
3	105	匡明	男	1992-10-02 00:00:00.000	1001
4	107	王丽	女	1993-01-23 00:00:00.000	1003
5	108	曾华	男	1993-09-01 00:00:00.000	1003
6	109	王芳	女	1992-02-10 00:00:00.000	1001

图 9.10 程序执行结果

说明：通常，在 T-SQL 语句中使用 AS 子句的目的是将各列名以更明确的文字显示。

9.4.2 选择查询

选择查询就是指定查询条件，只从表中提取或显示满足该查询条件的记录。为了选择表中满足查询条件的某些行，可以使用 SQL 命令中的 WHERE 子句。WHERE 子句的查询条件是一个逻辑表达式，它是由多个关系表达式通过逻辑运算符(AND、OR、NOT)连接而成的。

【例 9.16】 给出功能为“查询 score 表中成绩在 60～80 之间的所有记录”的程序及其执行结果。

解：其对应的程序如下。

```
SELECT *
FROM score
WHERE 分数 BETWEEN 60 AND 80
```

BETWEEN m AND n 表示在指定的范围 m～n 内。本例的执行结果如图 9.11 所示。

	学号	课程号	分数
1	101	3-105	64
2	105	3-245	75
3	107	6-166	79
4	108	3-105	78
5	109	3-105	76
6	109	3-245	68

图 9.11 程序执行结果

9.4.3 排序查询结果

通过在 SELECT 语句中加入 ORDER BY 子句来控制选择行的显示顺序。ORDER BY 子句可以按升序(默认或 ASC)、降序(DESC)排列各行，也可以按多个列来排序。也就是说，ORDER BY 子句用于对查询结果进行排序。

注意：ORDER BY 子句必须是 SQL 命令中的最后一个子句(除指定目的的子句外)。

【例 9.17】 给出功能为“以班号降序显示 student 表中的所有记录”的程序及其执行结果。

解：其对应的程序如下。

```
SELECT * FROM student
ORDER BY 班号 DESC
```

该语句先执行“SELECT * FROM student”选择出 student 表中的所有记录，然后按班号递减排序后输出。其执行结果如图 9.12 所示。

	学号	姓名	性别	出生日期	班号
1	101	李军	男	1993-02-20 00:00:00.000	1003
2	107	王丽	女	1993-01-23 00:00:00.000	1003
3	108	曾华	男	1993-09-01 00:00:00.000	1003
4	109	王芳	女	1992-02-10 00:00:00.000	1001
5	103	陆君	男	1991-06-03 00:00:00.000	1001
6	105	匡明	男	1992-10-02 00:00:00.000	1001

图 9.12　程序执行结果

【例 9.18】 给出功能为“以课程号升序、分数降序显示 score 表中的所有记录”的程序及其执行结果。

解：其对应的程序如下。

```
SELECT * FROM score
ORDER BY 课程号,分数 DESC
```

本例的执行结果如图 9.13 所示。

当输出的记录太多时，可以通过 OFFSET-FETCH 子句从结果集中仅提取某个范围或某一页的结果。OFFSET 指定在从查询表达式中开始返回行之前，FETCH 指定在处理 OFFSET 子句后将返回的行数。OFFSET-FETCH 子句只能和 ORDER BY 子句一起使用。

	学号	课程号	分数
1	103	3-105	92
2	107	3-105	91
3	105	3-105	88
4	108	3-105	78
5	109	3-105	76
6	101	3-105	64
7	103	3-245	86
8	105	3-245	75
9	109	3-245	68
10	101	6-166	85
11	107	6-166	79
12	108	6-166	NULL

图 9.13　程序执行结果

	学号	课程号	分数
1	105	3-105	88
2	108	3-105	78
3	109	3-105	76
4	101	3-105	64

图 9.14　程序执行结果

【例 9.19】 给出以下程序的执行结果。

```
SELECT * FROM score
ORDER BY 课程号,分数 DESC
OFFSET 2 ROWS FETCH NEXT 4 ROWS ONLY
```

解：该程序输出 score 表中分数为第 2 名到第 5 名的成绩记录，执行结果如图 9.14 所示。

9.4.4 使用聚合函数

1. 聚合函数的基本用法

聚合函数实现数据统计等功能，用于对一组值进行计算并返回一个单一的值，除

COUNT 函数外，聚合函数忽略空值。聚合函数常与 SELECT 语句的 GROUP BY 子句一起使用。常用的聚合函数如表 9.1 所示。

表 9.1　常用的聚合函数

函　数　名	功　　能
AVG	计算一个数值型表达式的平均值
COUNT	计算指定表达式中选择的项数，COUNT(*)统计查询输出的行数
MIN	计算指定表达式中的最小值
MAX	计算指定表达式中的最大值
SUM	计算指定表达式中的数值总和
STDEV	计算指定表达式中所有数据的标准差
STDEVP	计算总体标准差

聚合函数参数的一般格式如下：

```
[ALL|DISTINCT] expr
```

其中，ALL 表示对所有值进行聚合函数运算，它是默认值；DISTINCT 指定每个唯一值都被考虑；expr 指定进行聚合函数运算的表达式。

【例 9.20】 给出功能为"查询'1003'班的学生人数"的程序及其执行结果。

解：其对应的程序如下。

```
SELECT COUNT( * ) AS '1003 班人数'
FROM student
WHERE 班号 = '1003'
```

本例的执行结果如图 9.15 所示。

【例 9.21】 给出功能为"至少选修一门课程的人数"的程序及其执行结果。

解：其对应的程序如下。

```
SELECT COUNT(DISTINCT 学号) AS '至少选修一门课程的人数'
FROM score
```

本例的执行结果如图 9.16 所示。

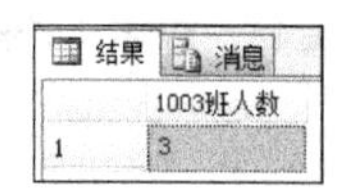

图 9.15　程序执行结果

图 9.16　程序执行结果

上述例子中使用了聚合函数，通常一个聚合函数的范围是满足 WHERE 子句指定的条件的所有记录。在加上 GROUP BY 子句后，SQL 命令把查询结果按指定列分成集合组。当一个聚合函数和一个 GROUP BY 子句一起使用时，聚合函数的范围变成每组的所有记录。换句话说，一个结果是由组成一组的每个记录集合产生的。

使用 HAVING 子句可以对这些组进一步加以控制，用这一子句定义这些组必须满足的条件，以便将其包含在结果中。

当 WHERE 子句、GROUP BY 子句和 HAVING 子句同时出现在一个查询中时，SQL

的执行顺序如下：

① 执行 WHERE 子句，从表中选取行。

② 由 GROUP BY 对选取的行进行分组。

③ 执行聚合函数。

④ 执行 HAVING 子句选取满足条件的分组。

【例 9.22】 给出功能为“查询 score 表中的各门课程的最高分”的程序及其执行结果。

解：其对应的程序如下。

```
SELECT 课程号, MAX(分数) AS '最高分'
FROM score
GROUP BY 课程号
```

其执行过程是先对 score 表中的所有记录按课程号分成若干组，再计算出每组中的最高分。本例的执行结果如图 9.17 所示。

【例 9.23】 给出功能为“查询 score 表中至少有 5 名学生选修的并以 3 开头的课程号的平均分数”的程序及其执行结果。

解：其对应的程序如下。

```
SELECT 课程号,AVG(分数) AS '平均分' FROM score
WHERE 课程号 LIKE '3%'
GROUP BY 课程号
HAVING COUNT(*)>5
```

本例的执行结果如图 9.18 所示。

结果 | 消息

	课程号	最高分
1	3-105	92
2	3-245	86
3	6-166	85

图 9.17 程序执行结果

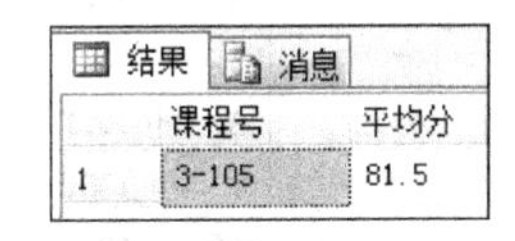

结果 | 消息

	课程号	平均分
1	3-105	81.5

图 9.18 程序执行结果

2. GROUP BY 子句

GROUP BY 子句用来为结果集中的每一行产生聚合值。如果聚合函数没有使用 GROUP BY 子句，则只为 SELECT 语句报告一个聚合值。在指定 GROUP BY 时，选择列表中任一非聚合表达式内的所有列都应包含在 GROUP BY 列表中，或者 GROUP BY 表达式必须与选择列表表达式完全匹配。

GROUP BY 子句的基本语法格式如下：

```
[GROUP BY [ALL]分组表达式[,…n]
  [WITH {CUBE | ROLLUP }]]
```

其中，各参数的含义如下。

- ALL：包含所有组和结果集，甚至包含那些任何行都不满足 WHERE 子句指定的搜索条件的组和结果集。如果指定了 ALL，将对组中不满足搜索条件的汇总列返回空值。注意，不能对 CUBE 或 ROLLUP 运算符指定 ALL。

- CUBE：指定在结果集内不仅包含由 GROUP BY 提供的正常行，还包含汇总行。在结果集内返回每个可能的组和子组组合的 GROUP BY 汇总行。GROUP BY 汇总行在结果中显示为 NULL，但可用来表示所有值。使用 GROUPING 函数确定结果集内的空值是否为 GROUP BY 汇总值。
- ROLLUP：指定在结果集内不仅包含由 GROUP BY 提供的正常行，还包含汇总行。按层次结构顺序从组内的最低级别到最高级别汇总组。组的层次结构取决于指定分组列时所使用的顺序，更改分组列的顺序会影响在结果集内生成的行数。

注意：在使用 CUBE 或 ROLLUP 时，不支持区分聚合，如 AVG(DISTINCT column_name)、COUNT(DISTINCT column_name)和 SUM(DISTINCT column_name)。如果使用这类聚合函数，SQL Server 将返回错误信息并取消查询。

【例 9.24】 给出以下程序的执行结果。

```
SELECT student.班号,course.课程名,AVG(score.分数) AS '平均分'
FROM student,course,score
WHERE student.学号 = score.学号 AND course.课程号 = score.课程号
GROUP BY student.班号,course.课程名 WITH CUBE
ORDER BY student.班号
```

解：该程序在 GROUP BY 子句上增加了 CUBE，执行结果如图 9.19 所示。

结果 | 消息

	班号	课程名	平均分
1	NULL	操作系统	76.3333333333333
2	NULL	计算机导论	81.5
3	NULL	数字电路	82
4	NULL	NULL	80.1818181818182
5	1001	NULL	80.8333333333333
6	1001	计算机导论	85.3333333333333
7	1001	操作系统	76.3333333333333
8	1003	计算机导论	77.6666666666667
9	1003	数字电路	82
10	1003	NULL	79.4

图 9.19　程序执行结果

在本例的结果中，没有 NULL 的行表示指定班、指定课程的平均分，而班号为 NULL 的行表示所有班指定课程的平均分。例如以下行表示所有班“操作系统”课程的平均分为 76.3333333333333：

```
NULL        操作系统          76.3333333333333
```

而课程为 NULL 的行表示指定班所有课程的平均分，例如以下行表示“1033”班所有课程的平均分为 79.4：

```
1033        NULL          79.4
```

班号和课程号均为 NULL 的行表示所有班的全部课程的平均分。

若带 ROLLUP 参数，则会依据 GROUP BY 后面所列的第一个列做汇总运算。

【例 9.25】 给出以下程序的执行结果。

```
SELECT student.班号,AVG(score.分数) AS '平均分'
FROM student,course,score
WHERE student.学号 = score.学号
GROUP BY student.班号 WITH ROLLUP
ORDER BY student.班号
```

解:该程序检索各班的平均分和所有的平均分,执行结果如图 9.20 所示,从中可以看到所有的平均分为 80.18。

3. HAVING 子句

在 SELECT 查询中,在给定分组 GROUP BY 子句后,可以通过在 HAVING 子句中使用聚合函数进行分组条件判断。

【例 9.26】 给出功能为"查询最低分大于 70、最高分小于 90 的学号列"的程序及其执行结果。

解:其对应的程序如下。

```
SELECT 学号 FROM score
GROUP BY 学号
HAVING MIN(分数)> 70 and MAX(分数)< 90
```

本例的执行结果如图 9.21 所示,其求解过程如图 9.22 所示。

结果 | 消息

	班号	平均分
1	NULL	80.1818181818182
2	1001	80.8333333333333
3	1003	79.4

图 9.20 程序执行结果

结果 | 消息

	学号
1	105
2	108

图 9.21 程序执行结果

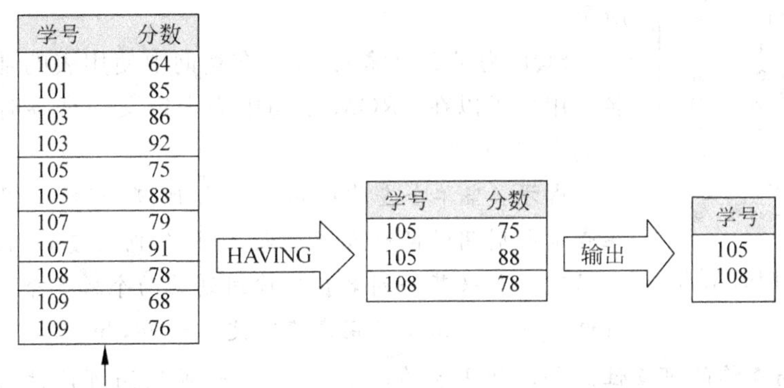

图 9.22 SELECT 查询的求解过程

9.4.5 连接查询

1. 简单连接查询

在数据查询中,经常涉及提取两个或多个表的数据,这就需要使用表的连接来实现若干表数据的联合查询。

在一个查询中，当需要对两个或多个表连接时，可以指定连接列。在 WHERE 子句中给出连接条件，在 FROM 子句中指定要连接的表，其格式如下：

```
SELECT 列名 1,列名 2,…
FROM 表 1,表 2,…
WHERE 连接条件
```

对于连接的多个表通常存在公共列，为了区别是哪个表中的列，在连接条件中通过表名前缀指定连接列。例如，“teacher. 编号”表示 teacher 表的“编号”列，“student. 学号”表示 student 表的“学号”列，由此来区别连接列所在的表。

下面介绍等值连接、非等值连接和自连接等简单连接类型。

(1) 等值连接

所谓等值连接，是指表之间通过“等于”关系连接起来，产生一个连接临时表，然后对该临时表进行处理后生成最终结果。

【例 9.27】 给出功能为“查询所有学生的姓名、课程号和分数列”的程序及其执行结果。

解： 其对应的程序如下。

```
SELECT student.姓名,score.课程号,score.分数
FROM student,score
WHERE student.学号 = score.学号
```

结果 | 消息

	姓名	课程号	分数
1	李军	3-105	64
2	李军	6-166	85
3	陆君	3-105	92
4	陆君	3-245	86
5	匡明	3-105	88
6	匡明	3-245	75
7	王丽	3-105	91
8	王丽	6-166	79
9	曾华	3-105	78
10	曾华	6-166	NULL
11	王芳	3-105	76
12	王芳	3-245	68

图 9.23 程序执行结果

该 SELECT 语句属于等值连接方式，先按照“student. 学号＝score. 学号”连接条件将 student 和 score 两个表连接起来，产生一个临时表，再从中挑选出 student. 姓名、score. 课程号和 score. 分数 3 个列的数据并输出。本例的执行结果如图 9.23 所示。

SQL 为了简化输入，允许在查询中使用表的别名，以缩写表名。用户可以在 FROM 子句中为表定义一个临时别名，然后在查询中引用。

提示： 当单个查询引用多个表时，所有列引用都必须明确。在查询所引用的两个或多个表之间，任何重复的列名都必须用表名限定。如果某个列名在查询用到的两个或多个表中不重复，则对这一列的引用不必用表名限定。但是，如果所有的列都用表名限定，则能提高查询的可读性。如果使用表的别名，则会进一步提高可读性，特别是在表名自身必须由数据库和所有者名称限定时。

【例 9.28】 给出功能为“查询‘1003’班所选课程的平均分”的程序及其执行结果。

解： 其对应的程序如下。

```
SELECT y.课程号,avg(y.分数) AS '平均分'
FROM student x,score y
WHERE x.学号 = y.学号 and x.班号 = '1003'
GROUP BY y.课程号
```

该 SELECT 语句采用等值连接方式，本例的执行结果如图 9.24 所示。

(2) 非等值连接

所谓非等值连接，是指表之间的连接关系不是“等于”，而是其他关系，通过指定的非等值关系将两个表连接起来产生一个连接临时表，然后对该临时表进行处理后生成最终结果。

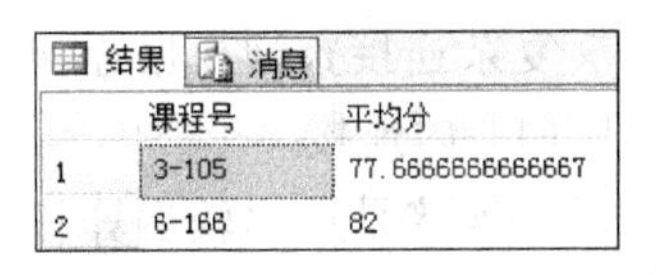

	课程号	平均分
1	3-105	77.6666666666667
2	6-166	82

图 9.24　程序执行结果

【例 9.29】 假设使用以下命令在 school 数据库中建立了一个名为 grade 的表(分数在 low 和 upp 之间对应的等级为 rank)：

```
CREATE TABLE grade(low int,upp int,rank char(1))
INSERT INTO grade VALUES(90,100,'A')
INSERT INTO grade VALUES(80,89,'B')
INSERT INTO grade VALUES(70,79,'C')
INSERT INTO grade VALUES(60,69,'D')
INSERT INTO grade VALUES(0,59,'E')
```

给出功能为“查询所有学生的学号、课程号和 rank 列(显示为“等级”)”的程序及其执行结果。

解：其对应的程序如下。

```
SELECT 学号,课程号,rank AS '等级'
FROM score,grade
WHERE 分数 BETWEEN low AND upp
ORDER BY rank
```

该语句中使用 BETWEEN…AND 条件式，即条件的范围不是等值比较，而是限定在一个范围内，其中 WHERE 子句等价为“WHERE 分数>=low AND 分数<=upp”，属于非等值连接方式。本例的执行结果如图 9.25 所示。

	学号	课程号	等级
1	103	3-105	A
2	107	3-105	A
3	101	6-166	B
4	103	3-245	B
5	105	3-105	B
6	105	3-245	C
7	107	6-166	C
8	108	3-105	C
9	109	3-105	C
10	101	3-105	D
11	109	3-245	D

图 9.25　程序执行结果

(3) 自连接

在数据查询中有时需要将同一个表进行连接，这种连接称为自连接，进行自连接如同一个分开的表，可以把一个表的某行与同一表中的另一行连接起来。

【例 9.30】 给出功能为“查询选学‘3-105’课程的成绩高于‘109’号学生成绩的所有学生记录，并按成绩从高到低排列”的程序及其执行结果。

解：其对应的程序如下。

```
SELECT x.课程号,x.学号,x.分数
FROM score x,score y
WHERE x.课程号 = '3 - 105' AND x.分数> y.分数
     AND y.学号 = '109' AND y.课程号 = '3 - 105'
ORDER BY x.分数 DESC
```

在该 SELECT 语句中，score 表进行自连接，分别使用 x 和 y 作为别名，执行结果如图 9.26 所示。

	课程号	学号	分数
1	3-105	103	92
2	3-105	107	91
3	3-105	105	88
4	3-105	108	78

图 9.26　程序执行结果

2. 复杂连接查询

在 SELECT 的 FROM 子句中指定连接条件，有助于将这些连接条件与 WHERE 子句中可能指定的其他搜索条件分开，其连接语法如下：

```
FROM  第一个表名  连接类型  第二个表名  [ON (连接条件)]
```

复杂连接查询根据连接条件分为内连接、外连接和交叉连接等类型。

(1) 内连接

内连接是用比较运算符比较要连接列的值的连接。内连接使用 INNER JOIN 关键词。

【例 9.31】 给出以下程序的执行结果。

```
SELECT course.课程名,teacher.姓名
FROM course INNER JOIN teacher ON (course.任课教师编号 = teacher.编号)
```

该 SELECT 语句采用内连接输出所有课程的任课教师姓名,执行结果如图 9.27 所示。内连接操作是查找两个表满足连接条件的交集,如图 9.28 所示,图中阴影部分表示 course 和 teacher 表的查询所获取的行。

结果 | 消息

	课程名	姓名
1	计算机导论	王萍
2	操作系统	李诚
3	数字电路	张旭

图 9.27 程序执行结果

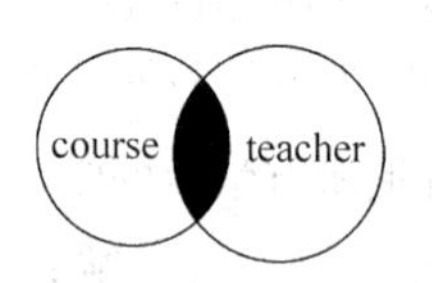

图 9.28 内连接操作示意图

(2) 外连接

当且仅当至少有一个同属于两表的行符合连接条件时,内连接才返回行。内连接消除与另一个表中的任何行不匹配的行,而外连接会返回 FROM 子句中提到的至少一个表或视图的所有行,只要这些行符合任何 WHERE 或 HAVING 搜索条件,将检索通过左外连接引用的左表的所有行,以及通过右外连接引用的右表的所有行。全外连接中两个表的所有行都将返回。

SQL Server 对在 FROM 子句中指定的外连接使用以下关键字:

- LEFT OUTER JOIN 或 LEFT JOIN(左外连接)
- RIGHT OUTER JOIN 或 RIGHT JOIN(右外连接)
- FULL OUTER JOIN 或 FULL JOIN(全外连接)

① 左外连接:左外连接简称为左连接,其结果包括第一个命名表("左"表,出现在 JOIN 子句的最左边)中的所有行,不包括右表中的不匹配行。

【例 9.32】 给出以下程序的执行结果。

```
SELECT course.课程名,teacher.姓名
FROM course LEFT JOIN teacher ON (course.任课教师编号 = teacher.编号)
```

解:该程序采用左连接输出所有课程的任课教师,执行结果如图 9.29 所示。通过左连接可以查询哪门课程没有任课教师,在上述结果中,指出高等数学课程没有任课教师。图 9.30 说明了左外连接的情况。

结果 | 消息

	课程名	姓名
1	计算机导论	王萍
2	操作系统	李诚
3	数字电路	张旭
4	高等数学	NULL

图 9.29 程序执行结果

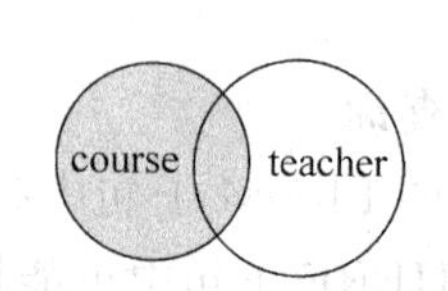

图 9.30 左外连接示意图

② 右外连接：右外连接简称为右连接，其结果中包括第二个命名表（“右”表，出现在JOIN子句的最右边）中的所有行，不包括左表中的不匹配行。

【例 9.33】 给出以下程序的执行结果。

```
SELECT course.课程名,teacher.姓名
FROM course RIGHT JOIN teacher ON (course.任课教师编号 = teacher.编号)
```

解：该程序将上例中的左连接改为右连接，执行结果如图9.31所示。通过右连接可以查询哪个教师没有带课，在上述结果中，指出刘冰老师没有带课。图9.32说明了右外连接的情况。

结果 | 消息

	课程名	姓名
1	操作系统	李诚
2	计算机导论	王萍
3	NULL	刘冰
4	数字电路	张旭

图 9.31 程序执行结果

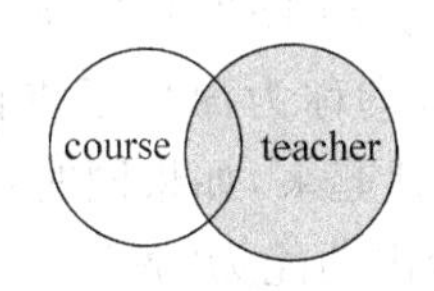

图 9.32 右外连接示意图

③ 全外连接：若要通过在连接结果中包括不匹配的行保留不匹配信息，可以使用全外连接。SQL Server提供全外连接运算符FULL OUTER JOIN，不管另一个表中是否有匹配的值，此运算符都包括两个表中的所有行。

【例 9.34】 给出以下程序的执行结果。

```
SELECT course.课程名,teacher.姓名
FROM course FULL JOIN teacher ON (course.任课教师编号 = teacher.编号)
```

解：该程序将上例中的右连接改为全外连接，执行结果如图9.33所示。从中可以看到，它包含了左、右连接的结果。

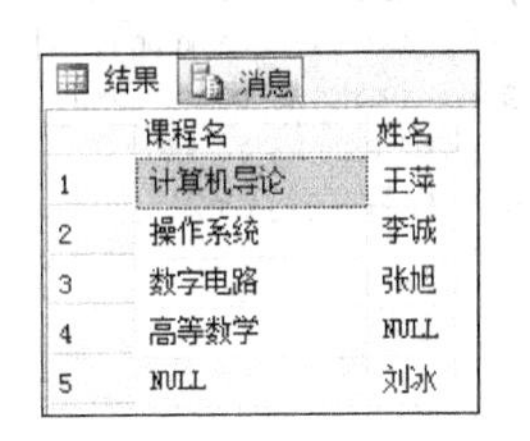
结果 | 消息

	课程名	姓名
1	计算机导论	王萍
2	操作系统	李诚
3	数字电路	张旭
4	高等数学	NULL
5	NULL	刘冰

图 9.33 程序执行结果

(3) 交叉连接

在交叉连接的结果集内，两个表中每两个可能成对的行占一行。交叉连接不使用WHERE子句，在数学上，就是表的笛卡儿积。第一个表的行数乘以第二个表的行数等于笛卡儿积结果集的大小。

【例 9.35】 给出以下程序的执行结果。

```
SELECT course.课程名,teacher.姓名
FROM course CROSS JOIN teacher
```

解：该程序使用交叉连接产生课程和教师所有可能的组合，执行结果如图9.34所示。从中可以看到，course和teacher各有4个记录，结果输出4×4共16个记录。

提示：交叉连接产生的结果集一般是没有意义的，但在数据库的数学模式上有着重要的作用。

结果 | 消息

	课程名	姓名
1	计算机导论	李诚
2	操作系统	李诚
3	数字电路	李诚
4	高等数学	李诚
5	计算机导论	王萍
6	操作系统	王萍
7	数字电路	王萍
8	高等数学	王萍
9	计算机导论	刘冰
10	操作系统	刘冰
11	数字电路	刘冰
12	高等数学	刘冰
13	计算机导论	张旭
14	操作系统	张旭
15	数字电路	张旭
16	高等数学	张旭

图 9.34 程序执行结果

9.4.6 子查询

1. 简单子查询

当一个查询是另一个查询的条件时，称为子查询。子查询可

以使用几个简单命令构造功能强大的复合命令。子查询可以嵌套。嵌套查询首先执行内部查询,它查询出来的数据并不被显示出来,而是传递给外层语句(也称主查询),并作为外层语句的查询条件来使用。

嵌套在外部 SELECT 语句中的子查询包括以下组件:

- 包含标准选择列表组件的标准 SELECT 查询。
- 包含一个或多个表或者视图名的标准 FROM 子句。
- 可选的 WHERE 子句。
- 可选的 GROUP BY 子句。
- 可选的 HAVING 子句。

子查询主要用于 SELECT 命令的 WHERE 子句中,通过简单关系运算符(如=、<=、>=等)连接的子查询称为简单子查询,这类子查询一般返回一个值。子查询的 SELECT 查询总是用圆括号括起来,如果同时指定 TOP 子句,则可能只包括 ORDER BY 子句。

【例 9.36】 给出功能为"查询与学号为'101'的学生同年出生的所有学生的学号、姓名和出生日期列"的程序及其执行结果。

解:其对应的程序如下。

```
SELECT 学号,姓名,出生日期 FROM student
WHERE year(出生日期) =
    (SELECT year(出生日期)
     FROM student
     WHERE 学号 = '101')
```

结果 消息

	学号	姓名	出生日期
1	101	李军	1993-02-20 00:00:00.000
2	107	王丽	1993-01-23 00:00:00.000
3	108	曾华	1993-09-01 00:00:00.000

图 9.35 程序执行结果

本例的执行结果如图 9.35 所示。实际上,本例的执行过程是先执行以下子查询:

```
SELECT year(出生日期) FROM student WHERE 学号 = '101'
```

其返回的结果为 1993,再执行主查询:

```
SELECT 学号,姓名,出生日期 FROM student
WHERE year(出生日期) = 1993
```

这样得到本例的结果。

【例 9.37】 给出功能为"查询分数高于平均分的所有学生的成绩记录"的程序及其执行结果。

解:其对应的程序如下。

```
SELECT 学号,课程号,分数
FROM score
WHERE 分数>
    (SELECT AVG(分数)
    FROM score)
```

本例的执行结果如图 9.36 所示。

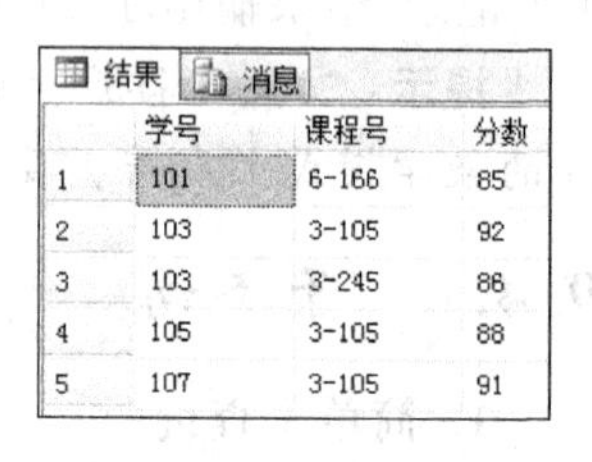

结果 消息

	学号	课程号	分数
1	101	6-166	85
2	103	3-105	92
3	103	3-245	86
4	105	3-105	88
5	107	3-105	91

图 9.36 程序执行结果

2. 相关子查询

在前面的例子中,子查询都仅执行一次,并将得到的值代入外部查询的 WHERE 子句中进行计算,这样的子查询称为非相关子查询，非相关子查询是独立于外部查询的子查询。在有些查询中，子查询依靠外部查询获得值，这意味着子查询是重复执行的，对外部查询可能选择的每一行均执行一次，这样的子查询称为相关子查询(也称为重复子查询)。

例如，要输出其成绩比该课程平均成绩高的成绩表，其主查询为：

```
USE school
SELECT 学号,课程号,分数 FROM score
WHERE 分数 >(待选学生所修课程的平均分)
```

该子查询为：

```
SELECT AVG(分数) FROM score
WHERE 课程号 = (主查询待选行的课程号)
```

这样，主查询在判断每个待选行时必须“唤醒”子查询，告诉它该学生选修的课程号，并由子查询计算课程的平均成绩，然后将该学生的分数与平均成绩进行比较，找出相应的符合条件的行，这种子查询就是相关子查询。

【例 9.38】 给出功能为“查询成绩比该课程平均成绩低的学生成绩表”的程序及其执行结果。

解：其对应的程序如下。

```
USE school
SELECT 学号,课程号,分数
FROM score a
WHERE 分数<
    (SELECT AVG(分数)
     FROM score b
     WHERE a.课程号 = b.课程号)
```

本例的执行结果如图 9.37 所示。

	学号	课程号	分数
1	101	3-105	64
2	108	3-105	78
3	109	3-105	76
4	109	3-245	68
5	105	3-245	75
6	107	6-166	79

图 9.37 程序执行结果

理解上述相关子查询的关键是别名，它出现在主查询“FROM score a”和子查询“FROM score b”中。这样同一个表相当于两个表，当在子查询中使用“a.课程号”时，它访问待选行的课程号，这时是一个常量，从而在 b 别名表中找出该常量课程的平均分。

上例中相关子查询和主查询都操作同一个表，在实际操作过程中，可能是不同的表。由于相关子查询的执行过程很费时，因此最好不要频繁地使用。

3. 复杂子查询

如果一个子查询返回的值不止一个，将其称为复杂子查询。复杂子查询主要有以下 3 种常用类型。

- 使用 IN 或 NOT IN 引入子查询：其基本格式为“WHERE 表达式[NOT] IN (子查询)”。
- 使用 ANY 或 ALL：其基本格式为“WHERE 表达式　比较运算符[ANY | ALL] (子查询)”。其中，ANY 表示任意一个，ALL 表示所有的。

- 使用 EXISTS 引入存在测试：其基本格式为“WHERE [NOT] EXISTS（子查询）”。

(1) 使用 IN 或 NOT IN

通过 IN(或 NOT IN)引入的子查询的返回结果是一个集合，该集合可以为空也可以含有多个值。子查询返回结果之后，外部查询将利用这些结果。

【例 9.39】 给出以下程序的执行结果。

```
SELECT student.学号,student.姓名 FROM student
WHERE student.学号 IN
    (SELECT score.学号 FROM score
    WHERE score.课程号 = '6 - 166')
```

解：该程序查询选修“6-166”课程号的学生的学号和姓名，执行结果如图 9.38 所示。

如果要查询没有选修“6-166”课程号的学生的学号和姓名，则可以使用 NOT IN：

```
USE school
SELECT student.学号,student.姓名 FROM student
WHERE student.学号 NOT IN
    (SELECT score.学号 FROM score
    WHERE score.课程号 = '6 - 166')
```

执行结果如图 9.39 所示。

结果 | 消息

	学号	姓名
1	101	李军
2	107	王丽
3	108	曾华

图 9.38 程序执行结果

结果 | 消息

	学号	姓名
1	103	陆君
2	105	匡明
3	109	王芳

图 9.39 程序执行结果

提示：使用连接与使用子查询处理该问题及类似问题的一个不同之处在于，使用连接可以在结果中显示多个表中的列，而使用子查询不可以。

(2) 使用 ANY 或 ALL

ANY 或 ALL 通常与关系运算符连用，这时的子查询的返回结果是一个集合，例如“> ANY(子查询)”表示大于该集合中任意一个值时为真，而“> ALL(子查询)”表示大于该集合中所有值时为真。

【例 9.40】 给出功能为“查询课程号为‘3-105’的学生的课程号、学号和分数，只输出分数至少高于课程号为‘3-245’的学生分数之一的记录，并要求按分数从高到低的次序排列”的程序及其执行结果。

解：求选修课程号为‘3-245’的学生分数的语句如下。

```
SELECT 分数 FROM score
WHERE 课程号 = '3 - 245'
```

其返回的结果是一个分数集合(86,75,68)，本例对应的程序如下：

```
SELECT 课程号,学号,分数
FROM score
```

```
WHERE 课程号 = '3 - 105' AND 分数 > ANY
        (SELECT 分数 FROM score
         WHERE 课程号 = '3 - 245')
ORDER BY 分数 DESC
```

	课程号	学号	分数
1	3-105	103	92
2	3-105	107	91
3	3-105	105	88
4	3-105	108	78
5	3-105	109	76

图 9.40　程序执行结果

其执行结果如图 9.40 所示。ANY 相当于取子查询返回集合中所有值的最小值，在已知子查询返回集合为(86,75,68)时，上面的程序等价于：

```
SELECT 课程号,学号,分数
FROM score
WHERE 课程号 = '3 - 105' AND 分数 > 68
ORDER BY 分数 DESC
```

【例 9.41】　给出功能为"查询课程号为'3-105'的学生的课程号、学号和分数，只输出分数高于课程号为'3-245'的所有学生分数的记录，并要求按分数从高到低的次序排列"的程序及其执行结果。

解：将上例中的 ANY 改为 ALL 即可，本例对应的程序如下。

```
SELECT 课程号,学号,分数
FROM score
WHERE 课程号 = '3 - 105' AND 分数 > ALL
        (SELECT 分数 FROM score
         WHERE 课程号 = '3 - 245')
ORDER BY 分数 DESC
```

其执行结果如图 9.41 所示。ALL 相当于取子查询返回集合中所有值的最大值，在已知子查询返回集合为(86,75,68)时，上面的程序等价于：

```
SELECT 课程号,学号,分数
FROM score
WHERE 课程号 = '3 - 105' AND 分数 > 86
ORDER BY 分数 DESC
```

	课程号	学号	分数
1	3-105	103	92
2	3-105	107	91
3	3-105	105	88

图 9.41　程序执行结果

(3) 使用 EXISTS 的子查询

EXISTS 后紧跟一个 SQL 子查询，从而构成一个条件，当该子查询至少存在一个返回值时，这个条件为真，否则为假。NOT EXISTS 与之相反，当该子查询至少存在一个返回值时，这个条件为假，否则为真。

注意：使用 EXISTS 引入的子查询在以下几个方面与其他子查询略有不同。

- EXISTS 关键字前面没有列名、常量或其他表达式。
- 由 EXISTS 引入的子查询的选择列表通常是由星号(*)组成。由于只是测试是否存在符合子查询中指定条件的行，所以可以不给出列名。

【例 9.42】　给出功能为"查询所有任课教师的姓名和所在系名"的程序及其执行结果。

解：其对应的程序如下。

```
SELECT 姓名,系名
FROM teacher WHERE EXISTS
    (SELECT *
      FROM course WHERE teacher.编号 = course.任课教师编号)
```


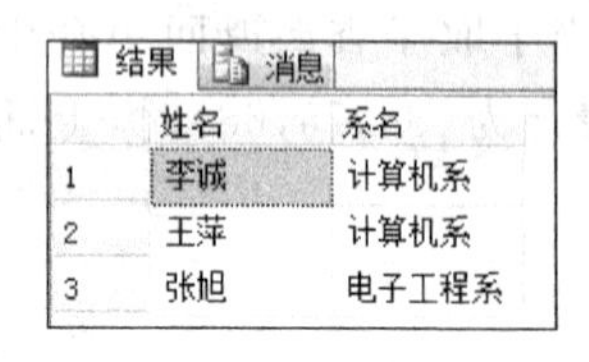

结果 消息

	姓名	系名
1	李诚	计算机系
2	王萍	计算机系
3	张旭	电子工程系

图 9.42　程序执行结果

本例的执行结果如图 9.42 所示，其中有一个相关子查询，执行过程是从头到尾扫描 teacher 表的行，对于每个行，执行子查询，此时，teacher.tno 是一个常量，子查询是在 course 表中查找任课教师编号等于该常量的行，如果存在这样的行，EXISTS 子句便返回真，主查询输出 teacher 表中的当前行；如果子查询未找到这样的行，EXISTS 子句返回假，主查询不输出 teacher 表中的当前行。

【例 9.43】 给出功能为"查询所有未讲课的教师的姓名和所在系名"的程序及其执行结果。

解：只需将上例的 EXISTS 改为 NOT EXISTS 即可，本例对应的程序如下。

```
SELECT 姓名,系名
FROM teacher WHERE NOT EXISTS
    (SELECT *
      FROM course WHERE teacher.编号 = course.任课教师编号)
```

该程序的执行结果如图 9.43 所示。本例的执行过程与上例基本相同，只是将 EXISTS 子句的结果取反，若子查询找到了这样的行，WHERE 条件为假；若子查询未找到这样的行，WHERE 条件为真，所以查询结果与上例正好相反。

结果 消息

	姓名	系名
1	刘冰	电子工程系

图 9.43　程序执行结果

4. 多层嵌套

子查询可以嵌套在外部 SELECT、INSERT、UPDATE 或 DELETE 语句的 WHERE 或 HAVING 子句内或者其他子查询中。尽管根据可用内存和查询中其他表达式的复杂程度不同，嵌套限制也有所不同，但一般均可以嵌套到 32 层。

【例 9.44】 给出以下程序的执行结果。

```
SELECT 姓名,班号
FROM student
WHERE 学号 =
     (SELECT 学号
      FROM score
      WHERE 分数 =
          (SELECT MAX(分数)
           FROM score)
     )
```

解：该程序使用多层嵌套子查询来查询最高分的学生的姓名及班号。多层嵌套子查询从里向外计算，先求出最高分，再求出最高分的学号，最后求出相应的姓名和班号，执行结果如图 9.44 所示。

结果 消息

	姓名	班号
1	陆君	1001

图 9.44　程序执行结果

5. 查询结果的并

T-SQL 命令还提供了 UNION 子句，它可以将多个 SELECT

命令连接起来生成单个 SQL 无法做到的结果集合。

【例 9.45】 给出功能为"查询所有'女'教师和'女'学生的姓名、性别和出生日期"的程序及其执行结果。

解：其对应的程序如下。

```
SELECT 姓名,性别,出生日期
FROM teacher WHERE 性别 = '女'
UNION
SELECT 姓名,性别,出生日期
FROM student WHERE 性别 = '女'
```

	姓名	性别	出生日期
1	王芳	女	1992-02-10 00:00:00.000
2	王丽	女	1993-01-23 00:00:00.000
3	王萍	女	1982-05-05 00:00:00.000

图 9.45 程序执行结果

本例的执行结果如图 9.45 所示。

6. 数据来源是一个查询的结果

在查询语句中，FROM 指定数据来源，它可以是一个或多个表。实际上，由 FROM 指定的数据来源也可以是一个 SELECT 查询的结果。

【例 9.46】 给出以下程序的执行结果。

```
SELECT 课程号,avgs AS '平均分'
FROM (SELECT 课程号,AVG(分数) avgs
      FROM score
      GROUP BY 课程号) T
ORDER BY avgs DESC
```

解：在该程序中，FROM 指定的数据来源是一个 SELECT 查询的结果，该查询求出所有课程的平均分，整个查询再从中以递减方式输出所有课程名和平均分。执行结果如图 9.46 所示。

【例 9.47】 给出以下程序的执行结果。

```
SELECT 班号,学号,姓名,MAX(分数) 最分数
FROM (SELECT s.学号,s.姓名,s.班号,c.课程名,sc.分数
       FROM student s,course c,score sc
       WHERE s.学号 = sc.学号 AND c.课程号 = sc.课程号 AND 分数 IS NOT NULL) T
GROUP BY 班号,学号,姓名
ORDER BY 班号,学号
```

解：在该程序中，FROM 指定的数据来源是求出所有具有分数的学生学号、姓名、班号、课程名和分数，整个查询再对该结果以班号和学号分组，每组求出最高分(其功能就是求出每个学生的最高分分数)。执行结果如图 9.47 所示。

	课程号	平均分
1	6-166	82
2	3-105	81.5
3	3-245	76.3333333333333

图 9.46 程序执行结果

	班号	学号	姓名	最分数
1	1001	103	陆君	92
2	1001	105	匡明	88
3	1001	109	王芳	76
4	1003	101	李军	85
5	1003	107	王丽	91
6	1003	108	曾华	78

图 9.47 程序执行结果

9.4.7 空值及其处理

1. 什么是空值

空值从技术上来说就是“未知的值”。空值并不包括零、一个或者多个空格组成的字符串，以及零长度的字符串。

在实际应用中，空值说明还没有向数据库中输入相应的数据，或者某个特定的记录行不需要使用该列。在实际的操作中有下列几种情况可以使一列成为 NULL：

- 其值未知。
- 其值不存在。
- 列对表行不可用。

2. 检测空值

因为空值是代表未知的值，所以并不是所有的空值都相等。例如 student 表中有两个学生的出生日期未知，但无法证明这两个学生的年龄相等，这样就不能用“=”运算符来检测空值。所以 T-SQL 引入了一个特殊的操作符——IS 来检侧特殊值之间的等价性。检测空值的语法如下：

```
WHERE 表达式 IS NULL
```

检测非空值的语法如下：

```
WHERE 表达式 IS NOT NULL
```

【例 9.48】 给出功能为“查询所有未参加考试的学生的成绩记录”的程序及其执行结果。

解：其对应的程序如下。

```
USE school
SELECT * FROM score
WHERE 分数 IS NULL
```

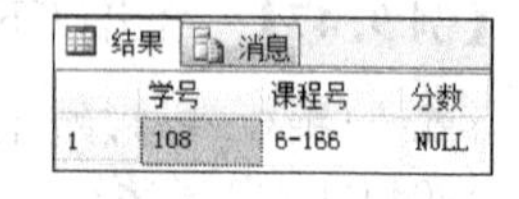

图 9.48 程序执行结果

其执行结果如图 9.48 所示。

3. 处理空值

为了将空值转换为一个有效的值，以便于对数据理解，或者防止表达式出错，SQL Server 专门提供了 ISNULL 函数将空值转换为有效的值，其使用语法格式如下：

```
ISNULL(check_expr,repl_value)
```

其中，check_expr 是指被检查是否为 NULL 的表达式，可以是任何数据类型；repl_value 是在 check_expr 为 NULL 时用其值替换 NULL 值，需要和 check_expr 具有相同的类型。

【例 9.49】 给出功能为“查询所有学生的成绩记录，并将空值作为 0 处理”的程序及其执行结果。

解：其对应的程序如下。

```
USE school
SELECT 学号,课程号,ISNULL(分数,0) AS '分数'
FROM score
```

其中，如果分数不为空，ISNULL 函数将会返回原值，只有分数为 NULL 值时，ISNULL 函数才会对其进行处理，用数值 0 替代。其执行结果如图 9.49 所示。

	学号	课程号	分数
1	101	3-105	64
2	101	6-166	85
3	103	3-105	92
4	103	3-245	86
5	105	3-105	88
6	105	3-245	75
7	107	3-105	91
8	107	6-166	79
9	108	3-105	78
10	108	6-166	0
11	109	3-105	76
12	109	3-245	68

图 9.49　程序执行结果

*9.5　关系数据库系统的查询优化

关系完备系统是指支持关系数据结构和所有关系代数操作的系统。SQL Server 就是一种关系完备系统，它支持查询优化。本节介绍关系数据库系统的一般查询优化原理。

1. 关系代数表达式中的查询优化

关系系统中为什么需要查询优化呢？因为同一查询语句可能有多种不同的执行方式，而不同执行方式的执行效率可能不同，所以需要查询优化。

关系系统的查询优化既是关系数据库管理系统实现的关键技术，又是关系系统的优点，用户只要提出“干什么”，不必指出“怎么干”。

在关系代数表达式中需要指出若干关系的操作步骤，问题是怎样做才能保证省时、省空间、效率高？这就是查询优化的问题。

需要注意的是，在关系代数运算中，笛卡儿积和连接运算最费时间和空间，究竟应采用什么样的策略才能节省时间和空间？这就是优化的准则。

例如，以下 SELECT 语句用于查询‘1001’班、分数高于 80 的学生学号、姓名、课程号和分数：

```
USE school
SELECT student.学号,student.姓名,score.课程号,score.分数
FROM student,score
WHERE student.学号 = score.学号 AND student.班号 = '1001' AND score.分数>80
```

在执行该 SELECT 语句时，如果首先执行“student.学号＝score.学号”的连接运算，所花时间为 6×12＝72(student 表中有 6 个记录，score 表中有 12 个记录，结果为 72 个记录)，再执行“student.班号＝'1001'”条件选择所花时间为 72(结果为 6 个记录)，最后执行“score.分数＞80”条件选择所花时间为 6(结果为 3 个记录)。总时间为 72＋72＋6＝150。

另一个执行方式是：首先执行“student.班号＝'1001'”条件选择所花时间为 6(结果为 3 个记录)，再执行“score.分数＞80”所花时间为 12(结果为 6 个记录)，最后执行“student.

学号＝score.学号”的连接运算，所花时间为 3×6＝18(结果为 3 个记录)。总时间为 6＋12＋18＝36。

显然，后一个执行方式的效率要高很多。

2. 优化的准则

查询优化的准则主要如下：

- 尽可能先执行选择操作。
- 把笛卡儿积和随后的选择操作合并成连接运算。
- 同时计算一连串的选择和投影操作。
- 公共子表达式的值只计算一次。
- 在执行连接前适当对关系进行排序或建立索引。

3. 关系代数表达式的等价变换规则

优化的策略结构涉及关系代数表达式，所以讨论关系代数表达式的等价变换规则十分重要，常用的等价变换规则有以下 10 种($E_1 \equiv E_2$ 表示 E_1 与 E_2 等价)。

(1) 连接、笛卡儿积交换律

设 E_1 和 E_2 是关系代数表达式，F 是连接运算的条件，则有：

$$E_1 \times E_2 \equiv E_2 \times E_1$$

$$E_1 \bowtie E_2 \equiv E_2 \bowtie E_1$$

$$E_1 \underset{F}{\bowtie} E_2 \equiv E_2 \underset{F}{\bowtie} E_1$$

(2) 连接、笛卡儿积结合律

设 E_1、E_2、E_3 是关系代数表达式，F 是连接运算的条件，则有：

$$(E_1 \times E_2) \times E_3 \equiv E_1 \times (E_2 \times E_3)$$

$$(E_1 \bowtie E_2) \bowtie E_3 \equiv E_1 \bowtie (E_2 \bowtie E_3)$$

$$(E_1 \underset{F}{\bowtie} E_2) \underset{F}{\bowtie} E_3 \equiv E_1 \underset{F}{\bowtie} (E_2 \underset{F}{\bowtie} E_3)$$

(3) 投影的串接定律

设 E 是关系代数表达式，$A_1,\cdots,A_n$ 和 $B_1,\cdots,B_m$ 是属性名，且$\{A_1,\cdots,A_n\}$是$\{B_1,\cdots,B_m\}$的子集，则有：

$$\Pi_{A_1,\cdots,A_n}(\Pi_{B_1,\cdots,B_m}(E)) \equiv \Pi_{A_1,\cdots,A_n}(E)$$

(4) 选择的串接定律

设 E 是关系代数表达式，F_1、F_2是选取条件表达式，选择的串接定律说明选择条件可以合并，则有：

$$\sigma_{F_1}(\sigma_{F_2}(E)) \equiv \sigma_{F_1 \wedge F_2}(E)$$

(5) 选择与投影的交换律

设 E 是关系代数表达式，F 是选取条件表达式，并且只涉及 $A_1,\cdots,A_n$属性，则有：

$$\sigma_F(\Pi_{A_1,\cdots,A_n}(E)) \equiv \Pi_{A_1,\cdots,A_n}(\sigma_F(E))$$

若 F 中有不属于 $A_1,\cdots,A_n$的属性 $B_1,\cdots,B_m$，那么有更一般的规则：

$$\Pi_{A_1,\cdots,A_n}(\sigma_F(E)) \equiv \Pi_{A_1,\cdots,A_n}(\sigma_F(\Pi_{A_1,\cdots,A_n,B_1,\cdots,B_m}(E)))$$

该规则可将投影分裂为两个，使得其中的一个可能被移到树的叶端。

(6) 选择与笛卡儿积的交换律

若 F 涉及的都是 E_1中的属性，则有：

$$\sigma_F(E_1 \times E_2) \equiv \sigma_F(E_1) \times E_2$$

如果 $F=F_1 \wedge F_2$，并且 F_1 只涉及 E_1 中的属性，F_2 只涉及 E_2 中的属性，则有：

$$\sigma_F(E_1 \times E_2) \equiv \sigma_{F_1}(E_1) \times \sigma_{F_2}(E_2)$$

(7) 选择与并的交换律

设 $E=E_1 \cup E_2$，E_1、E_2 有相同的属性，则有：

$$\sigma_F(E_1 \cup E_2) \equiv \sigma_{F_1}(E_1) \cup \sigma_{F_2}(E_2)$$

(8) 选择与差的交换律

设 E_1、E_2 有相同的属性，则有：

$$\sigma_F(E_1 - E_2) \equiv \sigma_F(E_1) - \sigma_F(E_2)$$

(9) 投影与笛卡儿积的交换律

设 E_1、E_2 是两个关系表达式，$A_1,\cdots,A_n$ 是 E_1 中的属性，$B_1,\cdots,B_m$ 是 E_2 中的属性，则有：

$$\Pi_{A_1,\cdots,A_n,B_1,\cdots,B_m}(E_1 \times E_2) \equiv \Pi_{A_1,\cdots,A_n}(E_1) \times \Pi_{B_1,\cdots,B_m}(E_2)$$

(10) 投影与并的交换律

设 E_1、E_2 有相同的属性，则有：

$$\Pi_{A_1,\cdots,A_n}(E_1 \cup E_2) \equiv \Pi_{A_1,\cdots,A_n}(E_1) \cup \Pi_{A_1,\cdots,A_n}(E_2)$$

4. 查询优化的算法

算法：关系代数表达式的优化。

输入：一个关系代数表达式的语法树。

输出：计算该表达式的程序。

方法：其步骤如下。

① 利用规则(4)把 $\sigma_{F_1 \wedge F_2 \wedge \cdots \wedge F_n}(E)$ 变换为：

$$\sigma_{F_1}(\sigma_{F_2}(\cdots(\sigma_{F_n}(E))\cdots))$$

② 对每一个选择，利用规则(4)～(8)尽可能将它移到树的叶端。

③ 对每一个投影，利用规则(3)、(5)、(9)、(10)中的一般形式尽可能将它移到树的叶端。

④ 利用规则(3)～(5)将选择和投影的串接合并成单个选择、单个投影或一个选择后跟一个投影，使多个选择或投影能同时进行，或在一次扫描中全部完成。

⑤ 将上述得到的语法树的内结点分组，每一双目运算(×、⋈、∪、－)和它所有的直接祖先为一组(这些直接祖先是 σ、Π 运算)。如果其后代直到叶子全部是单目运算，则将它并入该组。

⑥ 生成一个程序，每组结点的计算是程序中的一步。各步的顺序是任意的，只要保证任何一组的计算不会在它的后代组之前计算即可。

5. 优化的一般步骤

优化的一般步骤如下：

① 把查询转换成语法树。语法树有多种形式，如关系代数语法树。

② 把语法树转换成标准(优化)形式。优化器将应用等价转换规则反复地对查询表达式进行尝试性转换，将原始的语法树转换成优化的形式。

③ 选择低层的存取路径。根据数据字典中的存取路径、数据的存储分布以及聚簇情况

等信息选择具体的执行算法，进一步改善查询效率，这一步称为物理优化。

④ 生成由一系列内部操作组成的查询执行方案，选择代价最小的策略。

【例 9.50】 给出以下 SQL 语句的优化语法树。

```
USE school
SELECT DISTINCT 课程名
FROM student S, course C, score SC
WHERE S.学号 = SC.学号 AND C.课程号 = SC.课程号 AND S.班号 = '1001'
```

解：该查询语句对应的关系代数表示如下。

$\Pi_{课程名}(\sigma_{班号='1001' AND\ C.课程号=SC.课程号\ AND\ S.学号=SC.学号}(S \bowtie C \bowtie SC))$

① 利用变换规则(4)转换为：

$\Pi_{课程名}(\sigma_{班号='1001'}(\sigma_{C.课程号=SC.课程号}(\sigma_{S.学号=SC.学号}(S \bowtie SC) \bowtie C)))$

对应的关系代数语法树如图 9.50 所示。

② 尽可能将选择移到树的叶端。

③ 尽可能将投影移到树的叶端，得到优化后的语法树如图 9.51 所示。

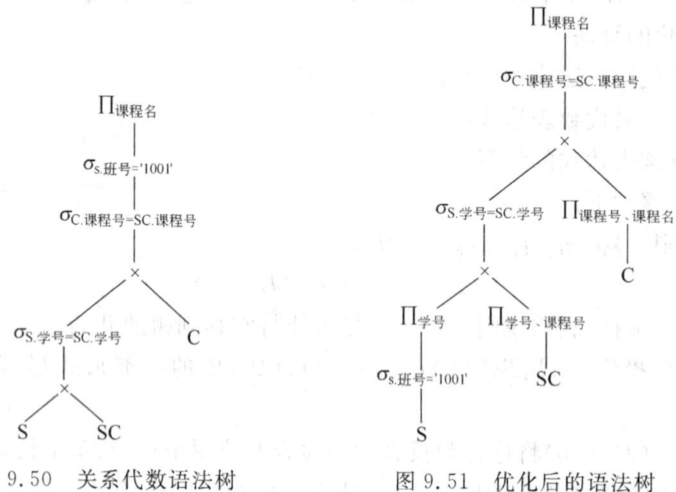

图 9.50 关系代数语法树　　　图 9.51 优化后的语法树

练 习 题 9

1. 从功能上划分，T-SQL 语言分为哪 4 类？

2. NULL 代表什么含义？将其与其他值进行比较会产生什么结果？如果数值型列中存在 NULL，会产生什么结果？

3. 使用 T-SQL 语句向表中插入数据应注意什么？

4. 在 SELECT 语句中 DISTINCT、ORDER BY、GROUP BY 和 HAVING 子句的功能各是什么？

5. 在一个 SELECT 语句中，当 WHERE 子句、GROUP BY 子句和 HAVING 子句同时出现在一个查询中时，T-SQL 的执行顺序如何？

6. 进行连接查询时应注意什么?

7. 什么是子查询?

8. 内连接、外连接有什么区别?

9. 外连接分别左外连接、右外连接和全外连接,它们有什么区别?

10. 自连接在执行时有什么特点?

11. 简述优化的准则。

12. 给出以下 T-SQL 语句的输出结果:

```
SELECT student.姓名,course.课程名,score.分数
FROM student,course,score
WHERE student.学号 = score.学号 AND course.课程号 = score.课程号
ORDER BY student.学号,course.课程号
```

13. 给出以下 T-SQL 语句的输出结果:

```
SELECT course.课程名,AVG(score.分数) AS '平均分'
FROM course,score
WHERE course.课程号 = score.课程号 AND score.分数 IS NOT NULL
GROUP BY course.课程名
```

14. 给出以下 T-SQL 语句的输出结果:

```
USE school
SELECT course.课程名,AVG(score.分数) AS '平均分'
FROM course,score
WHERE course.课程号 = score.课程号 AND score.分数 IS NOT NULL
GROUP BY course.课程名
HAVING AVG(score.分数)> 80
```

15. 给出以下 T-SQL 语句的输出结果:

```
USE school
SELECT student.学号,student.姓名,AVG(score.分数)
FROM student,score
WHERE student.学号 = score.学号 AND score.分数 IS NOT NULL AND student.班号 = '1001'
GROUP BY student.学号,student.姓名
ORDER BY AVG(score.分数) DESC
```

16. 给出以下 T-SQL 语句的输出结果:

```
USE school
SELECT a.班号,a.姓名,score.课程号,score.分数
FROM student a,score
WHERE a.学号 = score.学号 AND score.分数 =
  (SELECT MAX(score.分数)
   FROM student b,score
   WHERE b.学号 = score.学号 AND b.班号 = a.班号)
```

17. 编写一个程序,输出所有课程的任课教师的姓名。

18. 编写一个程序,输出"教授"所上的课程。

19. 编写一个程序,输出所有教师的姓名和授课的门数。

20. 编写一个程序,输出“电子工程系”所有教师的平均授课门数。
21. 编写一个程序,输出没有授课的教师的姓名。
22. 编写一个程序,输出所有学生的学号和平均分,并以平均分递增排序。
23. 编写一个程序,输出所有“女”学生的姓名和平均分。
24. 编写一个程序,输出所有学生参加考试的课程的信息。
25. 编写一个程序,输出“女”学生中最高分的课程名。
26. 编写一个程序,输出所有成绩高于该课程平均分的记录,且按课程号有序排列。

第10章 T-SQL程序设计

SQL Server不仅支持所有的SQL语句，还允许使用变量、运算符、流程控制语句等。也就是说，T-SQL虽然和高级语言不同，但是它本身也具有运算和控制等功能，可以利用T-SQL语言进行编程。本章介绍T-SQL语言程序设计基础和游标设计等方法。

10.1 标识符和注释

标识符是程序的基本成分，在SQL Server中，标识符是指用来定义服务器、数据库、数据库对象和变量等的名称。

10.1.1 标识符的类型

标识符分为常规标识符和分隔标识符两类。

1. 常规标识符

常规标识符就是不需要使用分隔标识符进行分隔的标识符。常规标识符符合标识符的格式规则。在T-SQL语句中使用常规标识符时不用将其分隔。

例如，以下T-SQL语句中的book和bname就是两个常规标识符：

```
SELECT * FROM book WHERE bname = 'C 程序设计'
```

2. 分隔标识符

在T-SQL语句中，对不符合所有标识符规则的标识符必须进行分隔。符合标识符格式规则的标识符可以分隔，也可以不分隔。在SQL Server中，T-SQL所使用的分隔标识符类型有下面两种：

- 被引用的标识符用双引号(")分隔开，例如SELECT * FROM "student"。
- 括在括号中的标识符用方括号([])分隔，例如SELECT * FROM [student]。

在使用SET QUOTED_IDENTIFIER ON命令后，双引号分隔标识符才有效(默认值)，此时双引号只能用于分隔标识符，不能用于分隔字符串。如果使用SET QUOTED_IDENTIFIER OFF命令关闭了该选项，双引号不能用于分隔标识符，而是用方括号作为分隔符。

10.1.2 使用标识符和同义词

1. 使用标识符

数据库对象(简称为对象)的名称被看成是该对象的标识符。SQL Server中的每个内容都可带有标识符。服务器、数据库和对象(例如表、视图、列、索引、触发器、存储过程、约束、规则等)都有标识符。大多数对象要求带有标识符,但有些对象(如约束)的标识符是可选项。

在 SQL Server 中,一个对象的全称语法格式如下:

```
服务器名.数据库名.架构名.对象名
```

架构(Schema)是指包含表、视图、存储过程等的容器,它位于数据库内部,而数据库位于服务器内部。架构是被单个拥有者(可以是用户或角色)所拥有并构成唯一命名空间。

例如,服务器 MyServer 上 test 数据库中 dbo 架构下的 sysusers 表的全称如下:

```
MyServer.test.dbo.sysusers
```

在实际使用时,使用全称比较烦琐,因此经常使用简写格式,可用的简写格式包含下面几种:

```
服务器名.数据库名..对象名
服务器名..架构.对象名
服务器名...对象名
数据库名.架构对象名
数据库名..对象名
架构.对象名
对象名
```

在上面的简写格式中,没有指明的部分使用以下默认设置值。

- 服务器:本地服务器。
- 数据库:当前数据库。
- 架构:默认的架构。

说明:dbo 架构是数据库的默认架构。

2. 同义词

从前面看到,一个数据库对象的全称由 4 个部分组成。例如,名为 Server1 的服务器上有 db 数据库的 tb 表,若要从另一个服务器 Server2 上引用此表,则客户端应用程序必须使用由 4 个部分构成的名称 Server1.db.dbo.tb。为了简化,SQL Server 引入了同义词的概念。同义词是架构范围内的对象的另一个名称(别名)。通过使用同义词,客户端应用程序可以使用由一部分组成的名称来引用基对象,而不必使用由两部分、三部分或四部分组成的名称。

同义词可以使用 CREATE SYNONYM 语句来定义,其基本语法格式如下:

```
CREATE SYNONYM [创建同义词所使用的架构名.]同义词名
    FOR [服务器名.[数据库名].[基对象的架构名].同义词被引用基对象名]
```

例如,以下语句定义了一个同义词 Mytb:

```
CREATE SYNONYM Mytb FOR Server1.db.dbo.tb
```

这样,客户端应用程序只需使用由一个部分构成的名称(即 Mytb)来引用 Server1.db.dbo.tb 表。

如果更改表 tb 的位置(例如更改为另一个服务器),则必须修改客户端应用程序以反映此更改。由于不存在 ALTER SYNONYM 语句，因此必须首先删除同义词 Mytb，然后重新创建同名的同义词，但是要将同义词指向 tb 的新位置。

需要注意的是，同义词从属于架构，并且与架构中的其他对象一样，其名称必须是唯一的。

10.1.3 注释

注释是指程序代码中不执行的文本字符串，也称为注解。使用注释对代码进行说明，可使程序代码更易于维护。注释通常用于记录程序名称、作者姓名和主要代码更改的日期。注释可用于描述复杂计算或解释编程方法。

SQL Server 支持以下两种类型的注释字符。

- --(双连字符)：这些注释字符可与要执行的代码处在同一行，也可另起一行。从双连字符开始到行尾均为注释。对于多行注释，必须在每个注释行的开始使用双连字符。
- /*…*/(正斜杠-星号对)：这些注释字符可与要执行的代码处在同一行，也可另起一行，甚至在可执行代码内。从开始注释对(/*)到结束注释对(*/)之间的全部内容均视为注释部分。对于多行注释，必须使用开始注释字符对(/*)开始注释，使用结束注释字符对(*/)结束注释。在注释行上不应出现其他注释字符。

注意：多行"/*…*/"注释不能跨越批处理。整个注释必须包含在一个批处理内。

10.2 SQL Server 的数据类型

10.2.1 数据类型概述

数据类型是指列、存储过程参数、表达式和局部变量的数据特征，它决定了数据的存储格式，代表了不同的信息类型。包含数据的对象都具有一个相关的数据类型，此数据类型定义对象所能包含的数据种类(字符、整数、二进制数等)。

SQL Server 提供了各种系统数据类型。除了系统数据类型外，用户还可以自定义数据类型。

提示：在 SQL Server 中，所有系统数据类型名称都是不区分大小写的。另外，用户定义数据类型是在已有的系统数据类型基础上生成的，而不是定义一个存储结构的新类型。

在 SQL Server 中，以下对象可以具有数据类型：

- 表和视图中的列。
- 存储过程中的参数。
- 变量。
- 返回一个或多个特定数据类型数据值的 T-SQL 函数。
- 具有一个返回代码的存储过程(返回代码总是具有 integer 数据类型)。

为对象分配数据类型时可以为对象定义下面 4 个属性：

- 对象包含的数据种类。
- 所存储值的长度或大小。

- 数值的精度(仅适用于数字数据类型)。
- 数值的小数位数(仅适用于数字数据类型)。

10.2.2 系统数据类型

用户可以按照存放在数据库中的数据的类型对 SQL Server 提供的系统数据类型进行分类,如表 10.1 所示。

表 10.1 SQL Server 提供的系统数据类型

分　类	数据类型定义符
整数型	bigint、int、smallint、tinyint
逻辑数值型	bit
小数数据类型	decimal、numeric
货币型	money、smallmoney
近似数值型	float、real
字符型	char、varchar、text
Unicode 字符型	nchar、nvarchar、ntext
二进制数据类型	binary、varbinary、image
日期时间类型	datetime、smalldatetime
其他数据类型	cursor、sal_variant、table、timestamp、uniqueidentifier

1. 整数型

整数型数据由负整数或正整数组成,例如－15、0、5 和 2509。在 SQL Server 中,整数型数据使用 bigint、int、smallint 和 tinyint 数据类型存储,各种类型能存储的数值的范围如下。

- bigint 数据类型:大整数型,长度为 8 个字节,可以存储 $-2^{63} \sim 2^{63}-1$ 范围内的数字。
- int 数据类型:整数型,长度为 4 个字节,可存储范围是 $-2^{31} \sim 2^{31}-1$。
- smallint 数据类型:短整数型,长度为两个字节,可存储范围只有 $-2^{15} \sim 2^{15}-1$。
- tinyint 数据类型:微短整数型,长度为一个字节,只能存储 0～255 范围内的数字。

【例 10.1】 给出以下程序的功能。

```
USE test
CREATE TABLE Int_table
(    c1 tinyint,
     c2 smallint,
     c3 int,
     c4 bigint
)
INSERT Int_table VALUES(50,5000,50000,500000)
SELECT * FROM Int_table
```

解:该程序创建了一个表 Int_table,其中的 4 个列分别使用了 4 种不同的整型,然后插入一个记录,最后输出该记录,其结果如图 10.1 所示。

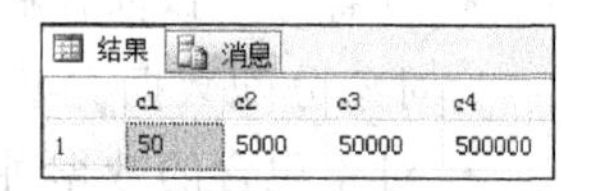

图 10.1　程序执行结果

2. 小数数据类型

小数数据类型也称为精确数据类型，它们由两部分组成，其数据精度保留到最低有效位，所以它们能以完整的精度存储十进制数。

在声明小数数据类型时，可以定义数据的精度和小数位。其声明格式如下：

```
decimal[(p[,s])] 或 numeric[(p[,s])]
```

其中，p 指定精度，取值范围是 1～38；s 指定小数位数，取值范围是 0～p。其存储大小为 19 个字节。

【例 10.2】 给出以下程序的执行结果。

```
USE test
CREATE TABLE Decimal_table
(
    cl decimal(3,2)
)
INSERT Decimal_table VALUES(4.5678)
SELECT * FROM Decimal_table
```

解：该程序的执行结果如图 10.2 所示。

在为小数数值型数据赋值时，应保证所赋数据整数部分的位小于或者等于定义的长度，否则会出现溢出错误。

【例 10.3】 给出以下程序的执行错误。

```
USE test
INSERT Decimal_table VALUES(49.678)
```

解：执行上述程序时会出现如图 10.3 所示的错误消息，这是由于 49.678 的整数部分超出了定义的长度造成的。

图 10.2 程序执行结果

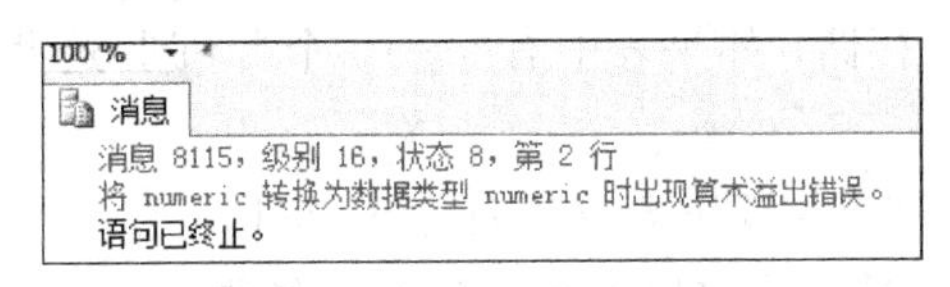

图 10.3 错误消息

在 SQL Server 中，小数数据使用 decimal 或 numeric 数据类型存储，存储 decimal 或 numeric 数值所需的字节数取决于该数据的数字总数和小数点右边的小数位数。例如，存储数值 19 283.293 83 比存储 1.1 需要更多的字节。

3. 近似数值型

SQL Server 提供了用于表示浮点数字数据的近似数值数据类型。近似数值数据类型不能精确地记录数据的精度，它们所保留的精度由二进制数字系统的精度决定。SQL Server 提供了两种近似数值数据类型。

- float：−1.79E308～1.79E308 之间的浮点数字数据，存储大小为 8 个字节。
- real 数据类型：−3.40E38～3.40E38 之间的浮点数字数据，存储大小为 4 个字节。

4. 字符型

字符串在存储时采用字符型数据类型。字符数据由字母、符号和数字组成，例如，

"928 "、"Johnson"和" (0 * &(%B99nh jkJ"都是有效的字符数据。

提示：字符常量必须包括在单引号(')或双引号(")中，建议用单引号括住字符常量。因为当将 QUOTED IDENTIFIER 选项设为 ON 时，有时不允许用双引号括住字符常量。当使用单引号分隔一个包括嵌入单引号的字符常量时，用两个单引号表示嵌入的一个单引号。

在 SQL Server 中，字符数据使用 char、varchar 和 text 数据类型存储，它们的定义方式如下。

- char[(*n*)]：长度为 *n* 个字节的固定长度且非 Unicode 的字符数据。*n* 的取值范围是 1～8000，存储大小为 *n* 个字节。
- varchar[(*n*)]：长度为 *n* 个字节的可变长度且非 Unicode 的字符数据。*n* 的取值范围是 1～8000，存储大小为输入数据的字节的实际长度，而不是 *n* 个字节，所输入的数据字符长度可以为零。
- text 数据类型：用来声明变长的字符数据，在定义过程中不需要指定字符的长度，最大长度为 $2^{31}-1$(2 147 483 647)个字符。当服务器的当前代码页使用双字节字符时，存储量仍是 2 147 483 647 个字节，存储大小可能小于 2 147 483 647 字节(取决于字符串)，SQL Server 会根据数据的长度自动分配空间。

说明：在 SQL Server 中，字符串编码格式有多种，Unicode 就是其中的一种国际编码格式。例如，N'string'表示 string 是一个 Unicode 字符串，N 前缀必须是大写字母。Unicode 常量有相应的排序规则，主要用于控制比较和区分大小写。

5. 逻辑数值型

SQL Server 支持逻辑数据类型 bit，它可以存储整型数据 1、0 或 NULL。如果输入 0 以外的其他值，SQL Server 均将它们当作 1 看待。

SQL Server 优化用于 bit 列的存储。如果一个表中有不多于 8 个的 bit 列，这些列将作为一个字节存储；如果表中有 9～16 个 bit 列，这些列将作为两个字节存储；更多列的情况以此类推。

注意：不能对 bit 类型的列建立索引。

【例 10.4】 给出以下程序的执行结果。

```
USE test
CREATE TABLE Bit_table
(    c1 bit,
     c2 bit,
     c3 bit
)
INSERT Bit_table VALUES(12,1,0)
SELECT * FROM Bit_table
```

解：该程序建立 Bit_table 表，含有 3 个 bit 类型的列，然后插入一个记录，由 SQL Server 将它们转换成位值。其执行结果如图 10.4 所示。

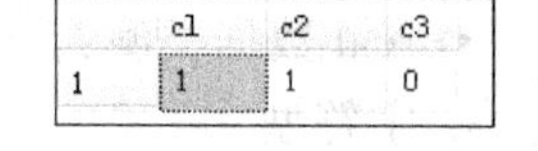

图 10.4　程序执行结果

6. 货币型

货币数据表示正的或负的货币值。在 SQL Server 中使用 money 和 smallmoney 数据类型存储货币数据，货币数据存储的精确度为 4 位小数。

money 和 smallmoney 数据类型的存储范围和占用的字节如下。

- money 数据类型：可存储的货币数据值介于$-2^{63}\sim2^{63}-1$之间，精确到货币单位的万分之一，存储大小为 8 个字节。
- smallmoney 数据类型：可存储的货币数据值介于$-2^{15}\sim+2^{15}-1$之间，精确到货币单位的万分之一，存储大小为 4 个字节。

7. 二进制数据类型

二进制数据由十六进制数表示。例如，十进制数 245 等于十六进制数 F5。在 SQL Server 中，二进制数据使用 binary、varbinary 和 image 数据类型存储。

- binary[(n)]：固定长度的 n 个字节二进制数据，n 的取值范围是 1～8000，存储空间大小为 $n+4$ 个字节。
- varbinary[(n)]：n 个字节变长二进制数据，n 的取值范围是 1～8000，存储空间大小为实际输入数据长度＋4 个字节，而不是 n 个字节。输入的数据长度可能为 0 字节。
- image：可变长度二进制数据在$0\sim2^{31}-1$字节之间。

二进制常量以 0x(一个零和小写字母 x)开始，后面跟着位模式的十六进制表示。例如，0x2A 表示十六进制的值 2A，它等于十进制的数 42 或单字节位模式 00101010。

【例 10.5】 给出以下程序的执行结果。

```
USE test
CREATE TABLE Binary_table
(   c1 binary(10),
    c2 varbinary(20),
    c3 image
)
INSERT Binary_table VALUES (0x123,0xffff,0x14ffff)
SELECT * FROM Binary_table
```

解：该程序的执行结果如图 10.5 所示。

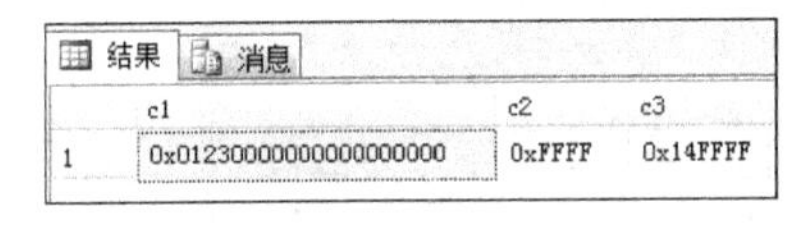

	c1	c2	c3
1	0x01230000000000000000	0xFFFF	0x14FFFF

图 10.5 程序执行结果

8. 日期时间类型

SQL Server 提供了专门的日期时间类型，日期和时间数据由有效的日期或时间组成。例如，“4/01/2015 12:15:00:00:00 PM”和“1:28:29:15:01 AM 8/17/2015”都是有效的日期和时间数据。日期和时间数据使用 datetime 和 smalldatetime 数据类型存储。

- datetime：从 1753 年 1 月 1 日到 9999 年 12 月 31 日的日期和时间数据，精确度为 3‰秒(等于 3 毫秒或 0.003 秒)，存储大小为 8 个字节。
- smalldatetime：从 1900 年 1 月 1 日到 2079 年 6 月 6 日的日期和时间数据精确到分钟，存储大小为 4 个字节。

10.2.3 用户定义数据类型

用户定义的数据类型总是根据基本数据类型进行定义。它们提供了一种机制，可以将一个名称用于一个数据类型，这个名称更能清楚地说明该对象中保存的值的类型，这样程序员和数据库管理员就能更容易地理解以该数据类型定义的对象的意图。

用户定义的数据类型使表结构对程序员更有意义，并有助于确保包含相似数据类的列具有相同的基本数据类型。在创建用户定义的数据类型时必须提供以下 3 个参数：

- 名称。
- 新数据类型所依据的系统数据类型。
- 为空性(数据类型是否允许空值)，如果为空性未明确定义，系统将依据数据库或连接的 ANSI NULL 默认设置进行指派。

如果用户定义数据类型是在 model 数据库中创建的，它将作用于所有用户定义的新数据库中。如果数据类型在用户定义的数据库中创建，则该数据类型只作用于此用户定义的数据库。

1. 通过 SQL Server 管理控制器创建用户定义的数据类型

使用 SQL Server 管理控制器创建用户定义的数据类型的操作步骤如下：

① 启动 SQL Server 管理控制器，在"对象资源管理器"中展开"LCB-PC\SQLEXPRESS"服务器。

② 展开"数据库"，再展开要在其中创建用户定义的数据类型的数据库，例如 test。

③ 展开"可编程性"结点，再展开"类型"结点。

④ 右击"用户定义的数据类型"选项，然后选择"新建用户定义数据类型"命令。

⑤ 此时打开"用户定义的数据类型属性"对话框，如图 10.6 所示。

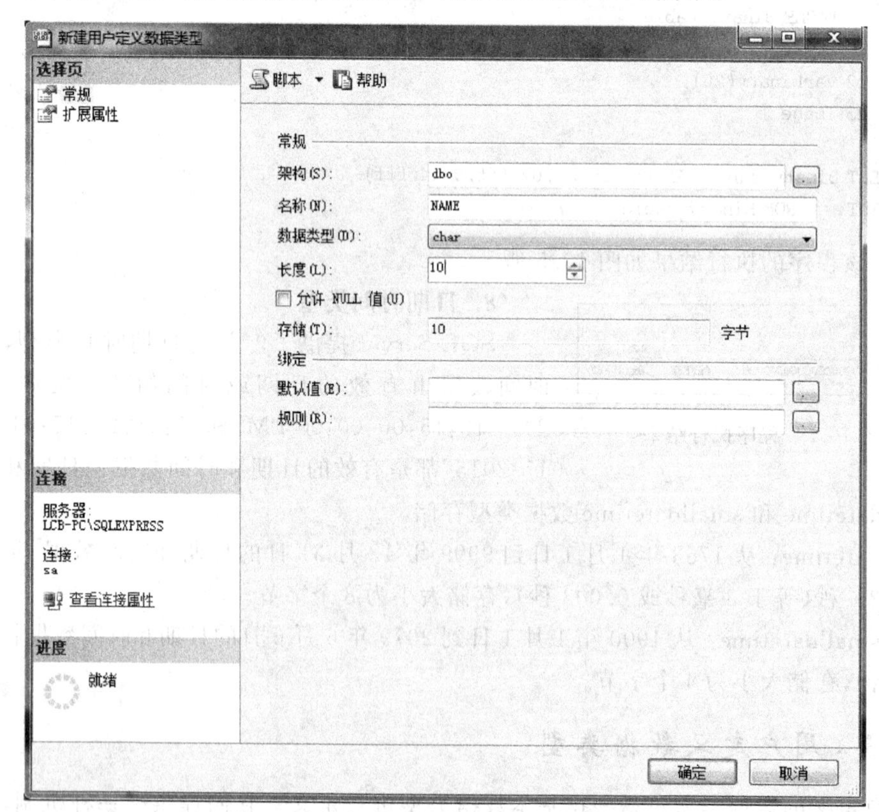

图 10.6 创建用户定义的数据类型

在“名称”文本框中输入新建数据类型的名称(如 NAME);在“数据类型”下拉列表中选择基数据类型(如 char)。如“长度”处于活动状态,若要更改此数据类型可存储的最大数据长度,请输入另外的值(如 10)。长度可变的数据类型有 binary、char、nchar、nvarchar、varbinary 和 varchar。若要允许此数据类型接受空值,请选中“允许 NULL 值”复选框。在“规则”和“默认值”下拉列表中选择一个规则或默认值(若有),以将其绑定到用户定义数据类型上。

⑥ 设置完成后,单击“确定”按钮,即可创建一个用户定义数据类型 NAME。

2. 通过 T-SQL 语句创建用户定义的数据类型

创建用户定义数据类型可以使用 CREATE TYPE 语句,其基本语法格式如下:

```
CREATE TYPE [用户定义类型所属架构名.]用户定义类型名
{   FROM 所基于的数据类型[(精度[,小数位数])][NULL|NOT NULL] }
```

例如,上述操作等同于以下程序:

```
USE [school]
GO
/* 对象: UserDefinedDataType [dbo].[NAME]脚本日期: 10/19/2014 15:08:01 */
CREATE TYPE [dbo].[NAME] FROM [char](10) NOT NULL
```

若要删除用户定义数据类型,可在该用户定义数据类型上右击,然后选择“删除”命令,在打开的“除去对象”对话框中单击“全部除去”按钮,此时即可删除用户定义数据类型。

10.3 变　　量

在 SQL Server 中,变量分为局部变量和全局变量两种类型。全局变量名称前面有两个 at 符号(@@),由系统定义和维护。局部变量前面有一个 at 符号(@),由用户定义和使用。

10.3.1 局部变量

局部变量是由用户定义的,局部变量的名称前面为“@”。局部变量仅在声明它的批处理、存储过程或者触发器中有效,当批处理、存储过程或者触发器执行结束后,局部变量将变成无效。

局部的定义可以使用 DECLARE 语句,其语法格式如下:

```
DECLARE {@局部变量名数据类型}[,…n]
```

注意:*局部变量名必须以 at 符号(@)开头,且符合标识符规则,定义的变量不能是 text、ntext 或 image 数据类型。*

在 SQL Server 中,一次可以定义多个变量。例如:

```
DECLARE @f float,@cn char(8)
```

如果要给变量赋值,可以使用 SET 和 SELECT 语句。其基本语法格式如下:

```
SET @局部变量名 = 表达式                    -- 直接赋值
SELECT {@局部变量名 = 表达式}[,…n]          -- 在查询语句中为变量赋值
```

归纳起来,给变量赋值的方式有以下几种。

1. 直接赋值

将一个常量或常量表达式直接赋给对应的变量。

【例 10.6】 给出以下程序的执行结果。

```
USE school
DECLARE @f float,@cn char(8)                    --声明变量
SET @f = 85                                      --给变量@f 赋值 85
SELECT @cn = '3 - 105'                           --给变量@cn 赋值'3 - 105'
SELECT * FROM score WHERE 课程号 = @cn AND 分数>@f
```

解:该程序首先定义了两个变量,并分别使用 SET 和 SELECT 为其赋值,然后使用这两个变量查询 score 表中选修课程号为“3-105”且成绩高于 85 的记录,执行结果如图 10.7 所示。

2. 在查询语句中为变量赋值

“SELECT @局部变量名=列名”通常用于将单个值赋给变量。如果 SELECT 语句返回多个值,则将返回的最后一个值赋予变量。如果 SELECT 语句没有返回行,变量将保留当前值。

【例 10.7】 给出以下程序的执行结果。

```
USE school
DECLARE @no char(5),@name char(10)
SELECT @no = 学号,@name = 姓名
FROM student WHERE 班号 = '1003'
PRINT @no + ' ' + @name
```

解:由于 student 表中 1003 班的最后一个学生是曾华,所以该程序的执行结果如图 10.8 所示。其中,PRINT 是屏幕输出语句。在程序运行过程中或程序调试时,经常要显示一些中间结果。

结果 消息

	学号	课程号	分数
1	103	3-105	92
2	105	3-105	88
3	107	3-105	91

图 10.7 程序执行结果

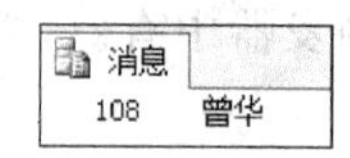

图 10.8 程序执行结果

3. 使用排序规则在查询语句中为变量赋值

在这种情况下,仍只将返回的结果集中的最后一个值赋予变量。

【例 10.8】 给出以下程序的执行结果。

```
USE school
DECLARE @no char(5),@name char(10)
SELECT @no = 学号,@name = 姓名 FROM student
WHERE 班号 = '1003'
ORDER BY 学号 DESC
PRINT @no + ' ' + @name
```

解：按学号递减排序后，student 表中 1003 班的最后一个学生是李军，所以该程序的执行结果如图 10.9 所示。

4. 使用聚合函数为变量赋值

在这种情况下，直接将聚合函数的结果赋给变量。

【例 10.9】 给出以下程序的执行结果。

```
USE school
DECLARE @f float
SELECT @f = MAX(分数) FROM score WHERE 分数 IS NOT NULL
PRINT '最高分'
PRINT @f
```

解：该程序先声明@*f* 变量，在查询语句中为变量赋值，该程序的执行结果如图 10.10 所示。

图 10.9 程序执行结果

图 10.10 程序执行结果

5. 使用子查询结果为变量赋值

在这种情况下，直接将子查询的结果赋给变量。

【例 10.10】 给出以下程序的执行结果。

```
USE school
DECLARE @f float
SELECT @f = (SELECT MAX(分数) FROM score WHERE 分数 IS NOT NULL)
PRINT '最高分'
PRINT @f
```

解：该程序的结果与上例相同。

10.3.2 全局变量

全局变量记录了 SQL Server 的各种状态信息，全局变量的名称前面为“@@”。在 SQL Server 中，系统定义的全局变量如表 10.2 所示。

表 10.2 SQL Server 中的全局变量

变量名称	说明
@@CONNECTIONS	返回自 SQL Server 本次启动以来所接受的连接或试图连接的次数
@@CPU_BUSY	返回自 SQL Server 本次启动以来 CPU 工作的时间，单位为毫秒
@@CURSOR_ROWS	返回游标打开后游标中的行数
@@DATEFIRST	返回 SET DATAFIRST 参数的当前值
@@DBTS	返回当前数据库的当前 timestamp 数据类型的值
@@ERROR	返回上次执行的 SQL Transact 语句产生的错误编号
@@FETCH_STATUS	返回 FETCH 语句游标的状态
@@identity	返回最新插入的 identity 列值
@@IDLE	返回自 SQL Server 本次启动以来 CPU 空闲的时间，单位为毫秒

续表

变量名称	说　明
@@IO_BUSY	返回自 SQL Server 本次启动以来 CPU 处理输入和输出操作的时间，单位为毫秒
@@LANGID	返回本地当前使用的语言标识符
@@LANGUAGE	返回当前使用的语言名称
@@LOCK_TIMEOUT	返回当前的锁定超时设置，单位为毫秒
@@MAX_CONNECTIONS	返回 SQL Server 允许同时连接的最大用户个数
@@MAX PRECISION	返回当前服务器设置的 decimal 和 numeric 数据类型使用的精度
@@NESTLEVEL	返回当前存储过程的嵌套层数
@@OPTIONS	返回当前 SET 选项信息
@@PACK_RECEIVED	返回自 SQL Server 本次启动以来通过网络读取的输入数据包个数
@@PACK_SENT	返回自 SQL Server 本次启动以来通过网络发送的输出数据包个数
@@PACKET_ERRORS	返回自 SQL Server 本次启动以来 SQL Server 中出现的网络数据包的错误个数
@@PROCID	返回当前的存储过程标识符
@@REMSERVER	返回注册记录中显示的远程数据服务器的名称
@@ROWCOUNT	返回上一个语句所处理的行数
@@SERVERNAME	返回运行 SQL Server 的本地服务器名称
@@SERVICENAME	返回 SQL Server 运行时的注册键名称
@@SPID	返回服务器处理标识符
@@TEXTSIZE	返回当前 TESTSIZE 选项的设置值
@@TIMETICKS	返回一个计时单位的微秒数，操作系统的一个计时单位是 31.25 毫秒
@@TOTAL_ERRORS	返回自 SQL Server 本次启动以来磁盘的读/写错误次数
@@TOTAL_READ	返回自 SQL Server 本次启动以来读磁盘的次数
@@TOTAL_WRITE	返回自 SQL Server 本次启动以来写磁盘的次数
@@TRANCOUNT	返回当前连接的有效事务数
@@ VERSION	返回当前 SOL Server 服务器的日期、版本和处理器类型

SQL Server 的全局变量有以下特点：

- 全局变量是系统定义的，用户不能声明、不能赋值。
- 用户只能使用系统预定义的全局变量。
- 可以提供当前的系统信息。
- 同一时刻的同一个全局变量在不同会话(用不同登录名登录的同一实例)中的值不同。
- 局部变量的名称不能与全局变量的名称相同。

【例 10.11】 给出以下程序的执行结果。

```
PRINT @@version
PRINT @@LANGUAGE
```

解：该程序中的两个语句分别输出 SQL Server 版本信息和当前的语言，其执行结果如图 10.11 所示。

```
消息
Microsoft SQL Server 2012 - 11.0.2100.60 (Intel X86)
    Feb 10 2012 19:13:17
    Copyright (c) Microsoft Corporation
    Express Edition on Windows NT 6.1 <X86> (Build 7601: Service Pack 1)

简体中文
```

图 10.11　T-SQL 的消息

10.4　运　算　符

运算符是一种符号，用来指定要在一个或多个表达式中执行的操作。SQL Server 提供的运算符有算术运算符、赋值运算符、按位运算符、比较运算符、逻辑运算符、字符串连接运算符和一元运算符。

10.4.1　算术运算符

算术运算符在两个表达式上执行数学运算，这两个表达式可以是数字数据类型分类的任何数据类型。在 SQL Server 中，算术运算符包括＋(加)、－(减)、*(乘)、/(除)和％(取模)。

取模运算返回一个除法的整数余数。例如，16％3＝1，这是因为 16 除以 3，余数为 1。

另外，加(＋)和减(－)运算符也可用于对 datetime 和 smalldatetime 值执行算术运算，其使用格式如下：

日期±整数

10.4.2　赋值运算符

赋值运算符(＝)用于将表达式的值赋予另外一个变量，也可以使用赋值运算符在列标题和为列定义值的表达式之间建立关系。

【例 10.12】　给出以下程序的执行结果。

```
USE school
SELECT 学号 = '学生',姓名,班号 FROM student
```

解：上面的 T-SQL 语句是将 school 数据库中的 student 表的学号均以“学生”显示。执行结果如图 10.12 所示。

	学号	姓名	班号
1	学生	李军	1003
2	学生	陆君	1001
3	学生	匡明	1001
4	学生	王丽	1003
5	学生	曾华	1003
6	学生	王芳	1001

图 10.12　程序执行结果

10.4.3　按位运算符

按位运算符可以对两个表达式进行位操作，这两个表达式可以是整型数据或者二进制数据。按位运算符包括 &(按位与)、|(按位或)和^(按位异或)。

T-SQL 首先把整数数据转换为二进制数据，然后再对二进制数据进行按位运算。

【例 10.13】　给出以下程序的执行结果。

```
DECLARE @a INT,@b INT
SET @a = 3
SET @b = 8
```

```
SELECT @a&@b AS 'a&b',@a|@b AS 'a|b',@a^@b AS 'a^b'
```

解：该程序对两个变量进行按位运算。执行结果如图 10.13 所示。

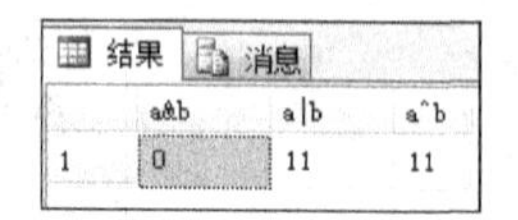

图 10.13　程序执行结果

注意：按位运算符的两个操作数不能为 image 数据类型。

10.4.4　比较运算符

比较运算符用来比较两个表达式，表达式可以是字符、数字或日期数据，并可用在查询的 WHERE 或 HAVING 子句中。比较运算符的计算结果为布尔数据类型，它们根据测试条件的输出结果返回 TRUE 或 FALSE。

SQL Server 提供的比较运算符有下面几种：

＞（大于）、＜（小于）、＝（等于）、＜＝（小于或等于）、＞＝（大于或等于）、!＝（不等于）、＜＞（不等于）、!＜（不小于）、! ＞（不大于）

【例 10.14】　给出以下程序的执行结果。

```
USE school
SELECT * FROM score WHERE 分数>88
```

解：该程序查询 score 表中成绩高于 88 分的成绩记录。执行结果如图 10.14 所示。

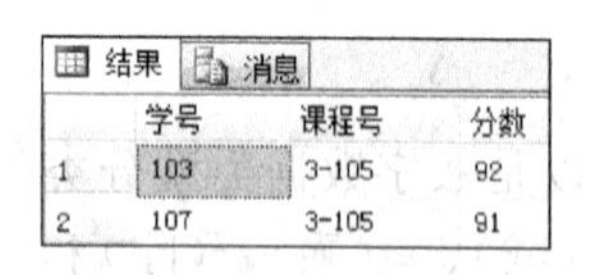

图 10.14　程序执行结果

10.4.5　逻辑运算符

逻辑运算符用来判断条件为 TRUE 或者 FALSE，在 SQL Server 共提供了 10 个逻辑运算符，如表 10.3 所示。

表 10.3　逻辑运算符

逻辑运算符	含　义
ALL	当一组比较关系的值都为 TRUE 时才返回 TRUE
AND	当要比较的两个布尔表达式的值都为 TRUE 时才返回 TRUE
ANY	只要一组比较关系中有一个值为 TRUE，就返回 TRUE
BETWEEN	只有操作数在定义的范围内才返回 TRUE
EXISTS	如果在子查询中存在，就返回 TRUE
IN	如果操作数在所给的列表表达式中，则返回 TRUE
LIKE	如果操作数与模式相匹配，则返回 TRUE
NOT	对所有其他的布尔运算取反
OR	只要比较的两个表达式有一个为 TRUE，就返回 TRUE
SOME	如果一组比较关系中有一些为 TRUE，则返回 TRUE

由于 LIKE 使用部分字符串来查询记录，因此在部分字符串中可以使用通配符。在 SQL Server 中可以使用的通配符及其含义如表 10.4 所示。

表 10.4　通配符及其含义

通配符	含　　义	示　　例
%	包含零个或更多字符的任意字符串	WHERE 姓名 LIKE '%华%'，将查找姓名中含有“华”字的所有学生
_(下划线)	任何单个字符	WHERE 姓名 LIKE '王__'(有两个下划线)，将查找姓王的、姓名包含 3 个字的学生
[]	指定范围([a～f])或集合([abcdef])中的任何单个字符	WHERE sanme LIKE '[刘,王]__'，将查找姓刘的和姓王的、姓名包含 3 个字的学生
[^]	不属于指定范围([a～f])或集合([abcdef])的任何单个字符	WHERE 姓名 LIKE '[^刘,王]__'，将查找除姓刘的和姓王的、姓名包含 3 个字的学生以外的其他学生

提示：在使用通配符时，对于汉字，一个汉字也算一个字符。另外，当使用 LIKE 进行字符串比较时，模式字符串中的所有字符都有意义，包括起始或尾随空格。如果查询中的比较要返回包含“abc”(abc 后有一个空格)的所有行，则将不会返回包含“abc”(abc 后没有空格)的所有行。因此，对于 datetime 数据类型的值，应当使用 LIKE 进行查询，因为 datetime 项可能包含各种日期部分。

【例 10.15】　给出以下程序的执行结果。

```
USE school
SELECT student.学号,student.姓名,score.课程号,score.分数
FROM student,score
WHERE student.学号 = score.学号 AND student.姓名 LIKE '王%' AND
    score.分数 BETWEEN 70 AND 80
```

结果　消息

	学号	姓名	课程号	分数
1	107	王丽	6-166	79
2	109	王芳	3-105	76

图 10.15　程序执行结果

解：该程序查询姓“王”的考试分数在 70～80 之间的学生的学号、姓名、课程号和分数。执行结果如图 10.15 所示。

10.4.6　字符串连接运算符

字符串连接运算符为加号(+)，可以将两个或多个字符串合并或连接成一个字符串，还可以连接二进制字符串。

【例 10.16】　给出以下程序的执行结果。

```
SELECT ('abc' + 'def') AS '串连接'
```

图 10.16　程序执行结果

解：该程序将两个字符串连接在一起，执行结果如图 10.16 所示。

注意：对于其他数据类型，例如 datetime 和 smalldatetime，在与字符串连接之前必须使用 CAST 转换函数将其转换成字符串。

10.4.7　一元运算符

一元运算符是指只有一个操作数的运算符。SQL Server 提供的一元操作符包含+(正)、-(负)和～(位反)。

正和负运算符表示数据的正和负，可以对所有的数据类型进行操作。位反运算符返回

一个数的补数，只能对整数数据进行操作。

【例 10.17】 给出以下程序的执行结果。

```
DECLARE @Num1 int
SET @Num1 = 5
SELECT ~@Num1 AS '位反运算'
```

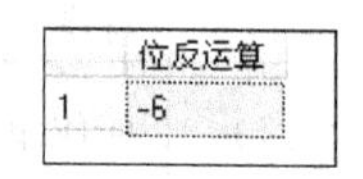

图 10.17　程序执行结果

解：该程序首先声明一个变量，并对变量赋值，然后对变量取负。执行结果如图 10.17 所示。

10.4.8　运算符的优先级

当一个复杂的表达式有多个运算符时，运算符的优先级决定执行运算的先后次序，执行的顺序可能会严重地影响所得到的值。

在 SQL Server 中，运算符的优先级如下：

- +(正)、-(负)、~(按位 NOT)
- *(乘)、/(除)、%(模)
- +(加)、+(连接)、-(减)
- =、>、<、>=、<=、<>、!=、!>和!<比较运算符
- ^(位异或)、&(位与)、|(位或)
- NOT
- AND
- ALL、ANY、BETWEEN、IN、LIKE、OR、SOME
- =(赋值)

当一个表达式中的两个运算符有相同的运算符优先级时，基于它们在表达式中的位置对其从左到右进行求值。

10.5　批　处　理

10.5.1　批处理概述

批处理是包含一个或多个 T-SQL 语句的组，被一次性地执行，是作为一个单元发出的一个或多个 T-SQL 语句的集合。SQL Server 将批处理语句编译成一个可执行单元，这个单元称为执行单元，由客户机一次性地发送给服务器。

在批处理中若某处发生编译错误，整个执行计划将无法执行，也就是说，该批处理的全部语句都不执行，执行从下一个批处理开始。SQL Server 服务器对批处理脚本的处理方式如图 10.18 所示。

10.5.2　GO 命令

SQL Server 管理控制器等实用工具使用 GO 命令作为结束批处理的信号。GO 不是 T-SQL 语句，它只是向实用工具表明批处理中应包含多少条 SQL 语句，是一个表示批处理

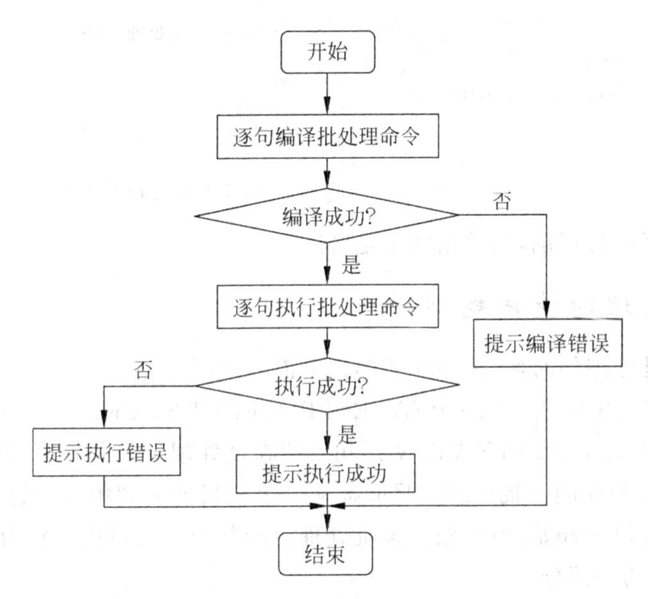

图 10.18 批处理程序的处理方式

结束的前端指令。GO 命令作为批处理的结束标志，当编译器读到 GO 时，会将 GO 之前的所有语句当作一个批处理，并将这些语句打包发送给服务器。

两个 GO 命令之间的所有 T-SQL 语句都放在发送给 SQL Server 服务器实例的字符串中，以便直接执行。

因为一个批处理被编译到一个执行计划中，所以批处理在逻辑上必须完整。注释必须在一个批处理中开始并结束；另外，为一个批处理创建的执行计划不能引用另一个批处理中声明的任何变量，也就是说，用户定义的局部变量的作用域限制在一个批处理中，所以变量不能在 GO 语句后引用。

【例 10.18】 指出以下程序的错误并改正。

```
USE school
GO                                          -- 第 1 个批处理结束
DECLARE @name char(5)
SELECT @name = 姓名 FROM student
WHERE 学号 = '103'
GO                                          -- 第 2 个批处理结束
PRINT @name
GO                                          -- 第 3 个批处理结束
```

解：在批处理中声明的局部变量，其作用域只是在声明它的批处理语句中。上述程序中有 3 个批处理语句，而@name 局部变量是在第 2 个批处理中声明并赋值的，在第 3 个批处理中无效，所以出现了如图 10.19 所示的错误消息。

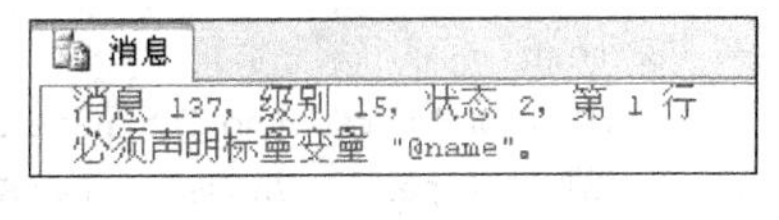

图 10.19 错误消息

改正的方法是将第 2 个和第 3 个批处理合并，程序如下：

```
USE school
```

```
GO                                          --第 1 个批处理结束
DECLARE @name char(5)
SELECT @name = 姓名 FROM student
WHERE 学号 = '103'
PRINT @name
GO                                          --第 2 个批处理结束
```

改正后的程序执行正确,其输出结果是"陆君"。

10.5.3 批处理的使用规则

在建立一个批处理的时候,用户应该遵循下面的规则:

- CREATE DEFAULT、CREATE PROCEDURE、CREATE RULE、CREATE TRIGGER 和 CREATE VIEW 语句不能在批处理中与其他语句组合使用,也就是说,执行语句在同一批处理中只能提交一个。当批处理中含有这些语句时,必须以 CREATE 语句开始,所有跟在该批处理后的其他语句将被解释为第一个 CREATE 语句定义的一部分。
- 不能在定义一个 CHECK 约束之后在同一个批处理中使用。
- 不能在修改表的一个字段之后立即在同一个批处理中引用这个字段。
- 不能在同一个批处理中更改表结构,再引用新添加的列。
- 如果 EXECUTE 语句是批处理中的第一句,则不需要 EXECUTE 关键字。如果 EXECUTE 语句不是批处理中的第一条语句,则需要 EXECUTE 关键字。

【例 10.19】 指出以下程序的错误并改正。

```
USE test
CREATE TABLE person(no int,name char(10),xb char(2))
INSERT INTO person VALUES(100,'李铭','男')
GO
ALTER TABLE person ADD bh char(10)
UPDATE SET bh = '1009' WHERE no = 100
GO
```

解:不能在同一个批处理中更改表结构,再引用新添加的列,而上述程序的第 2 个批处理,在 person 表中添加了 bh 列并立即引用该列,所以出现了如图 10.20 所示的错误消息。

改正的方法是将第 2 个批处理分解为两个批处理,程序如下:

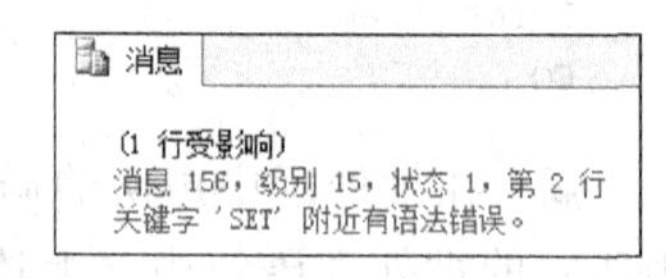

图 10.20 错误消息

```
USE test
CREATE TABLE person(no int,name char(10),xb char(2))
INSERT INTO person VALUES(100,'李铭','男')
GO
ALTER TABLE person ADD bh char(10)
GO
UPDATE SET bh = '1009' WHERE no = 100
GO
```

10.6 控制流语句

T-SQL 提供称为控制流的特殊关键字，用于控制 T-SQL 语句、语句块和存储过程的执行流。这些关键字可用于 T-SQL 语句、批处理和存储过程中。

控制流语句就是用来控制程序执行流程的语句，使用控制流语句可以在程序中组织语句的执行流程，提高编程语言的处理能力。SQL Server 提供的控制流语句如表 10.5 所示。

表 10.5 控制流语句

控制流语句	说　　明
BEGIN…END	定义语句块
IF…ELSE	条件处理语句，如果条件成立，执行 IF 语句，否则执行 ELSE 语句
CASE	分支语句
WHILE	循环语句
GOTO	无条件跳转语句
WAITFOR	延迟语句
BREAK	跳出循环语句
CONTINUE	重新开始循环语句

10.6.1 BEGIN…END 语句

BEGIN…END 语句用于将多个 T-SQL 语句组合为一个逻辑块(类似于 C 语言中的复合语句或语句块)。在执行时，该逻辑块作为一个整体被执行。

其语法格式如下：

```
BEGIN
{
    T-SQL 语句|语句块
}
END
```

其中，"T-SQL 语句|语句块"是任何有效的 T-SQL 语句或以语句块定义的语句分组。

在任何时候，当控制流语句必须执行一个包含两条或两条以上 T-SQL 语句的语句块时，都可以使用 BEGIN 和 END 语句。它们必须成对使用，任何一条语句均不能单独使用。

BEGIN 语句行后为 T-SQL 语句块。最后，END 语句行指示语句块结束。

BEGIN…END 语句可以嵌套使用。

【例 10.20】 给出以下程序的执行结果。

```
BEGIN
    DECLARE @MyVar float
    SET @MyVar = 456.256
    BEGIN
        PRINT '变量@MyVar 的值为：'
        PRINT CAST(@MyVar AS varchar(12))
    END
END
```

图 10.21 程序执行结果

解：该程序的执行结果如图 10.21 所示。

下面几种情况经常需要用到 BEGIN 和 END 语句：

- WHILE 循环需要包含语句块。
- CASE 函数的元素需要包含语句块。
- IF 或 ELSE 子句需要包含语句块。

注意：在上述情况下，如果只有一条语句，则不需要使用 BEGIN…END 语句。

10.6.2 IF…ELSE 语句

使用 IF…ELSE 语句可以有条件地执行语句，其语法格式如下：

```
IF  布尔表达式
    {T-SQL 语句|语句块}
[ELSE
    {T-SQL 语句|语句块}]
```

其中，布尔表达式可以返回 TRUE 或 FALSE。如果布尔表达式中含有 SELECT 语句，必须用圆括号将 SELECT 语句括起来。

IF…ELSE 语句的执行方式是：如果布尔表达式的值为 TRUE，执行 IF 后面的语句块，否则执行 ELSE 后面的语句块。

【例 10.21】 给出以下程序的执行结果。

```
USE school
IF (SELECT AVG(分数) FROM score WHERE 课程号 = '3-108')>80
    BEGIN
        PRINT '课程:3-108'
        PRINT '考试成绩还不错'
    END
ELSE
    BEGIN
        PRINT '课程:3-108'
        PRINT '考试成绩一般'
    END
```

解：该程序的执行结果如图 10.22 所示。

注意：在 IF…ELSE 语句中，IF 和 ELSE 后面的子句都允许嵌套，嵌套层数不受限制。

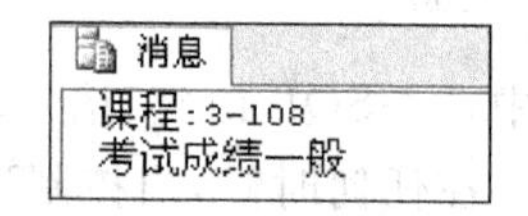

图 10.22 程序执行结果

10.6.3 CASE 语句

使用 CASE 语句可以进行多个分支的选择，CASE 具有下面两种格式。

- 简单 CASE 格式：将某个表达式与一组简单表达式进行比较以确定结果。
- 搜索 CASE 格式：计算一组布尔表达式以确定结果。

1. 简单 CASE 格式

其语法格式如下：

```
CASE 计算的表达式
    WHEN 匹配的表达式 THEN  匹配成功返回的表达式
```

```
    [ … ]
    [ELSE 匹配不成功返回的表达式]
END
```

【例 10.22】 给出以下程序的执行结果。

```
USE school
SELECT 姓名,系名,
    CASE 职称
        WHEN '教授' THEN '高级职称'
        WHEN '副教授' THEN '高级职称'
        WHEN '讲师' THEN '中级职称'
        WHEN '助教' THEN '初级职称'
    END AS '职称类型'
FROM teacher
```

解:该程序的执行结果如图 10.23 所示。

	姓名	系名	职称类型
1	李诚	计算机系	高级职称
2	王萍	计算机系	中级职称
3	刘冰	电子工程系	初级职称
4	张旭	电子工程系	高级职称

图 10.23　程序执行结果

2. 搜索 CASE 格式

其语法格式如下:

```
CASE
    WHEN 布尔表达式 THEN 匹配成功返回的表达式
    [ … ]
    [ELSE 匹配不成功返回的表达式]
END
```

搜索 CASE 格式的执行方式为:当布尔表达式的值为 TRUE 时,返回 THEN 后面的表达式,然后跳出 CASE 语句,否则继续测试下一个 WHEN 后面的布尔表达式。如果所有的 WHEN 后面的布尔表达式均为 FALSE,返回 ELSE 后面的表达式;如果没有 ELSE 子句,则返回 NULL。

【例 10.23】 给出以下程序的执行结果。

```
USE school
SELECT 学号,课程号,
    CASE
        WHEN 分数>=90 THEN 'A'
        WHEN 分数>=80 THEN 'B'
        WHEN 分数>=70 THEN 'C'
        WHEN 分数>=60 THEN 'D'
        WHEN 分数<60 THEN 'E'
    END AS '成绩'
FROM score ORDER BY 学号
```

解:该程序的执行结果如图 10.24 所示。

	学号	课程号	成绩
1	101	3-105	D
2	101	6-166	B
3	103	3-105	A
4	103	3-245	B
5	105	3-105	B
6	105	3-245	C
7	107	3-105	A
8	107	6-166	C
9	108	3-105	C
10	108	6-166	NULL
11	109	3-105	C
12	109	3-245	D

图 10.24　程序执行结果

10.6.4　WHILE 语句

WHILE 语句可以设置重复执行 T-SQL 语句或语句块的条件,只要指定的条件为真,就重复执行语句。用户可以使用 BREAK 和 CONTINUE 关键字在循环内部控制 WHILE 循环中语句的执行。

其语法格式如下：

```
WHILE 布尔表达式
    {T-SQL 语句|语句块}
    [BREAK]
    {T-SQL 语句|语句块}
    [CONTINUE]
```

其中，BREAK 子句导致从最内层的 WHILE 循环中退出。CONTINUE 子句使 WHILE 循环重新开始执行，忽略 CONTINUE 关键字后的任何语句。

WHILE 语句的执行方式为：如果布尔表达式的值为 TRUE，反复执行 WHILE 语句后面的语句块，否则跳过后面的语句块。

【例 10.24】 给出以下程序的执行结果。

```
DECLARE @s int,@i int
SET @i = 0
SET @s = 0
WHILE @i<=100
    BEGIN
        SET @s = @s+@i
        SET @i = @i+1
    END
PRINT '1+2+...+100=' + CAST(@s AS char(25))
```

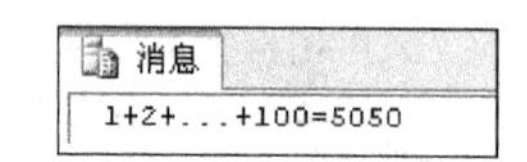

图 10.25 程序执行结果

解： 该程序是计算从 1 累加到 100 的值。执行结果如图 10.25 所示。

10.6.5 GOTO 语句

GOTO 语句可以实现无条件的跳转。其语法格式如下：

```
GOTO lable
```

其中，“lable”为要跳转到的语句标号，其名称要符合标识符的规定。

GOTO 语句的执行方式为：遇到 GOTO 语句后，直接跳转到 lable 标号处继续执行，而 GOTO 后面的语句将不被执行。

【例 10.25】 给出以下程序的执行结果。

```
DECLARE @avg float
USE school
IF (SELECT COUNT(*) FROM score WHERE 学号 = '108') = 0
    GOTO label1
BEGIN
    PRINT '108 学号学生的平均成绩:'
    SELECT @avg = AVG(分数) FROM score WHERE 学号 = '108' AND 分数 IS NOT NULL
    PRINT @avg
    RETURN
END
label1:
    PRINT '108 学号的学生无成绩'
```

解：该程序输出 108 学号学生的平均成绩，若没有该学生成绩，显示相应的提示信息。执行结果如图 10.26 所示。

消息
108学号学生的平均成绩：
78

图 10.26　程序执行结果

10.7　异常处理

10.7.1　TRY…CATCH 构造

T-SQL 代码中的错误可使用 TRY…CATCH 构造处理，也称为异常处理。TRY…CATCH 构造包括两部分，即一个 TRY 块和一个 CATCH 块。如果在 TRY 块内的 T-SQL 语句中检测到错误条件，则控制将被传递到 CATCH 块(可在此块中处理此错误)。

CATCH 块处理该异常错误后，控制将被传递到 END CATCH 语句后面的第一个 T-SQL 语句。如果 END CATCH 语句是存储过程或触发器中的最后一条语句，则控制将返回到调用该存储过程或触发器的代码，将不执行 TRY 块中生成错误的语句后面的 T-SQL 语句。

如果 TRY 块中没有错误，控制将传递到关联的 END CATCH 语句后紧跟的语句。如果 END CATCH 语句是存储过程或触发器中的最后一条语句，控制将传递到调用该存储过程或触发器的语句。

TRY 块以 BEGIN TRY 语句开头，以 END TRY 语句结尾。在 BEGIN TRY 和 END TRY 语句之间可以指定一个或多个 T-SQL 语句。

CATCH 块必须紧跟 TRY 块。CATCH 块以 BEGIN CATCH 语句开头，以 END CATCH 语句结尾。在 T-SQL 中，每个 TRY 块仅与一个 CATCH 块相关联。

TRY…CATCH 使用下列错误函数捕获错误信息，可以从 TRY…CATCH 构造的 CATCH 块的作用域中的任何位置检索错误信息。

- ERROR_NUMBER()：返回错误号。
- ERROR_MESSAGE()：返回错误消息的完整文本，此文本包括为任何可替换参数(如长度、对象名或时间)提供的值。
- ERROR_SEVERITY()：返回错误严重性。
- ERROR_STATE()：返回错误状态号。
- ERROR_LINE()：返回导致错误的例程中的行号。
- ERROR_PROCEDURE()：返回出现错误的存储过程或触发器的名称。

【例 10.26】　给出以下程序执行时输出的错误消息。

```
BEGIN TRY
    SELECT 1/0;
END TRY
BEGIN CATCH
    PRINT ERROR_NUMBER();
```

```
    PRINT ERROR_MESSAGE();
END CATCH
GO
```


解：该程序存在除零异常，通过 CATCH 捕捉到并输出相应的错误号和错误消息的完整文本，如图 10.27 所示。

使用 TRY…CATCH 构造时的注意事项如下：

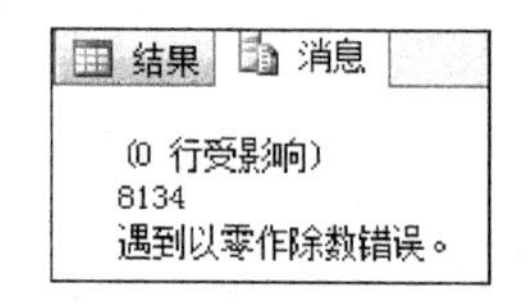

图 10.27　程序执行的错误消息

- TRY…CATCH 构造可对严重程度高于 10 但不关闭数据库连接的所有执行错误进行缓存。
- 使用 TRY…CATCH 构造时，每个 TRY…CATCH 构造都必须位于一个批处理、存储过程或触发器中。例如，不能将 TRY 块放置在一个批处理中而将关联的 CATCH 块放置在另一个批处理中。
- TRY…CATCH 构造不能跨越多个 T-SQL 语句块。例如，TRY…CATCH 构造不能跨越 T-SQL 语句的两个 BEGIN…END 块，且不能跨越 IF…ELSE 构造。

10.7.2　THROW 语句

THROW 语句是 SQL Server 2012 新增的，它用于引发异常，并将执行转移到 TRY…CATCH 构造的 CATCH 块。其基本语法格式如下：

```
THROW [ error_number,message,state ]
```

各参数的含义如下。

- error_number：表示异常的常量，取值范围为 50 000～2 147 483 647。
- message：描述异常的字符串。
- state：在 0～255 之间的常量，指示与消息关联的状态。

使用 THROW 语句时需要注意以下几点：

- THROW 语句前的语句必须后跟分号(;)语句终止符。
- 如果 TRY…CATCH 构造不可用，则会话结束，设置引发异常的行号和过程，将严重性设置为 16。
- 如果指定 THROW 语句时未使用任何参数，该语句必须出现在 CATCH 块内，这将导致引发已捕获异常。THROW 语句中出现任何错误都将导致语句批处理结束。

【例 10.27】 给出以下程序执行时输出的错误消息。

```
USE test
GO
IF OBJECT_ID('tb','U') IS NOT NULL
    DROP TABLE tb
GO
CREATE TABLE tb(ID int PRIMARY KEY)
BEGIN TRY
     INSERT INTO tb(ID) VALUES(1);
     INSERT INTO tb(ID) VALUES(1);
```

```
END TRY
BEGIN CATCH
    PRINT '在 CATCH 中:';                          -- 必须用";"结尾
    THROW
    PRINT 'OK'
END CATCH
```

解：该程序先在数据库 test 中建立 tb 表，它含一个唯一性列 ID。在 CATCH 块内插入两个 1 的记录，违背唯一性，被 CATCH 块捕捉到。CATCH 块内的 THROW 语句未使用任何参数，这将导致引发已捕获异常，并结束批处理。THROW 语句显示的错误消息如图 10.28 所示。

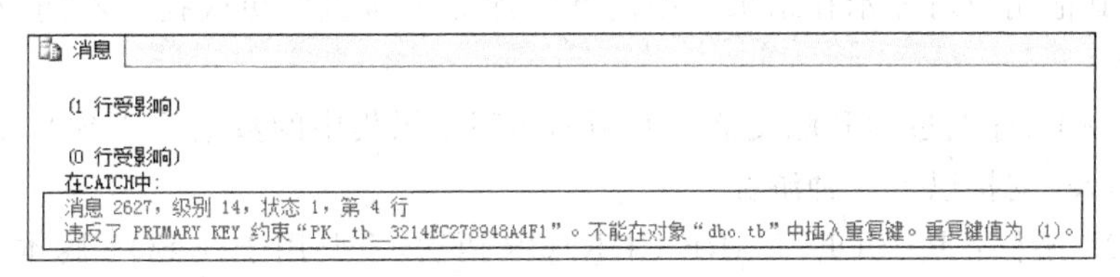

图 10.28　程序执行时由 THROW 显示的错误消息

说明：OBJECT_ID 函数用于查找指定的对象是否存在，其使用格式为“OBJECT_ID(对象名[,对象类型])”，若指定的对象不存在，返回 NULL，否则返回非 NULL。

10.7.3　RAISERROR 语句

RAISERROR 语句用于生成错误消息并启动会话的错误处理。它可以引用 sys.messages 系统目录视图中存储的用户定义消息，也可以动态地建立消息。该消息作为服务器错误消息返回到调用应用程序，或返回到 TRY…CATCH 构造的关联 CATCH 块。其基本使用格式如下：

```
RAISERROR({错误号|用户定义的错误消息}{,severity,state})
```

其中，severity 是用户定义的与该消息关联的严重级别。state 是在多个位置引发相同的用户定义错误，针对每个位置使用唯一的状态号。

例如，执行以下语句显示的错误消息如图 10.29 所示。

消息
消息 50000，级别 16，状态 2，第 2 行
程序出现错误

图 10.29　错误消息

```
RAISERROR('程序出现错误',16,2)
```

10.8　游　　标

数据库中的操作会对整个行集产生影响。由 SELECT 语句返回的行集包括所有满足该语句的 WHERE 子句中条件的行，由语句所返回的这一完整的行集称为结果集。应用程序特别是交互式联机应用程序，并不总能将整个结果集作为一个单元来有效处理。这些应用程序需要一种机制，以便每次处理一行或一部分行。游标就是用来提供这种机制的结果集扩展。

10.8.1 游标的概念

游标包括以下两个部分。

- 游标结果集(Cursor Result Set)：由定义该游标的 SELECT 语句返回的行的集合。
- 游标位置(Cursor Position)：指向这个集合中某一行的指针。

游标使得 T-SQL 语言可以逐行处理结果集中的数据，游标具有以下优点：

- 允许定位在结果集的特定行。
- 从结果集的当前位置检索一行或多行。
- 支持对结果集中当前位置的行进行数据修改。
- 为由其他用户对显示在结果集中的数据库数据所做的更改提供不同级别的可见性支持。
- 提供脚本、存储过程和触发器中使用的访问结果集中的数据的 T-SQL 语句。

SQL Server 支持以下 3 种游标。

- T-SQL 游标：基于 DECLARE CURSOR 语法，主要用于 T-SQL 脚本、存储过程和触发器中。T-SQL 游标在服务器上实现，由从客户端发送到服务器的 T-SQL 语句管理。它们还可能包含在批处理、存储过程或触发器中。
- 应用程序编程接口(API)服务器游标：支持 OLE DB 和 ODBC 中的 API 游标函数。API 服务器游标在服务器上实现。每次客户端应用程序调用 API 游标函数时，SQL Server 本地客户端 OLE DB 访问接口或 ODBC 驱动程序会把请求传输到服务器，以便对 API 服务器游标进行操作。
- 客户端游标：由 SQL Server 本地客户端 ODBC 驱动程序和实现 ADO API 的 DLL 在内部实现。客户端游标通过在客户端高速缓存所有结果集行来实现。每次客户端应用程序调用 API 游标函数时，SQL Server 本地客户端 ODBC 驱动程序或 ADO DLL 会对客户端上高速缓存的结果集行执行游标操作。

10.8.2 游标的基本操作

游标的基本操作包括声明游标、打开游标、提取数据、关闭游标和释放游标。

1. 声明游标

声明游标使用 DECLARE CURSOR 语句，其语法格式如下：

```
DECLARE 游标名称 [INSENSITIVE] [SCROLL]
  [STATIC | KEYSET | DYNAMIC | FAST_FORWORD] CURSOR
  FOR select 语句
  [FOR {READ ONLY | UPDATE [ OF 列名[,…n]]}]
```

其中，各参数的含义如下：

① INSENSITIVE 子句定义一个游标，以创建将由该游标使用的数据的临时副本。对游标的所有请求都从 tempdb 中的该临时表中得到应答，因此，在对该游标进行提取操作时返回的数据中不反映对基表所做的修改，并且该游标不允许修改。

② SCROLL 子句指定所有的提取选项，使用该选项声明的游标具有以下提取数据功能。

• FIRST：提取第一行。

• LAST：提取最后一行。

• PRIOR：提取前一行。

• NEXT：提取后一行。

• RELATIVE：按相对位置提取数据。

• ABSOLUTE：按相对位置提取数据。

如果在声明中未指定 SCROLL，则 NEXT 是唯一支持的提取选项。

③ SQL Server 所支持的 4 种游标类型。目前 SQL Server 版本中已经扩展了 DECLARE CURSOR 语句，这样就可以指定 T-SQL 游标的 4 种游标类型。这些游标检测结果集变化的能力和消耗资源（如在 tempdb 中所占的内存和空间）的情况各不相同，这 4 种游标类型如下。

• STATIC（静态游标）：静态游标的完整结果集在游标打开时建立在 tempdb 中。静态游标总是按照游标打开时的原样显示结果集。

• DYNAMIC（动态游标）：动态游标与静态游标相对。当滚动游标时，动态游标反映结果集中所做的所有更改。结果集中的行数据值、顺序和成员在每次提取时都会改变。所有用户做的全部 UPDATE、INSERT 和 DELETE 语句均通过游标可见。

• FAST_FORWARD（只进游标）：只进游标不支持滚动，它只支持游标从头到尾顺序提取。行只在从数据库中提取出来后才能检索。

• KEYSET（键集驱动游标）：打开游标时，键集驱动游标中的成员和行顺序是固定的。键集驱动游标由一套被称为键集的唯一标识符（键）控制。键由以唯一方式在结果集中标识行的列构成。键集是游标打开时来自所有适合 SELECT 语句的行中的一系列键值。键集驱动游标的键集在游标打开时建立在 tempdb 中。

④ select 语句是定义游标结果集的标准 SELECT 语句。

⑤ READ ONLY 子句表示该游标只能读，不能修改，即在 UPDATE 或 DELETE 语句的 WHERE CURRENT OF 子句中不能引用游标。该选项替代要更新的游标的默认功能。

⑥ UPDATE [OF 列名[，…*n*]]定义游标内可更新的列。如果指定“OF 列名[，…*n*]”参数，则只允许修改所列出的列。如果在 UPDATE 中未指定列的列表，则可以更新所有列。

2. 打开游标

打开游标使用 OPEN 语句，其语法格式如下：

```
OPEN 游标名
```

当打开游标时，服务器执行声明时使用的 SELECT 语句。

注意：只能打开已经声明但还没有打开的游标。如果在一个事务内打开了一个游标，该游标便位于该事务的作用域内。如果事务中止，该游标便不再存在。若要在取消事务后继续使用游标，需在该事务的作用域外创建游标。SQL Server 不支持分布式事务。

3. 提取数据

游标在声明而且被打开以后，其位置位于第一行，可以使用 FETCH 语句从游标结果集中提取数据。其语法格式如下：

```
FETCH [ [NEXT | PRIOR | FIRST | LAST
    | ABSOLUTE {n | @nvar} | RELATIVE {n | @nvar} ]
    FROM ] 游标名
  [INTO @variable_name[,…n]]
```


其中,各参数的含义如下。

- NEXT:返回紧跟当前行之后的结果行,并且当前行递增为结果行。如果 FETCH NEXT 为对游标的第一次提取操作,则返回结果集中的第一行。NEXT 为默认的游标提取选项。
- PRIOR:返回紧临当前行前面的结果行,并且当前行递减为结果行。如果 FETCH PRIOR 为对游标的第一次提取操作,则没有行返回并且游标置于第一行之前。
- FIRST:返回游标中的第一行并将其作为当前行。
- LAST:返回游标中的最后一行并将其作为当前行。
- ABSOLUTE {*n* | @nvar}:如果 *n* 或@nvar 为正数,返回从游标头开始的第 *n* 行并将返回的行变成新的当前行。如果 *n* 或@nvar 为负数,返回游标尾之前的第 *n* 行并将返回的行变成新的当前行。如果 *n* 或@nvar 为 0,则没有行返回。*n* 必须为整型常量,并且@@nvar 必须为 smallint、tinyint 或 into。
- RELATIVE {*n*! @nvar}:如果 *n* 或@nvar 为正数,返回当前行之后的第 *n* 行并将返回的行变成新的当前行。如果 *n* 或@nvar 为负数,返回当前行之前的第 *n* 行并将返回的行变成新的当前行。如果 *n* 或@nvar 为 0,返回当前行。如果在对游标的第一次提取操作时将 FETCH RELATIVE 的 *n* 或@nvar 指定为负数或 0,则没有行返回。*n* 必须为整型常量,并且@nvar 必须为 smallint、tinyint 或 int。
- 游标名称:要从中进行提取数据的游标的名称。如果存在同名称的全局和局部游标,则游标名称前指定 GLOBAL 表示操作的是全局游标,未指定 GLOBAL 表示操作的是局部游标。
- INTO @variable_name [,…*n*]:允许将提取操作的列数据放到局部变量中。列表中的各个变量从左到右与游标结果集中的相应列相关联,各变量的数据类型必须与相应的结果列的数据类型匹配或是结果列数据类型所支持的隐性转换,变量的数目必须与游标选择列表中的列的数目一致。

@@FETCH_STATUS()函数报告上一个 FETCH 语句的状态,其取值和含义如表 10.6 所示。

表 10.6 @@FETCH_STATUS()函数的取值及其含义

取　值	含　义
0	FETCH 语句成功
−1	FETCH 语句失败或此行不在结果集中
−2	被提取的行不存在

另外一个用来提供游标活动信息的全局变量为@@ROWCOUNT,它返回受上一语句影响的行数,若为 0 表示没有行更新。

4. 关闭游标

关闭游标使用 CLOSE 语句,其语法格式如下:

```
CLOSE 游标名
```

游标在关闭后可以再次打开。在一个批处理中，可以多次打开和关闭游标。

5. 释放游标

释放游标将释放所有分配给此游标的资源。释放游标使用 DEALLOCATE 语句，其语法格式如下：

```
DEALLOCATE 游标名
```

关闭游标并不改变游标的定义，可以再次打开该游标。但是，释放游标就释放了与该游标有关的一切资源，也包括游标的声明，就不能再次使用该游标了。

10.8.3 使用游标

1. 使用游标的过程

游标主要用在存储过程、触发器和 T-SQL 脚本中，它们使结果集的内容对其他 T-SQL 语句同样可用。

使用游标的典型过程如下：

① 声明 T-SQL 变量包含游标返回的数据。为每一个结果集列声明一个变量，声明足够大的变量，以保存由列返回的值，并声明可从列数据类型以隐性方式转换得到的数据类型。

② 使用 DECLARE CURSOR 语句把 T-SQL 游标与一个 SELECT 语句相关联。DECLARE CURSOR 语句同时定义游标的特征，如游标名称以及游标为只读或只写特性。

③ 使用 OPEN 语句执行 SELECT 语句并生成游标。

④ 使用 FETCH INTO 语句提取单个行，并把每列中的数据转移到指定的变量中。然后，其他 T-SQL 语句可以引用这些变量访问已提取的数据值。T-SQL 不支持提取行块。

⑤ 结束游标时使用 CLOSE 语句。关闭游标可以释放某些资源，如游标结果集和对当前行的锁定。但是如果重新发出一个 OPEN 语句，该游标结构仍可用于处理。由于游标仍然存在，此时还不能重新使用游标的名称。DEALLOCATE 语句则完全释放分配给游标的资源，包括游标名称。在游标被释放后，必须使用 DECLARE 语句重新生成游标。

游标的处理过程如图 10.30 所示。

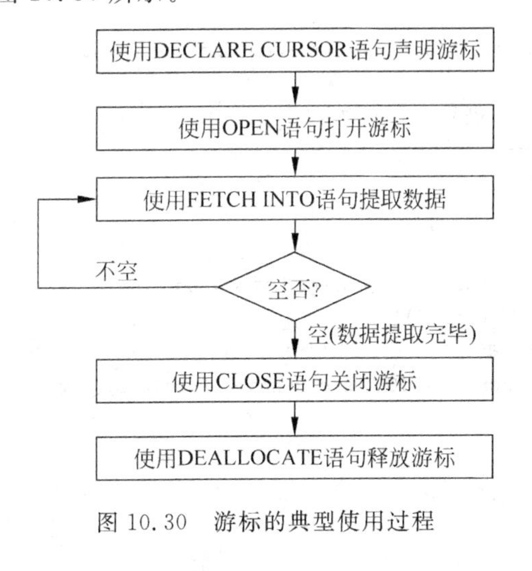

图 10.30 游标的典型使用过程

【例 10.28】 给出以下程序的执行结果。

```
USE school
GO
--声明游标
DECLARE st_cursor CURSOR FOR SELECT 学号,姓名,班号 FROM student
--打开游标
OPEN st_cursor
--提取第一行数据
FETCH NEXT FROM st_cursor
--关闭游标
CLOSE st_cursor
--释放游标
DEALLOCATE st_cursor
GO
```

解：这是一个简单的使用游标的示例，从 student 表中读出所有学生记录的学号、姓名和班号，并通过 FETCH 语句取出第一个学生记录。执行结果如图 10.31 所示。

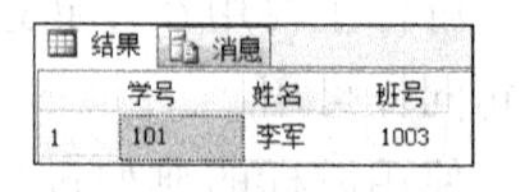

图 10.31 程序执行结果

【例 10.29】 给出以下程序的执行结果。

```
USE school
GO
SET NOCOUNT ON
--声明变量
DECLARE @sno int,@sname char(10),@sclass char(10),@savg float
--声明游标
DECLARE st_cursor CURSOR
   FOR SELECT student.学号,student.姓名,student.班号,AVG(score.分数)
      FROM student,score
      WHERE student.学号 = score.学号 AND score.分数>0
      GROUP BY student.学号,student.姓名,student.班号
      ORDER BY student.班号,student.学号
--打开游标
OPEN st_cursor
--提取第一行数据
FETCH NEXT FROM st_cursor INTO @sno,@sname,@sclass,@savg
--打印表标题
PRINT '学号      姓名      班号      平均分'
PRINT '-----------------------------------'
WHILE @@FETCH_STATUS = 0
BEGIN
   --打印一行数据
   PRINT CAST(@sno AS char(8)) + @sname + @sclass + ' ' +
         CAST(@savg AS char(5))
      --提取下一行数据
   FETCH NEXT FROM st_cursor INTO @sno,@sname,@sclass,@savg
END
--关闭游标
CLOSE st_cursor
--释放游标
```

```
DEALLOCATE st_cursor
GO
```

解：该程序使用游标打印一个简单的学生信息表。执行结果如图 10.32 所示。

2. 使用游标修改和删除数据

使用游标进行数据更新，其前提条件是该游标必须声明为可更新游标，只要是在声明游标时没有带 READ ONLY 的游标都是可更新游标。

使用游标修改数据的语句格式如下：

```
UDATE 表名
SET 列名 = 表达式 [⋯]
WHERE CURRENT OF 游标名
```

使用游标修改数据的语句格式如下：

```
DELETE 表名
WHERE CURRENT OF 游标名
```

学号	姓名	班号	平均分
103	陆君	1001	89
105	匡明	1001	81.5
109	王芳	1001	72
101	李军	1003	74.5
107	王丽	1003	85
108	曾华	1003	78

图 10.32　程序执行结果

说明：UPDATE 和 DELETE 只对当前行进行相应的修改和删除操作。

【例 10.30】　给出以下程序的执行结果。

```
USE school
ALTER TABLE score ADD 等级 char(2)
GO
DECLARE st_cursor CURSOR
   FOR SELECT 分数 FROM score WHERE 分数 IS NOT NULL
DECLARE @fs int,@dj char(1)
OPEN st_cursor
FETCH NEXT FROM st_cursor INTO @fs
WHILE @@FETCH_STATUS = 0
BEGIN
  SET @dj = CASE
    WHEN @fs >= 90 THEN 'A'
    WHEN @fs >= 80 THEN 'B'
    WHEN @fs >= 70 THEN 'C'
    WHEN @fs >= 60 THEN 'D'
    ELSE 'E'
  END
  UPDATE score
  SET 等级 = @dj
  WHERE CURRENT OF st_cursor
  FETCH NEXT FROM st_cursor INTO @fs
END
CLOSE st_cursor
DEALLOCATE st_cursor
GO
SELECT * FROM score ORDER BY 学号
GO
ALTER TABLE score DROP COLUMN 等级
GO
```

解：上述程序先在 score 表中增加一个"等级"列，然后采用游标方式根据分数计算出"等级"列，并显示 score 表中的所有记录，最后删除 score 表中的"等级"列。程序的执行结果如图 10.33 所示，从结果中可以看到"等级"列值已被正确地计算出来。

结果 消息

	学号	课程号	分数	等级
1	101	3-105	64	D
2	101	6-166	85	B
3	103	3-105	92	A
4	103	3-245	86	B
5	105	3-105	88	B
6	105	3-245	75	C
7	107	3-105	91	A
8	107	6-166	79	C
9	108	3-105	78	C
10	108	6-166	NULL	NULL
11	109	3-105	76	C
12	109	3-245	68	D

图 10.33　程序执行结果

练 习 题 10

1. 什么是局部变量？什么是全局变量？如何标识它们？
2. 给局部变量赋值有哪几种方式？
3. SQL Server 的全局变量有哪些特点？
4. LIKE 的匹配字符有哪几种？如果要检索的字符中包含匹配字符，应该怎么处理？
5. 什么是批处理？使用批处理有何限制？
6. 什么是同义词？为什么使用同义词？
7. 给出以下程序的输出结果：

```
USE school
IF OBJECT_ID('stud','U') IS NULL
   PRINT 'school 数据库中没有 stud 表'
ELSE
    SELECT * FROM stud
GO
```

8. 给出以下程序的输出结果：

```
USE school
SELECT student.学号,student.姓名,score.课程号,
    CASE
        WHEN 分数> = 80 THEN 'PASS'
        WHEN 分数< 80 THEN 'NO PASS'
    END AS '成绩'
FROM student,score
WHERE student.学号 = score.学号 AND student.班号 = '1003'
ORDER BY 学号
```

9．给出以下程序的输出结果：

```
USE test
GO
IF OBJECT_ID('tb1','U') IS NOT NULL
   DROP TABLE tb1
GO
CREATE TABLE tb1(ID int PRIMARY KEY)
BEGIN TRY
    INSERT INTO tb1(ID) VALUES(1);
    INSERT INTO tb1(ID) VALUES(2);
    UPDATE tb1 SET ID = 1 WHERE ID = 2
END TRY
BEGIN CATCH
    PRINT '在 CATCH 中:';
    THROW
    PRINT 'OK'
END CATCH
```

10．简述使用游标的基本过程。

11．给出以下程序的输出结果：

```
USE school
GO
DECLARE @fs int                                 --声明变量
DECLARE @n1 int,@n2 int
SET @n1 = 0
SET @n2 = 0
DECLARE fs_cursor CURSOR                        --声明游标
   FOR SELECT 分数 FROM score WHERE 分数 IS NOT NULL
OPEN fs_cursor                                  --打开游标
FETCH NEXT FROM fs_cursor INTO @fs              --提取第一行数据
WHILE @@FETCH_STATUS = 0
BEGIN
   IF @fs>= 80 SET @n1 = @n1 + 1
   ELSE SET @n2 = @n2 + 1
   FETCH NEXT FROM fs_cursor INTO @fs           --提取下一行数据
END
CLOSE fs_cursor                                 --关闭游标
DEALLOCATE fs_cursor                            --释放游标
PRINT '80 分及以上人次:' + CAST(@n1 AS CHAR(3))
PRINT '其他人次:' + CAST(@n2 AS CHAR(3))
GO
```

12．编写一个程序，采用游标方式输出所有课程的平均分。

13．编写一个程序，采用游标方式输出所有学号、课程号和成绩等级。

14．编写一个程序，采用游标方式输出各班各课程的平均分。

第11章 索引和视图

数据查询是最重要的数据操作之一，SQL Server 系统需要按照查询条件对整个数据表进行逐一筛选，当涉及多表查询时，这一过程是十分耗时的。索引和视图是两个重要的 SQL Server 数据库对象，它们具有辅助查询和组织数据的功能，可以极大地提高查询数据的效率。本章主要介绍索引和视图的概念和使用方法。

11.1 索　　引

11.1.1 索引概述

索引类似于书的目录，书的内容类似于表的数据，书的目录通过页码指向书的内容。同样，索引中也记录了表中的键值，同时提供了指向表中记录的存储地址。书的目录使读者可以很快地找到想看的内容，而不必翻遍书中的每一页。在数据库中，索引能够使数据库程序不用浏览整个表就可以找到表中的数据。

1. 索引的作用

索引是对数据库表中一个或多个列的值进行排序的结构，它具有以下作用：

- 提高查询速度。
- 强制实施行的唯一性，通过创建唯一性索引可以保证表中每一行数据的唯一性。
- 提高连接、ORDER BY 排序和 GROUP BY 分组执行的速度。
- 加速表之间的连接，特别是在实现数据的参照完整性方面很有意义。
- 查询优化器依靠索引起作用，提高系统的性能。

一般来说，对表的查询都是通过主键进行的，因此，首先应该考虑在主键上建立索引。另外，对于连接中频繁使用的列(包括外键)也应作为建立索引的考虑选项。

由于建立索引需要一定的开销，而且当使用 INSERT 或者 UPDATE 对数据进行插入和更新操作时，维护索引也是需要花费时间和空间的，因此，没有必要对表中所有的列建立索引。下面的情况不考虑建立索引：

- 从来不或者很少在查询中引用的列。
- 只有两个或者若干个值的列，例如性别(男或女)。
- 记录数目很少的表。

2. 索引的结构

索引是与表或视图关联的磁盘结构，可以加快从表或视图中检索行的速度。索引包含由表或视图中的一列或多列生成的键，这些键存储在一个结构(B 树)中，使 SQL Server 可以快速、有效地查找与键值关联的行。

因为B树结构非常适合于检索数据，所以SQL Server的索引是按B树结构进行组织的。索引B树中的每一页称为一个索引结点，B树的顶端结点称为根结点，索引中的底层结点称为叶结点，根结点与叶结点之间的任何索引级别统称为中间级。索引B树的结点分为索引页和数据页两种类型。

3. 索引的类型

数据库中的索引按照索引结构和存放位置分为两类，即聚集索引和非聚集索引。SQL Server还提供了唯一索引、全文索引和XML索引等。下面介绍聚集索引、非聚集索引和唯一索引。

(1) 聚集索引

聚集索引的B树索引结构如图11.1所示，聚集索引在sys.partitions系统表中有一行，其中，索引使用的每个分区的index_id=1；对于某个聚集索引，sys.system_internals_allocation_units系统视图中的root_page列指向该聚集索引某个特定分区的顶部。

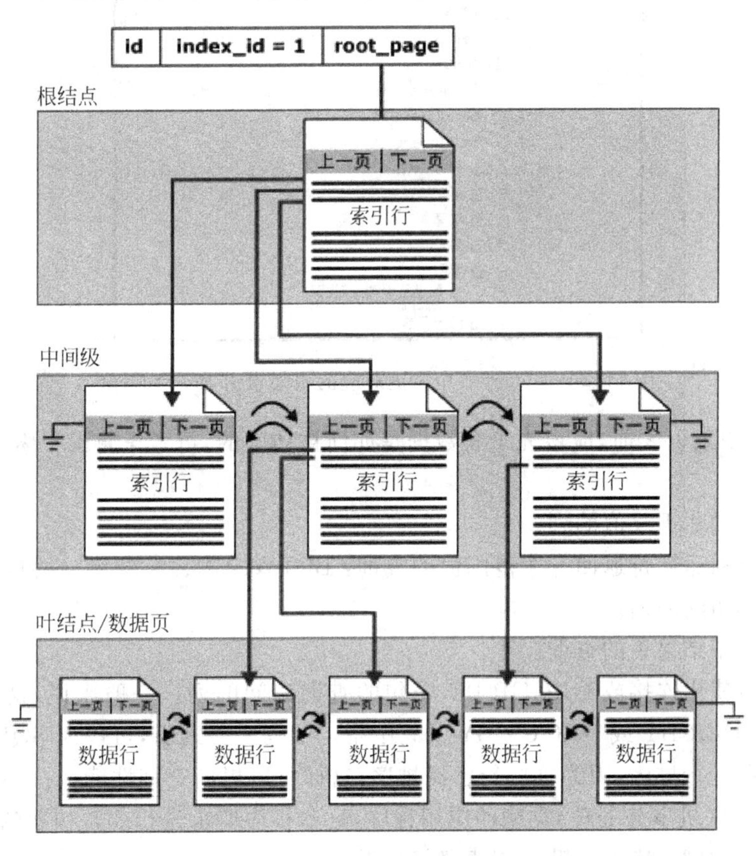

图11.1　聚集索引的结构

在默认情况下，聚集索引有单个分区。当聚集索引有多个分区时，每个分区都有一个包含该特定分区相关数据的B树结构。例如，如果聚集索引有4个分区，就有4个B树结构，每个分区中有一个B树结构。

聚集索引对表在物理数据页中的数据按列值进行排序，然后再重新存储到磁盘上，即聚集索引与数据是混为一体的，它的叶结点中存储的是实际的数据。也就是说，在聚集索引中数据表中记录的物理顺序与索引顺序相同，即索引顺序决定了表中记录行的存储顺序，因为记录行是经过排序的，所以每个表只能有一个聚集索引。

由于聚集索引的顺序与记录行存放的物理顺序相同，所以聚集索引最适合范围查找，因为找到一个范围内开始的行后可以很快地取出后面的行。

如果表中没有创建其他的聚集索引，则在表的主键列上自动创建聚集索引，图 11.2 所示为 student 表中主键对应的聚集索引 PK_student。

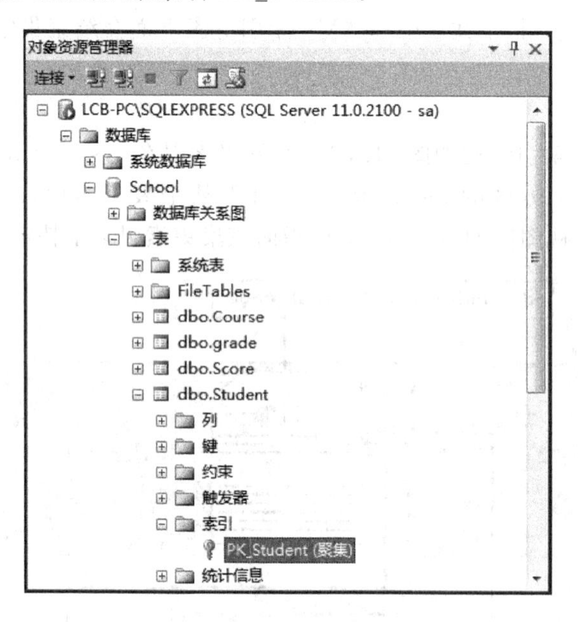

图 11.2　student 表中主键对应的聚集索引 PK_student

在创建聚集索引之前，应该先了解数据是如何被访问的，可考虑将聚集索引用于下面几种情况：

- 包含大量非重复值的列。
- 使用下列运算符返回一个范围值的查询：BETWEEN、>、>=、<和<=。
- 被连续访问的列。
- 返回大型结果集的查询。
- 经常被使用连接或 GROUP BY 子句的查询访问的列。一般来说，这些是外键列。对 ORDER BY 或 GROUP BY 子句中指定的列进行索引，可以使 SQL Server 不必对数据进行排序，因为这些行已经排序，这样可以提高查询性能。
- OLTP（联机事务处理）类型的应用程序，这些程序要求进行非常快速的单行查找（一般通过主键），应在主键上创建聚集索引。

对于频繁更改的列，则不适合创建聚集索引，因为这将导致整行移动（因为 SQL Server 必须按物理顺序保留行中的数据值），而在大数据量事务处理系统中，这样操作则数据很容易丢失。

（2）非聚集索引

在一个数据表中只能有一个聚集索引，但可以建立多个非聚集索引。在非聚集索引中，每个索引行都包含非聚集键值和行定位符，此定位符指向聚集索引或堆中包含该键值的数据行。索引中的行按索引键值的顺序存储，但是不保证数据行按任何特定顺序存储，除非对表创建聚集索引。

非聚集索引的 B 树结构如图 11.3 所示(对于索引使用的每个分区，非聚集索引在 index_id>0 的 sys.partitions 系统表中都有对应的一行)，它们之间的显著差别在于以下两点：

- 基础表的数据行不按非聚集键的顺序排序和存储。
- 非聚集索引的叶层是由索引页而不是由数据页组成的。

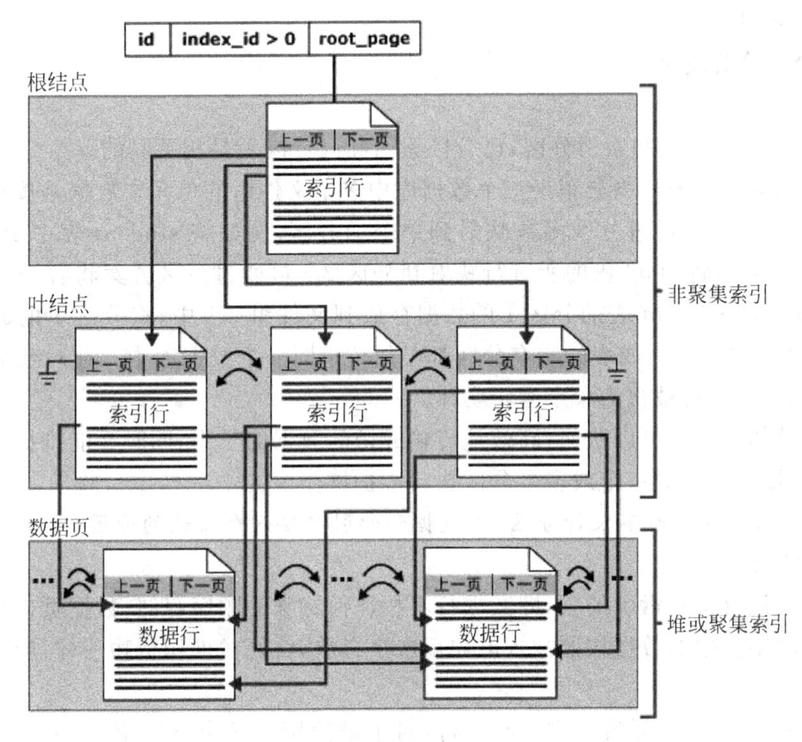

图 11.3　非聚集索引的结构

在创建非聚集索引之前，同样需要了解数据是如何被访问的。非聚集索引应用的一般情况如下：

- 包含大量非重复值的列。如果只有很少的非重复值，例如只有 1 和 0，则大多数查询将不使用索引，因为此时表扫描通常更有效。
- 不返回大型结果集的查询。
- 返回精确匹配的查询的搜索条件(WHERE 子句)中经常使用的列。
- 经常需要连接和分组的决策支持系统应用程序。在此情况下应在连接和分组操作中使用的列上创建多个非聚集索引，在任何外键列上创建一个聚集索引。
- 在特定的查询中覆盖一个表中的所有列，这将完全消除对表或聚集索引的访问。

(3) 唯一索引

唯一索引确保索引键不包含重复的值，多列唯一索引能够保证索引键中值的每个组合都是唯一的。只要每个列中的数据是唯一的，就可以为同一个表创建一个唯一聚集索引和多个唯一非聚集索引。也就是说，从索引结构上看，唯一索引属于聚集索引或非聚集索引类型之一。

唯一索引的实现方式主要如下：

- 在建表时采用 PRIMARY KEY 或 UNIQUE 约束，在使用 PRIMARY KEY 约束时，如果不存在该表的聚集索引且未指定唯一非聚集索引，将自动对一列或多列创建唯一聚集索引；在使用 UNIQUE 约束时，默认情况下将创建唯一非聚集索引，以便强制 UNIQUE 约束，如果不存在该表的聚集索引，则可以指定唯一聚集索引。
- 采用 CREATE INDEX 语句建立独立于约束的索引，可以为一个表定义多个唯一非聚集索引。

4. 几个相关的概念

(1) 分区

SQL Server 支持表和索引分区，已分区索引和已分区表是相关联的。

已分区表的数据划分为分布于一个数据库中多个文件组的单元。数据是按水平方式分区的，因此多组行可以通过分区函数映射到单个的分区，例如将 student 表中 1001 班的所有行映射到分区 1，将 1003 班的所有行映射到分区 2。再通过分区方案将各个分区映射到文件组中，例如将 student 表的分区 1 的数据存放到文件组 st1 中，将分区 2 的数据存放到文件组 st2 中。单个索引或表的所有分区都必须位于同一个数据库中。在对数据进行查询或更新时，表或索引将被视为单个逻辑实体。

这样设计的目的是可以快速、高效地传输或访问数据的子集，同时又能维护数据收集的完整性，还可以更快地对一个或多个分区执行维护操作。

说明：如果创建表时不设计分区，表数据和索引只要一个默认的分区。

(2) 堆结构

堆结构是没有聚集索引的表，即数据行不按任何特殊的顺序存储，数据页也没有任何特殊的顺序。堆结构中的数据按照插入的先后次序存放，就好像堆积货物一样，新的数据顺序堆放。

堆的 sys.partitions 系统表中具有一行，对于堆使用的每个分区都有 index_id=0。默认情况下，一个堆有一个分区。当堆有多个分区时，每个分区有一个堆结构，其中包含该特定分区的数据。例如，如果一个堆有 4 个分区，则有 4 个堆结构，每个分区有一个堆结构。

在堆结构中，sys.system_internals_allocation_units 系统视图中的 first_iam_page 列指向管理特定分区中堆的分配空间的一系列 IAM 页（索引分配映射页，IAM 页将映射分配单元使用的数据库文件中 4GB 部分中的区，其中类型为 IN_ROW_DATA 的 IAM 页用于存储堆分区或索引分区）的第一页。SQL Server 使用 IAM 页在堆中移动，数据页之间唯一的逻辑连接是记录在 IAM 页内的信息。

堆结构执行插入操作很容易，但查询的效率不高。

11.1.2 创建索引

在 SQL Server 中可以使用 SQL Server 控制管理器、CREATE INDEX 语句或 CREATE TABLE 语句创建索引。在创建索引时需要指定索引的特征，这些特征如下：

- 聚集还是非聚集索引。

- 唯一还是不唯一索引。
- 单列还是多列索引。
- 索引中的列顺序为升序还是降序。
- 覆盖还是非覆盖索引。

另外，还可以自定义索引的初始存储特征，通过设置填充因子优化其维护，并使用文件和文件组自定义其位置以优化性能。

1. 使用 SQL Server 控制管理器创建索引

使用 SQL Server 控制管理器可以对索引进行全面的管理，包括创建索引、查看索引、删除索引和重新组织索引等。

【例 11.1】 使用 SQL Server 管理控制器在 school 数据库中的 student 表的“班号”列上创建一个升序的非聚集索引 IQ_bh。

解：其操作步骤如下。

① 启动 SQL Server 管理控制器，在“对象资源管理器”中展开“LCB-PC\SQLEXPRESS”服务器结点。

② 展开“数据库|school|表|dbo. student|索引”结点，然后右击，在出现的快捷菜单中选择“新建索引|非聚集索引”命令(因为 student 表上已建立了一个聚集索引，不能再建聚集索引)。

③ 此时打开“新建索引”对话框，首先进入“常规”选项卡，如图 11.4 所示，其中各项的说明和设置如下。

- 表名：指出表的名称，用户不可更改。
- 索引名称：输入所建索引的名称，由用户设定。这里输入索引名称为“IQ_bh”。
- 索引类型：在这里默认为“非聚集”。对于其下的“唯一”复选框，选中表示创建唯一性索引，这里不选中。

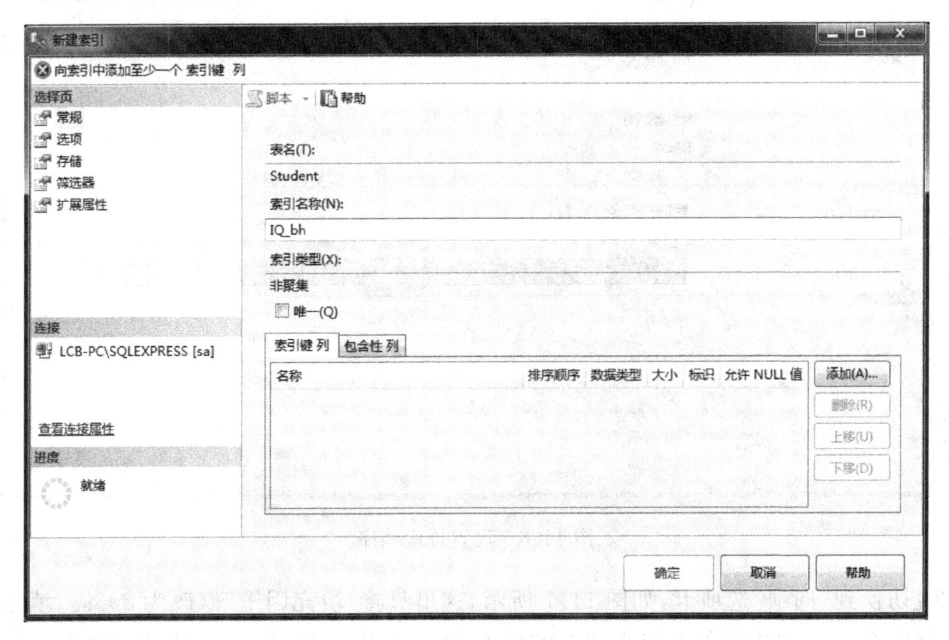

图 11.4 “新建索引”的“常规”选项卡

④ 设置完成后，单击“添加”按钮开始创建一个新的索引，出现如图 11.5 所示的从“dbo. student”中选择列对话框，从“表列”列表中选择要建立索引的列，一次可以选择一列或多列。这里选择“班号”列，单击“确定”按钮。

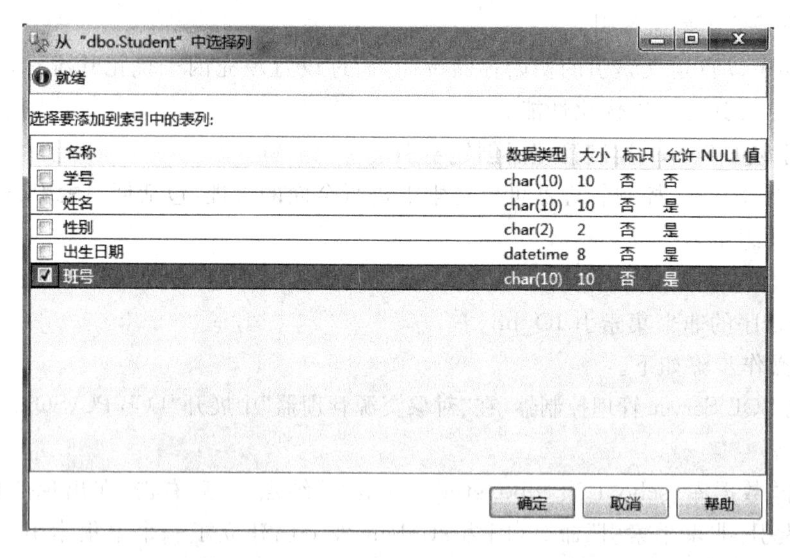

图 11.5　从“dbo. student”中选择列对话框

⑤ 这时返回到“常规”选项卡，单击“排序顺序”，从中选择索引键的排序顺序，如图 11.6 所示。这里选择“升序”选项。

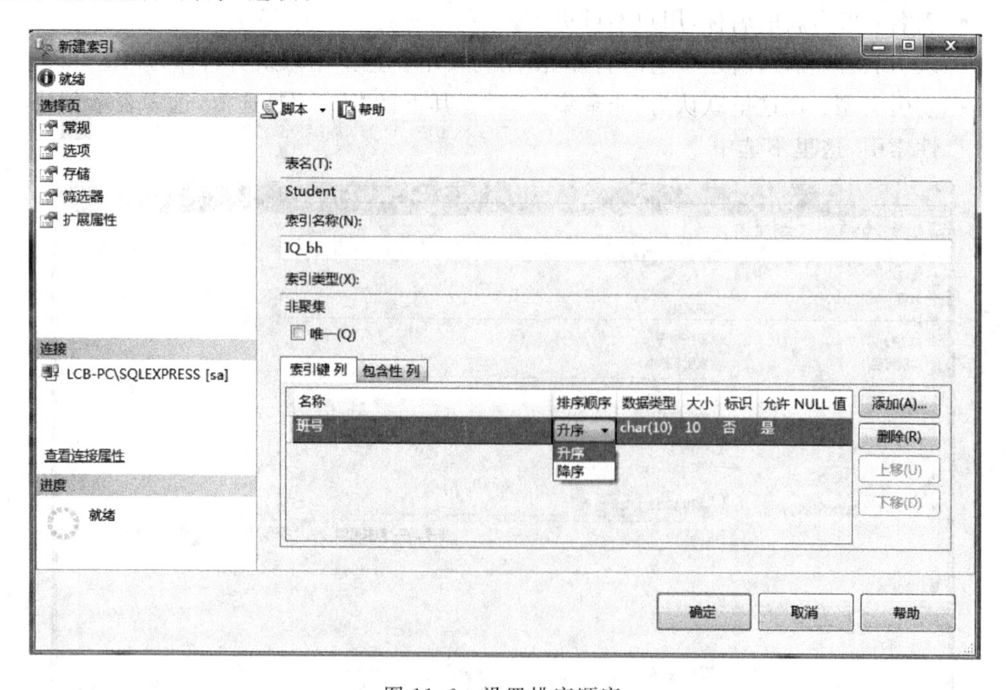

图 11.6　设置排序顺序

⑥ 切换到“选项”选项卡，如图 11.7 所示，这里只将“填充因子”修改为 80%。填充因子表示 SQL Server 对索引的叶级页填充的程度，索引采用 B 树结构，当叶级页填充的程度达

到指定的填充因子时就进行分裂，填充因子的值可以为 1～100，频繁分裂会降低存储性能，所以填充因子应设置得稍大一些。

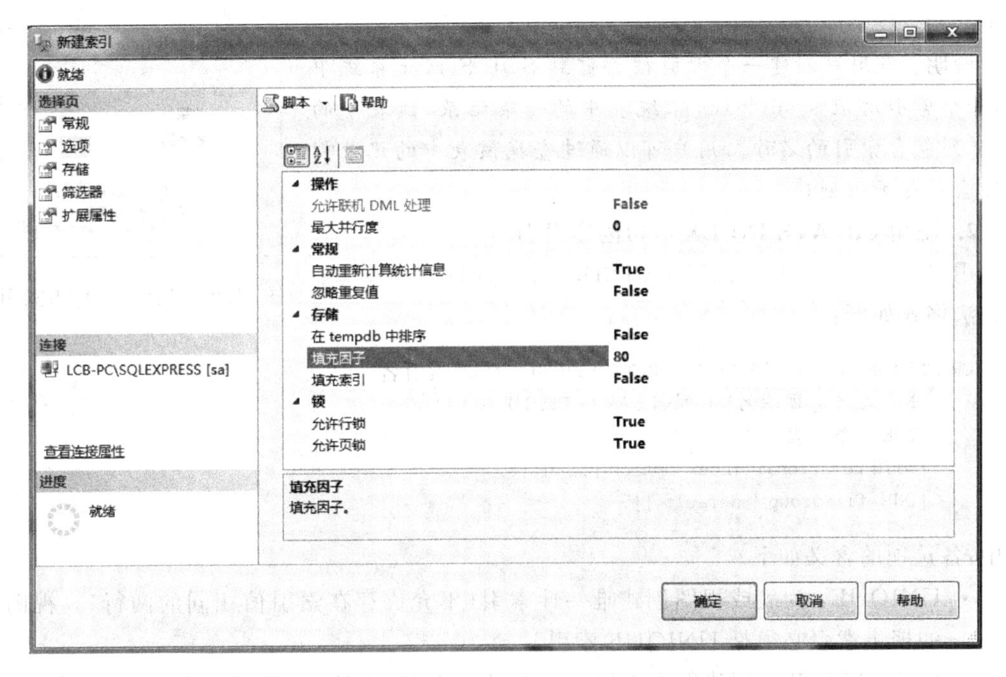

图 11.7 “选项”选项卡

⑦ 切换到“存储”选项卡，如图 11.8 所示，该选项卡用于设置索引的文件组和分区属性。选择文件组为“PRIMARY”(主文件组)。

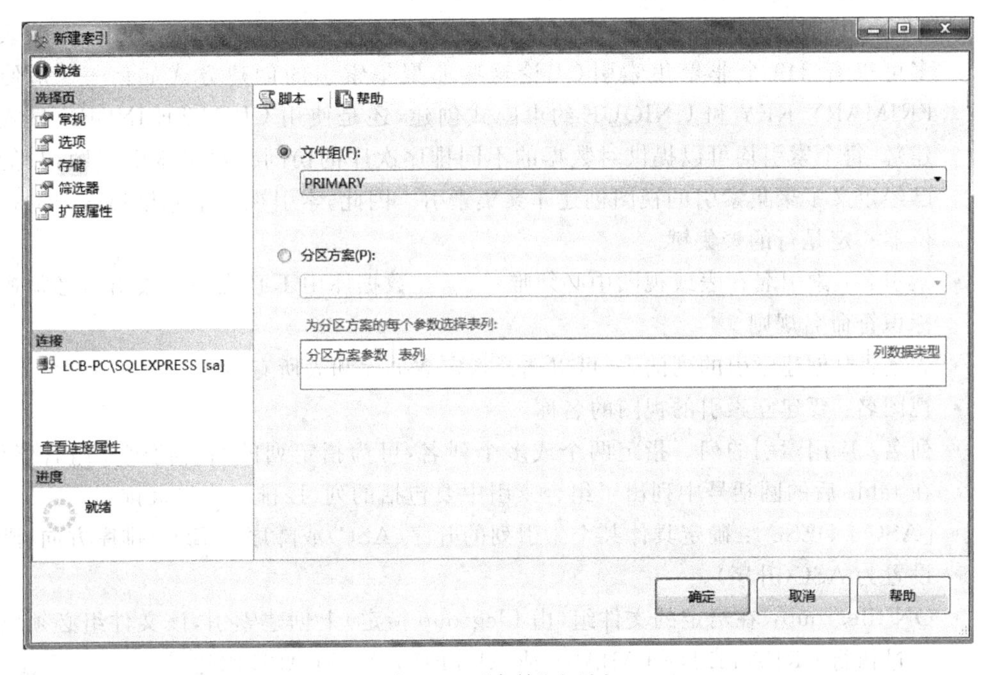

图 11.8 “存储”选项卡

⑧ 单击"确定"按钮返回到 SQL Server 管理控制器，这样就建立了 IQ_bh 非聚集索引。此时可以在 student 表的"索引"项下面看到新增了"IQ_bh(不唯一，非聚集)"项，如图 11.9 所示。

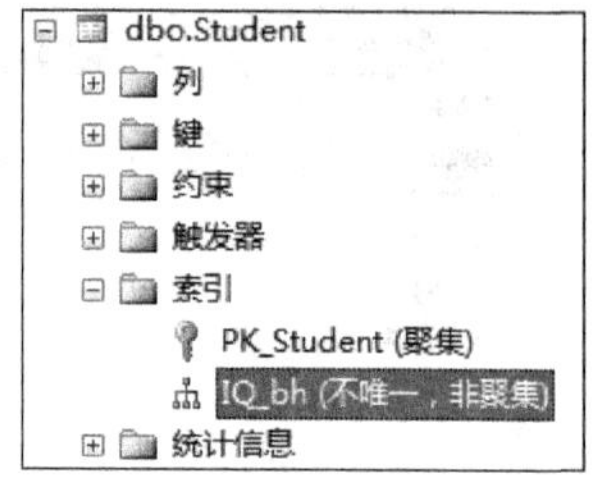

图 11.9　新建的 IQ_bh 索引

说明：当用户创建一个索引被存储到 SQL Server 系统中后，每个索引对应 sysindexes 系统表中的一条记录，该表中的 name 列包含索引的名称。用户可以通过查找该表中的记录判断某索引是否被创建。

2. 使用 CREATE INDEX 语句创建索引

用户可以直接使用 CREATE INDEX 语句创建索引，其基本语法格式如下：

```
CREATE [UNIQUE] [CLUSTERED | NONCLUSTERED] INDEX 索引名
    ON { 表名 | 视图名} ( 列名 [ASC | DESC][, …n])
    [WHERE 条件表达式 ]
    [WITH relational_index_option [, …n]]
    [ON [ filegroup | default ]]
```

其中，各选项的含义如下。

- UNIQUE：为表或视图创建唯一性索引(不允许存在索引值相同的两行)。视图上的聚集索引必须是 UNIQUE 索引。
- CLUSTERED：创建聚集索引。如果没有指定 CLUSTERED，则创建非聚集索引。具有聚集索引的视图称为索引视图，必须先为视图创建唯一聚集索引，然后才能为该视图定义其他索引。注意，如果指定了 CLUSTERED 选项，表示建立聚集索引，所以该索引将对磁盘上的数据进行物理排序。
- NONCLUSTERED：创建一个指定表的逻辑排序的对象，即非聚集索引。每个表最多可以有 249 个非聚集索引(无论这些非聚集索引的创建方式如何——是使用 PRIMARY KEY 和 UNIQUE 约束隐式创建，还是使用 CREATE INDEX 显式创建)。每个索引均可以提供对数据的不同排序次序的访问。对于索引视图，只能为已经定义了聚集索引的视图创建非聚集索引。因此，索引视图中非聚集索引的行定位器一定是行的聚集键。
- 索引名：索引名在表或视图中必须唯一，但在数据库中不必唯一。索引名必须遵循标识符命名规则。
- 表名：要创建索引的列的表，可以选择指定数据库和表所有者。
- 视图名：要建立索引的视图的名称。
- 列名：应用索引的列。指定两个或多个列名，可为指定列的组合值创建组合索引。在 table 后的圆括号中列出了组合索引中要包括的列(按排序优先级排列)。
- [ASC | DESC]：确定具体某个索引列的升序(ASC)或降序(DESC)排序方向，默认设置为 ASC(升序)。
- ON filegroup：在给定的文件组(由 filegroup 指定)上创建索引，该文件组必须已经通过执行 CREATE DATABASE 或 ALTER DATABASE 创建。
- ON default：在默认的文件组上创建索引。

• relational_index_option：指定创建索引的选项，其定义如下。

```
{ PAD_INDEX = { ON|OFF }                          -- 是否指定索引的填充，默认值为 OFF
  | FILLFACTOR = fillfactor |                     -- 指定填充因子值
  | IGNORE_DUP_KEY = { ON|OFF }                   -- 指定是否忽略重复的值
  | DROP_EXISTING = { ON|OFF }                    -- 指定是否删除并重新生成已命名的索引
  | STATISTICS_NORECOMPUTE  = {ON |OFF }          -- 指定是否重新计算统计信息
  | SORT_IN_TEMPDB { ON|OFF }                     -- 指定是否在 tempdb 中存储临时排序结果
  | ALLOW_ROW_LOCKS = { ON|OFF }                  -- 指定是否允许行锁，默认值为 ON
  | ALLOW_PAGE_LOCKS = { ON|OFF }                 -- 指定是否允许页锁，默认值为 ON
}
```

【例 11.2】 给出在 school 数据库的 teacher 表中的"编号"列上创建一个非聚集索引的程序。

解：其对应的程序如下。

```
USE school
-- 判断是否存在 IDX_tno 索引，若存在，则删除之
IF EXISTS(SELECT name FROM sysindexes WHERE name = 'IDX_tno')
   DROP INDEX teacher.IDX_tno
GO
-- 创建 IDX_tno 索引
CREATE INDEX IDX_tno ON teacher(编号)
GO
```

该程序的执行过程是先打开 school 数据库，查找是否存在名称为 IDX_tno 的索引，若存在，则删除它，然后在 teacher 表的"编号"列上创建名称为 IDX_tno 的索引。

说明：*在 teacher 表上有主键编号列对应的聚集索引 PK_teacher，这里不能再建立聚集索引，但可以建立编号列上的非聚集索引。*

【例 11.3】 给出为 student 表的"班号"和"姓名"列创建非聚集索引 IDX_bhname，并且强制唯一性的程序。

解：其对应的程序如下。

```
USE school
-- 判断是否存在 IDX_tno 索引，若存在，则删除之
IF EXISTS(SELECT name FROM sysindexes WHERE name = 'IDX_bhname')
   DROP INDEX score.IDX_bhname
GO
-- 创建 IDX_tno 索引
CREATE UNIQUE NONCLUSTERED INDEX IDX_bhname ON student(班号,姓名)
GO
```

【例 11.4】 给出以下程序的功能。

```
USE school
IF EXISTS (SELECT name FROM sysindexes WHERE name = 'IDX_bhname')
   DROP INDEX student.IDX_bhname
GO
CREATE INDEX IDX_bhname
   ON student(班号,姓名)
```

```
    WITH (PAD_INDEX = ON, FILLFACTOR = 80)
GO
```


解：该程序先打开数据库 school，若存在 IDX_bhname 索引，则用 DROP INDEX 语句删除它。再次打开数据库 school，用 CREATE INDEX 语句建立 IDX_bhname 索引，在其中使用 FILLFACTOR 子句，将其设置为 80。FILLFACTOR 为 80 表示将以 80%程度填充每个叶索引页。

3. 使用 CREATE TABLE 语句创建索引

在使用 CREATE TABLE(或 ALTER TABLE)语句创建表时，如果指定 PRIMARY KEY 约束或者 UNIQUE 约束，则 SQL Server 自动为这些约束创建索引。其语法参见第 8 章，在这里不再介绍。

11.1.3 索引的查看与使用

1. 查看索引信息

为了查看索引信息，可以使用存储过程 sp_helpindex。其使用语法如下：

```
EXEC sp_helpindex 对象名
```

在这里指定"对象名"为需查看其索引的表。

【例 11.5】 采用 sp_helpindex 存储过程查看 student 表上所创建的索引。

解：其对应的程序如下。

```
USE school
GO
EXEC sp_helpindex student
GO
```

其执行结果如图 11.10 所示。

	index_name	index_description	index_keys
1	IDX_bhname	nonclustered located on PRIMARY	班号, 姓名
2	IQ_bh	nonclustered located on PRIMARY	班号
3	PK_Student	clustered, unique, primary key located on PRIMARY	学号

图 11.10 程序执行结果

用户可以使用 DBCC SHOW_STATISTICS 命令显示表或索引视图的当前查询优化统计信息，数据库引擎可以使用统计信息对象中的任何数据计算基数估计。其基本语法格式如下：

```
DBCC SHOW_STATISTICS (表名或索引视图名,统计信息的索引、统计信息或列的名称)
```

【例 11.6】 采用 DBCC SHOW_STATISTICS 命令查看 student 表上 IDX_bhname 索引的统计信息。

解：其对应的程序如下。

```
USE school
GO
DBCC SHOW_STATISTICS('student',IDX_bhname)
GO
```

其执行结果如图 11.11 所示。

	Name	Updated	Rows	Rows Sampled	Steps	Density	Average key length	String Index	Filter Expression	Unfiltered Rows
1	IDX_bhname	08 31 2014 2:34PM	6	6	2	0	30	YES	NULL	6

	All density	Average Length	Columns
1	0.5	10	班号
2	0.1666667	20	班号, 姓名
3	0.1666667	30	班号, 姓名, 学号

	RANGE_HI_KEY	RANGE_ROWS	EQ_ROWS	DISTINCT_RANGE_ROWS	AVG_RANGE_ROWS
1	1001	0	3	0	1
2	1003	0	3	0	1

图 11.11 程序执行结果

这些统计信息包括 3 个部分，即表中行数、索引列平均长度等的统计标题信息，统计密度信息和统计直方图信息。

2. 索引的使用

索引的使用是由 SQL Server 系统自动执行的，其使用情况可以通过查看查询的执行情况得知。

【例 11.7】 查看以下查询的执行情况。

```
USE school
GO
SELECT * FROM student ORDER BY 学号
GO
```

解：在执行该程序后，选择主菜单中的"查询|显示估计的执行计划"命令，其输出结果如图 11.12 所示。SQL Server 为每个计划打分，从中可以看到，该查询使用 PK_student 主索引的执行计划的分数为 100%，应为最佳执行计划。

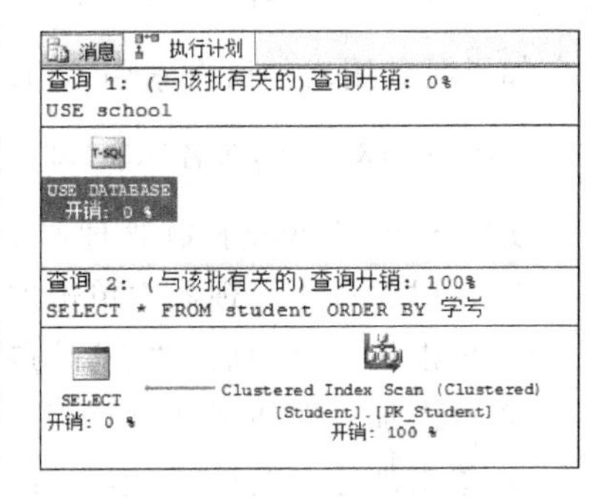

图 11.12 显示估计的执行计划 1

在生成估计的执行计划时，T-SQL 查询或批处理并不执行。生成的执行计划显示的是如果实际执行查询 SQL Server 数据库引擎最有可能使用的查询执行计划。若要查看其他信息，将鼠标指针暂停在逻辑和物理运算符图标上，并查看显示的工具提示中有关运算符的说明和属性，图 11.13 所示为将鼠标指针暂停在图标上看到的结果。

如果执行以下查询：

```
USE school
GO
SELECT * FROM student ORDER BY 性别
GO
```

相应的结果如图 11.14 所示。从中可以看到，该查询使用 PK_student 主索引的执行计划的分数为 22%，显然不如上一个执行计划好。

Clustered Index Scan (Clustered)

整体扫描聚集索引或只扫描一定范围。

物理运算	Clustered Index Scan
Logical Operation	Clustered Index Scan
估计的执行模式	Row
存储	RowStore
Estimated I/O Cost	0.003125
Estimated Operator Cost	0.0032886 (100%)
Estimated Subtree Cost	0.0032886
Estimated CPU Cost	0.0001636
Estimated Number of Executions	1
Estimated Number of Rows	6
Estimated Row Size	47 字节
Ordered	True
节点 ID	0

对象

[School].[dbo].[Student].[PK_Student]

Output List

[School].[dbo].[Student].学号, [School].[dbo].[Student].姓名, [School].[dbo].[Student].性别, [School].[dbo].[Student].出生日期, [School].[dbo].[Student].班号

图 11.13　显示估计的执行计划 2

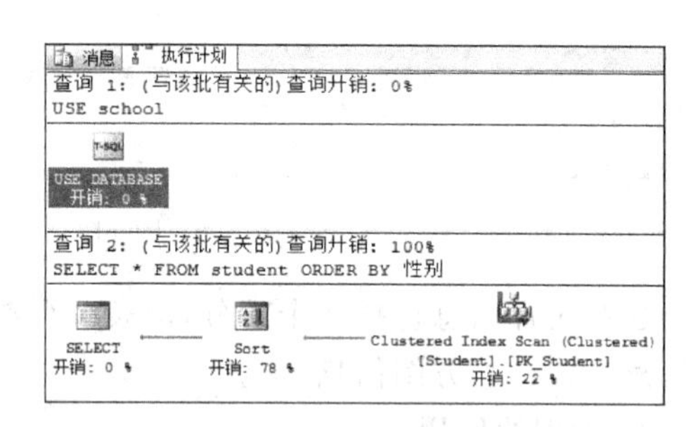

图 11.14　显示估计的执行计划 3

3. 索引的禁用和启用

(1) 索引的禁用

禁用索引可以防止用户访问索引，而对于聚集索引，则可以防止用户访问基础表数据。索引定义保留在元数据中，非聚集索引的索引统计信息仍保留。

禁用索引可以使用 ALTER INDEX 语句，其基本使用格式如下：

```
ALTER INDEX 索引名 ON 表名 DISABLE
```

如果要禁用表的所有索引，可以使用以下语句：

```
ALTER INDEX ALL ON 表名 DISABLE
```

使用 SQL Server 控制管理器禁用索引的操作步骤如下：

① 在对象资源管理器中单击加号以便展开包含要禁用索引的表的数据库。

② 单击加号以便展开“表”结点。

③ 单击加号以便展开要禁用索引的表。

④ 单击加号以便展开“索引”结点。

⑤ 右击要禁用的索引，然后选择“禁用”命令。

⑥ 在“禁用索引”对话框中确认正确的索引位于“要禁用的索引”网格中，然后单击“确定”按钮。

(2) 索引的启用

索引被禁用之后一直保持禁用状态，直到它被启用(重新生成)或删除。启用索引可以使用 ALTER REBUILD 语句，其基本使用格式如下：

```
ALTER INDEX 索引名 ON 表名 REBUILD
```

如果要启用表的所有索引，可以使用以下语句：

```
ALTER INDEX ALL ON 表名 REBUILD
```

说明：创建一个新的聚集索引，其行为与 ALTER INDEX ALL REBUILD 相同。

使用 SQL Server 控制管理器启用已禁用索引的操作步骤如下：

① 在对象资源管理器中单击加号以便展开包含要启用索引的表的数据库。

② 单击加号以便展开"表"结点。

③ 单击加号以便展开要启用索引的表。

④ 单击加号以便展开"索引"结点。

⑤ 右击要启用的索引，然后选择"重新生成"命令。

⑥ 在"重新生成索引"对话框中确认正确的索引位于"要重新生成的索引"网格中，然后单击"确定"按钮。

【例 11.8】 举例说明使用和禁用索引时查询的执行计划。

解：在此以 school 数据库的 student 表查询为例，前面已经建立了 PK_student、IDX_bhname 和 IQ_bh 索引，执行以下程序：

```
USE school
GO
SELECT 姓名,班号 FROM student ORDER BY 班号,姓名
GO
```

其中查询语句的执行计划如图 11.15 所示，从中可以看到，使用 IDX_bhname 索引充分通过了执行效率。如果禁用 IDX_bhname 索引，执行以下程序：

```
USE school
GO
ALTER INDEX IDX_bhname ON student DISABLE
GO
SELECT 姓名,班号 FROM student ORDER BY 班号,姓名
GO
```

其中查询语句的执行计划如图 11.16 所示，从中可以看到，它改用 PK_student 索引，还需要排序，其执行效率显然不如使用 IDX_bhname 索引。

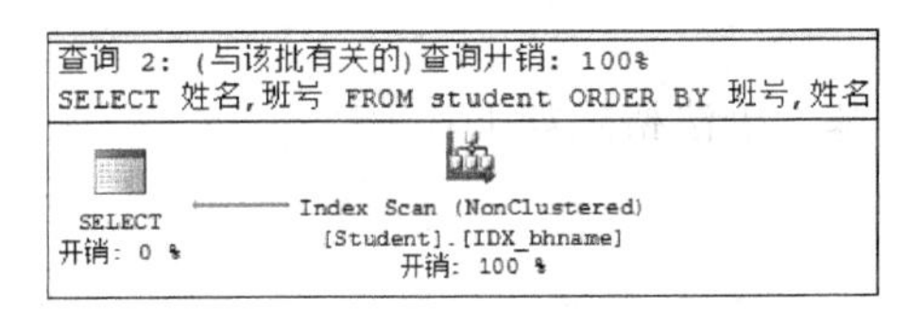

图 11.15 使用 IDX_bhname 的执行计划

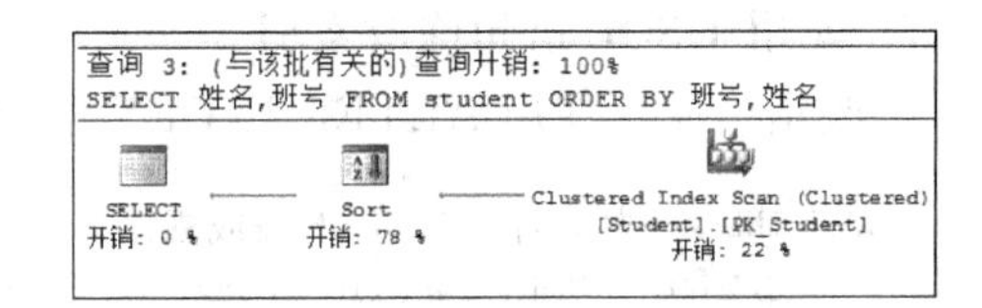

图 11.16 禁用 IDX_bhname 的执行计划

11.1.4 修改索引

在索引创建好后，有时需要查看和修改索引，其方法主要有两种，即使用 SQL Server 管理控制器和使用 T-SQL 语句。

1. 使用 SQL Server 管理控制器修改索引

使用 SQL Server 管理控制器十分容易修改索引。

【例 11.9】 使用 SQL Server 管理控制器查看 school 数据库中 student 表上已建立的索引 IDX_bhname。

解：其操作步骤如下。

① 启动 SQL Server 管理控制器，在“对象资源管理器”中展开“LCB-PC\SQLEXPRESS”服务器结点。

② 展开“数据库|school|表|dbo. student|索引”结点，在其下方列出所有已建的索引，有 PK_student(聚集)、IQ_bh(非聚集)和 IDX_bhname(非聚集)3 个索引名。

③ 为了修改 IDX_bhname 索引的属性，选中 IDX_bhname 索引项，然后右击，在出现的快捷菜单中选择“属性”命令，出现如图 11.17 所示的“索引属性”对话框，在其中对索引的各选项进行修改，其方法与“新建索引”对话框的操作类似。

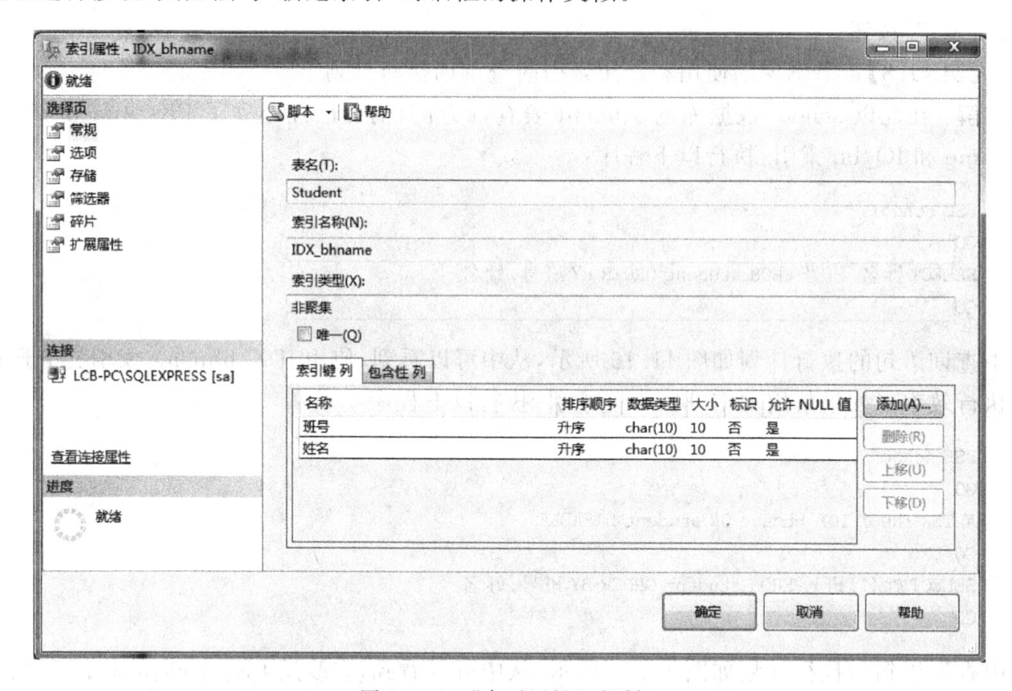

图 11.17 “索引属性”对话框

2. 使用 T-SQL 语句修改索引

修改索引属性使用 ALTER INDEX 语句，其基本语法格式如下：

```
ALTER INDEX {索引名| ALL } ON 表或视图名
    REBUILD [ WITH ( rebuild_index_option ) ]
```

其中，各参数的含义说明如下。

- ALL：指定与表或视图相关联的所有索引，而不考虑是什么索引类型。
- REBUILD：表示重建索引。
- rebuild_index_option：指出重建索引的选项，它与 CREATE INDEX 语句中的 relational_index_option 类似。

说明：ALTER INDEX 不能用于对索引重新分区或将索引移到其他文件组。此语句不能用于修改索引定义，例如添加或删除列，或更改列的顺序。

【例 11.10】 修改例 11.4 创建的索引 IDX_bhname，将 FILLFACTOR 设为 90。

解：其对应的程序如下。

```
USE school
GO
ALTER INDEX IDX_bhname ON student
    REBUILD WITH (PAD_INDEX = ON, FILLFACTOR = 90)
GO
```

11.1.5 删除索引

删除索引也有两种方法，即使用 SQL Server 管理控制器和使用 T-SQL 语句。

1. 使用 SQL Server 管理控制器删除索引

使用 SQL Server 管理控制器十分容易删除索引。

【例 11.11】 使用 SQL Server 管理控制器删除 student 表上已建立的 IQ_bh 索引。

解：其操作步骤如下。

① 启动 SQL Server 管理控制器，在"对象资源管理器"中展开"LCB-PC\SQLEXPRESS"服务器结点。

② 展开"数据库|school|表|dbo.student|索引"结点，在其下方列出所有已建的索引，选中 IQ_bh 索引，然后右击，在出现的快捷菜单中选择"删除"命令。

③ 出现"删除对象"对话框，单击"确定"按钮即删除了 IQ_bh 索引。

2. 使用 T-SQL 语言删除索引

删除索引使用 DROP INDEX 语句，其基本语法格式如下：

```
DROP INDEX 表名.索引名
```

在删除非聚集索引时，将从元数据中删除索引定义，并从数据库文件中删除索引数据页。在删除聚集索引时，将从元数据中删除索引定义，并且存储于聚集索引叶级别的数据行将存储到生成的未排序表（堆）中，将重新获得以前由索引占用的所有空间，此后可将该空间用于任何数据库对象。

说明：DROP INDEX 语句不适用于通过定义 PRIMARY KEY 或 UNIQUE 约束创建的索引。若要删除该约束和相应的索引，请使用带有 DROP CONSTRAINT 子句的 ALTER TABLE。

【例 11.12】 使用 DROP INDEX 语句删除前面创建的索引 IDX_bhname。

解：其对应的程序如下。

```
USE school
GO
DROP INDEX student.IDX_bhname
GO
```

11.2 视　　图

11.2.1 视图概述

1. 视图及其作用

视图是一个虚拟表，其内容由查询定义。和真实的表一样，视图包含一系列带有名称的列和行数据。但是，视图并不在数据库中以存储的数据集形式存在。行和列数据来自由定义视图的查询所引用的表，并且在引用视图时动态生成。本章主要介绍视图的基本概念，创建和查询视图的操作等。

视图是从一个或者多个表中使用 SELECT 语句导出的。那些用来导出视图的表称为基表，视图也可以从一个或者多个其他视图中产生。

对其所引用的基表来说，视图的作用类似于筛选。定义视图的筛选可以来自当前或其他数据库的一个或多个表，或者其他视图，所以说视图是一种 SQL 查询。在数据库中，存储的是视图的定义，而不是视图查询的数据。通过这个定义，对视图的查询最终转换为对基表的查询。

提示：SQL Server 处理视图的过程为首先在数据库中找到视图的定义，然后将其对视图的查询转换为对基表的查询的等价查询语句，并且执行这个等价查询语句。通过这种方法，SQL Server 可以保持表的完整性。

视图通常用来集中、简化和自定义每个用户对数据库的不同认识。视图可用作安全机制，方法是允许用户通过视图访问数据，而不授予用户直接访问视图基表的权限。从(或向) SQL Server 复制数据时也可使用视图提高性能并分区数据。视图具有以下作用：

- 将数据集中显示。
- 简化数据操作。
- 自定义数据。
- 重新组织数据以便导入/导出数据。
- 组合分区数据。

查询和视图虽然很相似，但还是有很多区别，两者的主要区别如下。

- 存储方式：视图存储为数据库设计的一部分，而查询不是。
- 更新结果：对视图和查询的结果集更新限制是不同的。
- 排序结果：查询结果可以任意排序，但只有视图包括 TOP 子句时才能对视图排序。
- 参数设置：可以为查询创建参数，但不能为视图创建参数。
- 加密：可以加密视图，但不能加密查询。

2. 视图类型

除了基本用户定义的基本视图外，SQL Server 还提供了下列类型的视图，这些视图在数据库中起着特殊的作用。

- 索引视图：索引视图是被具体化了的视图，这意味着已经对视图定义进行了计算并且生成的数据像表一样存储。
- 分区视图：分区视图在一台或多台服务器间水平连接一组成员表中的分区数据，这样，数据看上去如同来自于一个表，连接同一个 SQL Server 实例中的成员表的视图是一个本地分区视图。
- 系统视图：系统视图公开目录元数据，可以使用系统视图返回与 SQL Server 实例或在该实例中定义的对象有关的信息。例如，可以查询 sys. databases 目录视图以便返回与实例中提供的用户定义数据库有关的信息。

11.2.2 创建视图

如果要使用视图，必须首先创建视图。视图在数据库中是作为一个独立的对象进行存储的。一般情况下，不必在创建视图时指定列名，SQL Server 使视图中的列与定义视图的查询所引用的列具有相同的名称和数据类型，但是在以下情况下必须指定列名：

- 视图中包含任何从算术表达式、内置函数或常量派生出的列。
- 视图中的两列或多列具有相同的名称（通常由于视图定义包含联接，而来自两个或多个不同表的列具有相同的名称）。
- 希望使视图中的列名与它的源列名不同（也可以在视图中重命名列）。无论重命名与否，视图列都会继承其源列的数据类型。

提示：若要创建视图，数据库所有者必须具有创建视图的权限，并且对视图定义中所引用的表或视图要有适当的权限。

1. 使用 SQL Server 管理控制器创建视图

视图保存在数据库中而查询不是，因此创建新视图的过程与创建查询的过程不同。通过 SQL Server 管理控制器不仅可以创建数据库和表，还可以创建视图。

【例 11.13】 使用 SQL Server 管理控制器在 school 数据库中创建一个名称为 st_score 的视图，包含学生姓名、课程名和分数，按姓名升序排列。

解：其操作步骤如下。

① 启动 SQL Server 管理控制器，在“对象资源管理器”中展开“LCB-PC\SQLEXPRESS”服务器结点。

② 展开“数据库”结点，选中数据库“school”，展开该数据库结点。

③ 选中“视图”结点，然后右击，在出现的快捷菜单中选择“新建视图”命令，如图 11.18 所示。

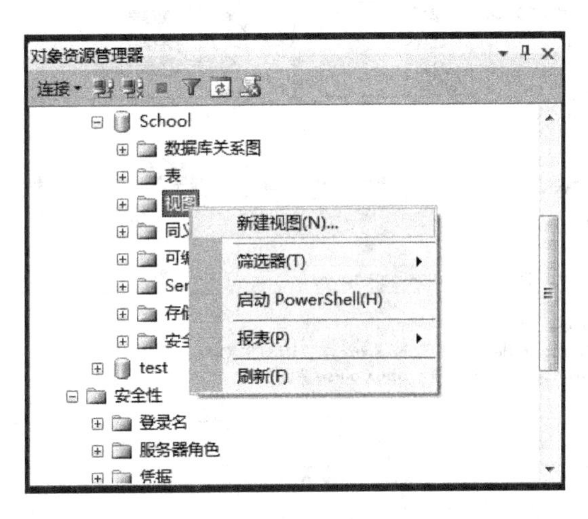

图 11.18 选择“新建视图”命令

④ 此时打开“添加表”对话框，如图 11.19 所示。在此对话框中可以选择表、视图、函数等，然后单击“添加”按钮，就可以将其添加到视图的查询中。这里分别选择 student、course 和 score 三个表，并单击“添加”按钮，最后单击“关闭”按钮。

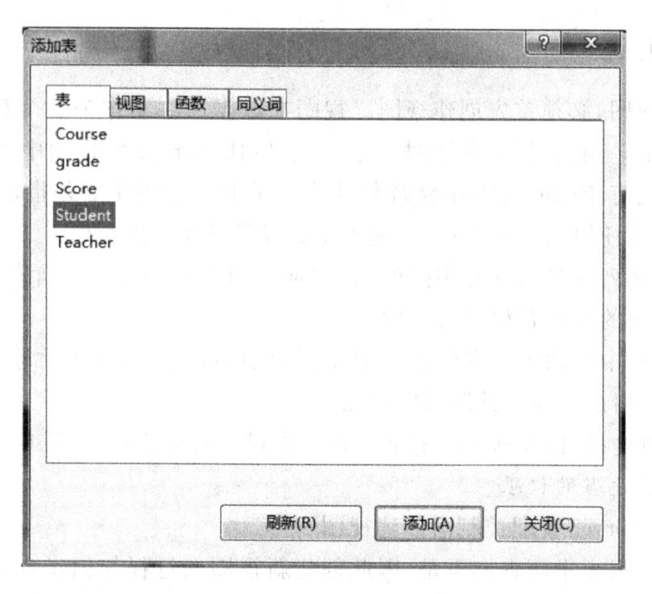

图 11.19 “添加表”对话框

提示：在选择时，可以使用 Ctrl 键或者 Shift 键选择多个表、视图或者函数等。

⑤ 返回到 SQL Server 管理控制器，如图 11.20 所示，这 3 个表已在第 8 章建立了关联关系，在图中反映这种关系(如果已删除了表之间的关联关系，可以手工建立图 11.20 中表之间的关联关系)。在该图中窗口右侧的“视图设计器”包括以下 4 个窗格。

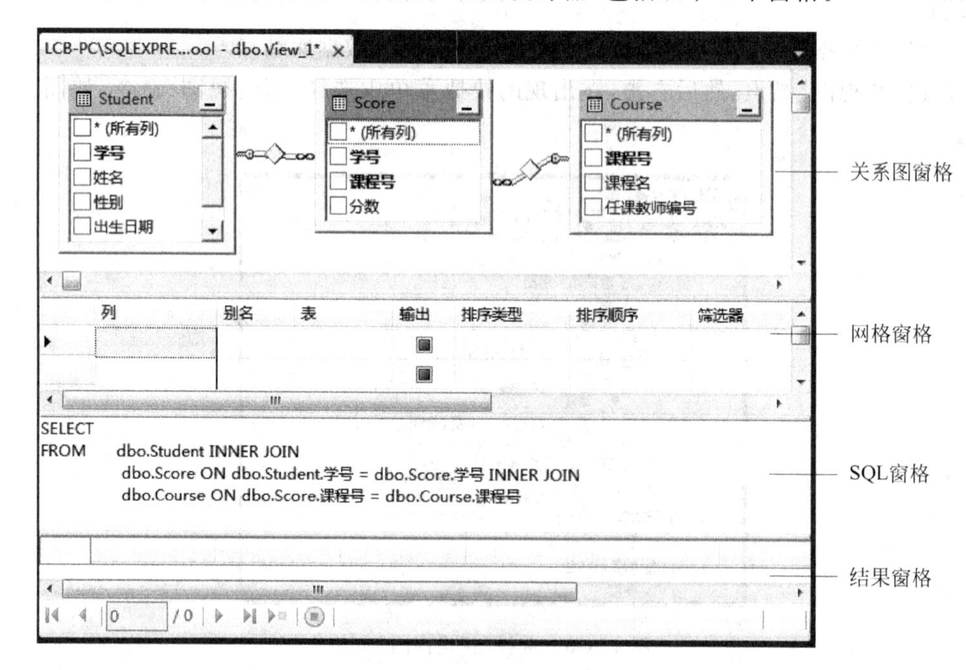

图 11.20 视图设计器

- 关系图窗格：以图形方式显示正在查询的表和其他表结构化对象，例如视图，同时显示它们之间的关联关系。每个矩形代表一个表或表结构化对象，并显示可用的数据列以及表示每列如何用于查询的图标，如排序图标等。在矩形之间的连线表示两个表之间的连接。图 11.20 显示了 student、course 和 score 表之间的连接。如果要添加表，可以在该窗格中右击，然后选择“添加表”命令。若要删除表，则可以在表的标题栏上右击，然后选择“移除”命令。

- 网格窗格：一个类似电子表格的网格，用户可以在其中指定视图的选项，例如要在视图中显示哪些数据列、哪些行等。通过网格窗格可以指定要显示列的别名、列所属的表、计算列的表达式、查询的排序次序、搜索条件、分组准则等。
- SQL 窗格：显示视图所要存储的查询语句，可以对设计器自动生成的 SQL 语句进行编辑，也可以输入自己的 SQL 语句。对于不能用关系图窗格的网格窗格创建的 SQL 语句（如联合查询），就可以使用该窗格写入相应的 SQL 语句。
- 结果窗格：显示最近执行的选择查询的结果，可以通过编辑该网格单元中的值对数据库进行修改，而且可以添加或删除行。在视图设计器中，结果窗格也可以显示视图的定义信息。

⑥ 在网格窗格中为该视图选择要包含的列。选择的第 1 列为 student. 学号，从“列”组合框中选择，不指定其别名，不设置筛选器值等，再将其“排序类型”设置为“升序”，如图 11.21 所示；并依次选择第 2 列为 course. 课程名，第 3 列为 score. 分数，如图 11.22 所示，同时在 SQL 窗格中显示对应的 SELECT 语句：

```
SELECT TOP(100) PERCENT dbo.Student.学号, dbo.Course.课程名, dbo.Score.分数
FROM dbo.Student INNER JOIN
     dbo.Score ON dbo.Student.学号 = dbo.Score.学号 INNER JOIN
     dbo.Course ON dbo.Score.课程号 = dbo.Course.课程号
ORDER BY dbo.Student.学号
```

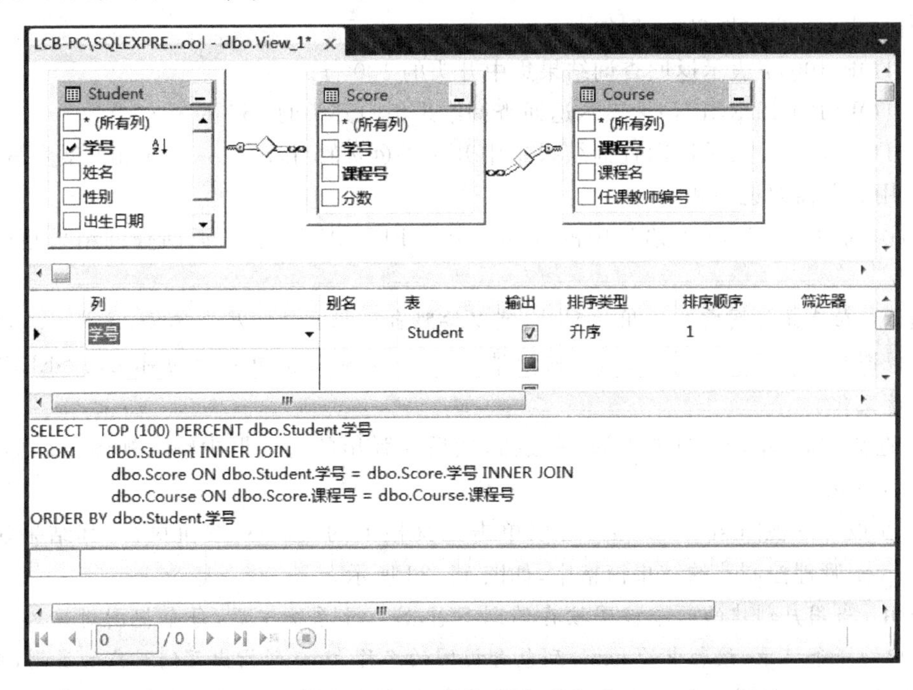

图 11.21　选择视图包含的列

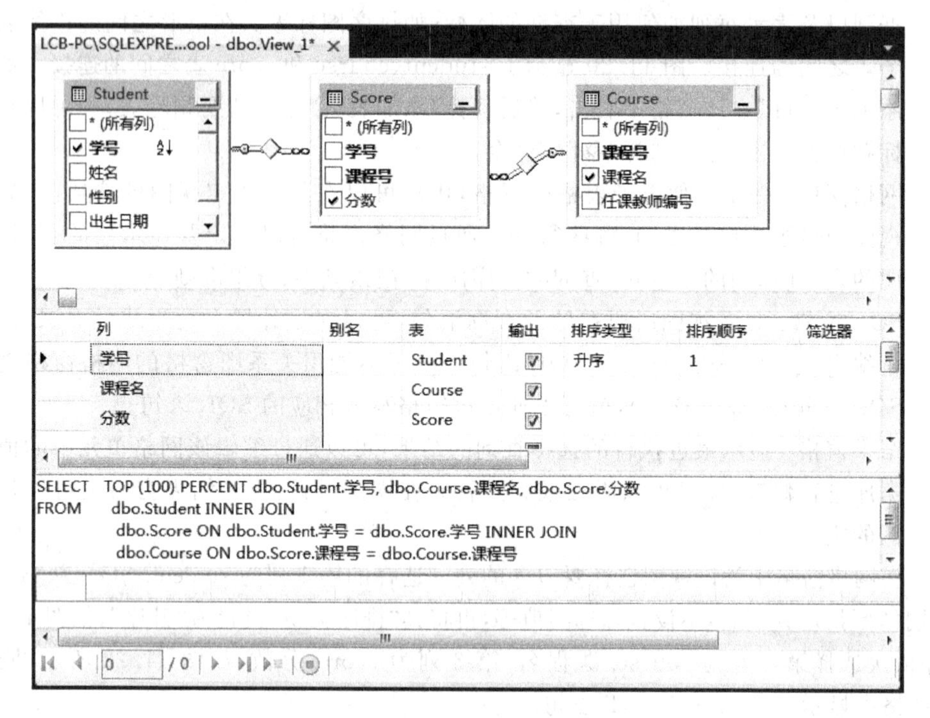

图 11.22 选择所有的列

在上述 SELECT 语句中,TOP 子句用于限制结果集中返回的行数,其基本用法如下:

```
TOP (exprion) [PERCENT]
```

其中,exprion 是指定返回行数的数值表达式,如果指定了 PERCENT,则指返回的结果集行的百分比(由 exprion 指定)。例如:

- TOP(100):表示返回查询结果集中开头的 100 行。
- TOP(15) PERCENT:表示返回查询结果集中开头的 15%的行。
- TOP(@*n*):表示返回查询结果集中开头的@*n* 的行,*n* 是一个 bigint 型变量,在使用之前需要说明和赋值。

因此,前面的 SELECT 语句中的 TOP(100) PERCENT 表示返回查询结果集中所有的行。

提示:在选择视图需要使用的列时,可以按照自己想要的顺序来选择,这样的选择顺序就是在视图中的顺序。另外,在选择列的过程中,下方对话框中显示的对应的 SELECT 语句也随着变化。

⑦ 选择列后,单击工具栏上的 按钮,然后在弹出的对话框中输入视图的名称,这里输入 st_score。

⑧ 在设计好视图 st_score 后,可以单击工具栏上的 执行(X) 按钮执行,其结果显示在 SQL Server 管理控制器的结果窗格中,如图 11.23 所示。

说明:当用户创建的一个视图被存储到 SQL Server 系统中后,每个视图对应 sysobjects 系统表中的一条记录,该表中的 name 列包含视图的名称,type 列指出存储对象的类型,当它为'V'时表示是一个视图。用户可以通过查找该表中的记录判断某视图是否被创建。

学号	课程名	分数
101	计算机导论	64
101	数字电路	85
103	计算机导论	92
103	操作系统	86
105	计算机导论	88
105	操作系统	75
107	计算机导论	91
107	数字电路	79
108	计算机导论	78
108	数字电路	NULL
109	计算机导论	76
109	操作系统	68

1 / 12 单元格是只读的。

图 11.23　视图的执行结果

2. 使用 SQL 语句创建视图

使用 CREATE VIEW 语句创建视图的基本语法格式如下：

```
CREATE VIEW [数据库名.] [所有者名.] 视图名 [(列名 [, … n])]
  [WITH view_attribute [, … n ]]
  AS select 语句
  [WITH CHECK OPTION]
```

view_attribute 的定义如下：

```
{ENCRYPTION | SCHEMABINDING | VIEW_METADATA}
```

其中,各子句的含义如下。

- WITH CHECK OPTION：强制视图上执行的所有数据修改语句都必须符合由 SELECT 语句设置的准则。通过视图修改行时,“WITH CHECK OPTION”可确保提交修改后仍可通过视图看到修改的数据。
- WITH ENCRYPTION：表示 SQL Server 加密包含 CREATE VIEW 语句文本的系统表列。使用“WITH ENCRYPTION”可防止将视图作为 SQL Server 复制的一部分发布。
- SCHEMABINDING：将视图绑定到架构上。在指定“SCHEMABINDING”时,SELECT 语句必须包含所引用的表、视图或用户定义函数的两部分名称,即所有者.对象。
- VIEW_METADATA：指定为引用视图的查询请求浏览模式的元数据时,SQL Server 将向 DBLIB、ODBC 和 OLE DB API 返回有关视图的元数据信息,而不是返回基表。

创建视图的有关说明如下：

- 通常只能在当前数据库中创建视图。
- CREATE VIEW 必须是查询批处理中的第一条语句。
- 通过视图进行查询时,数据库引擎将进行检查,以确保语句中任何位置被引用的所有数据库对象都存在,这些对象在语句的上下文中有效,以及数据修改语句没有违反任何数据完整性规则。如果检查失败,将返回错误消息。如果检查成功,将操作转换为对基表的操作。

【例 11.14】 给出一个程序,创建一个名称为 st1_score 的视图,其中包括所有学生的姓名、课程和成绩。

解:其对应的程序如下。

```
USE school
GO
CREATE VIEW st1_score                              -- 创建视图
AS
    SELECT student.姓名,course.课程名,score.分数
    FROM student,course,score
    WHERE student.学号 = score.学号 AND course.课程号 = score.课程号
GO
```

上面的程序创建一个名称为 st1_score 的视图,其中包括所有学生的姓名、课程和成绩,该视图与例 11.13 建立的 st_score 视图相似,只是这里是采用命令方式建立的。

11.2.3 使用视图

通过视图可以查询基表中的数据,也可以通过视图修改基表中的数据,例如插入、删除和修改记录。

1. 使用视图进行数据查询

视图是基于基表生成的,因此可以用来将需要的数据集中在一起,对于不需要的数据则不需要显示。使用视图查询数据,可以像对表一样对视图进行操作。对视图数据查询既可以使用 SQL Server 管理控制器,也可以使用 SELECT 语句。

(1) 使用 SQL Server 管理控制器查询视图数据

用户可以使用 SQL Server 管理控制器查询视图中的数据,其操作方式与和表查询类似。

【例 11.15】 使用 SQL Server 管理控制器查询 st1_score 视图数据。

解:其对应的操作步骤如下。

① 启动 SQL Server 管理控制器,在"对象资源管理器"中展开"LCB-PC\SQLEXPRESS"服务器结点。

② 展开"数据库"结点,然后选中数据库"school",展开 school 数据库,展开"视图"结点。

③ 选中"st1_score"视图,然后右击,在出现的快捷菜单中选择"选择前 1000 行"命令,结果如图 11.24 所示。

结果 消息

	姓名	课程名	分数
1	匡明	计算机导论	88
2	匡明	操作系统	75
3	陆君	计算机导论	92
4	陆君	操作系统	86
5	王芳	计算机导论	76
6	王芳	操作系统	68
7	李军	计算机导论	64
8	李军	数字电路	85
9	王丽	计算机导论	91
10	王丽	数字电路	79
11	曾华	计算机导论	78
12	曾华	数字电路	NULL

图 11.24 通过视图检索数据

(2) 使用 SELECT 语句查询视图数据

将视图看成是表,直接使用 SELECT 语句查询其中的数据。

【例 11.16】 给出以下程序的执行结果。其中,st1_score 视图是在例 11.14 创建的。

```
USE school
```

```
GO
SELECT * FROM st1_score
GO
```

解：通过 SECECT 语句直接查询 st1_score 视图，从而可以看到所有学生的成绩。执行结果与图 11.24 所示的类似。

2. 可更新的视图

只要满足下列条件，即可通过视图更新基表的数据：

① 任何更新(包括 UPDATE、INSERT 和 DELETE 语句)都只能引用一个基表的列。

② 视图中被修改的列必须直接引用表列中的基础数据，不能通过任何其他方式对这些列进行派生，例如通过以下方式。

- 聚合函数：AVG、COUNT、SUM、MIN、MAX、GROUPING、STDEV、STDEVP、VAR 和 VARP。
- 计算：不能从使用其他列的表达式中计算该列，使用集合运算符 UNION、UNION ALL、CROSSJOIN、EXCEPT 和 INTERSECT 形成的列将计入计算结果，且不可更新。

③ 被修改的列不受 GROUP BY、HAVING 或 DISTINCT 子句的影响。

④ TOP 在视图的 SELECT 语句中的任何位置都不会与 WITH CHECK OPTION 子句一起使用。

上述限制应用于视图的 FROM 子句中的任何子查询，就像其应用于视图本身一样。在通常情况下，数据库引擎必须能够明确跟踪从视图定义到一个基表的修改。

(1) 通过视图向基表中插入数据

通过视图插入基表的某些行时，SQL Server 将把它转换为对基表的某些行的操作。对于简单的视图来说，可能比较容易实现，但是对于比较复杂的视图，可能就不能通过视图进行插入了。

在视图上使用 INSERT 语句添加数据时要满足前面的可更新条件。另外，INSERT 语句必须为不允许空值并且没有 DEFAULT 定义的基表中的所有列指定值，而那些表中并未引用的列，必须知道在没有指定取值的情况下如何填充数据，因此视图中未引用的列必须具备下列条件之一：

- 该列允许空值。
- 该列设有默认值。
- 该列是标识列，可根据标识种子和标识增量自动填充数据。
- 该列的数据类型为 timestamp 或 uniqueidentifier。

【例 11.17】 给出以下程序的执行结果。

```
USE test
GO
IF OBJECT_ID ('table4','U') IS NOT NULL
   DROP TABLE table4                         --如果表 table4 存在，删除之
GO
IF OBJECT_ID ('view1','V') IS NOT NULL
   DROP VIEW view1                           --如果视图 view1 存在，删除之
```

```
GO
CREATE TABLE table4(col1 int NOT NULL, col2 varchar(30),col3 int default(5))
GO                                              -- 创建表 table4
CREATE VIEW view1 AS SELECT col2, col1 FROM table4
GO                                              -- 创建视图 view1
INSERT INTO view1 VALUES ('第 1 行',1)           -- 通过视图 view1 插入一个记录
GO
INSERT INTO view1 VALUES ('第 2 行',2)
SELECT * FROM table4                            -- 查看插入的记录
GO
```

解：该程序在 test 数据库中创建一个表 table4 和基于该表的视图 view1，表 table4 的 col3 列设置有默认值，并利用视图 view1 向其基表 table4 中插入了两个记录，最后显示基表 table4 中的所有行。其执行结果如图 11.25 所示。

结果 | 消息

	col1	col2	col3
1	1	第1行	5
2	2	第2行	5

图 11.25　程序执行结果

(2) 通过视图修改基表中的数据

在视图上使用 UPDATE 语句修改数据时要满足前面的可更新条件。另外，在基表的列中修改的数据必须符合对这些列的约束，例如为 NULL 性质、约束及 DEFAULT 定义等。

【例 11.18】 给出以下程序的执行结果。

```
USE test
GO
IF OBJECT_ID ('table4','U') IS NOT NULL
   DROP TABLE table4                            -- 如果表 table4 存在，删除之
GO
IF OBJECT_ID ('view2','V') IS NOT NULL
   DROP VIEW view2                              -- 如果视图 view2 存在，删除之
GO
CREATE TABLE table4(col1 int, col2 varchar(30),col3 int default(0))
GO                                              -- 创建表 table4
INSERT INTO table4(col1,col2) VALUES (1,'第 1 行')
                                                -- 向表 table4 中插入两个记录
INSERT INTO table4(col1,col2) VALUES (2,'第 2 行')
GO
SELECT * FROM table4                            -- 查看 table4 表记录
GO
CREATE VIEW view2 AS SELECT col2, col1 FROM table4
GO                                              -- 创建视图 view2
UPDATE view2 SET col2 = '第 3 行' WHERE col1 = 2
GO                                              -- 通过视图修改基表数据
SELECT * FROM table4                            -- 再次查看 table4 的记录
GO
```

解：该程序先在 test 数据库中创建一个表 table4，并插入两个记录，然后创建表 table4 的视图 view2，并利用视图 view2 修改基表 table4 的第 2 个记录，最后显示基表 table4 中的所有行。其执行结果如图 11.26 所示。

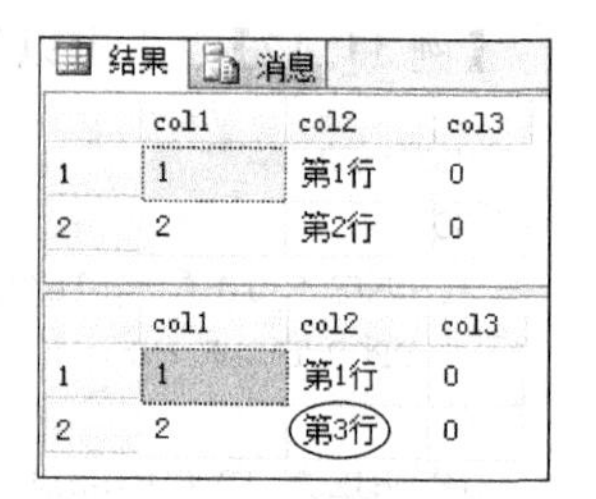
结果 | 消息

	col1	col2	col3
1	1	第1行	0
2	2	第2行	0

	col1	col2	col3
1	1	第1行	0
2	2	第3行	0

图 11.26　程序执行结果

(3) 通过视图删除基表中的数据

在视图上同样也可以使用 DELETE 语句删除基表中的相关

记录。在删除时，相关表中的所有基础 FOREIGN KEY 约束必须仍然得到满足，这样删除操作才能成功。

【例 11.19】 给出以下程序的执行结果。

```
USE test
GO
IF OBJECT_ID('book','U') IS NOT NULL
   DROP TABLE book                              -- 如果表 book 存在,删除之
IF OBJECT_ID('authors','U') IS NOT NULL
   DROP TABLE authors                           -- 如果表 authors 存在,删除之
GO
IF OBJECT_ID('view3','V') IS NOT NULL
   DROP VIEW view3                              -- 如果视图 view3 存在,删除之
GO
USE test
CREATE TABLE authors                            -- 创建表 authors
(   作者编号 int NOT NULL PRIMARY KEY,
    作者姓名 char(20),
    作者地址 char(30)
)
CREATE TABLE book                               -- 创建表 book
(   图书编号 int NOT NULL PRIMARY KEY,
    书号 char(8) NOT NULL,
    作者编号 int FOREIGN KEY REFERENCES authors(作者编号)
)
GO
INSERT INTO authors VALUES(1,'李华','东一')      -- 向表 authors 中插入两个记录
INSERT INTO authors VALUES(2,'陈斌','西五')
GO
INSERT INTO book VALUES(101,'C',1)               -- 向表 book 中插入两个记录
INSERT INTO book VALUES(102,'DS',2)
GO
------------------------------------------------------------------
CREATE VIEW view3 AS SELECT 作者编号,作者姓名 FROM authors
GO                                               -- 创建视图 view3
DELETE view3 WHERE 作者编号 = 2
GO
```

解：该程序先在 test 数据库中创建两个存在外键关系的表 authors 和 book，各插入两个记录，然后创建表 authors 的视图 view3，并利用视图 view3 删除基表 authors 的一个记录。但是在删除后外键关系不再满足，出现如图 11.27 所示的出错消息。

```
消息 547，级别 16，状态 0，第 1 行
DELETE 语句与 REFERENCE 约束"FK__book__作者编号__53D770D6"冲突。该冲突发生于数据库"test"，表"dbo.book"，column '作者编号'。
语句已终止。
```

图 11.27　出错消息

改正的方法是先删除 book 表中关联的行，将以上程序中虚线下方的代码改为以下代码即可：

```
DELETE book WHERE 作者编号 = 2
GO
```

```
CREATE VIEW view3 AS SELECT 作者编号,作者姓名 FROM authors
GO                                                    -- 创建视图 view3
DELETE view3 WHERE 作者编号 = 2
GO
```


11.2.4 视图定义的修改

如果基表发生变化，或者要通过视图查询更多的信息，则需要修改视图的定义。用户可以先删除视图，然后重新创建一个新的视图，也可以在不除去和重新创建视图的条件下更改视图的名称或修改其定义。

1. 使用 SQL Server 管理控制器修改视图定义

修改视图的定义可以通过 SQL Server 管理控制器进行，也可以使用 ALTER VIEW 语句完成。

下面通过一个例子说明使用 SQL Server 管理控制器修改视图的操作过程。

【例 11.20】 使用 SQL Server 管理控制器修改例 11.14 中所建的视图 st1_score，使其以降序显示 1003 班学生成绩。

解：其操作步骤如下。

① 启动 SQL Server 管理控制器，在“对象资源管理器”中展开“LCB-PC\SQLEXPRESS”服务器结点。

② 展开“数据库”结点，然后选中数据库“school”，展开该数据库结点。

③ 展开“视图”结点，选中“st1_score”视图，然后右击，在出现的快捷菜单中选择“设计”命令。

④ 进入“视图设计器”对话框，如图 11.28 所示，在其中对视图进行修改，其操作与创建视图类似。

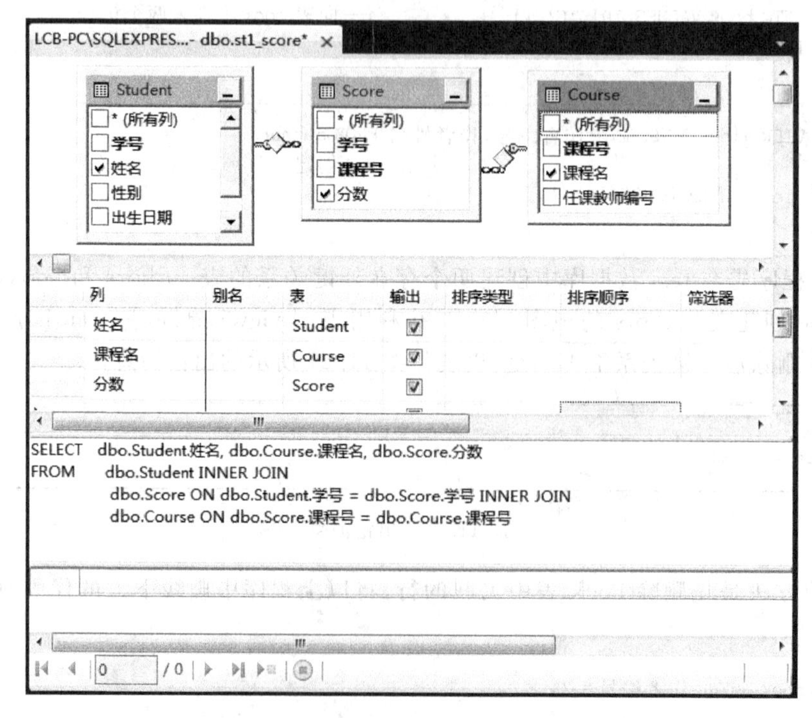

图 11.28 修改前的“视图设计器”对话框

⑤ 这里保持关系图窗格不变，在网格窗格中将第 3 列(即“分数”列)的排序类型修改为“降序”，并增加 student 表的“班号”列，不指定其别名和排序类型，在对应的筛选器中输入“1003”，则对应的 SQL 窗格中的 SELECT 语句自动修改为：

```
SELECT TOP(100) PERCENT dbo.Student.姓名,dbo.Course.课程名,
    dbo.Score.分数,dbo.Student.班号
FROM dbo.Student INNER JOIN
        dbo.Score ON dbo.Student.学号 = dbo.Score.学号 INNER JOIN
        dbo.Course ON dbo.Score.课程号 = dbo.Course.课程号
WHERE (dbo.Student.班号 = '1003')
ORDER BY dbo.Score.分数 DESC
```

修改后的视图定义和执行结果如图 11.29 所示。

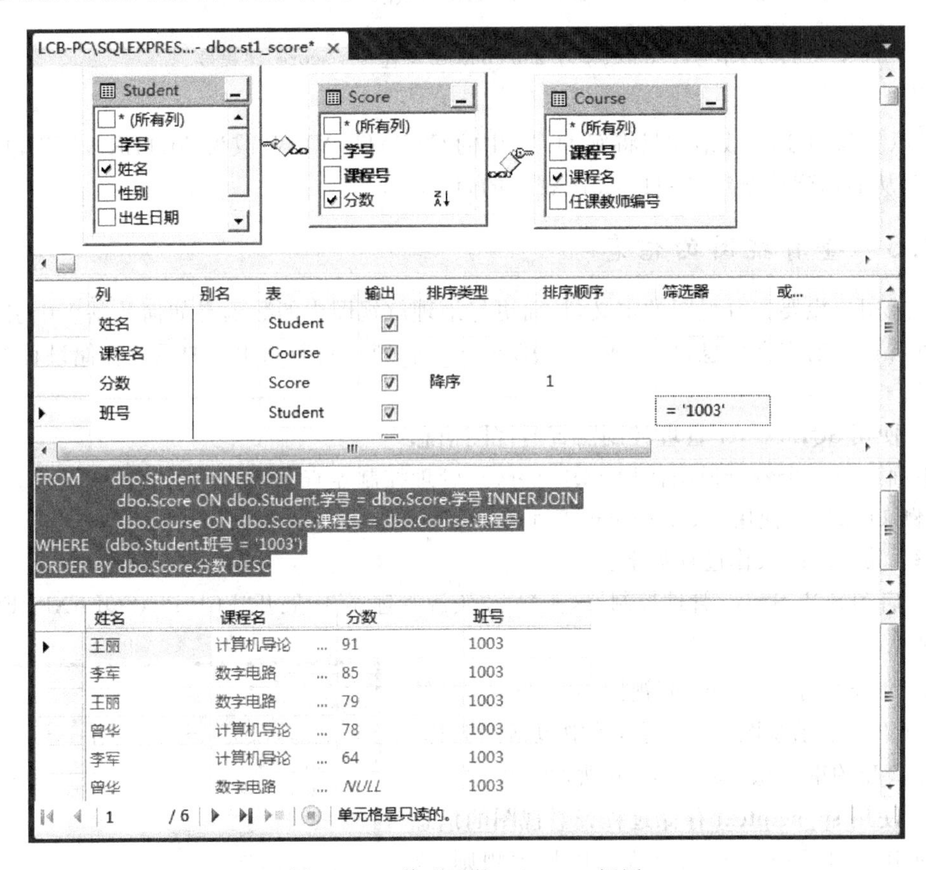

图 11.29 修改后的 st1_score 视图

⑥ 修改完成后，单击工具栏上的保存按钮 。

2. 使用 ALTER VIEW 语句修改视图定义

使用 ALTER VIEW 语句可以更改一个先前创建的视图(用 CREATE VIEW 创建)，包括视图中的视图，但不影响相关的存储过程或触发器，也不更改权限。

ALTER VIEW 语句的语法格式如下：

```
ALTER VIEW [数据库名.][所有者.] 视图名 [(列名 [,…n])]
    [WITH view_attribute [,…n]]
```

```
    AS select 语句
    [WITH CHECK OPTION]
```

其中,view_attribute 与 CREATE VIEW 语句中相应参数的含义相同。

【例 11.21】 使用 ALTER VIEW 语句将例 11.17 中修改的 st1_score 视图恢复成例 11.14 中原来的内容。

解:其对应的程序如下。

```
USE school
GO
ALTER VIEW st1_score
AS
    SELECT student.姓名,course.课程名,score.分数
    FROM student,course,score
    WHERE student.学号 = score.学号 AND course.课程号 = score.课程号
GO
```

从中可以看到,上述修改语句只将例 11.14 中的 CREATE VIEW 改为 ALTER VIEW,其他保持不变,从而达到重新定义 st1_score 视图的目的。

11.2.5 查看视图的信息

如果用户想要查看视图的定义,从而更好地理解视图中的数据是如何从基表中引用的,可以查看视图的定义信息,可以使用 SQL Server 管理控制器和相关的系统存储过程查看视图信息。

1. 使用 SQL Server 管理控制器查看视图信息

下面通过一个例子说明使用 SQL Server 管理控制器查看视图信息的操作过程。

【例 11.22】 使用 SQL Server 管理控制器查看 st_score 视图的信息。

解:其对应的操作过程如下。

① 启动 SQL Server 管理控制器,在"对象资源管理器"中展开"LCB-PC\SQLEXPRESS"服务器结点。

② 展开"数据库|school|视图|st_score|列"结点,在其下面显示视图的列信息,其中包括列名称、数据类型和约束信息,如图 11.30 所示。

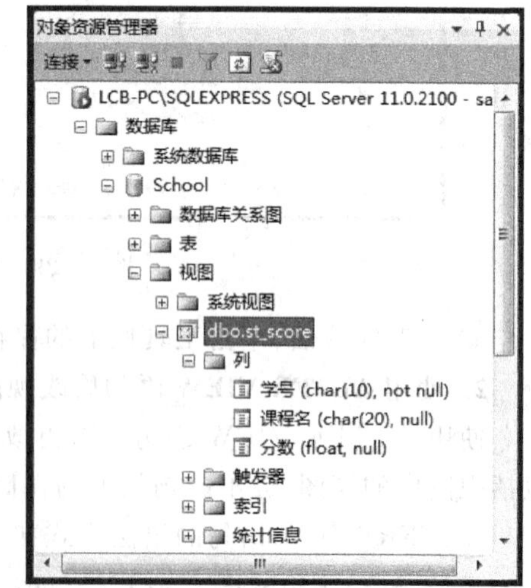

图 11.30 视图 st_score 的列信息

2. 使用 sp_helptext 存储过程查看视图的信息

使用 sp_helptext 存储过程可以显示规则、默认值、未加密的存储过程、用户定义函数、触发器或视图的文本等信息。

sp_helptext 存储过程的语法格式如下:

```
sp_helptext [@objname = ] 'name'
```

其中,[@objname =] 'name'为对象的名称,将显示该对象的定义信息,对象必须在当前数据库中。name 的数据类型为 nvarchar(776),没有默认值。

【例 11.23】 给出以下程序的执行结果。

```
USE school
GO
EXEC sp_helptext st_score
```

解：该程序用来查看 school 数据库的 st_score 视图的定义。执行结果如图 11.31 所示。

结果 | 消息

	Text
1	CREATE VIEW dbo.st_score
2	AS
3	SELECT TOP (100) PERCENT dbo.Student.学号, dbo.Course.课程名, dbo.Score.分数
4	FROM dbo.Student INNER JOIN
5	dbo.Score ON dbo.Student.学号 = dbo.Score.学号 INNER JOIN
6	dbo.Course ON dbo.Score.课程号 = dbo.Course.课程号
7	ORDER BY dbo.Student.学号

图 11.31 例 11.23 的执行结果

sp_helptext 在多个行中显示用来创建对象的文本，其中每行有 T-SQL 定义的 255 个字符。这些定义文本只驻留在当前数据库的相关系统表中。

11.2.6 视图的重命名和删除

1. 重命名视图

在重命名视图时，用户应注意以下问题：

- 重命名的视图必须位于当前数据库中。
- 新名称必须遵守标识符规则。
- 只能重命名自己拥有的视图。
- 数据库所有者可以更改任何用户视图的名称。

重命名视图可以通过 SQL Server 管理控制器来完成，也可以通过相关存储过程来完成。

(1) 使用 SQL Server 管理控制器重命名视图

在 SQL Server 管理控制器中重命名视图，可以像在 Windows 资源管理器中更改文件夹或者文件名一样，在要重命名的视图上右击，选择“重命名”命令，然后在出现的对话框中输入新的视图名称即可。

(2) 使用系统存储过程 sp_rename 重命名视图

sp_rename 存储过程可以用来重命名视图，其语法格式如下：

```
sp_rename [@objname = ] '原视图名',
    [@newname = ] '新视图名'
    [, [ @objtype = ] 'object_type']
```

其中，@objtype = 'object_type'表示要重命名对象的类型。object_type 为 varchar 类型，默认值为 NULL，其取值及含义如表 11.1 所示。

表 11.1　object_type 的取值及含义

取　　值	说　　明
COLUMN	要重命名的列
DATABASE	用户定义的数据库，要重命名数据库时需要用此选项
INDEX	用户定义的视图
OBJECT	在 sysobjects 中跟踪的类型的项目。例如，OBJECT 可用来重命名约束(CHECK、FOREIGN KEY、PRIMARY/UNIQUE KEY)、用户表、视图、存储过程、触发器和规则等对象
USERDATATYPE	通过执行 sp_addtype 添加的用户定义数据类型

提示：sp_rename 存储过程不仅可以更改视图的名称，而且可以更改当前数据库中用户所创建对象(如表、列或用户定义数据类型)的名称。

【例 11.24】 给出以下程序的执行结果。

```
USE test
GO
EXEC sp_rename 'view1','view11'
GO
```

解：该程序将视图 view1 重命名为 view11，并提示“警告：更改对象名的任一部分都可能会破坏脚本和存储过程。”

2. 删除视图

在创建视图后，如果不再需要该视图，或想清除视图定义及与之相关联的权限，可以删除该视图。删除视图后，表和视图所基于的数据并不受影响。任何使用基于已删除视图的对象的查询将会失败，除非创建了同样名称的一个视图。

在删除视图时，定义在系统表 sysobjects、syscolumns、syscomments、sysdepends 和 sysprotects 中的视图信息也会被删除，而且视图的所有权限也一并被删除。

(1) 使用 SQL Server 管理控制器删除视图

下面通过一个例子说明使用 SQL Server 管理控制器删除视图的操作过程。

【例 11.25】 删除 test 数据库中 table4 表上的视图 view2。

解：其操作步骤如下。

① 启动 SQL Server 管理控制器，在“对象资源管理器”中展开“LCB-PC\SQLEXPRESS”服务器结点。

② 展开“数据库|test|视图”结点，选中“dbo. view2”视图，然后右击，在出现的快捷菜单中选择“删除”命令。

③ 出现“删除对象”对话框，选中“view2”选项，单击“确定”按钮即可删除 view2 视图。

(2) 使用 T-SQL 删除视图

使用 DROP VIEW 语句可从当前数据库中删除一个或多个视图。其语法格式如下：

```
DROP VIEW {视图名} [, …n]
```

【例 11.26】 给出以下程序的功能。

```
USE test
```

```
GO
IF OBJECT_ID('view3','V') IS NOT NULL
   DROP VIEW view3                                    -- 如果视图 view3 存在,删除之
GO
```

解：该程序的功能是检查 test 数据库中是否存在 view3 视图,若有,则删除之。

提示：如果一个表是一个视图的基表,删除这个表会导致视图操作出错,图 11.32 所示为删除 table4 表后(它是 view11 视图的基表)打开 view11 视图时的出错消息。

```
消息
消息 208，级别 16，状态 1，过程 view11，第 1 行
对象名 'table4' 无效。
消息 4413，级别 16，状态 1，第 4 行
由于绑定错误，无法使用视图或函数 'test.dbo.view11'。
```

图 11.32　出错消息

11.2.7　索引视图

前面介绍的视图均为标准视图。对于标准视图而言,为每个引用视图的查询动态生成结果集的开销很大,特别是对于那些涉及对大量行进行复杂处理(如聚合大量数据或连接许多行)的视图,使用本节介绍的索引视图可以克服这一缺点。

1. 什么是索引视图

索引视图(indexed view)是指建立唯一聚集索引的视图。在对视图创建唯一聚集索引后,结果集将存储在数据库中,就像带有聚集索引的表一样。索引视图在处理大量行的连接和聚合以及许多查询经常执行的连接和聚合操作时可以提高查询性能。

在对基表中的数据进行更改时,数据更改将反映在索引视图中存储的数据中。视图的聚集索引必须唯一,这一要求提高了 SQL Server 在索引中查找受任何数据更改影响的行的效率。

如果很少更新基表,则索引视图的效果最佳。另外,维护索引视图的成本可能高于维护表索引的成本。如果经常更新基表,则维护索引视图数据的成本可能超过使用索引视图所带来的性能收益。

2. 建立索引视图的要求

在对视图创建聚集索引之前,该视图必须符合下列要求:

- 在执行 CREATE VIEW 语句创建视图之前,应将 NUMERIC_ROUNDABORT 选项设置为 OFF,将 ANSI_NULLS、ANSI_PADDING、ANSI_WARNINGS、ARITHABORT、CONCAT_NULL_YIELDS_NULL 和 QUOTED_IDENTIFIER 选项设置为 ON。
- 视图不能引用任何其他视图,只能引用基表。
- 视图引用的所有基表必须与视图位于同一数据库中,并且所有者也与视图相同。
- 必须使用 SCHEMABINDING 选项创建视图。架构绑定将视图绑定到基表的架构。
- 视图中的表达式引用的所有函数必须是确定的。
- 如果指定了 GROUP BY,则视图选择列表必须包含 COUNT_BIG(*)表达式,且视图定义不能指定 HAVING、ROLLUP、CUBE 或 GROUPING SETS。COUNT_BIG(*)返回组中的项数。COUNT_BIG 的用法与 COUNT 函数类似,它们唯一的差别是返回值,COUNT_BIG 始终返回 bigint 数据类型值,而 COUNT 始终返回 int 数据类型值。

3. 建立索引视图

用户可以使用 T-SQL 语句建立索引视图，下面通过一个实例说明。

【例 11.27】 给出以下程序的执行结果。

```
USE school
GO
--设置支持索引视图的选项为相应值
SET NUMERIC_ROUNDABORT OFF;
SET ANSI_PADDING,ANSI_WARNINGS,CONCAT_NULL_YIELDS_NULL,
    ARITHABORT,QUOTED_IDENTIFIER, ANSI_NULLS ON
GO
IF OBJECT_ID('dbo.viewsumfs', 'V') IS NOT NULL
  DROP VIEW dbo.viewsumfs                          --如果存在 viewsumfs 视图，删除之
GO
CREATE VIEW dbo.viewsumfs WITH SCHEMABINDING
AS                                                 --建立视图 viewsumfs
    SELECT student.学号,student.姓名,
        SUM(ISNULL(score.分数,0)) AS '总分',COUNT_BIG( * ) AS '课程数'
    FROM dbo.score,dbo.student
    WHERE score.学号 = student.学号
    GROUP BY student.学号,student.姓名
GO
SELECT * FROM viewsumfs                            --输出视图 viewsumfs 的记录
GO
CREATE UNIQUE CLUSTERED INDEX indexsumfs
    ON dbo.viewsumfs(学号)                         --在视图上创建一个索引 indexsumfs
GO
SELECT student.学号,student.姓名,SUM(score.分数) AS '总分'
FROM dbo.score,dbo.student                         --执行一个查询
WHERE score.学号 = student.学号 AND score.分数 IS NOT NULL
GROUP BY student.学号,student.姓名
ORDER BY 总分 DESC
GO
```

解：该程序先建立视图 viewsumfs，并输出视图 viewsumfs 的所有记录，然后在该视图上创建一个索引 indexsumfs，最后执行一个查询。尽管查询的 FROM 子句中没有指定视图 viewsumfs，但该查询的执行仍然会自动使用 indexsumfs 索引，从而提高执行效率。程序的执行结果如图 11.33 所示。

结果 | 消息

	学号	姓名	总分	课程数
1	101	李军	149	2
2	103	陆君	178	2
3	105	匡明	163	2
4	107	王丽	170	2
5	108	曾华	78	2
6	109	王芳	144	2

	学号	姓名	总分
1	103	陆君	178
2	107	王丽	170
3	105	匡明	163
4	101	李军	149
5	109	王芳	144
6	108	曾华	78

图 11.33　程序执行结果

用户需要注意以下两点：

- 建立索引视图时必须指定为 SCHEMABINDING（架构绑定），所以其 SELECT 中的表名要带架构名 dbo。
- score 表的“分数”列中有 NULL 值，说明“分数”列是不确定的，所以在建立视图时聚合函数的形式为 SUM(ISNULL(score.分数,0))，将 NULL 值转换为 0，从而使其变为确定的。

删除索引视图也是使用 DROP VIEW 语句。若删除视图，

该视图的所有索引也将被删除。若删除聚集索引，视图的所有非聚集索引和自动创建的统计信息也将被删除。视图中用户创建的统计信息受到维护。非聚集索引可以分别删除。删除视图的聚集索引将删除存储的结果集，并且优化器将重新像处理标准视图那样处理视图。

练习题 11

1. 什么是索引？创建索引有什么优点和缺点？
2. 聚集索引和非聚集索引各有什么特点？
3. 唯一索引一定是聚集索引吗？
4. 什么是堆结构？
5. 简述使用 SQL Server 管理控制器建立索引的过程。
6. 给出在 teacher 表的“系名”列上建立升序索引的 T-SQL 命令。
7. 给出在 score 表上按“学号＋课程号”建立索引的 T-SQL 命令。
8. 如何查看索引的消息？
9. 什么是执行计划？
10. 如何禁用和启用索引？
11. 什么是视图？使用视图的优点和缺点是什么？
12. 视图和表有什么不同？
13. 将创建视图的基表从数据库中删除，视图也会一并删除吗？
14. 简述使用 SQL Server 管理控制器创建视图的基本步骤。
15. 执行以下程序时会出现什么问题？如何改正？

```
USE school
CREATE VIEW st_1001
AS
SELECT *
    FROM student
    WHERE student.班号 = '1001'
GO
```

16. 给出以下程序的功能：

```
USE school
GO
CREATE VIEW st_1003
AS
SELECT student.姓名,course.课程名,score.分数
    FROM student,course,score
    WHERE student.学号 = score.学号 AND course.课程号 = score.课程号 AND student.班号 = '1003'
GO
```

17. 通过视图更新基表数据有哪些限制？
18. 能否从使用聚合函数创建的视图上删除数据行？为什么？
19. 修改视图中的数据会受到哪些限制？
20. 什么是索引视图？它与标准视图有什么不同？

第12章 数据完整性

数据完整性是指数据的精确性和可靠性，它是应防止数据库中存在不符合语义规定的数据和防止因错误信息的输入/输出造成无效操作或错误信息而提出的。SQL Server 提供了各种技术强制数据完整性以保证数据库中数据的质量，本章主要讨论约束、默认和规则等方法，有关存储过程和触发器的内容将在后面介绍。

12.1 数据完整性概述

12.1.1 为什么需要考虑数据完整性

之所以需要考虑数据完整性，主要有以下两个原因：

- 数据库中的数据是从外界输入的，而数据的输入由于种种原因会发生输入无效或错误信息，这就需要对数据表的相关列强制数据完整性。
- 由于关系模式自身的问题，需要根据函数依赖进行规范化，规范化程度较高的关系模式（如 3NF 或 BCNF）都能保持原函数依赖。但规范化后，用多个表存放数据，这样表之间可能存在关联（如外键关系），这就需要对多个相关数据表之间的关联关系强制数据完整性。

12.1.2 SQL Server 提供的强制数据完整性方法

1. 域完整性

域完整性指数据表中单个列的完整性，例如某个列的有效取值范围，可以通过 PRIMARY KEY、UNIQUE、NOT NULL、CHECK 定义和规则等实现域完整性。

2. 实体完整性

实体完整性指数据表中记录的完整性，记录是表的唯一实体，表中不存在两个完全相同的记录，可以通过 CHECK 约束和规则等实现实体完整性。

3. 引用完整性

引用完整性（或参照完整性）的对象是数据表之间的关联关系。以主键与外键之间的关系为基础，引用完整性确保键值在所有表中一致。这类一致性要求不引用不存在的值，如果一个键值发生更改，则整个数据库中对该键值的所有引用要进行一致性的更改，可以通过 FOREIGN KEY 约束和触发器等实现引用完整性。

4. 用户定义完整性

使用者根据要求通过 CREATE TABLE 中的所有列级和表级约束、规则、存储过程和触发器等实现用户定义完整性。

12.2 约　　束

在设计表时需要识别列的有效值，并决定如何强制实现列中数据的完整性。SQL Server 提供了多种强制数据完整性的机制：

- PRIMARY KEY 约束
- FOREIGN KEY 约束
- UNIQUE 约束
- CHECK 约束
- NOT NULL(非空性)

上述约束是 SQL Server 自动强制数据完整性的方式，它们定义关于列中允许值的规则，是强制完整性的标准机制。使用约束优先于使用触发器、规则和默认值。查询优化器也使用约束定义生成高性能的查询执行计划。

其中，NOT NULL 在前面已经使用过，下面介绍其他 4 种约束。

12.2.1 PRIMARY KEY 约束

PRIMARY KEY 约束标识列或列集，这些列或列集的值唯一标识表中的行(记录)。一个 PRIMARY KEY 约束可以：

- 作为表定义的一部分在创建表时创建。
- 添加到还没有 PRIMARY KEY 约束的表中(一个表中只能有一个 PRIMARY KEY 约束)。
- 如果已有 PRIMARY KEY 约束，则可以对其进行修改或删除。例如，可以使表的 PRIMARY KEY 约束引用其他列，更改列的顺序、索引名、聚集选项或 PRIMARY KEY 约束的填充因子。但是，定义了 PRIMARY KEY 约束的列的列宽不能更改。

在一个表中不能有两行包含相同的主键值，不能在主键内的任何列中输入 NULL 值。通常，每个表都应有一个主键。

【例 12.1】 给出以下程序的功能。

```
USE test
GO
CREATE TABLE department                    --部门表
(   部门号 int PRIMARY KEY,                --部门号为主键
    部门名 char(20),
)
GO
```

解：本程序在 test 数据库中创建一个名为 department 的表，其中指定"部门号"为主键。

注意：*若要使用 T-SQL 修改 PRIMARY KEY，必须先删除现有的 PRIMARY KEY 约束，然后再用新定义重新创建。*

如果在创建表时指定一个主键，则 SQL Server 会自动创建一个名为"PK_"且后跟表名的主键索引。这个唯一索引只能在删除与它保持联系的表或者主键约束时才能删除掉。如果不指定索引类型，则创建一个默认聚集索引。

12.2.2 FOREIGN KEY 约束

FOREIGN KEY 约束称为外键约束，用于标识表之间的关系，以强制引用完整性，即为表中的一列或者多列数据提供引用完整性。FOREIGN KEY 约束也可以引用自身表中的其他列，这种引用称为自引用。

FOREIGN KEY 约束通常在下面情况下使用：

- 作为表定义的一部分在创建表时创建。
- 如果 FOREIGN KEY 约束与另一个表已有的 PRIMARY KEY 约束或 UNIQUE 约束相关联，则可向现有表添加 FOREIGN KEY 约束。一个表可以有多个 FOREIGN KEY 约束。
- 对已有的 FOREIGN KEY 约束进行修改或删除。例如，要使一个表的 FOREIGN KEY 约束引用其他列。另外，定义了 FOREIGN KEY 约束列的列宽不能更改。

设置 FOREIGN KEY 约束的语法格式如下：

```
FOREIGN KEY REFERENCES 引用的表名 [ (引用列) ]
   [ ON DELETE { NO ACTION | CASCADE } ]
   [ ON UPDATE { NO ACTION } ]
```

其使用说明：如果一个外键值没有主键，则不能插入带该值(NULL 除外)的行。如果尝试删除现有外键指向的行，ON DELETE 子句将控制所采取的操作。ON DELETE 子句有下面两个选项。

- NO ACTION：指定删除因错误而失败。
- CASCADE：指定还将删除已删除行的外键的所有行。

如果尝试更新现有外键指向的候选键值，ON UPDATE 子句将定义所采取的操作。它也支持 NO ACTION 和 CASCADE 选项。

【例 12.2】 给出以下程序的功能。

```
USE test
GO
CREATE TABLE worker                                      -- 职工表
(    编号 int PRIMARY KEY,                               -- 编号为主键
     姓名 char(8),
     性别 char(2),
     部门号 int FOREIGN KEY REFERENCES department(部门号)
         ON DELETE NO ACTION,
     地址 char(30)
)
GO
```

解：该程序使用 FOREIGN KEY 子句在 worker 表中建立了一个删除约束，即 worker 表的"部门号"列(是一个外键)与 department 表的"部门号"列关联。

使用 FOREIGN KEY 约束还应注意以下几个问题：

- 一个表中最多可以有 253 个可以引用的表，因此每个表最多可以有 253 个 FOREIGN KEY 约束。
- 在 FOREIGN KEY 约束中只能引用同一个数据库中的表，而不能引用其他数据库中的表。
- FOREIGN KEY 子句中的列个数和数据类型必须和 REFERENCE 子句中的列个数和数据类型相同。
- FOREIGN KEY 约束不能自动创建索引。
- 引用同一个表中的列时，必须只使用 REFERENCE 子句，而不能使用 FOREIGN KEY 子句。

12.2.3 UNIQUE 约束

UNIQUE 约束在列集内强制执行值的唯一性。对于 UNIQUE 约束中的列，表中不允许有两行包含相同的非空值。主键也强制执行唯一性，但主键不允许空值，而且每个表中的主键只能有一个，但是 UNIQUE 列却可以有多个。

在向表中的现有列添加 UNIQUE 约束时，默认情况下，SQL Server 检查列中的现有数据确保除 NULL 外的所有值均唯一。如果对有重复值的列添加 UNIQUE 约束，SQL Server 将返回错误信息并不添加约束。

SQL Server 自动创建 UNIQUE 索引来强制 UNIQUE 约束的唯一性要求。因此，如果试图插入重复行，SQL Server 将返回错误信息，说明该操作违反了 UNIQUE 约束并不将该行添加到表中。除非明确指定了聚集索引，否则，在默认情况下创建唯一的非聚集索引以强制 UNIQUE 约束。

【例 12.3】 给出一个示例说明 UNIQUE 约束的使用方法。

解：以下程序在 test 数据库中创建了一个名为 table5 的表，其中指定了 c1 列不能包含重复的值。

```
USE test
GO
CREATE TABLE table5
(   c1 int UNIQUE, c2 int )
GO
INSERT table5 VALUES(1,100)
GO
```

如果再插入一行：

```
INSERT table5 VALUES(1,200)
```

则会出现如图 12.1 所示的错误消息。

```
消息
消息 2627，级别 14，状态 1，第 1 行
违反了 UNIQUE KEY 约束“UQ__table5__321366675B459D48”。不能在对象“dbo.table5”中插入重复键。重复键值为 (1)。
语句已终止。
```

图 12.1 错误消息

12.2.4 CHECK 约束

CHECK 约束通过限制用户输入的值来加强域完整性，设置 CHECK 约束的语法格式如下：

```
CHECK (逻辑表达式)
```

它指定应用于列中输入的所有值的逻辑表达式(取值为 TRUE 或 FALSE)，拒绝所有不取值为 TRUE 的值。

用户可以为每列指定多个 CHECK 约束。

【例 12.4】 给出一个示例说明 CHECK 约束的使用方法。

解：以下程序在 test 数据库中创建一个名为 table6 的表，其中使用 CHECK 约束限定 f2 列只能为 0～100 分。

```
USE test
GO
CREATE TABLE table6
(    f1 int,
     f2 int NOT NULL CHECK(f2 >= 0 AND f2 <= 100)
)
GO
```

执行以下语句：

```
INSERT table6 VALUES(1,120)
```

则会出现如图 12.2 所示的错误消息。

```
消息
消息 547，级别 16，状态 0，第 1 行
INSERT 语句与 CHECK 约束"CK__table6__f2__00AA174D"冲突。该冲突发生于数据库"test"，表"dbo.table6", column 'f2'。
语句已终止。
```

图 12.2　错误消息

12.2.5 列约束和表约束

列约束可以作为列定义的一部分，并且仅适用于指定的那个列。表约束的定义与列定义无关，可以适用于表中一个以上的列。列约束和表约束均在创建表或修改表时通过 CONSTRAINT 关键字指定。

当一个约束中必须包含一个以上的列时，必须使用表约束。例如，如果一个表的主键内有两个或两个以上的列，则必须使用表约束将这两个列加入主键内。

【例 12.5】 给出以下程序的执行结果。

```
USE test
GO
CREATE TABLE table7
(    c1 int,c2 int,c3 char(5),c4 char(10),
     CONSTRAINT c1 PRIMARY KEY(c1,c2)
)
```

```
GO
INSERT table7 VALUES(1,2,'ABC1','XYZ1')
INSERT table7 VALUES(1,2,'ABC2','XYZ2')
GO
SELECT * FROM table7
GO
```

解：该程序在 test 数据库中创建 table7 表，它的主键为 c1 和 c2，然后在其中插入两个记录（它们的 c1 和 c2 列值相同），最后输出这些记录。执行时的错误消息如图 12.3 所示。

在图 12.3 中单击“结果”，可以看到如图 12.4 所示的执行结果，从中看到，第 2 个 INSERT 语句由于主键约束没有成功执行。

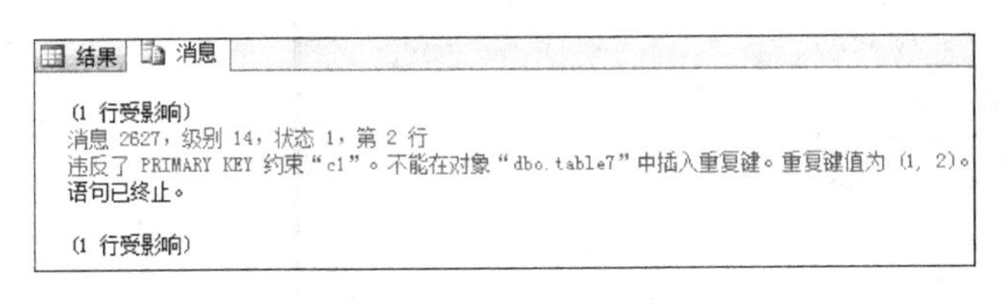

图 12.3　错误消息

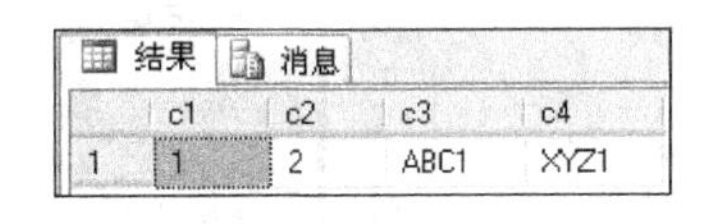

	c1	c2	c3	c4
1	1	2	ABC1	XYZ1

图 12.4　程序执行的结果

12.3　默　认　值

如果在插入行时没有指定列的值，则默认值指定列中所使用的值。默认值可以是任何取值为常量的对象。

在 SQL Server 中，有下面两种使用默认值的方法。

- 在创建表时指定默认值：如果使用 SQL Server 管理控制器，则可以在设计表时指定默认值。如果使用 T-SQL 语言，则在 CREATE TABLE 语句中使用 DEFAULT 子句指定。这是首选的方法，也是定义默认值比较简洁的方法。
- 使用 CREATE DEFAULT 语句创建默认对象，然后使用存储过程 sp_bindefault 将该默认对象绑定到列上。这是向前兼容的方法。

12.3.1　在创建表时指定默认值

在使用 SQL Server 管理控制器创建表时，可以为列指定默认值，默认值可以是计算结果为常量的任何值，例如常量、内置函数或数学表达式。

在创建表时，输入列名称后，在“列属性”框中设定该列的默认值，如图 12.5 所示，将 student 表的“性别”列的默认值设置为“男”。

如果使用 T-SQL 语句，则可以使用 DEFAULT 子句来设置默认值。

在设置默认值后，当使用 INSERT 和 UPDATE 语句插入或修改记录时，如果没有提供值，则自动将默认值作为提供值。

【例 12.6】　给出以下程序的执行结果。

```
USE test
GO
CREATE TABLE table8
```

```
(    c1 int,
     c2 int DEFAULT 2 * 5,
     c3 datetime DEFAULT getdate()
)
GO
INSERT table8(c1) VALUES(1)                          --插入一行数据并显示记录
SELECT * FROM table8
GO
```

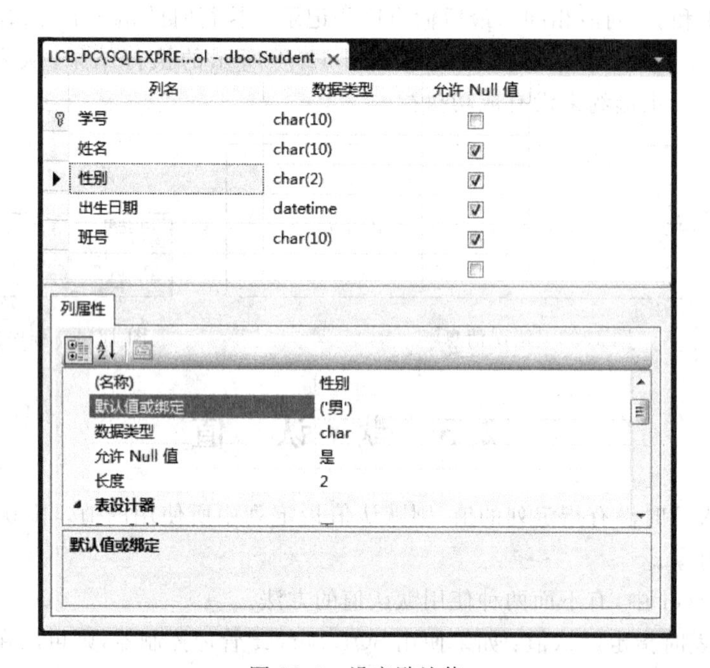

图 12.5　设定默认值

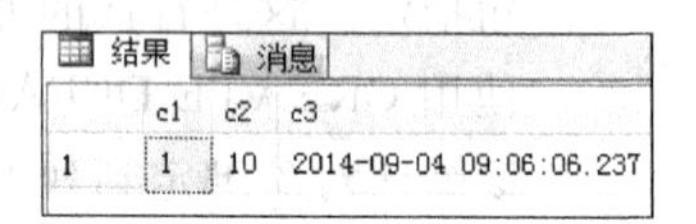

图 12.6　程序执行结果

解：该程序在 test 数据库中创建一个名为 table8 的表，其中 c2 指定默认值为 10，c3 指定默认值为当前日期，其执行结果如图 12.6 所示。从中可以看到，插入数据中只给定了 c1 列的值，c2 和 c3 自动使用默认值，这里 c3 的默认值是使用 getdate()函数来获取当前日期。

12.3.2　使用默认对象

默认对象是单独存储的，在删除表的时候，DEFAULT 约束会自动删除，但是默认对象不会被删除。另外，在创建默认对象后，需要将其绑定到某列或者用户自定义的数据类型上。

1. 创建默认对象

用户可以使用 CREATE DEFAULT 语句创建默认对象，其语法格式如下：

```
CREATE DEFAULT 默认对象名 AS 常量表达式
```

例如，使用下面的 SQL 语句创建 con1 默认对象：

```
USE test
```

```
GO
IF OBJECT_ID ('con1','D') IS NOT NULL
   DROP DEFAULT con1                               -- 如果 con1 默认对象存在，删除之
GO
CREATE DEFAULT con1 AS 10                          -- 创建默认对象 con1，其值为 10
GO
```

在 SQL Server 对象资源管理器中展开“test|可编程性|默认值”结点，会看到建立的默认对象“dbo. con1”。若要查看现有默认对象的内容，可以执行 sp_help 存储过程，例如，EXEC sp_helptext 'con1'命令的执行结果如图 12.7 所示。

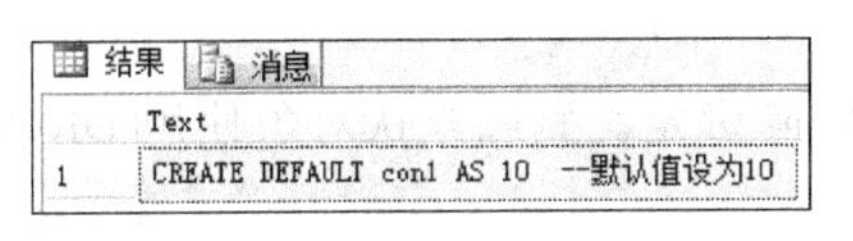

	Text
1	CREATE DEFAULT con1 AS 10 --默认值设为10

图 12.7　con1 默认对象的内容

说明：当用户创建的一个默认值被存储到 SQL Server 系统中后，每个默认值对应 sysobjects 系统表中的一条记录，该表中的 name 列包含默认值的名称，xtype 列指出存储对象的类型，当它为'D'时表示是一个默认值，用户可以通过查找该表中的记录判断某默认值是否被创建。

2. 绑定默认对象

默认对象在创建后不能直接使用，必须首先将其绑定到某列或者用户自定义的数据类型上，绑定过程可以使用 sp_bindefault 存储过程来完成。其基本语法格式如下：

```
sp_bindefault '默认对象名', '绑定默认对象的表和列名'
```

例如，上面将 con1 默认对象绑定到 test 数据库的 table8 表的 c1 列上的操作过程可以使用下面的 T-SQL 语句来完成：

```
USE test
GO
EXEC sp_bindefault 'con1','table8.c1'
GO
```

3. 重命名默认对象

和其他的数据库对象一样，用户也可以重命名默认对象。重命名默认对象也是使用 sp_rename 存储过程完成的。例如，以下 T-SQL 语句将默认对象 con1 的名称改为 con2：

```
USE test
GO
EXEC sp_rename 'con1','con2'
GO
```

在重命名时，会提示“注意：更改对象名的任一部分都可能会破坏脚本和存储过程。”的消息。

4. 解除默认对象的绑定

用户可以使用 sp_unbindefault 存储过程来解除绑定，其基本语法格式如下：

```
sp_unbindefault '要解除默认对象绑定的表和列'
```

提示：由于一列或者用户定义数据类型只能同时绑定一个默认对象，所以解除绑定时不需要再指定默认对象的名称。另外，如果要查看默认值的文本，可以以该默认对象的名称

为参数执行存储过程 sp_helptext。

例如，下面的 SQL 语句解除 test 数据库中 table8 表的 c1 列上的默认值绑定：

```
USE test
GO
EXEC sp_unbindefault 'table8.c1'
GO
```

在解除默认对象的绑定时会提示相应的消息，例如上述程序执行时出现了“已解除了表列与其默认值之间的绑定。”的消息。

5. 删除默认对象

在删除默认对象之前，首先要确认默认对象已经解除绑定。删除默认对象使用 DROP DEFAULT 语句，其语法格式如下：

```
DROP DEFAULT 默认对象名
```

例如，以下 T-SQL 语句用于删除默认对象 con2：

```
USE test
GO
DROP DEFAULT con2
GO
```

【例 12.7】 给出以下程序的执行结果。

```
USE test
GO
IF OBJECT_ID ('table9','U') IS NOT NULL
   DROP TABLE table9                            -- 如果 table9 表存在，删除之
GO
CREATE TABLE table9
(   c1 smallint,
    c2 smallint DEFAULT 10 * 2,
    c3 char(10),
    c4 char(10) DEFAULT 'xyz')
GO
IF OBJECT_ID ('con3','D') IS NOT NULL
   DROP DEFAULT con3                            -- 如果 con3 默认对象存在，删除之
GO
CREATE DEFAULT con3 AS 'China'
GO
EXEC sp_bindefault con3, 'table9.c3'            -- 绑定
GO
INSERT INTO table9(c1) VALUES (1)               -- 插入 4 个记录
INSERT INTO table9(c1,c2) VALUES (2,50)
INSERT INTO table9(c1,c3) VALUES (3,'Wuhan')
INSERT INTO table9(c1,c3,c4) VALUES (4,'Beijing','Good')
SELECT * FROM table9
GO
```

解：该程序先创建表 table9，并采用前面介绍的方法设置列 c3 绑定的默认对象，插入 4 个记录，未给定列 c3 值的记录采用默认值替代，最后输出所有行。其执行结果如图 12.8 所示。

结果 | 消息

	c1	c2	c3	c4
1	1	20	China	xyz
2	2	50	China	xyz
3	3	20	Wuhan	xyz
4	4	20	Beijing	Good

图 12.8　程序执行结果

注意：DROP DEFAULT 语句不适用于删除表的 DEFAULT 约束，它只能删除默认对象。如果要删除表的 DEFAULT 约束，应该使用 ALTER TABLE 语句。

12.4　规　　则

规则限制了可以存储在表中或者用户定义数据类型的值，它可以使用多种方式来完成对数据值的检验，可以使用函数返回验证信息，也可以使用关键字 BETWEEN、LIKE 和 IN 完成对输入数据的检查。

当将规则绑定到列或者用户定义数据类型时，规则将指定可以插入到列中的可接受的值。规则作为一个独立的数据库对象存在，表中的每列或者每个用户定义数据类型只能和一个规则绑定。

注意：规则用于执行一些与 CHECK 约束相同的功能。CHECK 约束是用来限制列值的首选标准方法。CHECK 约束比规则更简明，一个列只能应用一个规则，但是可以应用多个 CHECK 约束。CHECK 约束作为 CREATE TABLE 语句的一部分进行指定，而规则以单独的对象创建，然后绑定到列上。

和默认对象类似，规则只有绑定到列或者用户定义数据类型上才能起作用。如果要删除规则，则应确定规则已经解除绑定。

12.4.1　创建规则

创建规则使用 CREATE RULE 语句，其语法格式如下：

```
CREATE RULE 规则名 AS condition_exprion
```

其中，condition_exprion 指出规则的条件表达式，可以是 WHERE 子句中任何有效的表达式，并且可以包含诸如算术运算符、关系运算符和谓词（如 IN、LIKE、BETWEEN）之类的元素。规则不能引用列或其他数据库对象，可以包含不引用数据库对象的内置函数。

若 condition_exprion 中包含变量，每个局部变量的前面都有一个@符号，该表达式引用通过 UPDATE 或 INSERT 语句输入的值。在创建规则时，可以使用任何名称或符号表示值，但第一个字符必须是@符号。

说明：当用户创建的一个规则被存储到 SQL Server 系统中后，每个规则对应 sysobjects 系统表中的一条记录，该表中的 name 列包含规则的名称，xtype 列指出存储对象的类型，当它为'R'时表示是一个规则，用户可以通过查找该表中的记录判断某规则是否被创建。

【例 12.8】　给出以下程序的功能。

```
USE test
```

```
GO
CREATE RULE rule1 AS @c1 BETWEEN 0 and 10
GO
```


解：该程序创建一个名为 rule1 的规则，限定输入的值必须在 0～10 之间。在 SQL Server 对象资源管理器中展开“test|可编程性|规则”结点，会看到建立的规则“dbo. rule1”。若要查看现有规则的内容，可以执行 sp_help 存储过程。例如，EXEC sp_helptext 'rule1'命令的执行结果如图 12.9 所示。

【例 12.9】 给出以下程序的功能。

```
USE test
GO
CREATE RULE rule2 AS @c1 IN ('2','5','8')
GO
```

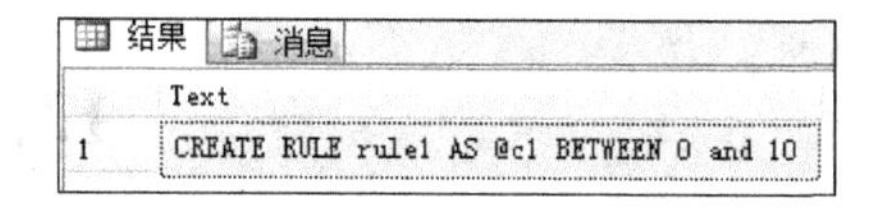

	Text
1	CREATE RULE rule1 AS @c1 BETWEEN 0 and 10

图 12.9　rule1 规则的内容

解：该程序创建一个名为 rule2 的规则，限定输入到该规则所绑定的列中的实际值只能是该规则中列出的值。

用户也可以使用 LIKE 创建一个模式规则，即遵循某种格式的规则。

例如，要使该规则指定任意两个字符的后面跟一个连字符和任意多个字符(或没有字符)，并以 1～6 之间的整数结尾，则可以使用下面的 T-SQL 语句：

```
USE test
GO
CREATE RULE rule3 AS @value LIKE '_ %[1-6]'
GO
```

12.4.2　绑定规则

如果要使用规则，必须首先将其和列或者用户定义数据类型绑定，可以使用 sp_bindrule 存储过程，也可以使用 SQL Server 管理控制器。

使用 SQL Server 管理控制器绑定规则的操作步骤和绑定默认对象的操作步骤相同，sp_bindrule 存储过程的基本语法格式如下：

```
sp_bindrule '规则名', ''绑定规则的表和列名''
```

例如，下面的 T-SQL 语句可以将 rule1 规则绑定到 test 数据库中 table9 表(该表由例 12.7 所创建)的 c1 列上：

```
USE test
GO
EXEC sp_bindrule 'rule1','table9.c1'
GO
```

规则必须与列的数据类型兼容，规则不能绑定到 text、image 或 timestamp 列。对于用户定义数据类型，只有尝试在该类型的数据库表列中插入值或更新该类型的数据库表列时，绑定到该类型的规则才会激活。因为规则不检验变量，所以在向用户定义数据类型的变量赋值时不要赋予绑定到该数据类型的列的规则所拒绝的值。

12.4.3 解除和删除规则

对于不再使用的规则，可以使用 DROP RULE 语句删除。如果要删除规则，首先要解除规则的绑定，解除规则的绑定可以使用 sp_unbindrule 存储过程。

sp_unbindrule 存储过程的基本语法格式如下：

```
sp_unbindrule '要解除规则绑定的表和列'
```

【例 12.10】 给出以下程序的功能。

```
USE test
GO
EXEC sp_unbindrule 'table9.c1'
GO
```

解：该程序解除绑定到 table9 表的 c1 列上的规则。

在解除规则的绑定后，就可以使用 DROP RULE 语句将其删除，基本语法格式如下：

```
DROP RULE 规则名
```

【例 12.11】 给出以下程序的功能。

```
USE test
GO
DROP RULE rule1
GO
```

解：该程序删除 test 数据库中的规则 rule1。

注意：对于未解除绑定的规则，如果再次将一个新的规则绑定到列或者用户定义数据类型，旧的规则将自动被解除，只有最近一次绑定的规则有效。而且，如果列中包含 CHECK 约束，则 CHECK 约束优先。

练 习 题 12

1. 什么是数据完整性？如果数据库不实施数据完整性会产生什么结果？
2. 数据完整性有哪几类？如何实施？它们分别在什么级别上实施？
3. 什么是主键约束？什么是唯一性约束？两者有什么区别？
4. 列约束和表约束有什么不同？
5. 创建 PRIMARY KEY 约束、UNIQUE 约束和外键约束时 SQL Server 都会自动创建索引吗？
6. 什么是规则？它与 CHECK 约束相比有什么不同？
7. 如果一个表列上同时存在规则和 CHECK 约束，哪一个更优先？
8. 在 test 数据库中有一个表 table10，使用以下命令建立：

```
CREATE TABLE table10
(  学号 int,
   姓名 char(10),
```

```
    专业 char(20),
    分数 int
)
```


给出完成以下功能的 ALTER TABLE 语句：

① 给"学号"列增加非空约束。

② 将"学号"列设置为主键。

③ 在"分数"列上设置 1～100 的取值范围。

④ 在"专业"列上设置默认值"计算机科学与技术"。

9. 在 test 数据库中有一个表 table11，使用以下命令建立：

```
CREATE TABLE table11
(   图书编号 int,
    书名 char(30),
    借书人学号 int
)
```

给出将其"借书人学号"列引用 table10 中"学号"列的外键关系的 ALTER TABLE 语句。

第13章 事务处理和数据锁定

前面介绍了T-SQL编程的基础知识，而在复杂的数据库应用中会涉及事务处理和数据锁定技术，本章讨论SQL Server事务处理和数据锁定的概念和方法。

13.1 事务处理

13.1.1 事务概述

事务（Transaction）是数据库中的单个逻辑单元，一个事务通常由多个T-SQL语句组成，所有这些T-SQL语句作为一个整体执行，要么全部执行，要么都不执行。

一个逻辑工作单元必须有4个特性，称为ACID（原子性、一致性、隔离性和持久性）特性，只有这样才能成为一个事务。

- 原子性（Atomicity）：事务必须是原子工作单元。对于其数据修改，要么全都执行，要么全都不执行。
- 一致性（Consistency）：事务在完成时必须使所有的数据都保持一致状态。在相关数据库中，所有规则都必须应用于事务的修改，以保持所有数据的完整性。事务结束时，所有的内部数据结构都必须是正确的。
- 隔离性（Isolation）：一个事务的执行不能被其他事务干扰。即一个事务内部的操作及使用的数据对其他并发事务是隔离的，并发执行的各个事务之间不能互相干扰。
- 持久性（Durability）：事务完成之后，它对于系统的影响是永久性的。该修改即使出现系统故障也将一直保持。

例如，一个事务从账户 A 转50元到账户 B 的步骤如下：

① read(A,x)　　　//读取账户 A 的金额 x

② $x=x-50$　　　//x 减少50

③ write(A,x)　　　//将金额 x 写入账户 A

④ read(B,y)　　　//读取账户 B 的金额 y

⑤ $y=y+50$　　　//y 增加50

⑥ write(B,y)　　　//将金额 y 写入账户 B

对其ACID特性说明如下。

- 事务原子性：若该事务在步骤③～⑥之间失败，系统必须确保此更新没有在系统中遗留痕迹，否则将导致不一致。
- 事务一致性：该事务执行完毕后 A 和 B 账户金额之和必须保持不变。

- 事务隔离性：若该事务在步骤③～⑥之间有另外一个事务允许存取被部分更新的数据库，则它将看到一个不一致的数据库(即 $A+B$ 的和小于它应该有的值)。
- 事务持久性：一旦用户被告知事务已经完成(即转账成功)，则该事务对数据库所做的更新操作必须是永久性的，即使出现某些失败的情形。

事务的一致性必须建立在用户程序逻辑正确性的基础之上，即当用户提交事务的时候，必须保证当它运行完毕之时将数据库保持在一个一致性的状态。DBMS 通过恢复机制来确保事务的原子性和永久性。隔离性是通过提供一套并发控制的机制来实现的。

若系统在运行过程中由于某种原因造成系统停止运行，致使事务在执行过程中以非控方式终止，这时内存中的信息丢失，而存储在外存上的数据未受影响，这种情况称为事务故障。

13.1.2 事务的分类

在 SQL Server 中，按事务的启动和执行方式，可以将事务分为以下几类。

- 显式事务：指显式定义了其启动和结束的事务，称为用户定义或用户指定的事务，即可以显式地定义启动和结束的事务。分布式事务是一种特殊的显式事务，当数据库系统分布在不同的服务器上时，要保证所有服务器的数据的一致性和完整性，就要用到分布式事务。
- 自动提交事务：SQL Server 的默认事务管理模式，每个 T-SQL 语句在完成时都被提交或回滚。如果一个语句成功地完成，则提交该语句；如果遇到错误，则回滚该语句。
- 隐式事务：当连接以隐式事务模式进行操作时，SQL Server 将在提交或回滚当前事务后自动启动新事务。用户无须描述事务的开始，只需提交或回滚每个事务。隐式事务模式生成连续的事务链。

13.1.3 显式事务

显式事务从 T-SQL 命令 BEGIN TRANSACTION 开始，到 COMMIT TRANSACTION 或 ROLLBACK TRANSACTION 命令结束。也就是说，显式事务需要显式地定义事务的启动和提交。

1. 启动事务

启动事务使用 BEGIN TRANSACTION 语句，执行该语句会将@@TRANCOUNT 加 1。其语法格式如下：

```
BEGIN TRAN[SACTION] [事务名| @事务变量名[WITH MARK ['desp']]]
```

其中，WITH MARK ['desp']用于在日志中标记事务，desp 为描述该标记的字符串，可使用标记事务替代日期和时间。如果使用了 WITH MARK，则必须指定事务名。WITH MARK 允许将事务日志还原到命名标记。

BEGIN TRANSACTION 代表一个事务点，该事务点的数据在逻辑和物理上都是一致的。如果遇上错误，在 BEGIN TRANSACTION 之后的所有数据改动都能进行回滚，以将数据返回到已知的一致状态。每个事务继续执行直到它无误地完成并且用 COMMIT

TRANSACTION 对数据库做永久地改动，或者遇上错误并且用 ROLLBACK TRANSACTION 语句擦除所有改动。

2. 提交事务

如果没有遇到错误，可使用 COMMIT TRANSACTION 语句成功地提交事务。该事务中的所有数据修改在数据库中都将永久有效，事务占用的资源将被释放。

COMMIT TRANSACTION 语句的语法格式如下：

```
COMMIT [TRAN[SACTION] [事务名| @事务变量名]]
```

其中各参数的含义与 BEGIN TRANSACTION 中的相同。

3. 回滚事务

如果事务中出现错误，或者用户决定取消事务，可回滚该事务。回滚事务是通过 ROLLBACK 语句来完成的，其语法格式如下：

```
ROLLBACK [TRAN[SACTION]
  [事务名| @事务变量名|保存点名| @保存点变量名]]
```

ROLLBACK TRANSACTION 清除自事务的起点或到某个保存点所做的所有数据修改，ROLLBACK 还释放由事务控制的资源。事务处理的基本结构如图 13.1 所示。

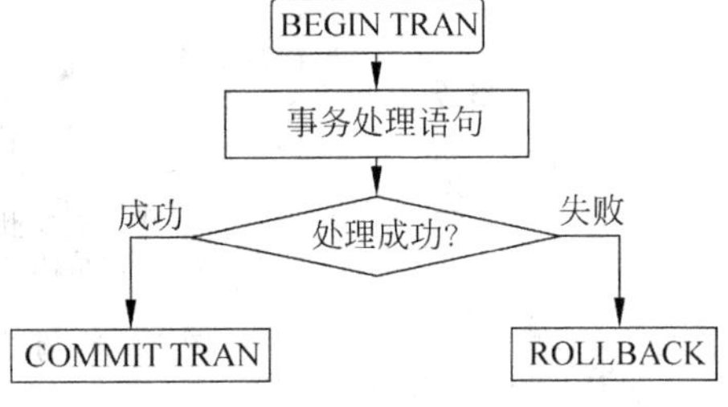

图 13.1 事务处理的基本结构

注意：在定义事务的时候，BEGIN TRANSACTION 语句要和 COMMIT TRANSACTION 或者 ROLLBACK TRANSACTION 语句成对出现。

【例 13.1】 给出以下程序的执行结果。

```
USE school
GO
BEGIN TRANSACTION       -- 启动事务
    INSERT INTO student VALUES('100','陈浩','男','1992/03/05','1003')
                        -- 插入一个学生记录
ROLLBACK                -- 回滚事务
GO
SELECT * FROM student -- 查询 student 表的记录
GO
```

解：该程序启动一个事务向 student 表中插入一个记录，然后回滚该事务。正是由于回滚了该事务，所以 student 表中没有真正插入该记录。

4. 事务的状态

一个事务从开始到成功完成或者因故中止，可分为 3 个阶段，即事务初态—事务执行—事务完成，如图 13.2 所示。

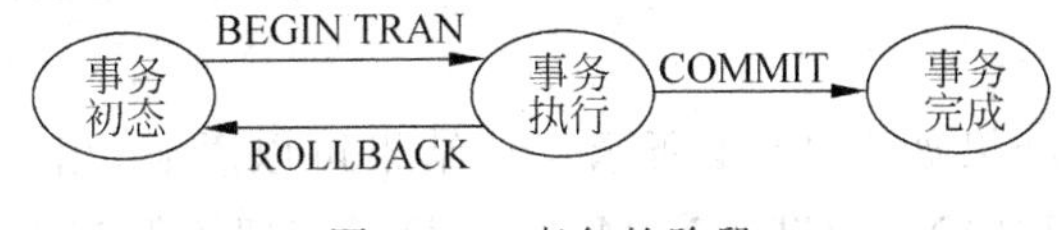

图 13.2 事务的阶段

一个事务从开始到结束，中间可经历以下不同的状态：

- 活动状态
- 部分提交状态
- 失败状态
- 中止状态
- 提交状态

事务定义语句和状态的关系如图 13.3 所示。

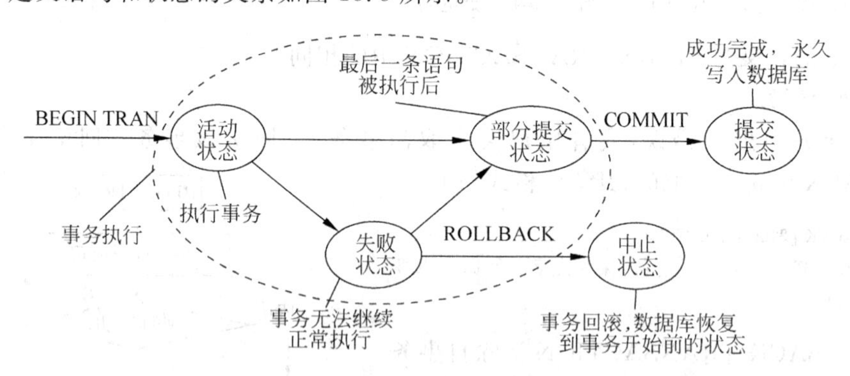

图 13.3　事务定义语句和状态的关系

5. 在事务内设置保存点

设置保存点使用 SAVE TRANSACTION 语句，其语法格式如下：

```
SAVE TRAN[SACTION] {保存点名 | @保存点变量名}
```

用户可以在事务内设置保存点或标记，保存点允许应用程序在遇到小错误时回滚一个事务的一部分。保存点和数据库没有任何关系，只是设置了能回滚一个事务的断点。

【例 13.2】 给出以下程序的执行结果。

```
USE school
GO
BEGIN TRANSACTION                                          --启动事务
  INSERT INTO student
    VALUES('100','陈浩','男','1992/03/05','1004')          --插入一个学生记录
  SAVE TRANSACTION Mysavp                                  --保存点
  INSERT INTO student
    VALUES('200','王浩','男','1992/10/05','1005')          --插入一个学生记录
ROLLBACK TRANSACTION Mysavp                                --回滚事务到保存点
COMMIT TRANSACTION                                         --提交事务
GO
SELECT * FROM student                                      --查询 student
GO
DELETE student WHERE 学号 = '100'                          --删除插入的记录
GO
```

解：该程序的执行结果如图 13.4 所示。从结果可以看到，由于在事务内设置保存点 Mysavp，ROLLBACK TRANSACTION Mysavp 只回滚到该保存点为止，所以只插入保存点前的一个记录，保存点之后的操作被清除。

	学号	姓名	性别	出生日期	班号
1	100	陈浩	男	1992-03-05 00:00:00.000	1004
2	101	李军	男	1993-02-20 00:00:00.000	1003
3	103	陆君	男	1991-06-03 00:00:00.000	1001
4	105	匡明	男	1992-10-02 00:00:00.000	1001
5	107	王丽	女	1993-01-23 00:00:00.000	1003
6	108	曾华	男	1993-09-01 00:00:00.000	1003
7	109	王芳	女	1992-02-10 00:00:00.000	1001

图 13.4 程序执行结果

提示：如果回滚到事务开始位置，则全局变量@@TRANCOUNT 的值减去 1。如果回滚到指定的保存点，则全局变量@@TRANCOUNT 的值不变。

6. 不能用于事务的操作

在事务处理中，并不是所有的 T-SQL 语句都可以取消执行，一些不能撤销的操作（如创建、删除和修改数据库的操作），即使 SQL Server 取消了事务执行或者对事务进行了回滚，这些操作对数据库造成的影响也是不能恢复的，因此这些操作不能用于事务处理。这些操作如表 13.1 所示。

表 13.1 不能用于事务的操作

操　　作	相应的 SQL 语句
创建数据库	CREATE DATABASE
修改数据库	ALTER DATABASE
删除数据库	DROP DATABASE
恢复数据库	RESTORE DATABASE
加载数据库	LOAD DATABASE
备份日志文件	BACKUP LOG
恢复日志文件	RESTORE LOG
更新统计数据	UPDATE STATISTICS
授权操作	GRANT
复制事务日志	DUMP TRANSACTION
磁盘初始化	DISK INIT
更新使用 sp_configure 系统存储过程更改的配置选项的当前配置值	RECONFIGURE

13.1.4 自动提交事务

SQL Server 使用 BEGIN TRANSACTION 语句启动显式事务，或隐式事务模式设置为打开之前，将以自动提交模式进行操作。当提交或回滚显式事务或者关闭隐式事务模式时，SQL Server 将返回到自动提交模式。

说明：除非 BEGIN TRANSACTION 语句启动一个显式事务，否则 SQL Server 连接以自动提交模式运行。

在自动提交模式下，有时看起来 SQL Server 好像回滚了整个批处理，而不是仅仅一个 SQL 语句，这种情况只有在遇到的错误是编译错误而不是运行时错误时才会发生。编译错误将阻止 SQL Server 建立执行计划，这样批处理中的任何语句都不会执行。尽管看起来好像是产生错误之前的所有语句都被回滚了，但实际情况是该错误使批处理中的任何语句都没有执行。

在下面的例子中，由于编译错误，第 3 个批处理中的任何 INSERT 语句都没有执行（没有返回显示结果）：

```
USE test
GO
CREATE TABLE table1(c1 INT PRIMARY KEY,c2 CHAR(3))
GO
INSERT INTO table1 VALUES (1,'aaa')
INSERT INTO table1 VALUES (2,'bbb')
INSERT INTO table1 ALUSE (3,'ccc')                    --符号错误,ALUSE 应为 VALUES
GO
SELECT * FROM table1                                  --不会返回任何结果
GO
```

在执行时显示的错误消息如图 13.5 所示。

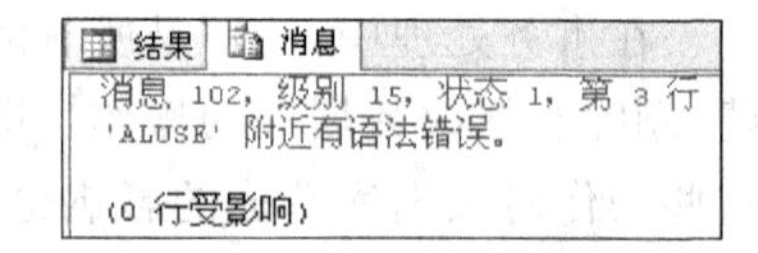

图 13.5　错误消息

13.1.5　隐式事务

在隐式事务模式设置为打开之后，当 SQL Server 首次执行某些 T-SQL 语句时都会自动启动一个事务，而不需要使用 BEGIN TRANSACTION 语句。这些 T-SQL 语句包括：

```
ALTER TABLE   INSERT           OPEN    CREATE
DELETE        REVOKE           DROP    SELECT
FETCH         TRUNCATE TABLE   GRANT   UPDATE
```

在发出 COMMIT 或 ROLLBACK 语句之前，该事务将一直保持有效。在第一个事务被提交或回滚之后，下次当连接执行这些语句中的任何语句时，SQL Server 都将自动启动一个新事务。SQL Server 将不断地生成一个隐式事务链，直到隐式事务模式关闭为止。

隐式事务模式可以通过使用 SET 语句打开或者关闭，或通过数据库 API 函数和方法进行设置。其语法格式如下：

```
SET IMPLICIT_TRANSACTIONS {ON | OFF}
```

当设置为 ON 时，SET IMPLICIT_TRANSACTIONS 将连接设置为隐式事务模式。当设置为 OFF 时，则使连接返回到自动提交事务模式。

对于因为该设置为 ON 而自动打开的事务，用户必须在该事务结束时将其显式提交或回滚。否则当用户断开连接时，事务及其所包含的所有数据更改将回滚。在事务提交后，执行上述任一语句即可启动新事务。

隐式事务模式将保持有效，直到连接执行 SET IMPLICIT_TRANSACTIONS OFF 语句使连接返回到自动提交模式。在自动提交模式下，如果各个语句成功完成，则提交。

【例 13.3】 给出以下程序的执行结果。

```
USE test
GO
SET NOCOUNT ON                                        --不显示受影响的行数
```

```
CREATE table table2(a int)                          --建立表 table2
GO
INSERT INTO table2 VALUES(1)                        --插入一个记录
GO
PRINT '使用显式事务'
BEGIN TRAN                                          --开始一个事务
    INSERT INTO table2 VALUES(2)
    PRINT '事务内的事务数目:' + CAST(@@TRANCOUNT AS char(5))
COMMIT TRAN                                         --事务提交
PRINT '事务外的事务数目:' + CAST(@@TRANCOUNT AS char(5))
GO
PRINT '设置 IMPLICIT_TRANSACTIONS 为 ON'
GO
SET IMPLICIT_TRANSACTIONS ON                        --开启隐式事务
GO
PRINT '使用隐式事务'
GO
--这里不需要 BEGIN TRAN 语句来定义事务的启动
INSERT INTO table2 VALUES(4)                        --插入一个记录
PRINT '事务内的事务数目:' + CAST(@@TRANCOUNT AS char(5))
COMMIT TRAN                                         --事务提交
PRINT '事务外的事务数目: ' + CAST(@@TRANCOUNT AS char(5))
GO
```

解：该程序演示了在将 IMPLICIT_TRANSACTIONS 设置为 ON 时显式或隐式启动事务，它使用@@TRANCOUNT 函数演示打开的事务和关闭的事务。执行结果如图 13.6 所示。

```
消息
使用显式事务
事务内的事务数目:2
事务外的事务数目:1
设置IMPLICIT_TRANSACTIONS为ON
使用隐式事务
事务内的事务数目:1
事务外的事务数目: 0
```

图 13.6　程序执行结果

13.1.6　事务和异常处理

当对表进行更新的时候，可以将事务和异常处理相结合，如果某个 T-SQL 语句执行失败，为了保持数据的完整性，将整个事务进行回滚。

【例 13.4】　给出以下程序的功能和执行结果。

```
USE test
GO
CREATE TABLE table3(no char(5) UNIQUE)              --no 列具有唯一性
GO
BEGIN TRY
    BEGIN TRANSACTION Mytrans
        INSERT INTO table3 VALUES ('aaa')
        INSERT INTO table3 VALUES ('aaa')
    COMMIT TRANSACTION Mytrans
END TRY
BEGIN CATCH
   SELECT ERROR_NUMBER() AS '错误号',ERROR_MESSAGE() AS '错误文字'
   ROLLBACK TRANSACTION Mytrans                     --回滚事务
END CATCH
GO
```

解：该程序在 test 数据库中建立一个表 table3，含一个唯一值的列 no。事务 Mytrans 用于插入两个相同的记录，由 CATCH 捕捉到错误，然后执行事务回滚。程序执行时显示的出错消息如图 13.7 所示。该程序执行后会建立 table3 表，但表中没有任何记录。

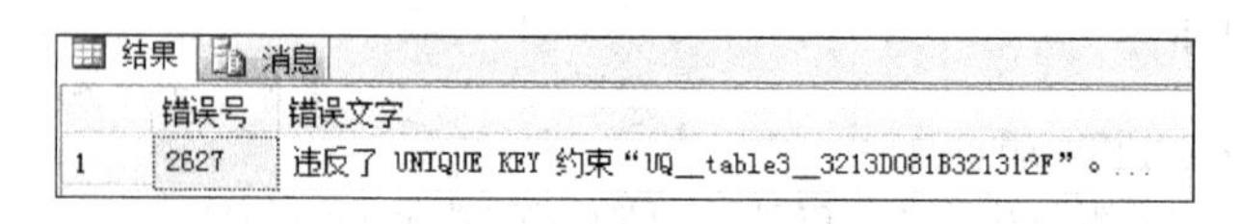

结果 | 消息

	错误号	错误文字
1	2627	违反了 UNIQUE KEY 约束“UQ__table3__3213D081B321312F”。...

图 13.7　出错消息

如果不采用事务和异常处理相结合的方法，在建立 table3 表后直接执行以下程序：

```
USE test
GO
INSERT INTO table3 VALUES ('aaa')
INSERT INTO table3 VALUES ('aaa')
GO
```

在程序执行后，显示的出错消息如图 13.8 所示，但会在 table3 表中插入第一个记录，这便是两者的差别。

消息

(1 行受影响)
消息 2627，级别 14，状态 1，第 2 行
违反了 UNIQUE KEY 约束“UQ__table3__3213D081B321312F”。不能在对象“dbo.table3”中插入重复键。重复键值为 (aaa)。
语句已终止。

图 13.8　出错消息

13.2　数据锁定

数据库是一个共享资源，可以供多个用户使用。允许多个用户同时使用的数据库系统称为多用户数据库系统，SQL Server 就是多用户数据库系统。当多个用户并发地存取数据库时就会产生多个事务同时存取同一数据的情况，若不加以控制可能会存取和存储不正确的数据，破坏事务的完整性和数据库的一致性。SQL Server 通过数据锁定来解决这一问题。

13.2.1　并发控制概述

1. 事务的执行方式

事务的执行方式有以下两种。

- 串行执行(顺序操作)：多个事务依次顺序执行，即一个事务执行完后才能执行另一个事务。
- 并行执行(并发操作)：多个事务按一定的调度策略同时执行，即多个事务可以交替执行。

事务调度是确定一个或多个事务的重要操作步骤按时间排序的一个序列。并发控制是确保及时纠正由并发操作导致的错误的一种机制。并发控制的基本单位是事务，保证事务的 ACID 特性是事务处理的重要任务，而事务的 ACID 特性可能遭到破坏的原因之一是多

个事务对数据库的并发操作造成的。DBMS 需要对并发操作进行正确的调度。这些就是 DBMS 中并发控制机制的责任。

2. 并发操作造成的数据不一致的情况

数据库并发操作可能造成的数据不一致归纳起来有以下几种。

(1) 更新丢失

两个事务 T_1、T_2 读入同一数据并修改，T_2 提交的结果破坏了 T_1 提交的结果，导致 T_1 的修改被丢失，这种数据不一致情况称为更新丢失。

例如，某飞机订票系统的活动序列如下：

① 甲售票点(T_1 事务)读出某航班的机票余额 A，$A=5$。

② 乙售票点(T_2 事务)读出同一航班的机票余额 A，也有 $A=5$。

③ 甲售票点卖出一张机票，修改余额 $A=A-1$，即 $A=4$，把 A 写回数据库。

④ 乙售票点也卖出一张机票，修改余额 $A=A-1$，即 $A=4$，把 A 写回数据库。

如表 13.2 所示，结果明明卖出两张机票，但数据库中的余额只减少 1 张，这就是更新丢失的不一致。

(2) 不可重复读

事务 T_1 读数据后，事务 T_2 执行更新操作，使事务 T_1 无法再现前一次读取的结果，这种数据不一致情况称为不可重复读。

不可重复读包括下面 3 种情况：

- 某事务两次读同一数据时得到的值不同。
- 某事务再次按相同条件读取数据时发现记录丢失。
- 某事务再次按相同条件读取数据时发现多了记录。

如表 13.3 所示，事务 T_1 读取数据 $B=10$ 进行求和运算，事务 T_2 读取数据 $B=10$，对其更新后将 $B=20$ 写回数据库，事务 T_1 为了对读取值校对重读 B，B 已为 20，与第一次读取值不一致，这就是不可重复读的第一种情况。

表 13.2 更新丢失不一致的并发事务

步 骤	T_1	T_2
①	读取 $A=5$	
②		读取 $A=5$
③	$A=A-1$ 写回 $A=4$	
④		$A=A-1$ 写回 $A=4$

表 13.3 不可重复读不一致的并发事务

步 骤	T_1	T_2
①	读取 $A=5$ 读取 $B=10$ 求和=15	
②		读取 $B=10$ $B=B*2$ 写回 B=20
③	读取 $A=5$ 读取 $B=20$ 求和=25 (验算不对)	

(3) 脏读

事务 T_1 修改数据并写回磁盘，事务 T_2 读取同一数据后，事务 T_1 被撤销，即数据恢复原值(回滚)，事务 T_2 读的数据与数据库中的不一致，称为“脏”数据。

如表 13.4 所示，事务 T_1 读取数据 $A=5$，将其修改为 10 并写回数据库，事务 T_2 读取数据 $A=10$，而事务 T_1 因为某种原因被撤销，A 恢复为 5，这时事务 T_2 读到的数据 A 仍然为 10，这就是脏读的不一致。

表 13.4 脏读不一致的并发事务

步　骤	T_1	T_2
①	读取 $A=5$ $A=A*2$ 写回$=10$	
②		读取 $A=10$
③	ROLLBACK A 恢复为 5	

（4）幻读（幻像或幻影）

幻读是指当事务不是独立执行时发生的一种现象，例如事务 T_1 对一个表中的数据进行了修改，比如这种修改涉及表中的“全部数据行”。同时，事务 T_2 也修改这个表中的数据，这种修改是向表中插入“一行新数据”。那么，以后就会发生操作事务 T_1 的用户发现表中还有没有修改的数据行，就好像发生了幻觉一样。

如表 13.5 所示，事务 T_1 读取课程 C_2 不及格的人数，共两人，接着事务 T_2 插入课程 C_2 的一个成绩记录，成绩为 52（不及格），这时事务 T_1 再次读取课程 C_2 不及格的人数，变为共 3 人，这就是幻读的不一致。

表 13.5 幻读不一致的并发事务

步 骤	T_1	T_2
①	读取课程 C_2 不及格的人数（共两人）	
②		插入课程 C_2 的一个成绩记录，成绩为 52
③	再次读取课程 C_2 不及格的人数（共 3 人）	

3. 并发调度的可序列化

前面介绍过多个事务的串行执行方式，由于事务执行的顺序不同，事务串行执行可能有多种结果。例如，对于事务 T_1 和 T_2，$T_1 \rightarrow T_2$ 和 $T_2 \rightarrow T_1$ 的结果可能不同。

所谓可序列化（SERIALIZABLE，可串行化）调度，是指一个事务序列并发执行的结果等价于某一个串行执行的结果。也就是说，可序列化调度是指不管数据库初始处于什么状态，一个调度对数据库状态的影响都和某个串行调度相同。

可序列化是并发事务正确调度的准则。按这个准则规定，一个给定的并发调度，当且仅当它是可序列化时才认为是正确的调度。

可序列化调度通常采用锁定（或封锁）技术来实现。例如，表 13.2 出现的更新丢失不一致，如果串行执行，无论 $T_1 \rightarrow T_2$ 还是 $T_2 \rightarrow T_1$，其结果都是 $A=3$。表 13.6 所示的是其可序列化调度，它是采用锁定实现的，其结果是 $A=3$，是正确的调度。

表 13.6 可序列化调度的并发事务

步 骤	T_1	T_2
①	给 A 加锁 A 获得锁	
②	读取 $A=5$	
③		给 A 加锁
④	$A=A-1$ 写回 $A=4$ 提交 A 解锁	等待
⑤		A 获得锁 读取 $A=4$ $A=A-1$ 写回 $A=3$ 提交 A 解锁

4. SQL Server 中的并发控制

锁定是并发控制的一项重要技术。所谓锁定，就是事务 T 在对某个数据库对象(如表、记录等)操作之前先向系统发出请求，对其加锁。加锁后事务 T 就对该数据库对象有了一定的控制，在事务 T 释放它的锁之前，其他事务不能读取或更新该数据库对象。通过锁定技术可以解决并发调度的正确性。

SQL Server 作为一个完整的 DBMS，它提供了自动锁定机制，SQL Server 应用程序一般不直接请求锁，锁由数据库引擎的一个部件(称为“锁管理器”)在内部管理。当数据库引擎实例处理 T-SQL 语句时，数据库引擎查询处理器会决定将要访问哪些资源，并根据访问类型和事务隔离级别设置来确定保护每一资源所需的锁的类型，然后向锁管理器请求适当的锁。如果与其他事务所持有的锁不会发生冲突，锁管理器将授予该锁，这称为 SQL Server 的自动锁定。除此之外，在 SQL Server 应用程序中也可以自定义锁定。

在后面将介绍 SQL Server 自动锁定技术和自定义锁定两方面的内容。

13.2.2 SQL Server 中的自动锁定

1. SQL Server 中的锁机制

在对数据库表进行数据更新的事务处理中，表会从一个稳定状态进入到另一个稳定状态，在此期间，表处于不稳定状态，如图 13.9 所示。

当事务处理开始时，表由稳定状态变为不稳定状态，系统将表锁定，如果此时有其他事务对此表进行更新操作，系统处于等待状态，直到第一个事务处理结束，表由不稳定状态进入新的稳定状态，系统解除表的锁定以后，其他事务才能操作此表，如图 13.10 所示。

SQL Server 自动锁定所需的数据以保护事务的所有操作，包括数据操纵语言(DML)、数据定义语言(DDL)和所需隔离级别上的查询语句。SQL Server 自动锁定数据行和所有相关的索引页，以确保最大限度的并发性能。随着事务锁定更多的资源，锁的粒度将自动增大到整个表，以便减少锁的维护工作量。

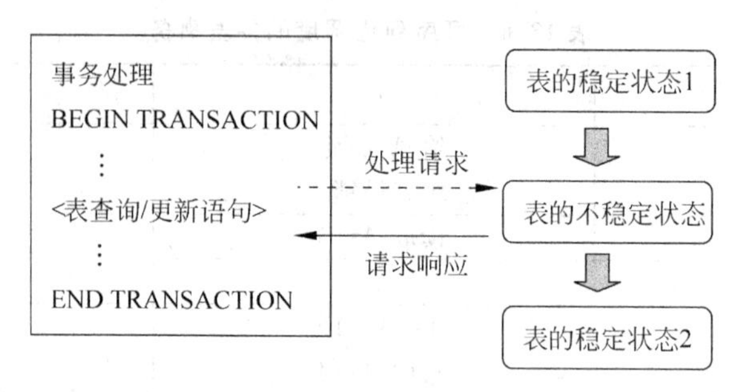

图 13.9　事务处理与表的状态

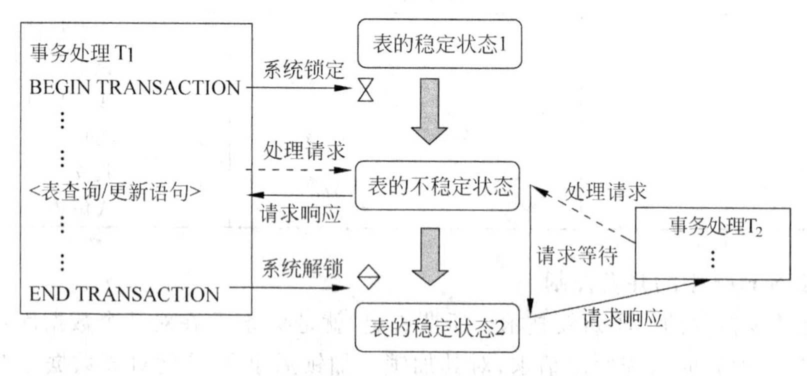

图 13.10　SQL Server 锁机制

在默认情况下，行级锁定用于数据页，页级锁定用于索引页。为保留系统资源，当超过行锁数的可配置阈值时，锁管理器将自动执行锁升级。在锁管理器中可以为每个会话分配的最大锁数是 262 143。

执行 EXEC sp_lock 可以看到有关锁的信息，其结果集中各列的含义如下：

- spid 列表示请求锁的进程的数据库引擎会话 ID 号。
- dbid 列表示保留锁的数据库的标识号，可以使用 DB_NAME()函数显示数据库名。
- ObjId 列表示持有锁的对象的标识号，可以在相关数据库中使用 OBJECT_NAME()函数显示指定的对象名。
- IndId 表示持有锁的索引的标识号。
- type 列表示锁的类型。
- Resource 表示标识被锁定资源的值，其值取决于 Type 列标识的资源类型，例如 type 为 TAB 或 DB 时，Resource 没有提供信息，因为已在 ObjId 列中标识了表或数据库。
- Mode 列表示所请求的锁模式。
- Status 列表示锁的请求状态，当为 GRANT 时指已获取锁；当为 WAIT 时指锁被另一个持有锁(模式相冲突)的进程阻塞(等待)。

【例 13.5】 给出以下程序的功能和执行结果。

```
USE school
GO
BEGIN TRANSACTION
```

```
SELECT 姓名 FROM student WHERE 学号 = '101'
GO
EXEC sp_lock
GO
COMMIT TRANSACTION
SELECT DB_NAME() AS '数据库',OBJECT_NAME(1525580473) AS '表名'
```

解：该程序在执行一个查询事务后通过 sp_lock 系统调用显示锁定情况，并输出锁定的数据库和表名称，其结果如图 13.11 所示。其中，1525580473 是 student 表的对象标识号。

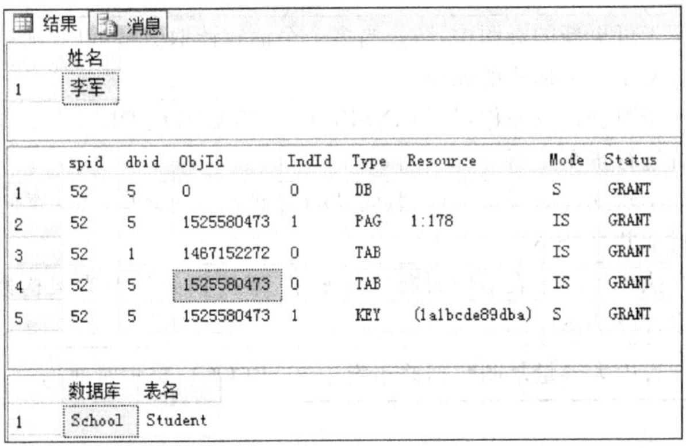

结果 | 消息

	姓名
1	李军

	spid	dbid	ObjId	IndId	Type	Resource	Mode	Status
1	52	5	0	0	DB		S	GRANT
2	52	5	1525580473	1	PAG	1:178	IS	GRANT
3	52	1	1467152272	0	TAB		IS	GRANT
4	52	5	1525580473	0	TAB		IS	GRANT
5	52	5	1525580473	1	KEY	(1a1bcde89dba)	S	GRANT

	数据库	表名
1	School	Student

图 13.11　程序执行结果

说明：在 SQL Server 的后续版本中将删除该功能，可以使用 sys.lock_information 视图跟踪有关锁和锁通知请求的信息，它是包含锁信息集合的虚拟表。

2. 锁的资源和粒度

SQL Server 具有多粒度锁定，并允许一个事务锁定不同类型的资源。

锁定粒度指发生锁定的级别，包括行、表、页和数据库。在较小粒度（如行级）上锁定会提高并发性，但开销更多，因为如果锁定许多行，则必须持有更多的锁。在较大粒度（如表级）上锁定会降低并发性，因为锁定整个表会限制其他事务对该表的任何部分的访问。但是，此级别上的锁定开销较少，因为维护的锁较少。

在 sp_lock 的结果集中由 Type 列指示锁定资源的类型，SQL Server 可以锁定的基本资源如表 13.7 所示（表中按粒度增加的顺序列出）。在图 13.11 中，对象标识号 ObjId 为 1525580473 的有两行，除表示对 student 表锁定外，另一行表示对 student 表的主键索引进行了锁定。

表 13.7　SQL Server 可以锁定的资源

资　源	描　述
RID	行标识符，用于单独锁定表中的一行
键（KEY）	索引中的行锁，用于保护可串行事务中的键范围
页（PAG）	8 KB 数据页或索引页
扩展盘区（EXT）	相邻的 8 个数据页或索引页构成一组
表（TAB）	包括所有数据和索引在内的整个表
DB	数据库

3. 锁模式

SQL Server 使用不同的锁定模式锁定资源，这些锁定模式确定了并发事务访问资源的方式，如表 13.8 所示。在 sp_lock 的结果集中由 Mode 列指示锁定模式。在图 13.6 中，student 表的锁模式为 IS(意向共享)。

表 13.8　SQL Server 使用的锁定模式

锁　模　式	描　　述
共享(S)	用于不更改或不更新数据的操作(只读操作)，例如 SELECT 语句
更新(U)	用于可更新的资源中，防止当多个会话在读取、锁定以及随后可能进行的资源更新时发生常见形式的死锁
排他(X)	用于数据修改操作，例如 INSERT、UPDATE 或 DELETE，确保不会同时对同一资源进行多重更新
意向	用于建立锁的层次结构，意向锁的类型为意向共享(IS)、意向排他(IX)以及与意向排他共享(SIX)
架构	在执行依赖于表架构的操作时使用，架构锁的类型为架构修改(Sch-M)和架构稳定性(Sch-S)
大容量更新(BU)	向表中大容量复制数据并指定了 TABLOCK 提示时使用

(1) 共享锁

共享锁允许并发事务读取(SELECT)一个资源。当资源上存在共享锁时，任何其他事务都不能修改数据。一旦已经读取数据，便立即释放资源上的共享锁，除非将事务隔离级别设置为可重复读或更高级别，或者在事务生存周期内用锁定提示保留共享锁。

例如考虑 3 个并发事务，事务 T_1 对表 tablea 进行查询操作，系统对 tablea 设置共享锁 S_1。在 S_1 未解锁之前，若事务 T_2 对表 tablea 进行查询操作，由于 T_2 只对表 tablea 读取，不会影响 T_1 的读取结果，因此系统允许立即响应 T_2 的请求，同时对 tablea 设置了另一把共享锁 S_2。在 S_1 或 S_2 中的一个未解锁之前，如果事务 T_3 对 tablea 进行更新操作，由于操作影响 T_1 或 T_2 的读取结果，因此系统使 T_3 处于等待状态，直到 T_1 和 T_2 查询结束，S_1 和 S_2 均解锁，才会响应 T_3 的操作请求，如图 13.12 所示。

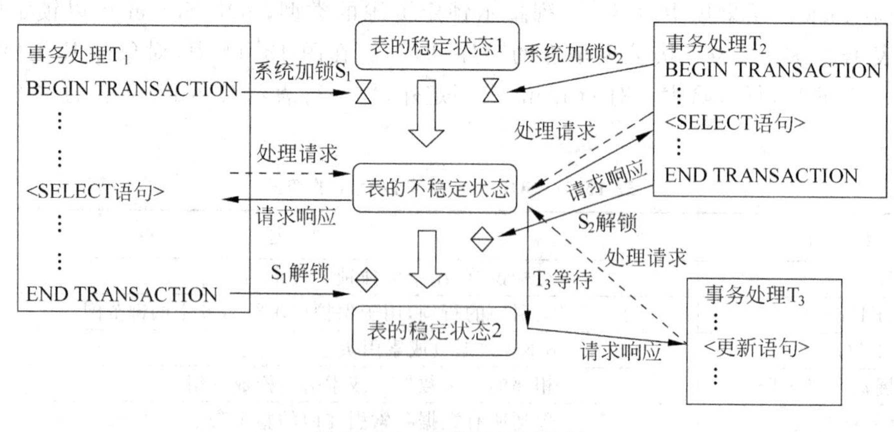

图 13.12　共享锁控制机制

(2) 排他锁

排他锁可以防止并发事务对资源进行访问,其他事务不能读取或修改排他锁锁定的数据。

例如,3 个并发事务 T_1(对表 tablea 进行更新操作)、T_2(对表 tablea 进行查询操作)和 T_3(对表 tablea 进行更新操作)。当系统首先处理 T_1 时,对 tablea 设置排他锁 X_1,此时 tablea 表的资源完全被 T_1 独占。T_2 和 T_3 的处理请求必须等待 T_1 处理完成,并且 X_1 解锁后才能响应,如图 13.13 所示。

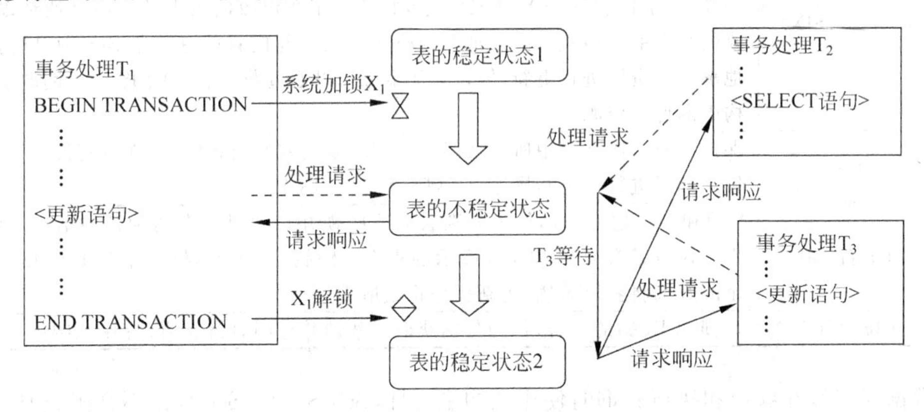

图 13.13　排他锁控制机制

(3) 更新锁

更新锁可以防止通常形式的死锁。一般更新模式由一个事务组成,此事务读取记录,获取资源(页或行)的共享锁,然后修改行,此操作要求锁转换为排他锁。如果两个事务获得了资源上的共享模式锁,然后试图同时更新数据,则一个事务尝试将锁转换为排他锁。共享模式到排他锁的转换必须等待一段时间,因为一个事务的排他锁与其他事务的共享模式锁不兼容,发生锁等待。第二个事务试图获取排他锁以进行更新。由于两个事务都要转换为排他锁,并且每个事务都等待另一个事务释放共享模式锁,因此发生死锁。

若要避免这种潜在的死锁问题,可以使用更新锁。一次只有一个事务可以获得资源的更新锁。如果事务修改资源,则更新锁转换为排他锁,否则更新锁转换为共享锁。

(4) 意向锁

意向锁表示 SQL Server 需要在层次结构中的某些底层资源上获取共享锁或排他锁。例如,放置在表级的共享意向锁表示事务打算在表中的页或行上放置共享锁。在表级设置意向锁可防止另一个事务随后在包含那一页的表上获取排他锁。意向锁可以提高性能,因为 SQL Server 仅在表级检查意向锁来确定事务是否可以安全地获取该表上的锁,而无须检查表中的每行或每页上的锁以确定事务是否可以锁定整个表。

SQL Server 意向锁模式及其说明如表 13.9 所示。

(5) 架构锁

数据库引擎在表数据定义语言(DDL)操作(例如添加列或删除表)的过程中使用架构修改(Sch-M)锁。在保持该锁期间,Sch-M 锁将阻止对表进行并发访问,这意味着 Sch-M 锁在释放前将阻止所有外围操作。

表 13.9 意向锁模式及其说明

锁模式	说　明
意向共享(IS)	保护针对层次结构中某些(而并非所有)低层资源请求或获取的共享锁
意向排他(IX)	保护针对层次结构中某些(而并非所有)低层资源请求或获取的排他锁。IX 是 IS 的超集,它也保护针对低层级别资源请求的共享锁
意向排他共享(SIX)	保护针对层次结构中某些(而并非所有)低层资源请求或获取的共享锁以及针对某些(而并非所有)低层资源请求或获取的意向排他锁。顶级资源允许使用并发 IS 锁。例如,获取表上的 SIX 锁也将获取正在修改的页上的意向排他锁以及修改的行上的排他锁。虽然每个资源在一段时间内只能有一个 SIX 锁,以防止其他事务对资源进行更新,但是其他事务可以通过获取表级的 IS 锁来读取层次结构中的低层资源
意向更新(IU)	保护针对层次结构中所有低层资源请求或获取的更新锁,仅在页资源上使用 IU 锁。如果进行了更新操作,IU 锁将转换为 IX 锁
共享意向更新(SIU)	S 锁和 IU 锁的组合,作为分别获取这些锁并且同时持有两种锁的结果。例如,事务执行带有 PAGLOCK 提示的查询,然后执行更新操作,带有 PAGLOCK 提示的查询将获取 S 锁,更新操作将获取 IU 锁
更新意向排他(UIX)	U 锁和 IX 锁的组合,作为分别获取这些锁并且同时持有两种锁的结果

数据库引擎在编译和执行查询时使用架构稳定性(Sch-S)锁。Sch-S 锁不会阻止某些事务锁,其中包括排他(X)锁。因此,在编译查询的过程中,其他事务(包括那些针对表使用 X 锁的事务)将继续运行,但是无法针对表执行获取 Sch-M 锁的并发 DDL 操作和并发 DML 操作。

(6) 大容量更新锁

当将数据大容量复制到表,且指定了 TABLOCK 提示或者使用 sp_tableoption 设置了 table lock on bulk 表选项时,将使用大容量更新锁。大容量更新锁允许进程将数据并发地大容量复制到同一个表,同时防止其他不进行大容量复制数据的进程访问该表。

4. 锁兼容性

只有兼容的锁类型才可以放置在已锁定的资源上。例如,当控制排他锁时,在第一个事务结束并释放排他锁之前,其他事务不能在该资源上获取任何类型的(共享、更新或排他)锁。在另一种情况下,如果共享锁已应用到资源,其他事务还可以获取该项目的共享锁或更新锁,即使第一个事务尚未完成。但是,在释放共享锁之前,其他事务不能获取排他锁。

资源锁模式有一个兼容性矩阵,显示了与在同一个资源上可获取的其他锁相兼容的锁,如表 13.10 所示。

表 13.10 资源锁模式的兼容性矩阵

请求模式	现有的授权模式					
	IS	S	U	IX	SIX	X
意向共享(IS)	是	是	是	是	是	否
共享(S)	是	是	是	否	否	否
更新(U)	是	是	否	否	否	否
意向排他(IX)	是	否	否	是	否	否
与意向排他共享(SIX)	是	否	否	否	否	否
排他(X)	否	否	否	否	否	否

注意：SIX 锁与 IX 锁模式兼容，因为 IX 表示打算更新一些行而不是所有行，还允许其他事务读取或更新部分行，只要这些行不是其他事务当前所更新的行即可。

架构锁和大容量更新锁的兼容性如下：

- 架构稳定性锁与除了架构修改锁模式之外的所有锁模式相兼容。
- 架构修改锁与所有锁模式都不兼容。
- 大容量更新锁只与架构稳定性锁及其他大容量更新锁相兼容。

13.2.3 SQL Server 中的自定义锁定

尽管 SQL Server 提供了自动锁定功能，开发者可以采用以下方式来改变 SQL Server 默认的行为：

- 死锁处理。
- 设置锁超时时间。
- 设置事务隔离级别。
- 将表级锁定提示与 SELECT、INSERT、UPDATE 和 DELETE 语句配合使用。

1. 死锁及其处理

封锁机制的引入能解决并发用户访问数据的不一致性问题，但是会引起死锁。所谓死锁是指两个或两个以上的进程在执行过程中因争夺资源而造成的一种互相等待的现象，若无外力作用，它们都将无法推进下去。此时称系统处于死锁状态或系统产生了死锁，这些永远在互相等待的进程称为死锁进程。

引起死锁的主要原因是两个进程已经各自锁定一个资源，但是又要访问被对方锁定的资源，因而会形成等待圈，导致死锁。

例如，运行事务 1 的线程 T_1 具有表 A 上的排他锁。运行事务 2 的线程 T_2 具有表 B 上的排他锁，并且之后需要表 A 上的锁。事务 2 无法获得这一锁，因为事务 1 已拥有它。事务 2 被阻塞，等待事务 1。然后，事务 1 需要表 B 的锁，但无法获得锁，因为事务 2 将它锁定了，如图 13.14 所示。事务在提交或回滚之前不能释放持有的锁，因为事务需要对方控制的锁才能继续操作，所以它们不能提交或回滚。

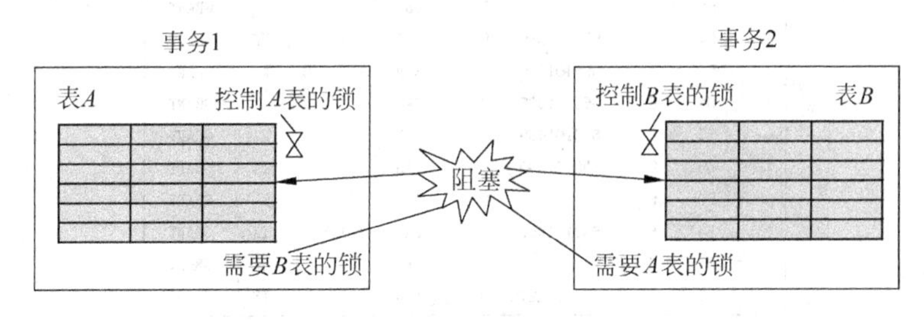

图 13.14 死锁

这里看一个模拟实例，启动 SQL Server 管理控制器(连接 1)，新建以下程序。

【例 13.6】 回答以下问题。

启动 SQL Server 管理控制器，新建并执行以下程序，在 test 数据库中建立两个表 tb1、tb2 并各插入一条记录：

```
CREATE TABLE tb1(C1 int default(0))
```

```
CREATE TABLE tb2(C1 int default(0))
INSERT INTO tb1 VALUES(1)
INSERT INTO tb2 VALUES(1)
```

新建查询 SQLQuery1：

```
BEGIN TRANSACTION
  UPDATE tb1 SET C1 = C1 + 1
  WAITFOR DELAY '00:01:00'                              -- 等待 1 分钟
  SELECT * FROM tb2
COMMIT TRANSACTION
```

再打开一个查询窗口新建查询 SQLQuery2：

```
BEGIN TRANSACTION
  UPDATE tb2 SET C1 = C1 + 1
  WAITFOR DELAY '00:01:00'                              -- 等待 1 分钟
  SELECT * FROM tb1
COMMIT TRANSACTION
```

先执行 SQLQuery1，紧接着执行 SQLQuery2，它们的执行时间超过 1 分钟，在此期间执行以下程序：

```
USE test
GO
EXEC sp_lock
```

问会出现什么结果？

解：会看到如图 13.15 所示的结果，第 3 行～第 5 行表示在 tb1 表(TAB)和页(PAG)上加有意向排他锁，在 tb1 表的行(RID)上加行排他锁。第 6 行、第 7 行和第 9 行表示在 tb2 表(TAB)和页(PAG)上加有意向排他锁，在 tb1 表的行(RID)上加行排他锁。

结果 | 消息

	spid	dbid	ObjId	IndId	Type	Resource	Mode	Status
1	53	4	0	0	DB		S	GRANT
2	54	6	0	0	DB		S	GRANT
3	54	6	658101385	0	PAG	1:163	IX	GRANT
4	54	6	658101385	0	RID	1:163:0	X	GRANT
5	54	6	658101385	0	TAB		IX	GRANT
6	55	6	690101499	0	RID	1:165:0	X	GRANT
7	55	6	690101499	0	TAB		IX	GRANT
8	55	6	0	0	DB		S	GRANT
9	55	6	690101499	0	PAG	1:165	IX	GRANT
10	56	6	0	0	DB		S	GRANT
11	56	1	1467152272	0	TAB		IS	GRANT

图 13.15　sp_lock 结果集

在 SQLQuery1 中，持有 tb1 表中第一行(表中只有一行数据)的行排他锁(RID：X)，并持有该行所在页的意向排他锁(PAG：IX)、该表的意向排他锁(TAB：IX)。在 SQLQuery2 中，持有 tb2 表中第一行(表中只有一行数据)的行排他锁(RID：X)，并持有该行所在页的意向排他锁(PAG：IX)、该表的意向排他锁(TAB：IX)。

当 SQLQuery1 执行完 WAITFOR，查询 Lock2 时，请求在资源上加 S 锁，但该行已经被 SQLQuery2 加上了 X 锁；当 SQLQuery2 查询 tb1 时，请求在资源上加 S 锁，但该行已经被 SQLQuery1 加上了 X 锁，于是两个查询持有资源并互不相让，构成死锁。

此时 SQL Server 并不会袖手旁观让这两个进程无限等待下去，而是选择一个更加容易回滚的事务作为牺牲品，另一个事务得以正常执行。这里将 SQLQuery1 事务作为牺牲品，它执行后出现的消息如图 13.16 所示。打开 tb1 表发现 C1 列依然为 1，而 tb2 表的 C1 列变为 2。

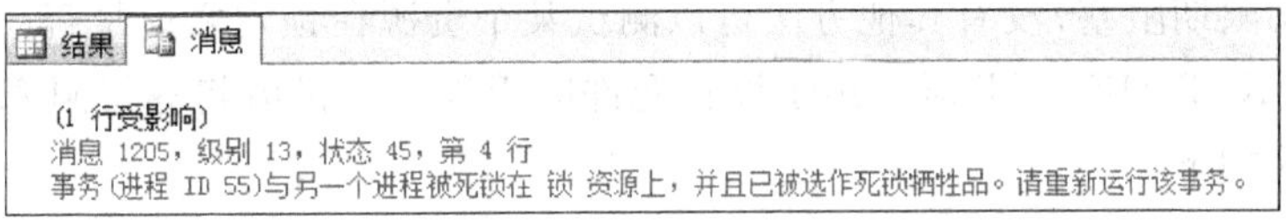

结果 消息

(1 行受影响)
消息 1205，级别 13，状态 45，第 4 行
事务(进程 ID 55)与另一个进程被死锁在 锁 资源上，并且已被选作死锁牺牲品。请重新运行该事务。

图 13.16　SQLQuery1 的消息

从中可以看到，SQL Server 能自动发现并解除死锁。当发现死锁时，它会选择其进程累计的 CPU 时间最少者对应的用户作为"牺牲者"，以便让其他的进程能继续执行，回滚事务并将 1205 号错误消息返回应用程序。

由于可以选择任何提交 T-SQL 查询的应用程序作为死锁牺牲品，应用程序应该有能够捕获 1205 号错误消息的错误处理程序。如果应用程序没有捕获到错误，则会继续处理而未意识到已经回滚其事务且已发生错误。

通过实现捕获 1205 号错误消息的错误处理程序，使应用程序得以处理该死锁情况并采取补救措施（例如，可以自动重新提交陷入死锁中的查询）。通过自动重新提交查询，用户不必知道发生了死锁。

应用程序在重新提交其查询前应短暂暂停，这样会给死锁涉及的另一个事务一个机会来完成并释放构成死锁循环一部分的该事务的锁，这将把重新提交的查询请求其锁时死锁重新发生的可能性降到最低。

提示：SQL Server 通常只执行定期死锁检测，而不使用急切模式，因为系统中遇到的死锁数通常很少，定期死锁检测有助于减少系统中死锁检测的开销。

虽然不能完全避免死锁，但可以使死锁的数量减至最少，将死锁减至最少可以增加事务的吞吐量并减少系统开销。为了最大程度地避免死锁，可以采取以下措施：

- 按同一顺序访问对象，如果所有并发事务按同一顺序访问对象，则发生死锁的可能性会降低。
- 避免事务中的用户交互，因为没有用户干预的批处理的运行速度远远快于用户必须手动响应查询时的速度。
- 保持事务简短并在一个批处理中，在同一数据库中并发执行多个需要长时间运行的事务时通常会发生死锁。事务的运行时间越长，它持有排他锁或更新锁的时间也就越长，从而会阻塞其他活动并可能导致死锁。
- 使用低隔离级别，确定事务是否能在较低的隔离级别上运行，实现已提交读允许事务读取另一个事务已读取（未修改）的数据，而不必等待第一个事务完成。使用较低的隔离级别（例如已提交读）比使用较高的隔离级别（例如可序列化）持有共享锁的时间更短，这样就减少了锁争用。
- 使用绑定连接，同一应用程序打开的两个或多个连接可以相互合作，可以像主连接获取的锁那样持有次级连接获取的任何锁，反之亦然，这样它们就不会互相阻塞。

2. 自定义锁超时

当由于另一个事务已拥有一个资源的冲突锁而导致 SQL Server 无法将锁授权给该资源的某个事务时，该事务被阻塞以等待该资源的操作完成。如果这导致了死锁，则 SQL Server 将终止其中参与的一个事务(不涉及超时)。如果没有出现死锁，则在其他事务释放锁之前请求锁的事务被阻塞。在默认情况下，没有强制的超时期限，并且除了试图访问数据外(有可能被无限期阻塞)没有其他方法可以测试某个资源在锁定之前是否已经被锁定。

SET LOCK_TIMEOUT 语句用于设置允许应用程序设置语句等待阻塞资源的最长时间，其语法格式如下：

```
SET LOCK_TIMEOUT 时间
```

当一个语句等待的时间大于 LOCK_TIMEOUT 设置时，系统将自动取消阻塞的语句，并给应用程序返回“已超过了锁请求超时时段”的错误信息。

若要查看当前 LOCK_TIMEOUT 的值，可以使用@@LOCK_TIMEOUT 全局变量。

3. 自定义事务隔离级别

事务隔离性指的是各同时运行的事务所做的修改之间相互没有影响。每个事务都必须是独立的，其所做的任何修改都不能被其他事务读取，不过 SQL Server 可以允许用户对隔离级别进行控制，从而在业务需求和性能需求之间取得平衡。

之所以考虑隔离性，是因为在数据库并发操作过程中很可能出现前面介绍的更新丢失、脏读、不可重复读或幻读等各种不确定情况，这些情况发生的根本原因都是因为在并发访问的时候没有一个机制避免交叉存取，而隔离级别的设置正是为了避免这些情况的发生。

事务准备接受不一致数据的级别称为隔离级别，隔离级别是一个事务必须与其他事务进行隔离的程度，主要控制以下内容：

- 读取数据时是否占用锁及所请求的锁类型。
- 占用读取锁的时间。
- 引用其他事务修改的行的读取操作，是否在该行上的排他锁被释放之前阻塞其他事务，检索在启动语句或事务时存在行的已提交版本，读取未提交的数据修改。

较低的隔离级别可以增加并发，但代价是降低数据的正确性。相反，较高的隔离级别可以确保数据的正确性，但可能对并发产生负面影响。

事务隔离级别并不影响为保护数据修改而获取的锁。也就是说，不管设置的是什么事务隔离级别，事务总是在其修改的任何数据上获取排他锁，并在事务完成之前会持有该锁。在读取操作中，不同的事务隔离级别主要定义不同的保护粒度和保护级别，以防止受到其他事务所做更改的影响。SQL Server 定义了以下事务隔离级别。

- 未提交读(READ UNCOMMITTED)：允许脏读取，但不允许更新丢失。如果一个事务已经开始写数据，则另外一个数据不允许同时进行写操作，但允许其他事务读此行数据。该隔离级别可以通过排他写锁实现。
- 已提交读(READ COMMITTED)：允许不可重复读取，但不允许脏读取，这可以通过瞬间共享读锁和排他写锁实现。读取数据的事务允许其他事务继续访问该行数据，但是未提交的写事务将会禁止其他事务访问该行。

- 可重复读(REPEATABLE READ)：禁止不可重复读取和脏读取，但是有时可能出现幻影数据，这可以通过共享读锁和排他写锁实现。读取数据的事务将会禁止写事务(但允许读事务)，写事务则禁止任何其他事务。
- 快照(SNAPSHOT)：指定事务中任何语句读取的数据都是在事务开始时便存在的数据的事务上一致的版本。事务只能识别在其开始之前提交的数据修改。在当前事务中执行的语句将看不到在当前事务开始以后由其他事务所做的数据修改。其效果就好像事务中的语句获得了已提交数据的快照，因为该数据在事务开始时就存在。除非正在恢复数据库，否则 SNAPSHOT 事务不会在读取数据时请求锁。读取数据的 SNAPSHOT 事务不会阻止其他事务写入数据，写入数据的事务也不会阻止 SNAPSHOT 事务读取数据。在数据库恢复的回滚阶段，如果尝试读取由其他正在回滚的事务锁定的数据，则 SNAPSHOT 事务将请求一个锁。在事务完成回滚之前，SNAPSHOT 事务会一直被阻塞。当事务取得授权之后，便会立即释放锁。
- 可序列化(SERIALIZABLE，可串行化)：提供严格的事务隔离，它要求事务序列化执行。范围锁处在与事务中执行的每个语句的搜索条件相匹配的键值范围之内，这样可以阻止其他事务更新或插入任何行，从而限定当前事务所执行的任何语句。这意味着如果再次执行事务中的任何语句，则这些语句便会读取同一组行。在事务完成之前将一直保持范围锁。

这些事务隔离级别在数据库并发操作中出现异常的可能性如表 13.11 所示，从中可以看到串行读级别最高，未提交读级别最低。

表 13.11　各种事务隔离级别出现异常的可能性

隔离级别	更新丢失	脏读取	重复读取	幻读
未提交读	不可能	可能	可能	可能
提交读	不可能	不可能	可能	可能
可重复读	不可能	不可能	不可能	可能
快照	不可能	不可能	不可能	不可能
可序列化	不可能	不可能	不可能	不可能

在默认情况下，SQL Server 将在“已提交读”隔离级别运行。但是，应用程序可能需要在其他隔离级别上运行。若要在应用程序中使用更严格或较宽松的隔离级别，可以使用 SET TRANSACTION ISOLATION LEVEL 语句设置会话的隔离级别，为整个会话自定义锁定。

SET TRANSACTION ISOLATION LEVEL 语句的语法格式如下：

```
SET TRANSACTION ISOLATION LEVEL
{    READ COMMITTED
      | READ UNCOMMITTED
      | REPEATABLE READ
      | SNAPSHOT
      | SERIALIZABLE
}
```

这些选项分别代表了一个事务隔离级别，用户一次只能设置这些选项中的一个，而且默认一个连接中只能同时存在一个事务隔离级别，设置的选项将一直对那个连接保持有效，直到显式更改该选项为止。

【例 13.7】 回答以下问题。

启动 SQL Server 管理控制器，在 test 数据库中建立表 tb3 并插入一条记录：

```
CREATE TABLE tb3(C1 int default(0))
INSERT INTO tb3 VALUES(1)
```

新建查询 SQLQuery1：

```
USE test
GO
BEGIN TRANSACTION
  UPDATE tb3 SET C1 = 2
```

再打开一个查询窗口新建查询 SQLQuery2：

```
USE test
GO
SET TRANSACTION ISOLATION LEVEL READ UNCOMMITTED          --未提交读
SELECT * FROM tb3
```

先执行 SQLQuery1，紧接着执行 SQLQuery2，问 SQLQuery2 查询的执行结果如何？

解：注意 SQLQuery1 中的更新事务并未提交，SQLQuery2 的执行结果如图 13.17 所示。这是因为 SQLQuery2 中设置了未提交读的事务隔离级别，允许脏读取，所以输出尚未提交的修改结果。

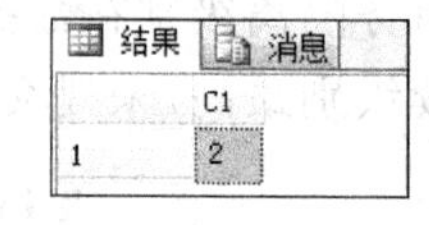

图 13.17　SQLQuery2 的执行结果

【例 13.8】 回答以下问题。

启动 SQL Server 管理控制器，在 test 数据库中建立表 tb4 并插入一条记录：

```
CREATE TABLE tb4(C1 int default(0))
INSERT INTO tb4 VALUES(1)
```

新建查询 SQLQuery1：

```
USE test
GO
BEGIN TRANSACTION
  UPDATE tb4 SET C1 = 2
```

再打开一个查询窗口新建查询 SQLQuery2：

```
USE test
GO
SET TRANSACTION ISOLATION LEVEL SERIALIZABLE          --可序列化
SELECT * FROM tb4
```

先执行 SQLQuery1，紧接着执行 SQLQuery2，问 SQLQuery2 查询的执行情况如何？

解：同样，SQLQuery1 中的更新事务并未提交，由于 SQLQuery2 中设置了可序列化的事务隔离级别，必须等待 SQLQuery1 中的事务提交后才能执行 SQLQuery2 中的 SELECT 语句，不允许脏读取，所以 SQLQuery2 会陷入长期等待，被系统阻塞。

说明：上述两个实例介绍了未提交读和可序列化事务隔离级别的差别。

4. 锁定提示(或表提示)

用户可以使用 SELECT、INSERT、UPDATE 和 DELETE 语句的 WITH 子句指定表级锁定提示的范围，以引导 SQL Server 使用所需的锁定类型(也称为手工加锁)。也就是说，当需要对对象所获得锁类型进行更精细控制时，可以使用表级锁定提示，这些锁定提示取代了会话的当前事务隔离级别。其语法格式如下：

```
WITH(锁定提示关键字)
```

使用的锁定提示关键字及其功能如表 13.12 所示。所有锁定提示将传播到查询计划访问的所有表和视图，其中包括在视图中引用的表和视图。另外，SQL Server 还将执行对应的锁的一致性检查。

表 13.12 锁定提示关键字及其功能

提示关键字	功能
HOLDLOCK	将共享锁保留到事务完成，而不是在相应的表、行或数据页不再需要时就立即释放锁。HOLDLOCK 等同于 SERIALIZABLE
NOLOCK	不要发出共享锁，并且不要提供排他锁。当此选项生效时，可能会读取未提交的事务或一组在读取中间回滚的页面，有可能发生脏读。其仅应用于 SELECT 语句
PAGLOCK	在通常使用单个表锁的地方采用页锁
READCOMMITTED	用与运行在提交读隔离级别的事务相同的锁语义执行扫描。在默认情况下，SQL Server 在此隔离级别上操作
READPAST	跳过锁定行。此选项导致事务跳过由其他事务锁定的行(这些行平常会显示在结果集内)，而不是阻塞该事务，使其等待其他事务释放在这些行上的锁。READPAST 锁提示仅适用于运行在提交读隔离级别的事务，并且只在行级锁之后读取。其仅适用于 SELECT 语句
READUNCOMMITTED	等同于 NOLOCK
REPEATABLEREAD	用与运行在可重复读隔离级别的事务相同的锁语义执行扫描
ROWLOCK	使用行级锁，而不使用粒度更粗的页级锁和表级锁
SERIALIZABLE	用与运行在可串行读隔离级别的事务相同的锁语义执行扫描。其等同于 HOLDLOCK
TABLOCK	使用表锁代替粒度更细的行级锁或页级锁。在语句结束前，SQL Server 一直持有该锁。但是，如果同时指定 HOLDLOCK，那么在事务结束之前，锁将被一直持有
TABLOCKX	使用表的排他锁。该锁可以防止其他事务读取或更新表，并在语句或事务结束前一直持有
UPDLOCK	读取表时使用更新锁，而不使用共享锁，并将锁一直保留到语句或事务结束。UPDLOCK 的优点是允许用户读取数据(不阻塞其他事务)并在以后更新数据，同时确保自从上次读取数据后数据没有被更改
XLOCK	使用排他锁并一直保持到由语句处理的所有数据上的事务结束时，可以使用 PAGLOCK 或 TABLOCK 指定该锁，在这种情况下排他锁适用于适当级别的粒度

对于 FROM 子句中的每个表，SQL Server 不允许存在多个来自以下各个组的表提示。

- 粒度提示：PAGLOCK、NOLOCK、READCOMMITTEDLOCK、ROWLOCK、TABLOCK 或 TABLOCKX。
- 隔离级别提示：HOLDLOCK、NOLOCK、READCOMMITTED、REPEATABLEREAD、SERIALIZABLE。

【例 13.9】 回答以下问题。

启动 SQL Server 管理控制器，在 test 数据库中建立一个表 tb5 并插入一条记录：

```
CREATE TABLE tb5(C1 int default(0))
INSERT INTO tb5 VALUES(1)
```

新建并执行以下查询：

```
USE test
GO
UPDATE tb5 WITH(TABLOCK)
SET C1 = C1 + 1
GO
EXEC sp_lock
```

问该查询的执行结果如何?

解：该查询对 tb5 表采用共享锁，并保持到 UPDATE 语句结束，程序的执行结果如图 13.18 所示。

结果 | 消息

	spid	dbid	ObjId	IndId	Type	Resource	Mode	Status
1	52	6	0	0	DB		S	GRANT
2	52	1	1467152272	0	TAB		IS	GRANT
3	53	6	0	0	DB		S	GRANT

图 13.18 程序执行结果

【例 13.10】 回答以下问题。

启动 SQL Server 管理控制器，在 test 数据库中建立一个表 tb6 并插入 3 条记录：

```
USE test
GO
CREATE TABLE tb6(C1 int default(0))
INSERT INTO tb6 VALUES(1)
INSERT INTO tb6 VALUES(2)
INSERT INTO tb6 VALUES(3)
GO
```

新建查询 SQLQuery1：

```
USE test
GO
BEGIN TRANSACTION
  UPDATE tb6 WITH(TABLOCK) SET C1 = 5 WHERE C1 = 1        --对 tb6 加表锁
  WAITFOR DELAY '00:00:20'                                --等待 20 秒
  EXEC sp_lock
```

```
  SELECT OBJECT_NAME(110623437) AS '表名'
COMMIT TRANSACTION
```

再打开一个查询窗口新建查询 SQLQuery2：

```
USE test
GO
BEGIN TRANSACTION
  SELECT * FROM tb6 WITH(HOLDLOCK) WHERE C1 = 3           -- 对 tb6 加共享锁
  WAITFOR DELAY '00:00:10'                                -- 等待 10 秒
  EXEC sp_lock
  SELECT OBJECT_NAME(110623437) AS '表名'
COMMIT TRANSACTION
```

先执行 SQLQuery1，紧接着执行 SQLQuery2(两者相差两秒)，问两个查询的执行结果是什么？假设不考虑 SELECT、UPDATE 语句的执行时间，问 SQLQuery2 共执行多少时间？

解：执行 SQLQuery1 时，当 UPDATE 执行时，系统对表 tb6 加了意向排他锁(IX)，其执行结果如图 13.19 所示。过两秒后，执行 SQLQuery2 时，看到 tb6 表已经有意向排他锁存在，就直接等待，所以，SQLQuery2 的总执行时间为 20＋10－2＝28 秒，其执行结果如图 13.20 所示。

结果 消息

	spid	dbid	ObjId	IndId	Type	Resource	Mode	Status
1	51	6	0	0	DB		S	GRANT
2	52	6	0	0	DB		S	GRANT
3	52	6	110623437	0	TAB		IS	WAIT
4	53	1	1467152272	0	TAB		IS	GRANT
5	53	6	110623437	0	TAB		X	GRANT
6	53	6	0	0	DB		S	GRANT

	表名
1	tb6

图 13.19　SQLQuery1 的执行结果

结果 消息

	C1
1	3

	spid	dbid	ObjId	IndId	Type	Resource	Mode	Status
1	51	6	0	0	DB		S	GRANT
2	52	6	0	0	DB		S	GRANT
3	52	6	110623437	0	TAB		S	GRANT
4	52	1	1467152272	0	TAB		IS	GRANT
5	53	6	0	0	DB		S	GRANT

	表名
1	tb6

图 13.20　SQLQuery2 的执行结果

练 习 题 13

1. 什么是事务？什么是事务故障？
2. 以下分别表示的是事务的什么特性？

① 事务中包括的所有操作要么都做，要么都不做。

② 事务必须使数据库从一个一致性状态变到另一个一致性状态。

③ 一个事务内部的操作及使用的数据对并发的其他事务是隔离的。

④ 事务一旦提交，对数据库的改变是永久的。

3. 在 SQL Server 中，按事务的启动和执行方式可以将事务分为哪几类？
4. 从事务开始到成功完成可分为哪几个阶段？
5. 事务的 COMMIT 操作和 ROLLBACK 操作各做些什么事情？
6. 在含有多个语句的事务中能否包含 CREATE DATABASE 语句？
7. 简述事务保存点的概念。
8. 给出以下程序的执行结果。

```
USE school
GO
BEGIN TRANSACTION Mytran                                    --启动事务
  INSERT INTO teacher
      VALUES('999','张英','男','1960/03/05','教授','计算机系')
                                                            --插入一个教师记录
SAVE TRANSACTION Mytran                                     --保存点
  INSERT INTO teacher
      VALUES('888','胡丽','男','1982/8/04','副教授','电子工程系')
                                                            --插入一个教师记录
ROLLBACK TRANSACTION Mytran
COMMIT TRANSACTION
GO
SELECT * FROM teacher                                       --查询 teacher 表的记录
GO
DELETE teacher WHERE 编号 = '999'                           --删除插入的记录
GO
```

9. 给出以下程序的执行结果。

```
USE test
CREATE TABLE transb(f1 char(10),f2 char(10))
INSERT INTO transb VALUES('aa','bb')
INSERT INTO transb VALUES('cc','dd')
GO
BEGIN TRANSACTION
    UPDATE transb SET f1 = '11' WHERE f2 = 'bb'
    SAVE TRANSACTION Mysavp
    UPDATE transb SET f1 = '22' WHERE f2 = 'dd'
ROLLBACK TRANSACTION Mysavp
COMMIT TRANSACTION
```

```
SELECT * FROM transb
GO
```

10. 给出以下程序的执行结果。

```
USE test
CREATE TABLE transb1(f1 char(10),f2 char(10))
INSERT INTO transb1 VALUES('11','22')
GO
BEGIN TRANSACTION
INSERT INTO transb1 VALUES('aa','bb')
GO
INSERT INTO transb1 VALUES('cc','dd')
ROLLBACK TRANSACTION
SELECT * FROM transb1
GO
```

11. 执行以下程序时会出现什么问题。

```
USE test
CREATE TABLE transb2(f1 char(10),f2 char(10))
INSERT INTO transb2 VALUES('11','22')
GO
BEGIN TRANSACTION
UPDATE transb2 SET f1 = 'aa' WHERE f2 = '22'
ROLLBACK TRANSACTION
COMMIT TRANSACTION
SELECT * FROM transb2
GO
```

12. 什么是锁定？

13. 什么是死锁？

14. 简述“串行调度”与“可序列化调度”的区别。

15. 设有两个事务 T_1 和 T_2，对数据库中的数据 A 进行操作，可能有以下几种情况，其中哪些情况不会发生数据不一致？

① T_1 正在写 A，T_2 要读 A。

② T_1 正在写 A，T_2 也要写 A。

③ T_1 正在读 A，T_2 要写 A。

④ T_1 正在读 A，T_2 也要读 A。

16. 设有两个事务 T_1 和 T_2，它们的并发操作如表 13.13 所示，对于这个并发操作，以下说明正确的是哪个？

表 13.13　事务并发操作过程

步　骤	T_1	T_2
①	读取 $X=48$	
②		读取 $X=48$
③	$X=X+10$ 写回 X	
④		$X=X-2$ 写回 X

① 该操作丢失了修改。

② 该操作不存在问题。

③ 该操作读“脏”数据。

④ 该操作不能重复读。

17. 设有两个事务 T_1、T_2，它们的并发操作如表 13.14 所示，对于这个并发操作，以下说明正确的是哪个？

① 该操作不存在问题。

② 该操作丢失修改。

③ 该操作不能重复读。

④ 该操作读“脏”数据。

表 13.14 事务并发操作过程

步 骤	T_1	T_2
①	读取 $A=10, B=5$	
②		读取 $A=10$ $A=A*2$ 写回
③	读取 $A=20, B=5$ 求和 25 验证错	

18. 设有两个事务 T_1、T_2，它们的并发操作如表 13.15 所示，对于这个并发操作，以下说明正确的是哪个？

① 该操作不存在问题。

② 该操作丢失修改。

③ 该操作不能重复读。

④ 该操作读“脏”数据。

表 13.15 事务并发操作过程

步 骤	T_1	T_2
①	读取 $A=100$ $A=A*2$ 写回	
②		读取 $A=200$
③	ROLLBACK 恢复 $A=100$	

19. SQL Server 中提供了哪些自定义锁定的手段？

20. 什么是事务隔离性？在 SQL Server 中可能定义哪些事务隔离级别？

21. 在 SQL Server 中，首先执行以下查询在 test 数据库中创建 lockb1 和 lockb2 两个表：

```
USE test
CREATE TABLE lockb1(f1 char(10),f2 char(10))
INSERT INTO lockb1 VALUES('aa','bb')
CREATE TABLE lockb2(f1 char(10),f2 char(10))
```

```
INSERT INTO lockb2 VALUES('cc','dd')
```

包含 A 事务的 Query1. sql 程序如下：

```
USE test
GO
-- A 事务先更新 lockb1 表,然后延时 30 秒,再更新 table2 表
USE test
BEGIN TRAN
UPDATE lockb1 SET f2 = 'xx' WHERE f1 = 'aa'
-- 这将在 lockb1 中生成排他行锁,直到事务完成后才会释放该锁
WAITFOR DELAY '00:00:30';
-- 进入延时
UPDATE lockb2 SET f1 = 'yy' where f2 = 'dd' ;
COMMIT TRAN
```

包含 B 事务的 Query2. sql 程序如下：

```
USE test
GO
-- B 事务先更新 lockb2 表,然后延时 10 秒,再更新 lockb1 表
BEGIN TRAN
UPDATE lockb2 SET f1 = '11' WHERE f2 = 'dd';
-- 这将在 lockb2 中生成排他行锁,直到事务完成后才会释放该锁
WAITFOR DELAY '00:00:10'
-- 进入延时
UPDATE lockb1 SET f1 = '22' WHERE f2 = 'bb' ;
COMMIT TRAN
```

若并发执行上述 A、B 两个事务，会发生什么情况？

22. 设 A、B 的初值均为 2，T_1 和 T_2 是以下两个事务。

T_1：读取 B，$A=B+1$，写回 A。

T_2：读取 A，$B=A=1$，写回 B。

若允许这两个事务并发执行，有多少可能的正确结果？请一一列出并给出一个可序列化调度。

第14章 函数和存储过程

SQL Server 函数是用于完成某种特定功能的程序，并返回处理结果的一组 T-SQL 语句。存储过程和函数一样都是数据库对象，它也是由存在逻辑关系的一组 T-SQL 语句组成的。本章主要介绍 SQL Server 函数和存储过程的设计方法。

14.1 函 数

14.1.1 函数概述

函数是用于封装经常执行的逻辑的子例程，函数的处理结果称为“返回值”，处理过程称为“函数体”。

与其他编程语言一样，SQL Server 提供了许多内置函数，用户可以直接调用它们方便地实现各种运算和操作，而且允许用户自定义函数。因此，SQL Server 函数按提供者分类，可分为内置函数和用户定义函数两种类型。

从理论上讲，函数只有一个返回值，返回值可以用一个变量表示。但实际应用中，可能需要返回一组结果，SQL Server 允许将一组结果组合成一个表，以表的形式一次性返回多个处理结果，表的一条记录代表一组处理结果。在 SQL Server 中将只有一个返回值的函数称为“标量值函数”，将返回结果为一个表的函数称为“表值函数”。因此，SQL Server 函数按返回值类型分类可分为标量值函数和表值函数。

14.1.2 内置函数

SQL Server 提供了丰富的具有执行某些运算功能的内置函数，可分为 14 类，如表 14.1 所示。其中除了聚合函数和行集函数外，其余均属标量函数。所谓标量函数，是指它们接受一个或多个参数后进行处理和计算，并返回一个单一的值，它们可以应用于任何有效的表达式中。

表 14.1 SQL Server 提供的内置函数

函数分类	说明
聚合函数	执行的操作是将多个值合并为一个值，例如 COUNT、SUM、MIN 和 MAX
行集函数	返回行集，这些行集可用在 T-SQL 语句中引用表所在的位置
配置函数	返回当前配置信息
游标函数	返回有关游标状态的信息

续表

函数分类	说　明
日期和时间函数	操作 datetime 和 smalldatetime 值
数学函数	执行三角、几何和其他数字运算
元数据函数	返回数据库和数据库对象的特性信息
安全性函数	返回有关用户和角色的信息
字符串函数	操作 char、varchar、nchar、nvarchar、binary 和 varbinary 值
系统函数	对系统级别的各种选项和对象进行操作或报告
系统统计函数	返回有关 SQL Server 性能的信息
加密函数	支持加密、解密等操作的函数
排名函数	返回分区中的每一行的排名值
文本和图像函数	操作 text 和 image 值

下面详细介绍几种常用的标量函数，即字符串函数、日期和时间函数、数学函数、系统函数，至于其他未介绍的函数，读者可以自行参阅 SQL Server 的联机帮助。

1. 字符串函数

字符串函数可以对二进制数据、字符串和表达式执行不同的运算，大多数字符串函数只能用于 char 和 varchar 数据类型以及明确转换成 char 和 varchar 的数据类型，少数几个字符串函数也可以用于 binary 和 varbinary 数据类型。此外，某些字符串函数还能够处理 text、ntext、image 数据类型的数据。常见的字符串函数如表 14.2 所示。

表 14.2　字符串函数

函　数	参　数	功　能
ASCII	(char_expr)	第一个字符的 ASCII 值
CHAR	(integer_expr)	相同 ASCII 代码值的字符
CHARINDEX	('pattern',expr[,n])	返回指定模式的起始位置
CONCAT	CONCAT (字符串 1,字符串 2[,字符串 *n*])	返回作为串联两个或更多字符串值的结果的字符串
DIFFERENCE	(char_exprl,char_expr2)	比较两个字符串
FORMAT	FORMAT (表达式,格式模式)	使用 FORMAT 函数将日期/时间和数字值格式化为识别区域设置的字符串，对于一般的数据类型转换，使用 CAST 或 CONVERT
LTRIM	(char_expr)	删除数据前面的空格
LOWER	(char_expr)	转换成小写字母
PATINDEX	('%pattem%','expr)	在给定的表达式中指定模式的起始位置
REPLICATE	(char_expr,expr,integer_expr)	按照给定的次数重复表达式的值
RIGHT	(char_expr,integer_expr)	返回字符串中从右开始到指定位置的部分字符
REVERSE	(char_expr)	反向表达式
RTRIM	(char_expr)	去掉字符串后面的空格
SOUNDEX	(char_expr)	返回一个 4 位数代码，比较两个字符串的相似性
SPACE	(integer_expr)	返回长度为指定数据的空格
STUFF	(char_expri, star, length, char_expr2)	在 char_expr1 中把从位置 star 开始长度为 length 的字符串用 char_expr2 代替

续表

函　　数	参　　数	功　　能
SUBSTRING	(expr,start,length)	返回指定表达式的一部分
STR	(float_expr[,length[,decimal]])	把数值变成字符串返回,length 是总长度,decimal 是小数点右边的位数
UPPER	(char_expr)	把给定的字符串变成大写字母

【例 14.1】 给出以下程序的执行结果。

```
USE school
SELECT * FROM student
WHERE CHARINDEX('王',姓名)>0
```

解：WHERE 子句指出的条件是姓名中是否含有“王”,执行结果如图 14.1 所示。

结果　消息

	学号	姓名	性别	出生日期	班号
1	107	王丽	女	1993-01-23 00:00:00.000	1003
2	109	王芳	女	1992-02-10 00:00:00.000	1001

图 14.1　程序执行结果

2. 日期和时间函数

日期和时间函数用于对日期和时间数据进行各种不同的处理和运算,并返回一个字符串、数值或日期和时间值。与其他函数一样,用户可以在 SELECT 语句的 SELECT 和 WHERE 子句以及表达式中使用日期和时间函数。常用的日期和时间函数如表 14.3 所示。

表 14.3　日期和时间函数

函　　数	参　　数	功　　能
DATEADD	(datepart,number,date)	以 datepart 指定的方式返回 date 加上 number 之和
DATEDIFF	(datepart,datel ,date2)	以 datepart 指定的方式返回 date2 与 datel 之差
DATEFROMPARTS	DATEFROMPARTS (year, month, day)	返回表示指定年、月、日的 date 值
DATENAME	(datepart,date)	返回日期 date 中 datepart 指定部分所对应的字符串
DATEPART	(datepart,date)	返回日期 date 中 datepart 指定部分所对应的整数值
DAY	(date)	返回指定日期的天数
GETDATE	()	返回当前的日期和时间
MONTH	(date)	返回指定日期的月份数
YEAR	(date)	返回指定日期的年份数

【例 14.2】 给出以下语句的执行结果。

```
SELECT DATEFROMPARTS(2014,12,31) AS Result
```

解：该语句输出一个日期值,执行结果如图 14.2 所示。

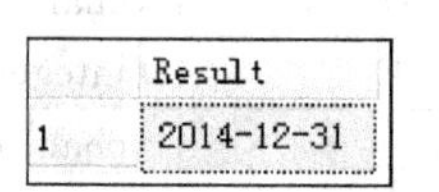

	Result
1	2014-12-31

图 14.2　程序执行结果

3. 数学函数

数学函数用于对数字表达式进行数学运算并返回运算结果。数学函数可以对 SQL Server 提供的数值数据(decimal、integer、float、real、money、smallmoney、smallint 和 tinyint)进行运算。常用的数学函数如表 14.4 所示。

表 14.4　数学函数

函　数	参　数	功　能
ABS	(numeric_expr)	返回绝对值
ASIN、ACOS、ATAN	(float_expr)	返回反正弦、反余弦、反正切
SIN、ACOS、TAN	(float_expr)	正弦、余弦、正切
ATAN2	(float_expr)	返回 4 个象限的反正切弧度值
DEGREES	(numeric_expr)	把弧度转化为角度
RADIANS	(numeric_expr)	把角度转化为弧度
EXP	(float_expr)	返回给定数据的指数值
LOG	(float_expr)	返回给定值的自然对数
LOG10	(float_expr)	返回底为 10 的自然对数值
SQRT	(float_expr)	返回给定值的平方根
CEILING	(numeric_expr)	返回大于或者等于给定值的最小整数
FLOOR	(numeric_exp)	返回小于或者等于给定值的最大整数
ROUND	(numeric_expr,length)	将给定的数值四舍五入到指定的长度
SIGN	(numeric_expr)	将给定的数值按是否为正、负或零返回 1、−1 或 0
PI	()	常量,3.141 592 653 589 793
RAND	([seed])	返回 0 和 1 之间的一个随机数

【例 14.3】 给出以下语句的执行结果。

```
SELECT CEILING(1.56) AS '值 1',FLOOR(1.56)
    AS '值 2',ROUND(1.56,1) AS '值 3'
```

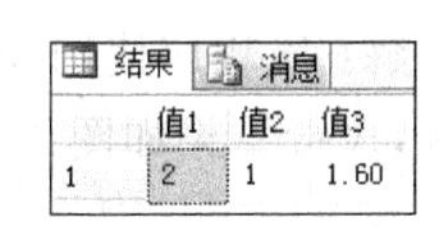

图 14.3　程序执行结果

解:该语句输出 3 个值,执行结果如图 14.3 所示。

4. 系统函数

系统函数用于返回有关 SQL Server 系统、用户、数据库和数据库对象的信息。系统函数可以让用户在得到信息后使用条件语句根据返回的信息进行不同的操作。与其他函数一样,可以在 SELECT 语句的 SELECT 和 WHERE 子句以及表达式中使用系统函数。常用的系统函数如表 14.5 所示。

表 14.5　系统函数

函　数	参　数	功　能
CAST 和 CONVERT		转换函数
COALESCE		返回第一个非空表达式
COL_NAME	(数据表 ID,列 ID)	返回表中指定列的名称,即列名
COL_LENGTH	('数据表名称','列名称')	返回指定列的长度值
DB_ID	('数据库名称')	返回数据库 ID
DB_NAME-	(数据库 ID)	返回数据库的名称

续表

函　　数	参　　数	功　　能
HOST_ID	()	返回服务器端计算机的 ID 号
HOST_NAME	()	返回服务器端计算机的名称
ISDATE	(expr)	检查给定的表达式是否为有效的日期格式
ISNULL	(expr)	用指定值替换表达式中的指定空值
ISNUMERIC	(expr)	检查给定的表达式是否为有效的数字格式
NULLIF	(expr1,expr2)	如果两个表达式相等,返回 NULL 值
OBJECT_ID	('数据库对象名称')	返回数据库对象的 ID
OBJECT_NAME	(数据库对象的 ID)	返回数据库对象的名称
SUSER_ID	('登录名')	返回指定登录名的服务器用户 ID
SUSER_NAME	(服务器用户 ID)	返回服务器用户 ID 的登录名
USER_ID	('用户名')	返回数据库用户 ID 号
USER_NAME	([数据库用户 ID 号])	返回数据库用户名

【例 14.4】 给出以下程序的执行结果。

```
USE school
DECLARE @i int
SET @i=0
WHILE @i<=5
BEGIN
    PRINT COL_NAME(OBJECT_ID('student'),@i)
    SET @i=@i+1
END
```

图 14.4　程序执行结果

解：该程序使用 WHILE 循环输出 student 表中所有列的列名称,执行结果如图 14.4 所示。

14.1.3　用户定义函数

1. 用户定义函数的优点

在 SQL Server 中使用用户定义函数有以下优点。

- 允许模块化程序设计：只需创建一次函数并将其存储在数据库中,以后便可以在程序中调用任意次。用户定义函数可以独立于程序源代码进行修改。
- 执行速度更快：用户定义函数通过缓存计划并在重复执行时重用它来降低 T-SQL 代码的编译开销,这意味着每次使用用户定义函数时均无须重新解析和重新优化,从而缩短了执行时间。
- 减少网络流量：基于某种无法用单一标量的表达式表示的复杂约束来过滤数据的操作,可以表示为函数。然后,此函数便可以在 WHERE 子句中调用,以减少发送至客户端的数字或行数。

2. 用户定义函数的类型

用户定义函数始终返回一个值,函数类型取决于其返回值的类型,主要有标量值函数和表值函数两类,表值函数又分为内联表值函数和多语句表值函数,这些用户定义函数的特性如下。

- 标量值函数：用户定义标量函数返回在 RETURN 子句中定义的类型的单个数据值，可以是整数或时间等类型，包含由 BEGIN…END 语句块构成的函数体。该类型的用户定义函数可以在查询中能够使用列名的任何地方使用。
- 内联表值函数：用户定义内联表值函数是一种表值函数，它返回 table 数据类型，但没有由 BEGIN…END 语句块构成的函数体，而是直接使用 RETURN 子句，其中包含的 SELECT 语句将数据从数据库中筛选出来形成一个表。
- 多语句表值函数：用户定义多语句表值函数也是一种表值函数，它返回 table 数据类型，可以将其看作标量值函数和内联表值函数的结合体。定义在 BEGIN…END 块中的函数体包含一系列返回单个值的 T-SQL 语句，返回类型可以是除 text、ntext、image、cursor 和 timestamp 以外的任何数据类型。

所有用户定义函数接受零个或多个输入参数，并返回单个值或单个表值，用户定义函数最多可以有 1024 个输入参数。当内联函数或表值函数返回表时，可以在另一个查询的 FROM 子句中使用该函数。

3. 创建用户定义函数

使用 SQL Server 管理控制器创建用户定义函数的操作是展开服务器，展开“数据库”，展开要建立用户定义函数的数据库名称，展开“可编程性”，然后右击“函数”，选择“新建”命令，在出现的快捷菜单中选择相应的函数类型，如图 14.5 所示。在选择了函数类型后，T-SQL 语句编辑窗口中会显示相应类型的函数模板，用户可以输入相应的语句。

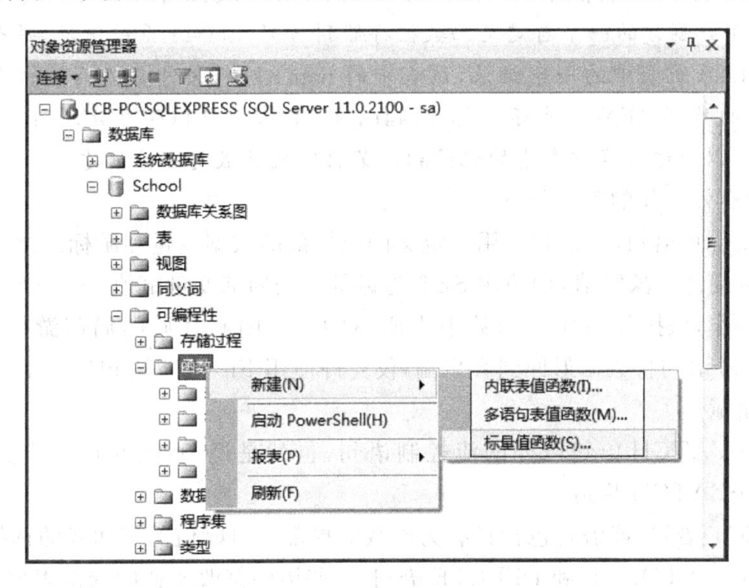

图 14.5　创建用户自定义函数

用户也可以直接使用 CREATE FUNCTION 语句创建用户定义函数。由于标量值函数和表值函数各有显著的特点，所以 SQL Server 将直接使用 CREATE FUNCTION 语句创建的用户定义函数归为标量值函数和表值函数两类。

注意：用户定义函数不能使用动态 SQL 或临时表，其中不允许 SET 语句。用户定义函数可以嵌套，也就是说，用户定义函数可以相互调用，被调用函数开始执行时，嵌套级别将增加；被调用函数执行结束后，嵌套级别将减少。用户定义函数的嵌套级别最多可达 32 级。

(1) 创建标量值函数

创建标量值函数主要指定以下内容：

- 函数名。
- 输入参数的名称和数据类型。
- 返回值的数据类型。
- 实现函数功能的函数体。

创建标量值函数的基本语法格式如下：

```
CREATE FUNCTION 函数名
( [ {@参数名 [AS] 参数数据类型 [ = 默认值 ] [ READONLY ] } [ ,…n ]
  ])
RETURNS 返回数据类型 [AS]
    BEGIN
        函数体
        RETURN 标量表达式
    END
```

用户定义函数采用零个或多个输入参数并返回标量值或表。一个函数最多可以有1024个输入参数。如果函数的参数有默认值，则调用该函数时必须指定 DEFAULT 关键字才能获取默认值。此行为与在用户定义存储过程中具有默认值的参数不同，在后一种情况下，忽略参数同样意味着使用默认值。用户定义函数不支持输出参数。

说明：当用户创建的一个自定义函数被存储到 SQL Server 系统中后，每个自定义函数对应 sysobjects 系统表中的一条记录，该表中的 name 列包含自定义函数的名称，xtype 列指出存储对象的类型('FN'值表示是标量函数，'IF'值表示是内联函数，'TF'值表示是表值函数)。用户可以通过查找该表中的记录判断某自定义函数是否被创建。

函数中的有效语句的类型如下：

- DECLARE 语句，该语句可用于定义函数局部的数据变量和游标。
- 为函数局部对象赋值，如使用 SET 为标量和表局部变量赋值。
- 游标操作，该操作引用在函数中声明、打开、关闭和释放的局部游标，不允许使用 FETCH 语句将数据返回到客户端，仅允许使用 FETCH 语句通过 INTO 子句给局部变量赋值。
- TRY…CATCH 语句以外的流控制语句，也就是说，不能在用户定义函数内使用 TRY…CATCH 构造。
- SELECT 语句，该语句包含具有为函数的局部变量赋值的表达式的选择列表。
- INSERT、UPDATE 和 DELETE 语句，这些语句修改函数的局部表变量。

【例 14.5】 给出以下程序的执行结果。

```
USE school
GO
IF EXISTS(SELECT * FROM sysobjects_                    --如果存在这样的函数则删除之
    WHERE name = 'CubicVolume' AND type = 'FN')
    DROP FUNCTION CubicVolume
GO
CREATE FUNCTION CubicVolume
```

```
    (@CubeLength decimal(4,1), @CubeWidth decimal(4,1),        -- 输入参数
     @CubeHeight decimal(4,1))
RETURNS decimal(12,3)                            -- 返回立方体的体积,返回单个值,这是标量值函数的特征
AS
BEGIN
    RETURN(@CubeLength * @CubeWidth * @CubeHeight)
END
GO
PRINT '长、宽、高分别为 6、4、3 的立方体的体积' +
    CAST(dbo.CubicVolume(6,4,3) AS char(10))
GO
```

解:上面的 T-SQL 语句在 test 数据库中定义了一个 CubicVolume 用户定义函数,然后使用该函数计算一个长方体的体积,该函数是一个标量值函数。执行结果如图 14.6 所示。

消息
长、宽、高分别为6、4、3的立方体的体积72.000

图 14.6　程序执行结果

(2) 创建内联表值函数

内联表值函数的特点是返回 table 变量,自动将其中的 SELECT 语句(只能有一个 SELECT 语句,因而不需要用 BEGIN…END 括起来)的查询结果插入到该变量中,然后将该变量作为返回值返回。

创建内联表值函数主要指定以下内容:

- 函数名。
- 输入参数的名称和数据类型。
- 作为返回值的表的结构。
- 定义返回值记录结果的 select 语句。

创建内联表值函数的基本语法格式如下:

```
CREATE FUNCTION 函数名
( [ {@参数名 [AS] 参数数据类型 [ = 默认值 ] [ READONLY ] } [ ,…n ]
  ])
RETURNS TABLE [AS] RETURN [(]select 语句[)]
```

【例 14.6】 给出以下程序的执行结果。

```
USE school
GO
IF OBJECT_ID('funstud1', 'IF') IS NOT NULL     -- 如果存在这样的函数则删除之
DROP FUNCTION funstud1
GO
CREATE FUNCTION funstud1(@bh char(10))         -- 建立函数 funstud1
    RETURNS TABLE                              -- 返回表,没有指定表结构,这是内联函数的特征
AS
RETURN
(   SELECT s.学号,s.姓名,sc.课程号,sc.分数
    FROM student s,score sc
    WHERE s.学号 = sc.学号 AND s.班号 = @bh
)
GO
SELECT * FROM funstud1('1003')
GO
```

解：在上述定义的函数 funstud1 中返回一个表。通过 SELECT 语句查询指定的行并插入到该表中，调用该函数返回这个表的结果。外部语句唤醒调用该函数以引用由它返回的 TABLE。最后的 T-SQL 语句使用该函数查询 1003 班所有学生的考试成绩记录。这是一个内联表值函数，执行结果如图 14.7 所示。

(3) 创建多语句表值函数

多语句表值需要使用 BEGIN…END，其中可以包含多个 T-SQL 语句，可以包含聚合函数。返回值表中的数据是由函数体中的 insert 语句插入的。

	学号	姓名	课程号	分数
1	101	李军	3-105	64
2	101	李军	6-166	85
3	107	王丽	3-105	91
4	107	王丽	6-166	79
5	108	曾华	3-105	78
6	108	曾华	6-166	NULL

图 14.7　程序执行结果

创建多语句表值函数主要指定以下内容：

- 函数名。
- 输入参数的名称和数据类型。
- 作为返回值的表的结构。
- 函数体。

创建多语句表值函数的基本语法格式如下：

```
CREATE FUNCTION 函数名
( [ {@参数名 [AS] 参数数据类型 [ = 默认值 ] [ READONLY ] } [ ,…n ]
  ])
RETURNS @返回变量 TABLE <表类型定义>
 [AS]
   BEGIN
      [ T-SQL 命令或语句块 ]
      insert @返回值表名 select 语句
      RETURN
  END
```

【例 14.7】 给出以下程序的执行结果。

```
USE school
GO
IF OBJECT_ID('funstud2', 'TF') IS NOT NULL -- 如果存在这样的函数则删除之
    DROP FUNCTION funstud2
GO
CREATE FUNCTION funstud2(@xh char(10))          -- 建立函数 funstud2
    RETURNS @st TABLE                           -- 返回表@st,下面定义其表结构
    (   姓名 char(10),                           -- 指定了表结构,这是表值函数的特征
        平均分 float
    )
    AS
    BEGIN
      INSERT @st                                -- 向@st 中插入满足条件的记录
      SELECT student.姓名,AVG(score.分数)
      FROM student,score
      WHERE score.学号 = @xh AND student.学号 = score.学号 AND 分数 IS NOT NULL
      GROUP BY student.姓名
      RETURN
    END
GO
```

```
SELECT * FROM funstud2('103')
GO
```

解：在上述定义的函数 funstud2 中返回的本地变量名是@st，它是一个表类型。函数中的语句在@st 变量中插入行，以生成由该函数返回的 TABLE 结果。外部语句唤醒调用该函数以引用由该函数返回的 TABLE。最后的 SELECT 语句使用该函数查询学号为'103'的平均分。这是一个多语句表值函数，执行结果如图 14.8 所示。

4. 用户定义函数的管理

(1) 修改用户定义函数

用户可以使用 SQL Server 管理控制器或 T-SQL 修改用户定义函数。

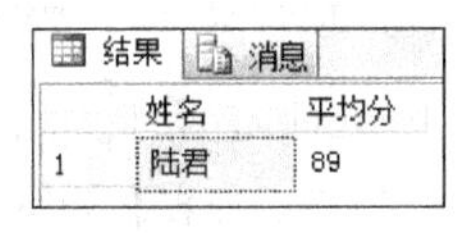

图 14.8 程序执行结果

在使用 SQL Server 管理控制器时，右击要修改的函数，然后选择"修改"命令，在查询窗口中对 ALTER FUNCTION 语句进行必要的更改，再在"文件"菜单上选择"保存"命令。

当然，也可以直接使用 ALTER FUNCTION 语句修改用户定义函数，其语法格式与 CREATE FUNCTION 类似。

(2) 删除用户定义函数

用户可以使用 SQL Server 管理控制器或 T-SQL 删除用户定义函数。

在使用 SQL Server 管理控制器时，右击要删除的函数，然后选择"删除"命令，在"删除对象"对话框中单击"确定"按钮即可。

当然，也可以直接使用 DROP FUNCTION 语句删除用户定义函数，其基本语法格式如下：

```
DROP FUNCTION 用户定义函数名
```

(3) 重命名用户定义函数

用户可以使用 SQL Server 管理控制器或 T-SQL 重命名用户定义函数。

在使用 SQL Server 管理控制器时，右击要重命名的函数，然后选择"重命名"命令，输入函数的新名称即可。

无法直接使用 T-SQL 语句重命名用户定义函数。若要使用 T-SQL 重命名用户定义函数，必须首先删除现有的函数，然后用新名称重新创建函数，并确保使用了该函数的旧名称的所有代码和应用程序现在都使用该新名称。

5. 用户定义函数的执行

用户可以使用 T-SQL 执行用户定义函数，执行用户定义函数的基本语法格式如下：

```
[@返回值 = ]函数名([[@参数 = ]{值|@变量}][ ,…n ])
```

需要注意的是，无论是内联表值函数，还是多语句表值函数，返回的 table 主要用于临时存储一组结果集，并不是数据库中实际存在的表，可应用于 SELECT、INSERT、UPDATE 和 DELETE 语句中用到表或表的表达式的任何地方。

【例 14.8】 设计一个用户定义函数 funstud3，根据学号得到该学生的学号、姓名、课程名和成绩等级(分数≥90 为优秀，分数≥80 为良好，分数≥70 为中等，分数≥60 为及格，其他为不及格)列表，并输出学号为'105'的学生结果集。

解：funstud3 函数返回的是一组记录，将其设计为多语句表值函数，对应的程序如下。

```
USE school
GO
IF OBJECT_ID('funstud3', 'TF') IS NOT NULL    -- 如果存在这样的函数则删除之
    DROP FUNCTION funstud3
GO
CREATE FUNCTION funstud3(@xh char(10))        -- 建立函数 funstud3
    RETURNS @st TABLE                         -- 返回表@st,下面定义其表结构
    (   学号 int,
        姓名 char(10),
        课程名 char(20),
        等级 char(6)
    )
AS
    BEGIN
      INSERT @st                              -- 向@st 中插入满足条件的记录
      SELECT student.学号,student.姓名,course.课程名,
      CASE
          WHEN score.分数>=90 THEN '优秀'
          WHEN score.分数>=80 THEN '良好'
          WHEN score.分数>=70 THEN '中等'
          WHEN score.分数>=60 THEN '及格'
          WHEN score.分数<60 THEN '不及格'
      END AS '等级'
      FROM student,course,score
      WHERE student.学号=score.学号 AND course.课程号=score.课程号
        AND student.学号=@xh
      ORDER BY course.课程名
      RETURN
    END
```

执行上述程序创建 funstud3 函数，执行以下程序输出学号为'105'的学生结果集：

```
USE school
SELECT * FROM funstud3('105')
GO
```

	学号	姓名	课程名	等级
1	105	匡明	计算机导论	良好
2	105	匡明	操作系统	中等

图 14.9　程序执行结果

上述程序的执行结果如图 14.9 所示。

14.2　存储过程

14.2.1　存储过程概述

存储过程是在数据库服务器端执行的一组 T-SQL 语句的集合，经编译后存放在数据库服务器端。存储过程作为一个单元进行处理并以一个名称来标识，它能够向用户返回数据、向数据库表中写入或修改数据，还可以执行系统函数和管理操作，用户在编程中只需要给出存储过程的名称和必需的参数就可以方便地调用它们。

存储过程不仅可以提高应用程序的处理能力，降低编写数据库应用程序的难度，同时可

以提高应用程序的效率。归纳起来，存储过程具有以下优点。

- 执行速度快：默认情况下，在首次执行过程时将编译过程，并且创建一个执行计划，供以后的执行重复使用。因为查询处理器不必创建新计划，所以，它通常用更少的时间来处理过程。
- 代码的重复使用：任何重复的数据库操作的代码都非常适合于在过程中进行封装，这消除了不必要地重复编写相同的代码，降低了代码不一致性，并且允许拥有所需权限的任何用户或应用程序访问和执行代码。
- 更容易维护：在客户端应用程序调用过程并且将数据库操作保持在数据层中时，对于基础数据库中的任何更改，只有过程是必须更新的。应用程序层保持独立，并且不必知道对数据库布局、关系或进程的任何更改的情况。
- 减少了服务器/客户机网络流量：过程中的命令作为代码的单个批处理执行，这可以显著减少服务器和客户机之间的网络流量，因为只有对执行过程的调用才会跨网络发送。如果没有过程提供的代码封装，每个单独的代码行都不得不跨网络发送。
- 更强的安全性：多个用户和客户端程序可以通过过程对基础数据库对象执行操作，即使用户和程序对这些基础对象没有直接权限。过程控制执行哪些进程和活动，并且保护基础数据库对象。这消除了单独的对象级别授予权限的要求，并且简化了安全层。

SQL Server 存储过程和函数有很多相同之处，但两者也有不同的地方，例如：

- 用户定义函数不能返回多个结果集，而存储过程可以返回多个结果集。
- 可以在 T-SQL 语句的 FROM 子句中引用由用户定义函数返回的表，但不能引用返回结果集的存储过程。

14.2.2 存储过程的类型

SQL Server 的存储过程主要分为 4 类，即系统存储过程、用户自定义存储过程、临时存储过程和扩展存储过程。

- 系统存储过程：由 SQL Server 提供，通常使用“sp_”为前缀，主要用于管理 SQL Server 和显示有关数据库及用户的信息。这些存储过程可以在程序中调用，完成一些复杂的与系统相关的任务，所以用户在开发自定义的存储过程前最好能清楚地了解系统存储过程，以免重复开发。系统存储过程在 master 数据库中创建并保存，用户可以从任何数据库中执行这些存储过程。另外，用户自定义存储过程最好不要以“sp_”开头，因为用户自定义存储过程与系统存储过程重名时，用户自定义存储过程永远不会被调用。
- 用户自定义存储过程：用户编定的可以重复使用的 T-SQL 语句功能模块，并且在数据库中有唯一的名称，可以附带参数，完全由用户自己定义、创建和维护。本章后面介绍的存储过程操作主要是指这一类存储过程。
- 临时存储过程：临时过程是用户自定义过程的一种形式。临时存储过程与永久过程相似，只是临时存储过程存储于 tempdb 中。临时存储过程有两种类型，即本地过程和全局过程。本地临时过程的名称以单个数字符号(#)开头，它们仅对当前的用户连接是可见的，当用户关闭连接时被删除。全局临时过程的名称以两个数字符号

（＃＃）开头，创建后对任何用户都是可见的，并且在使用该过程的最后一个会话结束时被删除。

- 扩展存储过程：允许用户使用编程语言（例如 C）创建自己的外部例程。扩展存储是指 Microsoft SQL Server 的实例可以动态加载和运行的 DLL。该过程直接在 SQL Server 的实例地址空间中运行，可以使用 SQL Server 扩展存储过程 API 完成编程。

14.2.3 创建存储过程

如果要使用存储过程，首先要创建一个存储过程，可以使用 SQL Server 管理控制器和 T-SQL 语言的 CREATE PROCEDURE 语句创建存储过程。

1. 使用 SQL Server 管理控制器创建存储过程

下面通过一个简单的示例说明使用 SQL Server 管理控制器创建存储过程的操作步骤。

【例 14.9】 使用 SQL Server 管理控制器创建存储过程 maxscore，用于输出所有学生的最高分。

解：其操作步骤如下。

① 启动 SQL Server 管理控制器，在“对象资源管理器”中展开“LCB-PC\SQLEXPRESS”服务器结点。

② 展开“数据库|school|可编程性|存储过程”结点，然后右击，在出现的快捷菜单中选择“新建存储过程”命令。

③ 出现存储过程编辑窗口，其中含有一个存储过程模板，用户可以参照模板在其中输入存储过程的 T-SQL 语句，这里输入的语句如下（其中黑体部分为主要输入的 T-SQL 语句）：

```
set ANSI_NULLS ON
set QUOTED_IDENTIFIER ON
GO
CREATE PROCEDURE maxscore
AS
BEGIN
    SET NOCOUNT ON
    SELECT MAX(分数) AS '最高分' FROM score     -- 从 score 表中查询最高分
END
GO
```

从中可以看到，上述存储过程主要包含一个 SECECT 语句，对于复杂的存储过程，可以包含多个 SECECT 语句。

④ 单击工具栏中的 ! 执行(X) 按钮，将其保存在数据库中。此时选中“存储过程”结点，然后右击，在出现的快捷菜单中选择“刷新”命令，会看到在“存储过程”的下方出现了 maxscore 存储过程，如图 14.10 所示。

这样就完成了 maxscore 存储过程的创建过程。

说明：当用户创建的存储过程被存储到 SQL Server 系统中后，每个存储过程对应 sysobjects 系统表中的一条记录，该表中的 name 列包含存储过程的名称，xtype 列指出存储对象的类型，当它为'P'时表示是一个存储过程，用户可以通过查找该表中的记录判断某存储过程是否被创建。

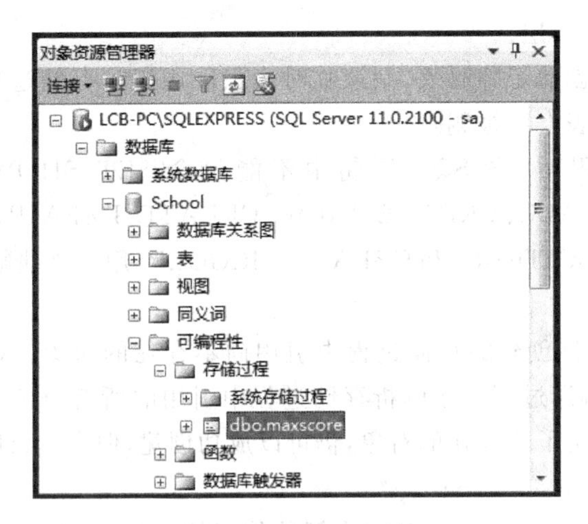

图 14.10　maxscore 存储过程

2. 使用 CREATE PROCEDURE 语句创建存储过程

用户可以在程序中直接使用 CREATE PROCEDURE 语句来创建存储过程，该语句的基本语法格式如下：

```
CREATE PROC[EDURE ] 存储过程名 [; number]
    [ {@parameter 数据类型} = 默认值] [OUT | OUTPUT] [READONLY]
    ][, …n]
    [WITH [RECOMPILE] | ENCRYPTION ]
    [FOR REPLICATION]
    AS SQL 语句 [ …n ]
```

其中，各参数的含义如下。

- @parameter：指定存储过程的参数。在 CREATE PROCEDURE 语句中可以声明一个或多个参数，用户必须在执行存储过程时提供每个所声明参数的值(除非定义了该参数的默认值)，存储过程最多可以有 2100 个参数。
- [OUT | OUTPUT]：指示参数是输出参数。使用 OUT 或 OUTPUT 参数将值返回给存储过程的调用方。
- [READONLY]：指示不能在过程的主体中更新或修改参数。如果参数类型为表值类型，则必须指定 READONLY。
- [RECOMPILE | ENCRYPTION]：RECOMPILE 指示数据库引擎不缓存此存储过程的查询计划，这强制在每次执行此存储过程时都对该过程进行编译。ENCRYPTION 表示 SQL Server 加密 syscomments 表中包含 CREATE PROCEDURE 语句文本的条目。
- FOR REPLICATION：指定不能在订阅服务器上执行为复制创建的存储过程。

在创建存储过程时应该注意下面几点：

- 存储过程的最大大小为 128MB。
- 只能在当前数据库中创建用户定义的存储过程。
- 在单个批处理中，CREATE PROCEDURE 语句不能与其他 T-SQL 语句组合使用。
- 存储过程可以嵌套使用，在一个存储过程中可以调用其他的存储过程，嵌套的最大深度不能超过 32 层。

- 如果存储过程创建了临时表，则该临时表只能用于该存储过程，而且当存储过程执行完毕后临时表自动被删除。
- 创建存储过程时，在 SQL 语句中不能包含 SET SHOWPLAN_TEXT、SET SHOWMAN_ALL、CREATE VIEW、CREATE DEFAULT、CREATE RULE、CREATE PROCEDURE 和 CREATE TRIGGER（用于创建触发器，在下一章介绍）语句。
- SQL Server 允许创建的存储过程中引用尚不存在的对象。在创建时，只进行语法检查，只有在编译过程中才解析存储过程中引用的所有对象。因此，如果语法正确的存储过程引用了不存在的对象，仍可以成功创建，但在运行时将失败，因为所引用的对象不存在。

【例 14.10】 编写一个程序，创建一个简单的存储过程 stud_score，用于检索所有学生的成绩记录。

解：其对应的程序如下。

```
USE school
GO
IF OBJECT_ID('stud_score','P') IS NOT NULL
    DROP PROCEDURE stud_score                    -- 如果存储过程 stud_score 存在，删除之
GO   -- 注意，CREATE PROCEDURE 必须是一个批处理的第一个语句，故此 GO 不能缺
CREATE PROCEDURE stud_score                      -- 创建存储过程 stud_score
  AS
    SELECT student.学号,student.姓名,course.课程名,score.分数
    FROM student,course,score
    WHERE student.学号 = score.学号 AND course.课程号 = score.课程号
    ORDER BY student.学号
GO
```

该存储过程没有指定参数。

14.2.4 执行存储过程

在 SQL Server 中有两种不同的方法执行存储过程，第一种方法（也是最常见的方法）是供应用程序或用户调用存储过程，第二种方法是将存储过程设置为在启动 SQL Server 实例时自动运行。

第一种方法是使用 EXECUTE 或 EXEC 关键字的语句实现的，如果存储过程是 T-SQL 批处理中的第一条语句，那么不使用关键字也可以调用并执行此存储过程。

EXECUTE 或 EXEC 语句执行存储过程的基本语法格式如下：

```
[ EXEC[UTE] ]
[ @return_status = ]
{ 存储过程名 [ ;number ] | @procedure_name_var}
[ [ @parameter = ] { 值 | @variable [ OUTPUT ] | [ DEFAULT ] ]
    [ ,…n ]
[ WITH RECOMPILE ]
```

其中，各参数的含义如下。

- @return_status：一个可选的整型变量，保存存储过程的返回状态。这个变量在用于 EXECUTE 语句前必须在批处理、存储过程或函数中声明过。
- ;number：可选的整数，用于将相同名称的过程进行组合，使得它们可以用一个 DROP PROCEDURE 语句除去。该参数不能用于扩展存储过程。
- @procedure_name_var：局部定义变量名，代表存储过程名称。
- @parameter：过程参数，在 CREATE PROCEDURE 语句中定义，参数名前必须加上 at 符号(@)。在以"@parameter_name ＝值"的格式使用时，参数名和常量不一定按照 CREATE PROCEDURE 语句中定义的顺序出现。但是，如果有一个参数使用"@parameter_name ＝值"的格式，则其他所有参数都必须使用这种格式。如果没有指定参数名，参数值必须以 CREATE PROCEDURE 语句中定义的顺序给出。如果参数值是一个对象名称、字符串，或通过数据库名称或所有者名称进行限制，则整个名称必须用单引号括起来；如果参数值是一个关键字，则该关键字必须用双引号引起来。
- @variable：用来保存参数或者返回参数的变量。
- OUTPUT：指定存储过程必须返回一个参数。该存储过程的匹配参数也必须由关键字 OUTPUT 创建。在使用游标变量作参数时使用该关键字。
- DEFAULT：根据过程的定义提供参数的默认值。当过程需要的参数值没有事先定义好的默认值，或缺少参数，或指定了 DEFAULT 关键字时，就会出错。
- WITH RECOMPILE：强制编译新的计划。如果所提供的参数为非典型参数或者数据有很大的改变，使用该选项，在以后的程序执行中使用更改过的计划。该选项不能用于扩展存储过程。建议尽量少用该选项，因为它会消耗较多的系统资源。

【例 14.11】 执行例 14.9 中创建的存储过程 maxscore 并查看输出的结果。

解：执行 maxscore 存储过程的程序如下。

```
USE school
GO
EXEC maxscore
GO
```

其执行结果如图 14.11 所示。从结果可以看到，查询的最高分为 92。

【例 14.12】 执行例 14.10 中创建的存储过程 stud_score 并查看输出的结果。

图 14.11　程序执行结果

解：执行 stud_score 存储过程的程序如下。

```
USE school
GO
--判断 stud_score 存储过程是否存在,若存在,则执行它
IF OBJECT_ID('stud_score','P') IS NOT NULL
   EXEC stud_score                          --执行存储过程 stud_score
GO
```

其执行结果如图 14.12 所示。从中可以看到，调用 stud_score 存储过程输出了所有学生的学号、姓名、课程名和分数。

	学号	姓名	课程名	分数
1	101	李军	计算机导论	64
2	101	李军	数字电路	85
3	103	陆君	计算机导论	92
4	103	陆君	操作系统	86
5	105	匡明	计算机导论	88
6	105	匡明	操作系统	75
7	107	王丽	计算机导论	91
8	107	王丽	数字电路	79
9	108	曾华	计算机导论	78
10	108	曾华	数字电路	NULL
11	109	王芳	计算机导论	76
12	109	王芳	操作系统	68

图 14.12 程序执行结果

14.2.5 存储过程的参数和返回值

在创建和使用存储过程时，其参数是非常重要的，下面详细讨论存储过程的参数传递和返回。

1. 在存储过程中使用参数

在设计存储过程时可以带有参数，这样能够增加存储过程的灵活性。带参数的存储过程的一般格式如下：

```
CREATE PROCEDURE 存储过程名(参数列表)
AS SQL 语句
```

在调用存储过程时有两种传递参数的方式。

第 1 种方式是在传递参数时使传递的参数和定义时的参数顺序一致，其一般格式如下：

```
EXEC  存储过程名  实参列表
```

第 2 种方式是采用“参数=值”的形式，此时，各个参数的顺序可以任意排列，其一般格式如下：

```
EXEC  存储过程名  参数 1 = 值 1,参数 2 = 值 2,…
```

【例 14.13】 设计一个存储过程 maxno，以学号为参数，输出指定学号的学生的所有课程中的最高分和对应的课程名。

解：使用 CREATE PROCEDURE 语句设计该存储过程如下。

```
USE school
GO
IF OBJECT_ID('maxno','P') IS NOT NULL
   DROP PROCEDURE maxno                       -- 如果存储过程 maxno 存在,删除之
GO
CREATE PROCEDURE maxno(@no int)               -- 声明 no 为参数
  AS
    SELECT s.学号,s.姓名,c.课程名,sc.分数
    FROM student s,course c,score sc
    WHERE s.学号 = @no AND s.学号 = sc.学号 AND c.课程号 = sc.课程号 AND sc.分数 =
```

```
    (SELECT MAX(分数) FROM score WHERE 学号 = @no)
GO
```

使用第 1 种方式执行存储过程 maxno 的程序如下：

```
USE school
GO
EXEC maxno 103
GO
```

使用第 2 种方式执行存储过程 maxno 的程序如下：

```
USE school
GO
EXEC maxno @no = '103'
GO
```

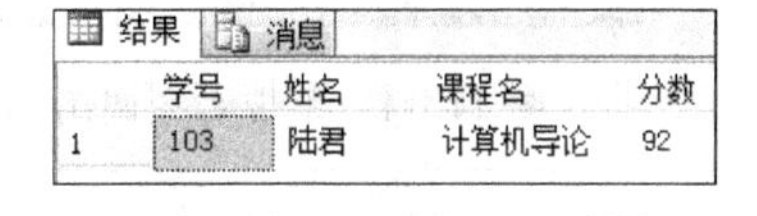

	学号	姓名	课程名	分数
1	103	陆君	计算机导论	92

图 14.13　程序执行结果

上面两种方式的执行结果相同，如图 14.13 所示。

2. 在存储过程中使用默认参数

在设计存储过程时，可以为参数提供一个默认值，默认值必须为常量或者 NULL。其一般格式如下：

```
CREATE PROCEDURE  存储过程名(参数 1 = 默认值 1,参数 2 = 默认值 2, … )
  AS SQL 语句
```

在调用存储过程时，如果不指定对应的实参值，则自动用对应的默认值代替。

【例 14.14】 设计类似例 14.13 功能的存储过程 maxno1，指定其默认学号为“101”。

解：设计一个新的存储过程 maxno1，其对应的程序如下。

```
USE school
GO
IF OBJECT_ID('maxno1','P') IS NOT NULL
   DROP PROCEDURE maxno1                        -- 如果存储过程 maxno1 存在，删除之
GO
CREATE PROCEDURE maxno1(@no int = 101)          -- 声明 no 为参数
AS
  SELECT s.学号,s.姓名,c.课程名,sc.分数
  FROM student s,course c,score sc
  WHERE s.学号 = @no AND s.学号 = sc.学号 AND c.课程号 = sc.课程号 AND sc.分数 =
    (SELECT MAX(分数) FROM score WHERE 学号 = @no)
GO
```

当不指定实参调用 maxno1 存储过程时，其结果如图 14.14 所示；当指定实参为'105'调用 maxno1 存储过程时，其结果如图 14.15 所示。

从执行结果可以看到，当调用存储过程时，没有指定参数值时就自动使用相应的默认值。

3. 在存储过程中使用返回参数

在创建存储过程时可以定义返回参数，在执行存储过程时可以将结果返回给返回参数。返回参数应该使用 OUTPUT 进行说明。

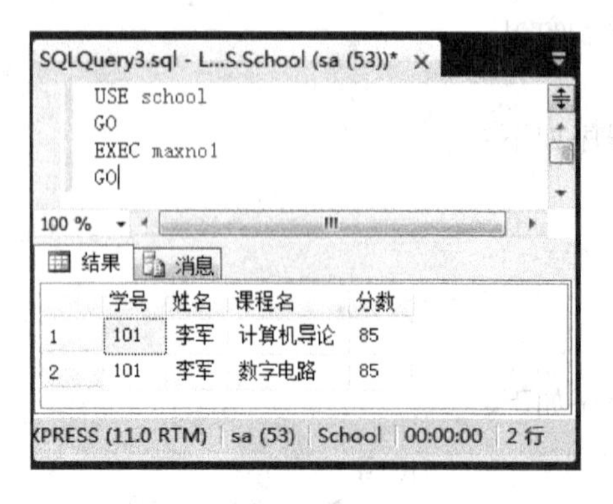

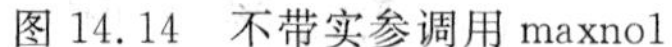

图 14.14　不带实参调用 maxno1

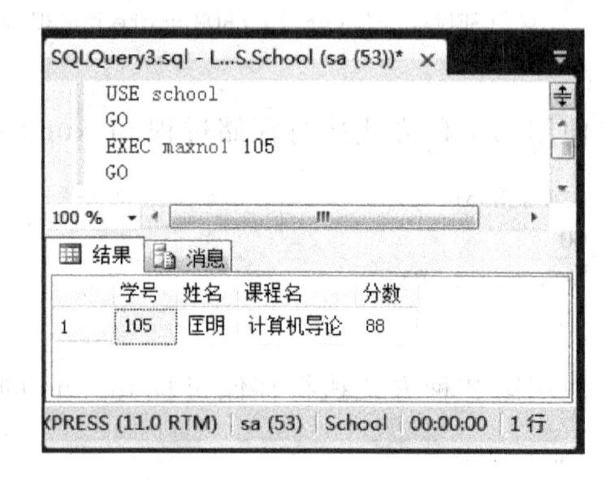

图 14.15　带实参调用 maxno1

【例 14.15】 创建一个存储过程 average，它返回两个参数@st_name 和@st_avg，分别代表了姓名和平均分，并编写 T-SQL 语句执行该存储过程和查看输出的结果。

解：建立存储过程 average 的程序如下。

```
USE school
GO
IF OBJECT_ID('average','P') IS NOT NULL
   DROP PROCEDURE average                          -- 如果存储过程 average 存在，删除之
GO
CREATE PROCEDURE average
(    @st_no int,
     @st_name char(8) OUTPUT,                      -- 返回参数
     @st_avg float OUTPUT                          -- 返回参数
) AS
  SELECT @st_name = student.姓名,@st_avg = AVG(score.分数)
    FROM student,score
    WHERE student.学号 = score.学号
    GROUP BY student.学号,student.姓名
    HAVING student.学号 = @st_no
GO
```

执行该存储过程查询学号为“105”的学生的姓名和平均分：

```
DECLARE @st_name char(10)
DECLARE @st_avg float
EXEC average '105',@st_name OUTPUT,@st_avg OUTPUT
SELECT '姓名' = @st_name,'平均分' = @st_avg
GO
```

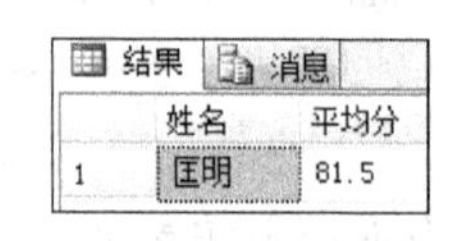

图 14.16　程序执行结果

执行结果如图 14.16 所示，说明学号为“105”的学生为匡明，其平均分为 81.5。

【例 14.16】 编写一个程序，创建存储过程 stud1_score，根据输入的学号和课程号来判断返回值，并执行该存储过程和查看学号为“101”、课程号为“3-105”的成绩等级。

解：其对应的程序如下。

```
USE school
GO
```

```
IF OBJECT_ID('stud1_score','P') IS NOT NULL
   DROP PROCEDURE stud1_score                    -- 如果存储过程 stud1_score 存在,删除之
GO
CREATE PROC stud1_score(@no1 int,@no2 char(6),@dj char(1) OUTPUT)
  AS
    BEGIN
      SELECT @dj =
         CASE
           WHEN 分数>= 90 THEN 'A'
           WHEN 分数>= 80 THEN 'B'
           WHEN 分数>= 70 THEN 'C'
           WHEN 分数>= 60 THEN 'D'
           WHEN 分数< 60 THEN 'E'
        END
      FROM score
      WHERE 学号 = @no1 AND 课程号 = @no2
  END
GO
DECLARE @dj char(1)
EXEC stud1_score 101,'3-105',@dj OUTPUT
PRINT @dj
GO
```

程序的执行结果是输出等级 B。

4. 存储过程的返回值

存储过程在执行后都会返回一个整型值(称为"返回代码"),指示存储过程的执行状态。如果执行成功,返回 0,否则返回-1～-99 之间的数值(例如-1 表示找不到对象,-2 表示数据类型错误,-5 表示语法错误等),也可以使用 RETURN 语句指定一个返回值。

【例 14.17】 编写一个程序,创建存储过程 test_ret,根据输入的参数判断返回值,并执行该存储过程和查看输出的结果。

解：建立存储过程 test_ret 如下。

```
USE test
GO
IF OBJECT_ID('test_ret','P') IS NOT NULL
   DROP PROCEDURE test_ret                       -- 如果存储过程 test_ret 存在,删除之
GO
CREATE PROC test_ret(@input_int int = 0)       -- 指定默认参数值
    AS
     IF   @input_int = 0
          RETURN 0                               -- 如果输入的参数等于 0,则返回 0
     IF   @input_int > 0
          RETURN 1000                            -- 如果输入的参数大于 0,则返回 1000
     IF   @input_int < 0
          RETURN - 1000                          -- 如果输入的参数小于 0,则返回 - 1000
GO
```

执行该存储过程：

```
USE Test
```

```
GO
DECLARE @ret_int int
EXEC @ret_int = test_ret 1
PRINT '返回值'
PRINT '-------'
PRINT @ret_int
EXEC @ret_int = test_ret 0
PRINT @ret_int
EXEC @ret_int = test_ret -1
PRINT @ret_int
```

图 14.17　程序执行结果

执行结果如图 14.17 所示。

5. 使用 SQL Server 管理控制器执行存储过程

在存储过程建立好后，也可以使用 SQL Server 管理控制器执行存储过程，其基本步骤如下：

① 启动 SQL Server 管理控制器，在"对象资源管理器"中展开"LCB-PC\SQLEXPRESS"服务器结点。

② 展开"数据库|数据库名|可编程性|存储过程"结点，在存储过程列表中右击要执行的用户自定义存储过程，然后在出现的快捷菜单中选择"执行存储过程"命令。

③ 在出现的"执行过程"对话框中为每个参数指定一个值，并指定它是否应传递 NULL 值。

- 参数：指示参数的名称。
- 数据类型：指示参数的数据类型。
- 输出参数：指示是否为输出参数。
- 传递空值：将 NULL 作为参数值传递。
- 值：在调用过程时输入参数的值。

④ 若要执行存储过程，单击"确定"按钮。

【例 14.18】 以下程序建立了存储过程 studavg，使用 SQL Server 管理控制器执行该存储过程。

```
USE school
GO
IF OBJECT_ID('studavg','P') IS NOT NULL
   DROP PROCEDURE studavg                    --如果存储过程 studavg 存在，删除之
GO
CREATE PROC studavg(@no int,@avg float = 0 OUTPUT)
  AS
    BEGIN
      IF NOT EXISTS(SELECT * FROM score WHERE 学号 = @no)
           RETURN -1
      SELECT @avg = AVG(score.分数)
      FROM score
      WHERE score.学号 = @no
      RETURN 1
    END
GO
```

解：上述存储过程 studavg 的功能是求学号为@no 的学生的平均分@avg，如果指定的学号不正确，返回－1，否则求出相应的平均分并返回 1。

在执行该程序建立存储过程 studavg 后，使用前面的步骤进入"执行过程"对话框，设置输入参数的值如图 14.18 所示，即求学号为 105 的学生的平均分。单击"确定"按钮，其执行结果如图 14.19 所示，求出该学生的平均分为 81.5，并返回 1。

图 14.18 "执行过程"对话框

如果在"执行过程"对话框中设置输入参数的值为 888，由于不存在该学生，存储过程 studavg 返回－1，如图 14.20 所示。

14.2.6 存储过程的管理

存储过程的管理包括查看、修改、重命名和删除用户创建的存储过程。

1. 查看存储过程

在创建存储过程后，它的名称就存储在系统表 sysobjects 中，它的源代码存放在系统表 syscomments 中，可以使用 SQL Server 管理控制器或系统存储过程来查看用户创建的存储过程。

(1) 使用 SQL Server 管理控制器查看存储过程

下面通过一个例子说明使用 SQL Server 管理控制器查看存储过程的操作步骤。

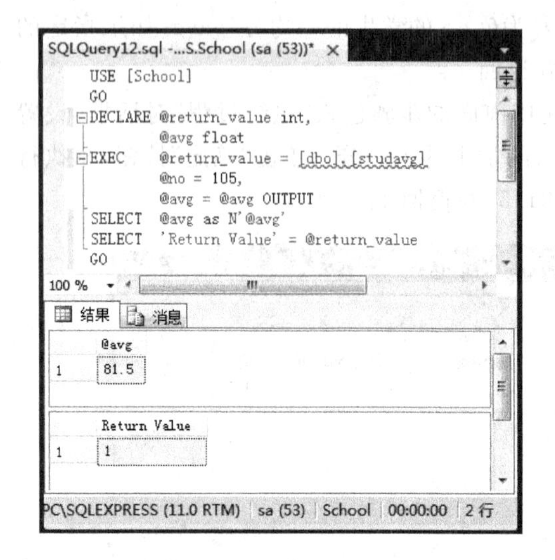

图 14.19　执行结果 1

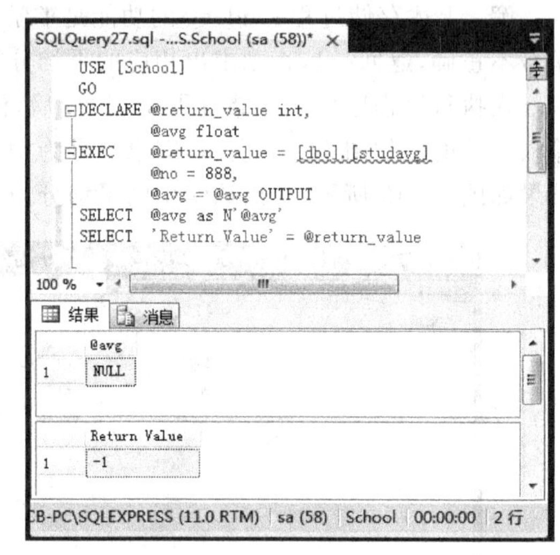

图 14.20　执行结果 2

【例 14.19】 使用 SQL Server 管理控制器查看例 14.16 中创建的存储过程 stud1_score。

解：其操作步骤如下。

① 启动 SQL Server 管理控制器，在“对象资源管理器”中展开“LCB-PC\SQLEXPRESS”服务器节结点。

② 展开“数据库|school|可编程性|存储过程|dbo. stud1_score”结点，然后右击，在出现的快捷菜单中选择“编写存储过程脚本为|CREATE 到|新查询编辑器窗口”命令。

③ 在右边的编辑器窗口中出现了存储过程 stud_score 源代码，如图 14.21 所示，此时用户只能查看其代码。

```
SQLQuery28.sql -...S.School (sa (54))*
USE [School]
GO
/****** Object:  StoredProcedure [dbo].[stud1_score]    Script Date: 2014/9/5 15:26:48 ******/
SET ANSI_NULLS ON
GO
SET QUOTED_IDENTIFIER ON
GO
CREATE PROC [dbo].[stud1_score](@no1 int,@no2 char(6),@dj char(1) OUTPUT) AS
BEGIN
        SELECT @dj=
            CASE
              WHEN 分数>=90 THEN 'A'
              WHEN 分数>=80 THEN 'B'
              WHEN 分数>=70 THEN 'C'
              WHEN 分数>=60 THEN 'D'
              WHEN 分数<60 THEN 'E'
            END
        FROM score
        WHERE 学号=@no1 AND 课程号=@no2
END
GO
100 %
```

图 14.21　stud_score 存储过程的源代码

说明：可以通过展开"数据库|school|可编程性|存储过程|dbo.stud1_score"结点，然后右击，在出现的快捷菜单中选择"查看依赖关系"命令来查看存储过程 dbo.stud1_score 的依赖关系，即显示 dbo.stud1_score 存储过程依赖的所有数据库对象和哪些数据库对象依赖于它。

(2) 使用系统存储过程查看存储过程

SQL Server 提供了以下系统存储过程用于查看用户创建的存储过程。

- sp_help：用于显示存储过程的参数及其数据类型。
- sp_helptext：用于显示存储过程的源代码。
- sp_depends：用于显示和存储过程相关的数据库对象。
- sp_stored_procedures：用于返回当前数据库中的存储过程列表。

【例 14.20】 使用相关系统存储过程查看例 14.10 中创建的存储过程 stud_score 的相关内容。

解：其对应的程序如下。

```
USE school
GO
EXEC sp_help stud_score
EXEC sp_helptext stud_score
EXEC sp_depends stud_score
```

其执行结果如图 14.22 所示，用户可以看到该存储过程的代码和涉及的表列。

结果 | 消息

	Name	Owner	Type	Created_datetime
1	stud_score	dbo	stored procedure	2014-09-05 12:46:31.900

	Text
1	
2	CREATE PROCEDURE stud_score --创建存储过程stud_score
3	AS
4	SELECT student.学号, student.姓名, course.课程名, score.分数
5	FROM student, course, score
6	WHERE student.学号=score.学号 AND course.课程号=score.课程号
7	ORDER BY student.学号

	name	type	updated	selected	column
1	dbo.Score	user table	no	yes	学号
2	dbo.Score	user table	no	yes	课程号
3	dbo.Score	user table	no	yes	分数
4	dbo.Course	user table	no	yes	课程号
5	dbo.Course	user table	no	yes	课程名
6	dbo.Student	user table	no	yes	学号
7	dbo.Student	user table	no	yes	姓名

图 14.22　程序执行结果

2. 修改存储过程

在创建存储过程之后，用户可以对其进行修改，可以使用 SQL Server 管理控制器或使用 ALTER PROCEDURE 语句修改用户创建的存储过程。

(1) 使用 SQL Server 管理控制器修改存储过程

下面通过一个例子说明使用 SQL Server 管理控制器修改存储过程的操作步骤。

【例 14.21】 使用 SQL Server 管理控制器修改例 14.10 中创建的存储过程 stud_score。

解：其操作步骤如下。

① 启动 SQL Server 管理控制器，在"对象资源管理器"中展开"LCB-PC\SQLEXPRESS"服务器结点。

② 展开"数据库|school|可编程性|存储过程|dbo. stud_score"结点，然后右击，在出现的快捷菜单中选择"修改"命令。

③ 此时右边的编辑器窗口出现了 stud_score 存储过程的源代码（将"CREATE PROCEDURE"改为"ALTER PROCEDURE"），如图 14.23 所示，用户可以直接进行修改。修改完毕后，单击工具栏中的"执行"按钮执行该存储过程，从而达到修改的目的。

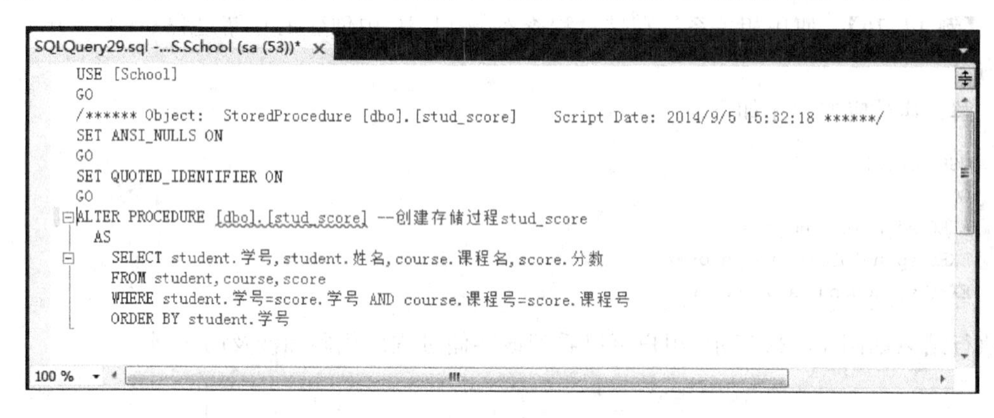

图 14.23 修改 stud_score 存储过程

(2) 使用 ALTER PROCEDURE 语句修改存储过程

使用 ALTER PROCEDURE 语句可以更改之前通过执行 CREATE PROCEDURE 语句创建的过程，但不会更改权限，也不影响相关的存储过程或触发器，其语法形式如下：

```
ALTER PROC[EDURE]存储过程名[{参数列表}]
    AS SQL 语句
```

当使用 ALTER PROCEDURE 语句时，如果在 CREATE PROCEDURE 语句中使用过参数，那么在 ALTER PROCEDURE 语句中也应该使用这些参数。注意，每次只能修改一个存储过程。

【例 14.22】 编写一个程序，先创建一个存储过程 studproc，输出"1003"班的所有学生，利用 sysobjects 和 syscomments 两个系统表输出该存储过程的 id 和 text 列，然后利用 ALTER PROCEDURE 语句修改该存储过程，将其改为加密方式，最后输出该存储过程的 id 和 text 列。

解：创建存储过程 studproc 的语句如下。

```
USE school
GO
IF OBJECT_ID('studproc','P') IS NOT NULL
   DROP PROCEDURE studproc                    -- 如果存储过程 studproc 存在，删除之
GO
```

```
CREATE PROCEDURE studproc AS
    SELECT * FROM student WHERE 班号 = '1003'
GO
```

通过以下语句输出 studproc 存储过程的 id 和 text 列：

```
SELECT sysobjects.id,syscomments.text
FROM sysobjects,syscomments
WHERE sysobjects.name = 'studproc' AND sysobjects.xtype = 'P'
    AND sysobjects.id = syscomments.id
```

其执行结果如图 14.24 所示。修改该存储过程的语句如下：

```
USE school
GO
ALTER PROCEDURE studproc WITH ENCRYPTION AS
    SELECT * FROM student WHERE 班号 = '1003'
GO
```

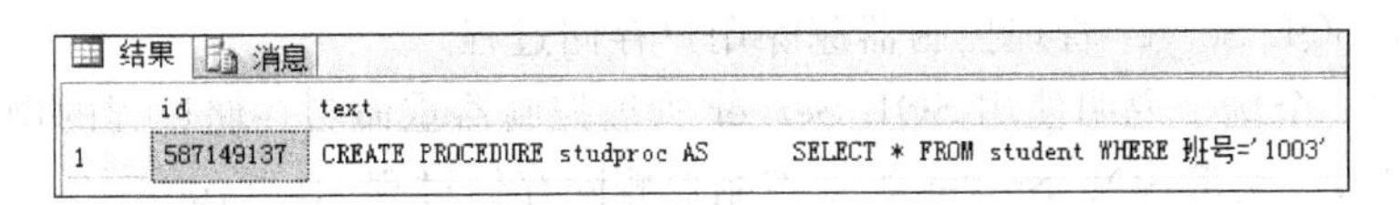

图 14.24 未加密的 studproc 存储过程的源代码

再次执行前面的输出 studproc 存储过程的 id 和 text 列的语句，其执行结果如图 14.25 所示。从中可以看到，加密过的存储过程查询出的源代码是空值，从而起到保护源程序的作用。

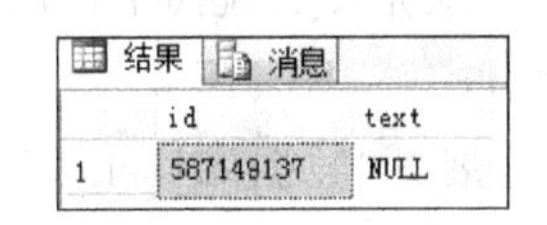

图 14.25 加密的 studproc 存储过程的源代码

3. 重命名存储过程

重命名存储过程也有两种方法，即使用 SQL Server 管理控制器和使用系统存储过程。

(1) 使用 SQL Server 管理控制器重命名存储过程

下面通过一个例子说明使用 SQL Server 管理控制器重命名存储过程的操作步骤。

【例 14.23】 使用 SQL Server 管理控制器将存储过程 studproc 重命名为 studproc1。

解：其操作步骤如下。

① 启动 SQL Server 管理控制器，在"对象资源管理器"中展开"LCB-PC\SQLEXPRESS"服务器结点。

② 展开"数据库|school|可编程性|存储过程|dbo.studproc"结点，然后右击，在出现的快捷菜单中选择"重命名"命令。

③ 此时存储过程名"studproc"变成可编辑的，可以直接修改该存储过程的名称为 studproc1。

(2) 使用系统存储过程重命名用户存储过程

重命名存储过程的系统存储过程为 sp_rename，其语法格式如下：

```
sp_rename 原存储过程名称,新存储过程名称
```

【例 14.24】 使用系统存储过程 sp_rename 将上例更名的用户存储过程 studproc1 再更名为 studproc。

解：其对应的程序如下。

```
USE school
GO
EXEC sp_rename studproc,studproc1
```

在更名时会出现警告消息"警告：更改对象名的任一部分都可能会破坏脚本和存储过程"。

说明：重命名存储过程不会更改相关系统视图中相应对象名的名称，因此建议不要重命名此对象类型，而是删除存储过程，然后使用新名称重新创建该存储过程。

4. 删除存储过程

当不再需要存储过程时可将其删除，可以使用 SQL Server 管理控制器或 DROP PROCEDURE 语句删除用户存储过程。

(1) 使用 SQL Server 管理控制器删除用户存储过程

下面通过一个例子说明使用 SQL Server 管理控制器重命名存储过程的操作步骤。

【例 14.25】 使用 SQL Server 管理控制器删除存储过程 studproc。

解：其操作步骤如下。

① 启动 SQL Server 管理控制器，在"对象资源管理器"中展开"LCB-PC\SQLEXPRESS"服务器结点。

② 展开"数据库|school|可编程性|存储过程|dbo. studproc"结点，然后右击，在出现的快捷菜单中选择"删除"命令。

③ 在出现的"删除对象"对话框中单击"确定"按钮即可删除存储过程名称 studproc。

(2) 使用 DROP PROCEDURE 语句删除用户存储过程

删除存储过程可以使用 DROP PROCEDURE 语句，它可以将一个或多个存储过程或者存储过程组从当前数据库中删除，其语法格式如下：

```
DROP PROCEDURE 用户存储过程列表
```

【例 14.26】 使用 DROP PROCEDURE 语句删除用户存储过程 stud_score 和 stud1_score。

解：其对应的程序如下。

```
USE school
GO
DROP PROCEDURE stud_score,stud1_score
GO
```

练 习 题 14

1. 什么是用户定义函数？设计用户定义函数有哪些优点？
2. SQL Server 支持哪几种用户定义函数？

3. 内联表值函数和多语句表值函数有什么相同点和不同点？

4. 什么是存储过程？存储过程分为哪几类？

5. 用户定义函数和存储过程有什么差异？

6. 使用存储过程有什么好处？

7. 简述使用 SQL Server 管理控制器建立存储过程的基本步骤。

8. 存储过程有哪几种类型的参数？各有什么用途？

9. 简述执行存储过程的 EXEC 语句的基本使用格式。

10. 如何查看已建立的存储过程的脚本？

11. 创建一个自定义函数 csum，用于计算 1～n 的所有正整数之和，并用相关数据进行测试。

12. 创建一个自定义函数 maxscore，用于计算给定课程号的最高分，并用相关数据进行测试。

13. 创建一个自定义函数 tscore，用于计算给定教师（姓名）所上课程的学生的学号、姓名和分数，并用相关数据进行测试。

14. 在 school 数据库中设计一个存储过程完成这样的功能：输出所有学生的学号、姓名、班号、课程名和分数，并以学号升序、分数降序显示。编写执行该存储过程的程序。

15. 在 school 数据库中设计一个存储过程完成这样的功能：输出学号为@no 的学生所学课程的课程名。编写调用该存储过程输出学号为 105 的学生所学课程的课程名的程序。

16. 在 school 数据库中设计一个存储过程完成这样的功能：使用 OUTPUT 参数输出最高分的学生的姓名。编写调用该存储过程输出最高分学生姓名的程序。

17. 在 school 数据库中设计一个存储过程完成这样的功能：输出班号为@bh（默认为 1001 班）的班的学生人数。编写调用该存储过程输出 1003 班学生人数的程序。

18. 分别使用用户定义函数和存储过程的方式求 school 数据库中某教师讲授某课程的平均分。

第15章 触 发 器

SQL Server 中可以使用约束和触发器来保证数据完整性，在第 13 章介绍了约束，约束是直接设置于数据表内，只能实现一些比较简单的功能操作，而触发器可以处理各种复杂的操作。本章主要介绍触发器的创建、使用、修改和删除等相关内容。

15.1 触发器概述

15.1.1 触发器的作用

触发器是特殊的存储过程，当发生记录更新或表结构更新等触发器事件时会自动激活来执行它。触发器通常可以强制执行一定的业务规则，以保持数据完整性、检查数据有效性、实现数据库管理任务和一些附加的功能。

在 SQL Server 中一个表可以有多个触发器，也可以对一个表上的特定操作设置多个触发器。触发器可以包含复杂的 T-SQL 语句。触发器不能通过名称被直接调用，更不允许设置参数。与存储过程一样，触发器始终只能在一个批处理中创建并编译到一个执行计划中，执行计划是在第一次执行存储过程或触发器时创建的。

触发器的基本作用如下：

- 触发器是被自动执行的，不需要显式调用。
- 触发器可以调用存储过程。
- 触发器可以强化数据条件约束。
- 触发器可以禁止或回滚违反引用完整性的数据修改或删除。
- 利用触发器可以进行数据处理。
- 触发器可以级联、并行执行。
- 在同一个表中可以设计多个触发器。

15.1.2 触发器的种类

触发器必须由触发事件触发。触发器的触发事件可分为 3 类，分别是 DML 事件、DDL 事件和数据库事件。每类事件包含若干个事件，如表 15.1 所示。

根据触发事件，将 SQL Server 触发器分为以下 3 种类型。

- DML 触发器：在执行数据操作语言(DML)事件时被调用的触发器，包括 INSERT、UPDATE 和 DELETE 语句。在触发器中可以包含复杂的 T-SQL 语句，触发器整体被看作一个事务，可以进行回滚。

表 15.1 基本的触发器事件

种　类	关 键 字	含　义
DML 事件	INSERT	在表或视图中插入数据时触发
	UPDATE	修改表或视图中的数据时触发
	DELETE	在删除表或视图中的数据时触发
DDL 事件	CREATE	在创建新对象时触发
	ALTER	修改数据库或数据库对象时触发
	DROP	删除对象时触发
登录事件	LOGON	当用户连接到数据库并建立会话时触发

- DDL 触发器：在执行数据定义语言(DDL)事件时被调用的触发器，包括 CREATE、ALTER 和 DROP 语句。DDL 触发器用于执行数据库管理任务，如调节和审计数据库运转。DDL 触发器只能在触发事件发生后才会调用执行，即它只能是 AFTER 类型的。
- 登录触发器：为响应登录事件而触发的存储过程，与 SQL Server 实例建立用户会话时将引发此事件。登录触发器将在登录的身份验证阶段完成之后且用户会话实际建立之前激发，因此，来自触发器内部且通常将到达用户的所有消息(例如错误消息和来自 PRINT 语句的消息)会传送到 SQL Server 错误日志。如果身份验证失败，将不激发登录触发器。

15.2 DML 触发器

15.2.1 DML 触发器概述

DML 触发器是定义在表上的触发器，由 DML 事件引发，可以用来防止恶意或错误的数据库表更新操作。创建 DML 触发器的要素如下：

① 确定触发基于的表，即在其上定义触发器的表。

② 确定触发的事件，DML 触发器的触发事件有 INSERT、UPDATE 和 DELETE 三种，但不包括 SELECT 语句。

③ 确定触发时间，有触发动作发生在 DML 语句执行之前和语句执行之后两个情况，所以 DML 触发器又分为以下两个类型。

- AFTER 触发器：在执行触发事件之后执行 AFTER 触发器。如果违反了约束，则永远不会执行 AFTER 触发器，因此，这些触发器不能用于任何可能防止违反约束的处理。
- INSTEAD OF 触发器：INSTEAD OF 触发器替代触发器语句的标准操作，因此，触发器可用于对一个或多个列执行错误或值检查，然后在插入、更新或删除行之前执行其他操作。

④ 执行触发器操作的语句。

在定义一个触发器时要考虑上述多种情况，并根据具体的需要决定触发器的种类。

15.2.2 创建 DML 触发器

在应用 DML 触发器之前必须创建它，可以使用 SQL Server 管理控制器或 CREATE TRIGGER 语句创建触发器。

1. 使用 SQL Server 管理控制器创建 DML 触发器

下面通过一个简单的示例说明使用 SQL Server 管理控制器创建触发器的操作步骤。

【例 15.1】 使用 SQL Server 管理控制器在 student 表上创建一个触发器 trigop，其功能是在用户插入、修改或删除该表中的行时输出所有的行。

解：其操作步骤如下。

① 启动 SQL Server 管理控制器，在“对象资源管理器”中展开“LCB-PC\SQLEXPRESS”服务器结点。

② 展开“数据库|school|表|student|触发器”结点，然后右击，在出现的快捷菜单中选择“新建触发器”命令。

③ 出现一个新建触发器编辑窗口，其中包含触发器模板，用户可以参照模板在其中输入触发器的 T-SQL 语句，这里输入的语句如下（其中黑体部分为主要输入的 T-SQL 语句）：

```
SET ANSI_NULLS ON
GO
SET QUOTED_IDENTIFIER ON
GO
CREATE TRIGGER trigop
    ON student AFTER INSERT,DELETE,UPDATE
AS
    BEGIN
        SET NOCOUNT ON
        SELECT * FROM student
    END
GO
```

④ 单击工具栏中的 ! 执行(X) 按钮，将该触发器保存到相关的系统表中，这样就创建了触发器 trigop。

在触发器 trigop 创建完毕后，当对 student 表进行记录的插入、修改或删除操作时，触发器 trigop 都会被自动执行。例如，执行以下程序：

```
USE school
GO
INSERT student VALUES(1,'刘明','男','1992-12-12','1005')
GO
```

当向 student 表中插入一个记录时自动执行触发器 trigop 输出其所有记录，输出结果如图 15.1 所示，从中可以看到新记录已经插入到 student 表中了。

说明：当创建一个触发器后，在 sysobjects 系统表中会增加一条记录，其 id 列表示该触发器的标识，name 列为该触发器的名称，xtype 列为'TR'值表示是触发器；在 syscomments 系统表中也增加了一个记录，其 id 列表示该触发器的标识，text 表示创建该触发器的 T-SQL 语句。

	学号	姓名	性别	出生日期	班号
1	1	刘明	男	1992-12-12 00:00:00.000	1005
2	101	李军	男	1993-02-20 00:00:00.000	1003
3	103	陆君	男	1991-06-03 00:00:00.000	1001
4	105	匡明	男	1992-10-02 00:00:00.000	1001
5	107	王丽	女	1993-01-23 00:00:00.000	1003
6	108	曾华	男	1993-09-01 00:00:00.000	1003
7	109	王芳	女	1992-02-10 00:00:00.000	1001

图 15.1　插入行时自动执行触发器 trigop

2. 使用 T-SQL 语句创建 DML 触发器

创建 DML 触发器可以使用 CREATE TRIGGER 语句，其基本语法格式如下：

```
CREATE TRIGGER  触发器名
ON {表名 | 视图名} [WITH ENCRYPTION]
{    { {FOR | AFTER | INSTEAD OF} {[INSERT] [,] [UPDATE][,] [DELETE]}
          [NOT FOR REPLICATION]
          AS
          [{ IF UPDATE (列名)
               [{ AND | OR } UPDATE (列名)] [ …n] } ]
          SQL 语句 [ …n ]
     }
}
```

其中，各参数的含义如下。

- WITH ENCRYPTION：对 CREATE TRIGGER 语句的文本进行模糊处理，可以防止将触发器作为 SQL Server 复制的一部分进行发布。
- AFTER：指定触发器只有在触发 T-SQL 语句中指定的所有操作都已成功执行后才激发，所有的引用级联操作和约束检查也必须成功完成后才能执行此触发器。FOR 关键字和 AFTER 关键字是等价的。
- INSTEAD OF：指定执行触发器而不是执行触发 T-SQL 语句，从而替代触发语句的操作。在表或视图上，每个 INSERT、UPDATE 或 DELETE 语句最多可以定义一个 INSTEAD OF 触发器。然而，可以在每个具有 INSTEAD OF 触发器的视图上定义视图。
- { [INSERT] [,] [UPDATE] [,][DELETE]}：指定在表或视图上执行哪些数据修改语句时将激活触发器的关键字，必须至少指定一个选项。在触发器定义中允许使用以任意顺序组合的这些关键字。如果指定的选项多于一个，需要用逗号分隔这些选项。
- NOT FOR REPLICATION：表示当复制进程更改触发器所涉及的表时不应执行该触发器。
- AS SQL 语句：指出触发器要执行的操作。
- IF UPDATE (列名)：测试在指定的 column 列上进行的 INSERT 或 UPDATE 操作，不能用于 DELETE 操作，可以指定多列。因为在 ON 子句中指定了表名，所以在 IF UPDATE 子句中的列名前不要包含表名。若要测试在多个列上进行的

INSERT 或 UPDATE 操作，请在第一个操作后指定单独的 UPDATE(列名)子句。在 INSERT 操作中，UPDATE 将返回 TRUE 值，因为这些列插入了显式值或隐式(NULL)值。

说明：UPDATE（列名）返回一个布尔值，指示是否尝试对表或视图的指定列执行 INSERT 或 UPDATE 操作，可以在 INSERT 或 UPDATE 触发器中的任意位置使用 UPDATE()，以测试触发器是否应执行某些操作。

【例 15.2】 在数据库 test 中建立一个表 table20，创建一个触发器 trigtest，在 table20 表中插入、修改和删除记录时自动显示表中的所有记录，并用相关数据进行测试。

解：创建表和触发器的语句如下。

```
USE test
GO
CREATE TABLE table20                          -- 创建表 table20
(   c1 int,
    c2 char(30)
)
GO
CREATE TRIGGER trigtest                       -- 创建触发器 trigtest
    ON table20 AFTER INSERT,UPDATE,DELETE
AS
    SELECT * FROM table20
GO
```

在执行下面的语句时：

```
USE test
GO
INSERT Table20 VALUES(1,'Name1')
GO
```

结果会显示出 table20 表中的行，如图 15.2 所示。在执行下面的语句时：

```
USE test
GO
UPDATE Table20 SET c2 = 'Name2' WHERE c1 = 1
GO
```

结果会显示出 table20 表中的记录行，如图 15.3 所示。

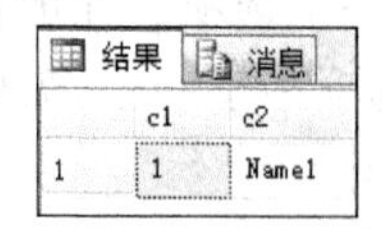

图 15.2　插入记录时执行触发器

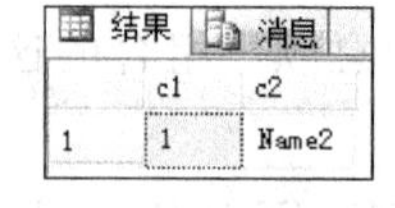

图 15.3　更新记录时执行触发器

从中可以看到，只有在包含触发事件的语句成功执行后才会执行相应的触发器。

3. 创建 DML 触发器时的注意事项

创建 DML 触发器时的几点注意事项如下：

- CREATE TRIGGER 语句必须是批处理中的第一个语句，将该批处理中随后的其他所有语句解释为 CREATE TRIGGER 语句定义的一部分，并且只能应用于一个表。
- 触发器只能在当前的数据库中创建，但是可以引用当前数据库的外部对象。
- 虽然触发器可以引用当前数据库以外的对象，但只能在当前数据库中创建触发器。
- 在触发器体内禁止使用 COMMIT、ROLLBACK、SAVEPOINT 语句，也禁止直接或间接地调用含有上述语句的存储过程。

15.2.3 触发器的删除、禁用和启用

同一个表上的多个触发器之间可能相互影响，有时需要进行触发器的删除、禁用和启用操作。下面主要介绍用 T-SQL 命令实现这些功能。

1. 删除 DML 触发器

当不再需要某个触发器时，可以将其删除。在删除了触发器后，它就从当前数据库中删除了，它所基于的表和数据不会受到影响。删除表将自动删除其上的所有触发器，删除触发器的权限默认授予该触发器所在表的所有者。

删除触发器使用 DROP TRIGGER 命令，其基本语法格式如下：

```
DROP TRIGGER 触发器名[ ,…n ]
```

【例 15.3】 给出删除 school 数据库中 student 表上的 trigop 触发器的程序。

解：删除 trigtest 触发器的程序如下。

```
USE school
GO
DROP TRIGGER trigop
GO
```

2. 禁用 DML 触发器

禁用触发器不会删除该触发器，该触发器仍然作为对象存在于当前数据库中。但是，当执行任意 INSERT、UPDATE 或 DELETE 语句(在其上对触发器进行了编程)时，触发器将不会激发。

禁用触发器可以使用 DISABLE TRIGGER 命令，其基本语法格式如下：

```
DISABLE TRIGGER  触发器名  ON  表名
```

【例 15.4】 给出禁用 test 数据库中 table20 表上的 trigtest 触发器的程序。

解：其对应的程序如下。

```
USE test
GO
DISABLE TRIGGER trigtest ON table20
GO
```

3. 启用 DML 触发器

已禁用的触发器可以被重新启用，启用触发器会以最初创建它时的方式激发。在默认情况下，创建触发器后会启用触发器。

启用触发器可以使用 ENABLE TRIGGER 命令，其基本语法格式如下：

```
ENABLE TRIGGER 触发器名 ON 表名
```

【例 15.5】 给出启用 test 数据库中 table20 表上的 trigtest 触发器的程序。

解：其对应的程序如下。

```
USE test
GO
ENABLE TRIGGER trigtest ON table20
GO
```

15.2.4 inserted 表和 deleted 表

在触发器执行的时候会产生两个临时表，即 inserted 表和 deleted 表。它们的结构和触发器所在的表的结构相同，SQL Server 自动创建和管理这些表，可以使用这两个临时驻留内存的表测试某些数据修改的效果及设置触发器操作的条件，但不能直接对表中的数据进行更改。

deleted 表用于存储 DELETE 和 UPDATE 语句所影响的行的副本。在执行 DELETE 或 UPDATE 语句时，行从触发器表中删除，并传输到 deleted 表中。deleted 表和触发器表通常没有相同的行。

inserted 表用于存储 INSERT 和 UPDATE 语句所影响的行的副本。在一个插入或更新事务处理中，新建行被同时添加到 inserted 表和触发器表中。inserted 表中的行是触发器表中新行的副本。

在对具有触发器的表(简称为触发器表)进行操作时，其操作过程如下：

- 执行 INSERT 操作，插入到触发器的表中的新行被插入到 inserted 表中。
- 执行 DELETE 操作，从触发器表中删除的行被插入到 deleted 表中。
- 执行 UPDATE 操作，先从触发器表中删除旧行，然后再插入新行。其中被删除的旧行被插入到 deleted 表中，插入的新行被插入到 inserted 表中。

【例 15.6】 编写一个程序说明 inserted 表和 deleted 表的作用。

解：在 test 数据库的 table20 表上创建触发器 trigtest。

```
USE test
GO
IF OBJECT_ID('trigtest','TR') IS NOT NULL
   DROP TRIGGER trigtest                    --若存在 trigtest 触发器，则删除之
GO
DELETE table20                              --删除 table20 表中的记录
GO
CREATE TRIGGER trigtest                     --创建触发器 trigtest
     ON table20 AFTER INSERT,UPDATE,DELETE
AS
     PRINT 'inserted 表:'
     SELECT * FROM inserted
     PRINT 'deleted 表:'
     SELECT * FROM deleted
GO
```

如果此时执行下面的 INSERT 语句：

```
USE test
GO
INSERT table20 VALUES(2,'Name3')
GO
```

其执行结果如图 15.4 所示，这里单击了工具栏中的 按钮，即以文本格式显示结果，结果中的最后一行消息表示成功地向 table20 表中插入了一个记录。

如果此时接着执行下面的 UPDATE 语句：

```
USE test
GO
UPDATE table20 SET c2 = 'Name4' WHERE c1 = 2
GO
```

其执行结果如图 15.5 所示。如果此时接着执行下面的 DELETE 语句：

```
USE test
GO
DELETE table20 WHERE c1 = 2
GO
```

其执行结果如图 15.6 所示。

从该例结果看到，table20 是触发器表，在插入记录时，插入的记录被插入到 inserted 表中；在修改记录时，修改前的记录被插入到 deleted 表中，修改后的记录被插入到 inserted 表中；在删除记录时，删除后的记录被插入到 deleted 表中。

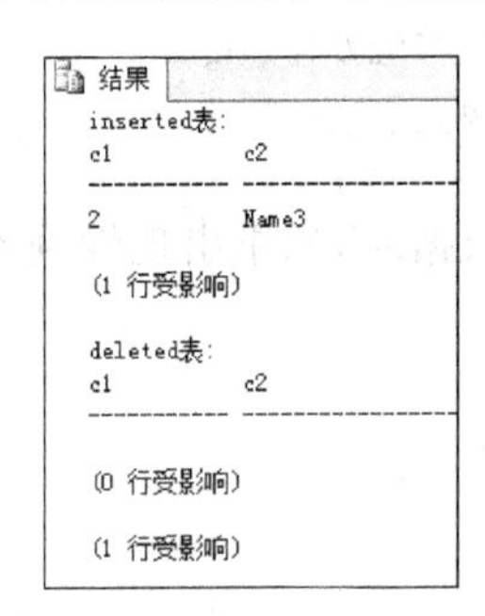

图 15.4 插入记录时执行触发器

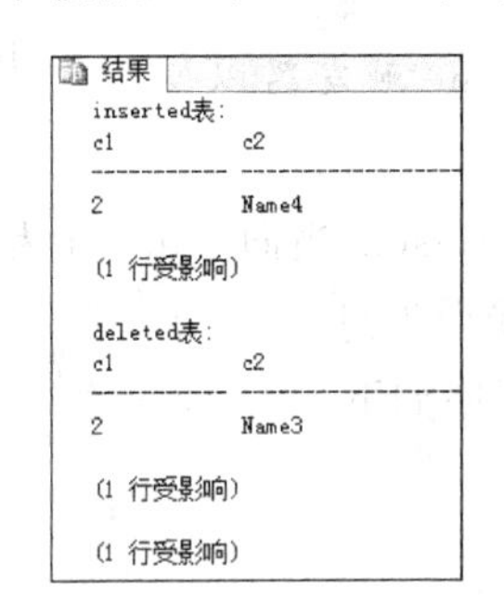

图 15.5 更改记录时执行触发器

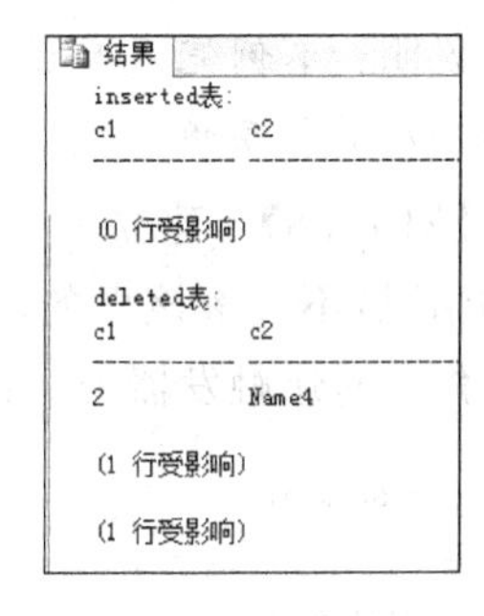

图 15.6 删除记录时执行触发器

15.2.5 INSERT、UPDATE 和 DELETE 触发器的应用

1. 应用 INSERT 触发器

当触发 INSERT 触发器时，新的数据行会被插入到触发器表和 inserted 表中。inserted 表中包含了已经插入的数据行(一行或多行)的一个副本。触发器通过检查 inserted 表来确定是否执行触发器动作或如何执行它。

【例 15.7】 建立一个触发器 trigname，当向 student 表中插入数据时，如果出现姓名重复的情况，则回滚该事务。

解：创建触发器 trigname 的程序如下。

```
USE school
GO
CREATE TRIGGER trigname                                 -- 创建 trigname 触发器
    ON student AFTER INSERT
AS
BEGIN
    DECLARE @name char(10)
    SELECT @name = inserted.姓名 FROM inserted
    IF EXISTS(SELECT 姓名 FROM student WHERE 姓名 = @name)
    BEGIN
        RAISERROR('姓名重复,不能插入',16,1)
        ROLLBACK                                        -- 事务回滚
    END
END
```

执行以下程序时：

```
USE school
GO
INSERT INTO student(学号,姓名,性别) VALUES(502,'王丽','女')
GO
```

出现如图 15.7 所示的消息，提示插入的记录出错。再打开 student 表，从中可以看到，由于进行了事务回滚，所以并不会真正地向 student 表中插入学号为‘502’的新记录。

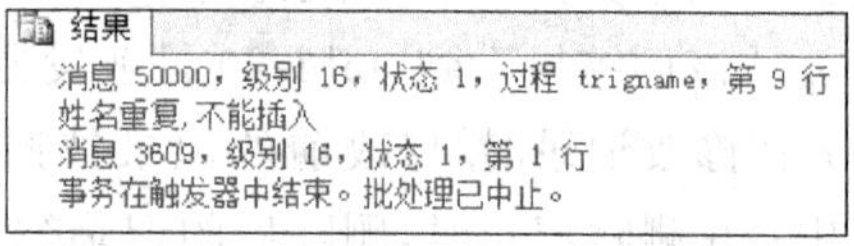

结果

消息 50000，级别 16，状态 1，过程 trigname，第 9 行
姓名重复,不能插入
消息 3609，级别 16，状态 1，第 1 行
事务在触发器中结束。批处理已中止。

图 15.7　执行触发器 trigname 时提示的消息

说明：本例完成后禁用 trigname 触发器以便不影响后面的实例。

【例 15.8】 建立一个触发器 trigsex，当向 student 表中插入数据时，如果出现性别不正确的情况，不回滚该事务，只提示错误消息。

解：创建触发器 trignsex 的程序如下。

```
USE school
GO
CREATE TRIGGER trigsex                                  -- 创建 trigsex 触发器
    ON student AFTER INSERT
AS
    DECLARE @s1 char(1)
    SELECT @s1 = 性别 FROM INSERTED
    IF @s1 <>'男' OR @s1 <>'女'
        RAISERROR('性别只能取男或女',16,1)              -- 发出一条错误消息
GO
```

当执行以下程序时：

```
USE school
GO
INSERT student VALUES(503,'许涛','M','1992-10-16','1005')
GO
```

出现如图 15.8 所示的消息，提示插入的记录出错。再打开 student 表，从中可以看到，由于没有进行事务回滚，尽管要插入的记录不正确，但仍然插入到了 student 表中，如图 15.9 所示。

```
消息
消息 50000，级别 16，状态 1，过程 trigsex，第 7 行
性别只能取男或女

(1 行受影响)
```

图 15.8 执行触发器 trigsex 时提示的消息

	学号	姓名	性别	出生日期	班号
1	101	李军	男	1993-02-20 00:00:00.000	1003
2	103	陆君	男	1991-06-03 00:00:00.000	1001
3	105	匡明	男	1992-10-02 00:00:00.000	1001
4	107	王丽	女	1993-01-23 00:00:00.000	1003
5	108	曾华	男	1993-09-01 00:00:00.000	1003
6	109	王芳	女	1992-02-10 00:00:00.000	1001
7	503	许涛	M	1992-10-16 00:00:00.000	1005

图 15.9 student 表记录

说明：本例完成后禁用 trigsex 触发器以便不影响后面的实例，并删除学号为'503'的学生记录恢复成原来的数据。

2. 应用 UPDATE 触发器

用户可将 UPDATE 语句看成两步操作，即捕获数据前像的 DELETE 语句和捕获数据后像的 INSERT 语句。当在定义有触发器的表上执行 UPDATE 语句时，原始行（前像）被移入到 deleted 表，更新行（后像）被移入到 inserted 表。

触发器通过检查 deleted 表和 inserted 表以及被更新的表来确定是否更新了多行以及如何执行触发器动作。

可以使用 IF UPDATE 语句定义一个监视指定列的数据更新的触发器，这样，就可以让触发器容易地隔离出特定列的活动。当它检测到指定列已经更新时，触发器就会进一步执行适当的动作，例如发出错误信息指出该列不能更新，或者根据新的更新的列值执行一系列的动作语句。

【例 15.9】 建立一个更新触发器 trigno，该触发器防止用户修改表 student 的学号。

解：创建触发器 trignno 的程序如下。

```
USE school
GO
CREATE TRIGGER trigno                          -- 创建 trigno 触发器
ON student
AFTER UPDATE
AS
IF UPDATE(学号)
    BEGIN
        RAISERROR('不能修改学号',16,2)
        ROLLBACK
    END
GO
```

当执行以下程序时：

```
USE school
GO
UPDATE student SET 学号 = '301' WHERE 学号 = '101'
GO
```

出现如图 15.10 所示的消息，提示修改记录时出错，且并没有修改 student 表中学号为'101'的记录。

说明：本例完成后禁用 trigno 触发器以便不影响后面的实例。

```
消息
消息 50000，级别 16，状态 2，过程 trigno，第 7 行
不能修改学号
消息 3609，级别 16，状态 1，第 1 行
事务在触发器中结束。批处理已中止。
```

图 15.10 执行触发器 trigno 时提示的消息

【例 15.10】 建立一个触发器 trigcopy，将 student 表中所有被修改的数据保存到 stbak 表中作为历史记录。

解：创建触发器 trigcopy 的程序如下。

```
USE school
GO
IF OBJECT_ID('stbak','U') IS NOT NULL
    DROP TABLE stbak                                    --若存在 stbak 表，删除之
CREATE TABLE stbak                                      --创建 stbak 表
(   rq datetime,                                        --修改时间
    sno char(10),                                       --学号
    sname char(10),                                     --姓名
    ssex char(2),                                       --性别
    sbirthday datetime,                                 --出生日期
    sclass char(10)                                     --班号
)
GO
CREATE TRIGGER trigcopy                                 --创建触发器 trigcopy
    ON student AFTER UPDATE
AS
    --将当前日期和修改后的记录插入到 stbak 表中
    INSERT INTO stbak(rq,sno,sname,ssex,sbirthday,sclass)
        SELECT getdate(),inserted.学号,inserted.姓名,
        inserted.性别,inserted.出生日期,inserted.班号
        FROM student,inserted
        WHERE student.学号 = inserted.学号
GO
```

执行以下程序：

```
USE school
GO
UPDATE student SET 班号 = '2001' WHERE 班号 = '1001'      --修改班号
GO
UPDATE student SET 班号 = '1001' WHERE 班号 = '2001'      --恢复班号
GO
```

执行上述程序，两次修改 student 表中的班号，student 表中的记录恢复成修改前的状态，而 stbak 表中的记录如图 15.11 所示，从中可以看到每次修改 student 表时都将修改情况保存到 stbak 表中了。

说明：本例完成后禁用 trigcopy 触发器以便不影响后面的实例。

3. 应用 DELETE 触发器

在触发 DELETE 触发器后，从受影响的表中删除的行将被放置到 deleted 表中。

	rq	sno	sname	ssex	sbirthday	sclass
1	2014-09-07 20:23:07.347	109	王芳	女	1992-02-10 00:00:00.000	2001
2	2014-09-07 20:23:07.347	105	匡明	男	1992-10-02 00:00:00.000	2001
3	2014-09-07 20:23:07.347	103	陆君	男	1991-06-03 00:00:00.000	2001
4	2014-09-07 20:23:07.450	109	王芳	女	1992-02-10 00:00:00.000	1001
5	2014-09-07 20:23:07.450	105	匡明	男	1992-10-02 00:00:00.000	1001
6	2014-09-07 20:23:07.450	103	陆君	男	1991-06-03 00:00:00.000	1001

图 15.11　stbak 表中的数据

deleted 表保留已被删除数据行的一个副本，deleted 表还允许引用由初始化 DELETE 语句产生的日志数据。

在使用 DELETE 触发器时，需要注意当某行被添加到 deleted 表中时，它就不再存在于数据库表中，因此，deleted 表和数据库表没有相同的行。

【例 15.11】 建立一个删除触发器 trigclass，该触发器防止用户删除表 student 中所有 1001 班的学生记录。

解：创建触发器 trigclass 的程序如下。

```
USE school
GO
CREATE TRIGGER trigclass                              --创建触发器 trigsclass
ON student AFTER DELETE
AS
  IF EXISTS(SELECT * FROM deleted WHERE 班号 = '1001')
  BEGIN
    RAISERROR('不能删除 1001 班的学生记录',16,2)
    ROLLBACK
  END
GO
```

执行以下程序：

```
USE school
GO
DELETE student WHERE 班号 = '1001'
GO
```

出现如图 15.12 所示的消息，提示修改记录时出错。由于存在事务回滚，student 表中的数据保持不变。

消息
消息 50000，级别 16，状态 2，过程 trigclass，第 6 行
不能删除1001班的学生记录
消息 3609，级别 16，状态 1，第 1 行
事务在触发器中结束。批处理已中止。

图 15.12　执行触发器 trigclass 时提示的消息

说明：*本例完成后禁用 trigclass 触发器以便不影响后面的实例。*

【例 15.12】 建立一个触发器 trigcopy1，将 student 表中所有被删除记录的学号保存到 stbak 表中作为历史记录。

解：创建触发器 trigcopy1 的程序如下。

```
USE school
GO
```

```
IF OBJECT_ID('stbak','U') IS NOT NULL
    DROP TABLE stbak                                  -- 若存在 stbak 表,删除之
CREATE TABLE stbak                                    -- 创建 stbak 表
(   rq datetime,                                      -- 删除时间
    sno char(10),                                     -- 学号
    sname char(10),                                   -- 姓名
    ssex char(2),                                     -- 性别
    sbirthday datetime,                               -- 出生日期
    sclass char(10)                                   -- 班号
)
GO
CREATE TRIGGER trigcopy1                              -- 创建触发器 trigcopy1
    ON student AFTER DELETE
AS
    BEGIN
      --将当前日期和被删除的记录插入到 stbak 表中
      INSERT INTO stbak(rq,sno,sname,ssex,sbirthday,sclass)
          SELECT getdate(),deleted.学号,deleted.姓名,
          deleted.性别,deleted.出生日期,deleted.班号
          FROM student,deleted
    END
GO
```

执行以下程序:

```
USE school
GO
DELETE student                                        -- 删除 1003 班的学生记录
WHERE 班号 = '1003'
GO
```

执行上述程序,在删除 student 表中班号为'1003'的记录的同时将这些删除的记录存放到 stbak 表中。

说明:本例完成后禁用 trigcopy1 触发器以便不影响后面的实例,并恢复 student 表为原来的数据。

15.2.6 INSTEAD OF 触发器

INSTEAD OF 触发器用来代替通常的触发动作,即当对表进行 INSERT、UPDATE 或 DELETE 操作时系统不是直接对表执行这些操作,而是把操作内容交给触发器,让触发器检查所进行的操作是否正确,如正确才进行相应的操作。

通俗地讲,对数据库的操作只是一个"导火线"而已,真正起作用的是 INSTEAD OF 触发器里面的动作。因此,INSTEAD OF 触发器的动作要早于表的约束处理,所以使用触发器,能定义比完整性约束更加复杂的约束。

INSTEAD OF 触发器不仅可以在表上定义,还可以在带有一个或多个基表的视图上定义。在每一个表上只能创建一个 INSTEAD OF 触发器,但可以创建多个 AFTER 触发器。

【例 15.13】 在 score 表上创建一个 INSTEAD OF INSERT 触发器 trigscore,当用户插入成绩记录时检查学号是否在 student 表中。

解：创建触发器 trigscore 的程序如下。

```
USE school
GO
CREATE TRIGGER trigscore ON score
INSTEAD OF INSERT
AS
  IF NOT EXISTS(SELECT * FROM student
    WHERE 学号 = (SELECT 学号 FROM inserted))
   BEGIN
      ROLLBACK TRANSACTION
      PRINT '要处理记录的学号不存在!'
    END
  ELSE
    BEGIN
      INSERT INTO score SELECT * FROM inserted
      PRINT '已经成功处理记录!'
    END
```

执行以下程序：

```
USE school
GO
INSERT score VALUES(205,'3-105',90)
GO
```

由于 student 表中不存在学号'205'，所以出现如图 15.13 所示的结果。从结果可以看到，当向 score 表中插入记录时自动执行 trigscore 触发器，用其中的 T-SQL 语句替代该插入语句，这样被插入的记录并没有实际插入到 score 表中。

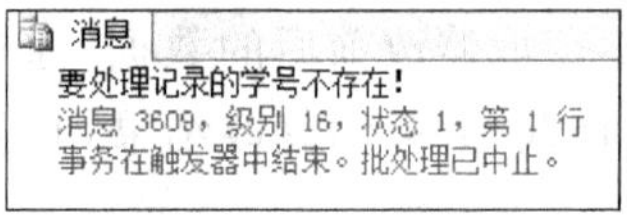

消息
要处理记录的学号不存在!
消息 3609，级别 16，状态 1，第 1 行
事务在触发器中结束。批处理已中止。

图 15.13 执行 trigscore 触发器时的消息

说明：本例完成后禁用 trigscore 触发器以便不影响后面的实例。

【例 15.14】 在 score 表上创建一个 INSTEAD OF INSERT 触发器 trigscore1，当用户修改时不允许修改学号，其他情况显示修改结果。

解：创建触发器 trigscore1 的程序如下。

```
USE school
GO
IF OBJECT_ID('trigscore1','TR') IS NOT NULL
   DROP TRIGGER trigscore1
GO
CREATE TRIGGER trigscore1 ON score
INSTEAD OF UPDATE
AS
BEGIN
  IF UPDATE(学号)
    BEGIN
      ROLLBACK TRANSACTION
```

```
        PRINT '不能修改学号!'
      END
    ELSE
      BEGIN
        DECLARE @xh char(3),@kch char(5),@kch1 char(5),
          @fs char(2),@fs1 char(2)
        SELECT @xh = 学号,@kch = 课程号,@fs = 分数 from deleted
        SELECT @kch1 = 课程号,@fs1 = 分数 from inserted
        UPDATE score
        SET 课程号 = @kch1,分数 = @fs1
        WHERE 学号 = @xh AND 课程号 = @kch
        PRINT '学生' + @xh + '由' + @kch + '课程' + @fs + '分数修改为' + @kch1
          + '课程' + @fs1 + '分数'
      END
END
```

执行以下程序：

```
USE school
GO
UPDATE score
SET 课程号 = '3-105',分数 = 85
WHERE 学号 = 101 AND 课程号 = '3-105'
GO
```

当执行 UPDATE 命令时，转向执行 trigscore1 触发器，获取修改前后的数据，通过 UPDATE 命令做真正的修改，并显示修改结果，其显示的消息如图 15.14 所示。

```
消息

(1 行受影响)
学生101由3-105课程64分数修改为3-105课程85分数

(1 行受影响)
```

图 15.14　执行 trigscore1 触发器时的消息

说明：本例完成后禁用 trigscore1 触发器并恢复 score 表中的记录，以便不影响后面的实例。

【例 15.15】 在 test 数据库中建立 table21 和 table22 两个表，并插入若干记录。在 table21 表上创建一个 INSTEAD OF DELETE 触发器 trigdelete，当用户删除 table21 表中的记录时，同时删除 table22 表中 c1 列相同的记录。

解：创建触发器 trigdelete 的程序如下。

```
USE test
GO
CREATE TABLE table21(c1 int,c2 char(5))          -- 建立 table21 表
CREATE TABLE table22(c1 int,c2 char(5))          -- 建立 table22 表
INSERT INTO table21 VALUES(1,'REC1')             -- table21 表中插入两个记录
INSERT INTO table21 VALUES(2,'REC2')
INSERT INTO table22 VALUES(1,'REC3')             -- table22 表中插入 3 个记录
INSERT INTO table22 VALUES(1,'REC4')
INSERT INTO table22 VALUES(2,'REC5')
GO
CREATE TRIGGER trigdelete ON table21             -- 在 table21 表上建立 trigdelete 触发器
INSTEAD OF DELETE
AS
```

```
BEGIN
    DECLARE @no int
    SELECT @no = c1 FROM deleted
    DELETE table21 WHERE c1 = @no
    DELETE table22 WHERE c1 = @no
END
```

执行以下程序：

```
USE test
GO
DELETE table21 WHERE c1 = 1
GO
```

会发现不仅删除了 table21 中的一个记录，同时删除了 table22 表中的两个记录。

15.3 DDL 触发器

DML 触发器属表级触发器，而 DDL 触发器属数据库级触发器。和 DML 触发器一样，DDL 触发器也是被自动执行的，但与 DML 触发器不同的是，它们不是响应表或视图的 INSERT、UPDATE 或 DELETE 等记录操作语句，而是响应数据定义语句(DDL)操作，这些语句以 CREATE、ALTER 和 DROP 开头。DDL 触发器可用于管理任务，例如审核和控制数据库操作。

DDL 触发器一般用于以下目的：

- 防止对数据库结构进行某些更改。
- 希望数据库中发生某种情况以响应数据库结构中的更改。
- 要记录数据库结构中的更改或事件。

仅在执行触发 DDL 触发器的 DDL 语句时，DDL 触发器才会被激发。DDL 触发器无法作为 INSTEAD OF 触发器使用。

用户可以创建响应以下语句的 DDL 触发器：

- 一个或多个特定的 DDL 语句。
- 预定义的一组 DDL 语句，可以在执行属于一组预定义的相似事件的任何 T-SQL 事件后触发 DDL 触发器。例如，如果希望在执行 CREATE TABLE、ALTER TABLE 或 DROP TABLE 等 DDL 语句后触发 DDL 触发器，则可以在 CREATE TRIGGER 语句中指定 FOR DDL_TABLE_EVENTS。
- 选择触发 DDL 触发器的特定 DDL 语句。

其实，并非所有的 DDL 事件都可用于 DDL 触发器中，有些事件只适用于异步非事务语句。例如，CREATE DATABASE 事件不能用于 DDL 触发器中。

15.3.1 创建 DDL 触发器

使用 CREATE TRIGGER 命令创建 DDL 触发器的基本语法格式如下：

```
CREATE TRIGGER 触发器名称
    ON {ALL SERVER|DATABASE}
```

```
    {FOR|AFTER} {event_type|event_group}[, …n]
AS SQL 语句
```

其中,各参数的说明如下。

- ALL SERVER:将 DDL 触发器的作用域应用于当前服务器。如果指定了此参数,则只要当前服务器中的任何位置上出现 event_type 或 event_group 就会激发该触发器。
- event_type|event_group:T-SQL 语言事件的名称或事件组的名称,事件执行后,将触发该 DDL 触发器。例如 DROP_TABLE 为删除表事件,ALTER_TABLE 为修改表结构事件,CREATE_TABLE 为建表事件等。

说明:DML 触发器建立在某个表上,与该表相关联(创建的 T-SQL 语句中指定 ON 表名),而 DDL 触发器建立在数据库上,与该数据库相关联(创建的 T-SQL 语句中通常用 ON DATABASE 子句)。

15.3.2 DDL 触发器的应用

在响应当前数据库或服务器中处理的 T-SQL 事件时可以激发 DDL 触发器,触发器的作用域取决于事件。例如,每当数据库中发生 CREATE TABLE 事件时都会触发为响应 CREATE TABLE 事件创建的 DDL 触发器,每当服务器中发生 CREATE LOGIN 事件时都会触发为响应 CREATE LOGIN 事件创建的 DDL 触发器。

【例 15.16】 在 school 数据库上创建一个 DDL 触发器 safe,用来防止该数据库中的任意表被修改或删除。

解:创建 DDL 触发器 safe 的程序如下。

```
USE school
GO
CREATE TRIGGER safe                                    -- 创建触发器 safe
    ON DATABASE AFTER DROP_TABLE,ALTER_TABLE
AS
    BEGIN
        RAISERROR('不能修改表结构',16,2)
        ROLLBACK
    END
GO
```

执行以下程序:

```
USE school
GO
ALTER TABLE student ADD 民族 char(10)
GO
```

出现如图 15.15 所示的消息,提示修改 student 表结构时出错,而且 student 表结构保持不变。本例完成后禁用 trigsafe 触发器。

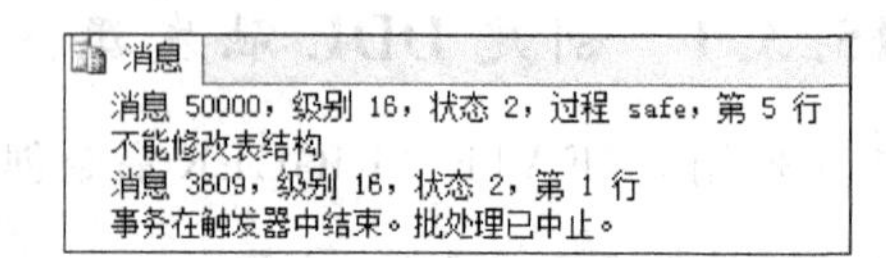

图 15.15 执行触发器 safe 时提示的消息

【例 15.17】 在 school 数据库上创建一个 DDL 触发器 creat,用来防止在该数据库中创建表。

解：创建 DDL 触发器 creat 的程序如下。

```
USE school
GO
CREATE TRIGGER creat                                  -- 创建触发器 creat
ON DATABASE AFTER CREATE_TABLE
AS
BEGIN
    RAISERROR('不能创建新表',16,2)
    ROLLBACK
END
GO
```

执行以下程序：

```
USE school
GO
CREATE TABLE student3
(   c1 int,
    c2 char(10)
)
GO
```

出现如图 15.16 所示的消息，提示创建 student3 表时出错。

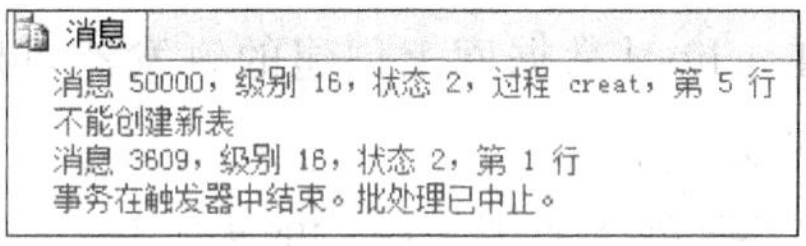

消息
消息 50000，级别 16，状态 2，过程 creat，第 5 行
不能创建新表
消息 3609，级别 16，状态 2，第 1 行
事务在触发器中结束。批处理已中止。

图 15.16　执行触发器 creat 时提示的消息

15.4　登录触发器

登录触发器将为响应 LOGON 事件激发存储过程，在与 SQL Server 实例建立用户会话时将引发此事件。登录触发器将在登录的身份验证阶段完成之后且用户会话实际建立之前激发，因此，来自触发器内部且通常将到达用户的所有消息(例如错误消息和来自 PRINT 语句的消息)会传送到 SQL Server 错误日志。如果身份验证失败，将不激发登录触发器。

用户可以使用登录触发器来审核和控制服务器会话，例如跟踪登录活动、限制 SQL Server 的登录名或限制特定登录名的会话数。

【例 15.18】　在 master 数据库上创建一个登录触发器 triglogin，用来防止建立新的登录账号。

解：创建登录触发器的程序如下。

```
USE master
GO
CREATE TRIGGER triglogin ON ALL SERVER
FOR CREATE_LOGIN
AS
   PRINT '不允许建立登录账号'
   ROLLBACK
GO
```

当使用以下命令建立登录账号 abc 时会出现如图 15.17 所示的提示消息。

```
CREATE LOGIN abc WITH PASSWORD = '123456'
GO
```

说明：本例完成后使用 DISABLE TRIGGER triglogin ON ALL SERVER 命令禁用 triglogin 触发器以便不影响后面的实例。

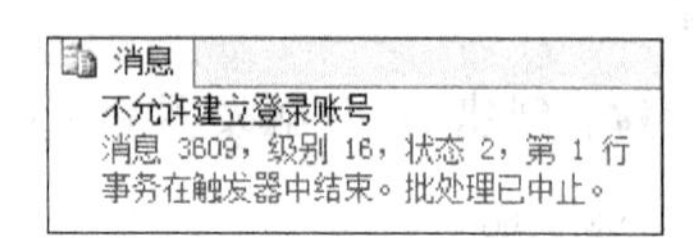

图 15.17　执行触发器 trinlogin 时提示的消息

15.5　触发器的管理

触发器的管理包括查看、修改、删除触发器，以及启用或禁用触发器等。这里介绍触发器的查看和修改，其他内容已在前面介绍。

15.5.1　查看触发器

数据库中创建的每个触发器在 sys.triggers 表中对应一个记录，例如，为了显示本章前面在 school 数据库上创建的触发器，可以使用以下程序：

```
USE school
SELECT * FROM sys.triggers
```

其执行结果如图 15.18 所示，其中，DDL 触发器的 parent_class 列为 0。

	name	object_id	parent_class	parent_class_desc	parent_id	type	type_desc	create_date	modify_date	is_ms_shipped	is_disabled	is_not_for_replicatic
1	trigno	327672215	1	OBJECT_OR_COLUMN	1525580473	TR	SQL_TRIGGER	2014-09-07 20:03:56.193	2014-09-07 20:18:08.617	0	1	0
2	trigcopy	423672557	1	OBJECT_OR_COLUMN	1525580473	TR	SQL_TRIGGER	2014-09-07 20:21:41.700	2014-09-07 20:29:49.580	0	1	0
3	trigclass	439672614	1	OBJECT_OR_COLUMN	1525580473	TR	SQL_TRIGGER	2014-09-07 20:30:00.560	2014-09-07 20:32:49.403	0	1	0
4	trigcopy1	487672785	1	OBJECT_OR_COLUMN	1525580473	TR	SQL_TRIGGER	2014-09-07 20:34:04.063	2014-09-07 20:39:24.390	0	1	0
5	trigscore	615673241	1	OBJECT_OR_COLUMN	18099105	TR	SQL_TRIGGER	2014-09-08 08:06:09.543	2014-09-08 08:06:09.543	0	0	0
6	trigscore1	679673469	1	OBJECT_OR_COLUMN	18099105	TR	SQL_TRIGGER	2014-09-08 09:05:17.800	2014-09-08 09:05:17.800	0	0	0
7	safe	935674381	0	DATABASE	0	TR	SQL_TRIGGER	2014-09-08 09:47:14.850	2014-09-08 09:47:14.850	0	0	0
8	creat	1271675578	0	DATABASE	0	TR	SQL_TRIGGER	2014-09-08 09:48:53.973	2014-09-08 09:48:53.973	0	0	0
9	trigname	2123154609	1	OBJECT_OR_COLUMN	1525580473	TR	SQL_TRIGGER	2014-09-07 13:54:58.767	2014-09-07 20:13:05.283	0	1	0
10	trigsex	2139154666	1	OBJECT_OR_COLUMN	1525580473	TR	SQL_TRIGGER	2014-09-07 13:56:36.840	2014-09-07 20:15:50.043	0	1	0

图 15.18　school 数据库中的所有触发器

如果要显示作用于表（或数据库）上的触发器究竟对表（或数据库）有哪些操作，必须查看触发器信息。查看触发器信息的方法主要是使用 SQL Server 管理控制器和相关的系统存储过程。

1. 使用 SQL Server 管理控制器查看触发器

下面通过一个简单的示例说明使用 SQL Server 管理控制器查看触发器的操作步骤。

【例 15.19】 使用 SQL Server 管理控制器查看 student 表上的触发器 trigop（在例 15.1 中创建）。

解：其操作步骤如下。

① 启动 SQL Server 管理控制器，在“对象资源管理器”中展开“LCB-PC\SQLEXPRESS”服务器结点。

② 展开“数据库|school|表|student|触发器|trigno”结点，然后右击，在出现的快捷菜

单中选择“编写触发器脚本为|CREATE到|新查询编辑器窗口”命令。

③ 出现如图15.19所示的trigno触发器编辑窗口，用户可以在其中查看trigno触发器的源代码。

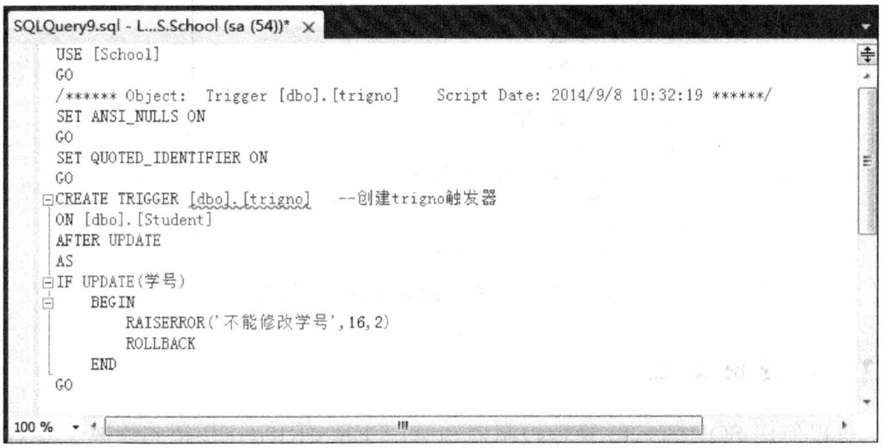

```
SQLQuery9.sql - L...S.School (sa (54))*
USE [School]
GO
/****** Object:  Trigger [dbo].[trigno]    Script Date: 2014/9/8 10:32:19 ******/
SET ANSI_NULLS ON
GO
SET QUOTED_IDENTIFIER ON
GO
CREATE TRIGGER [dbo].[trigno]    --创建trigno触发器
ON [dbo].[Student]
AFTER UPDATE
AS
IF UPDATE(学号)
    BEGIN
        RAISERROR('不能修改学号',16,2)
        ROLLBACK
    END
GO
```

图15.19 trigno触发器编辑窗口

2. 使用系统存储过程查看触发器

系统存储过程sp_help、sp_helptext和sp_depends分别提供有关触发器的不同信息(这些系统存储过程仅适用于DML触发器)。

(1) sp_help

sp_help用于查看触发器的一般信息，例如触发器的名称、属性、类型和创建时间。其语法格式如下：

```
EXEC sp_help '触发器名称'
```

(2) sp_helptext

sp_helptext用于查看触发器的正文信息。其语法格式如下：

```
EXEC sp_helptext '触发器名称'
```

(3) sp_depends

sp_depends用于查看指定触发器所引用的表或者指定的表涉及的所有触发器。其语法格式如下：

```
EXEC sp_depends '触发器名称'
```

【例15.20】 使用系统存储过程查看student表上的触发器trigno的相关信息。

解：其使用的程序如下。

```
USE school
GO
EXEC sp_help 'trigno'
EXEC sp_helptext 'trigno'
```

其结果如图15.20所示，上、下两部分分别对应两次系统存储过程调用的结果。

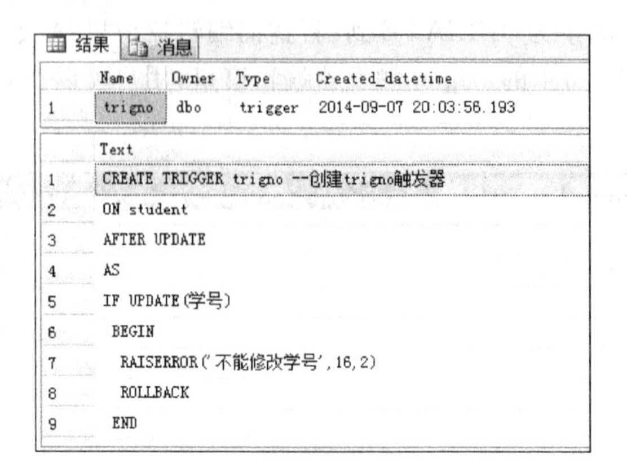

	Name	Owner	Type	Created_datetime
1	trigno	dbo	trigger	2014-09-07 20:03:56.193

	Text
1	CREATE TRIGGER trigno --创建trigno触发器
2	ON student
3	AFTER UPDATE
4	AS
5	IF UPDATE(学号)
6	BEGIN
7	RAISERROR('不能修改学号',16,2)
8	ROLLBACK
9	END

图 15.20　查看触发器 trigop 的信息

15.5.2　修改触发器

用户可以使用 SQL Server 管理控制器和 ALTER TRIGGER 语句修改触发器。

1. 使用 SQL Server 管理控制器修改触发器

下面通过一个简单的示例说明使用 SQL Server 管理控制器修改触发器的操作步骤。

【例 15.21】 使用 SQL Server 管理控制器修改 student 表上的触发器 trigno。

解：其操作步骤如下。

① 启动 SQL Server 管理控制器。

② 在“对象资源管理器”中展开“LCB-PC\SQLEXPRESS”服务器结点。

③ 展开“数据库|school|表|student|触发器|trigno”结点，然后右击，在出现的快捷菜单中选择“修改”命令。

④ 出现如图 15.21 所示的 trigno 触发器编辑窗口，用户可以在其中直接修改 trigno 触发器。

SQLQuery10.sql -...S.School (sa (53))

```
USE [School]
GO
/****** Object:  Trigger [dbo].[trigno]    Script Date: 2014/9/8 10:38:07 ******/
SET ANSI_NULLS ON
GO
SET QUOTED_IDENTIFIER ON
GO
ALTER TRIGGER [dbo].[trigno]     --创建trigno触发器
ON [dbo].[Student]
AFTER UPDATE
AS
IF UPDATE(学号)
    BEGIN
        RAISERROR('不能修改学号',16,2)
        ROLLBACK
    END
```

100 %

图 15.21　trigno 触发器编辑窗口

说明：使用 SQL Server 管理控制器只能修改 DML 触发器，DDL 触发器和登录触发器没有提供这样的修改操作。

2. 使用 ALTER TRIGGER 语句修改触发器

修改触发器可以使用 ALTER TRIGGER 语句，其语法格式如下：

```
ALTER TRIGGER 触发器名称 ON( 表名 | 视图名 )
[ WITH ENCRYPTION ]
{
  { (FOR | AFTER | INSTEAD OF) {[DELETE] [,] [INSERT] [,] [UPDATE] }
        [NOT FOR REPLICATION]
        AS
        SQL 语句 [ …n]
  }
    | { (FOR | AFTER | INSTEAD OF) { [INSERT] [,] [UPDATE] }
        [NOT FOR REPLICATION]
        AS
        {IF UPDATE(列)
        [ { AND | OR } UPDATE (列) ] [ …n]
         SQL 语句 [ …n]
    }
}
```

各参数的含义和 CREATE TRIGGER 语句的相同，这里不再介绍。

练 习 题 15

1. 什么是触发器？其主要作用是什么？

2. 简述触发器和存储过程的差别。

3. 触发器分为哪几种类型？

4. DML 触发器有 AFTER 和 INSTEAD OF 两种类型，它们的主要差别是什么？

5. INSERT、UPDATE 和 DELETE 触发器执行时对 inserted 和 deleted 表的操作有什么不同？

6. 创建 DML 触发器时需指定哪些项？

7. 在 school 数据库的 score 表上创建一个 INSERT 触发器，规定插入记录的课程号只能来自 course 表。

8. 在 school 数据库的 score 表上创建一个 UPDATE 触发器，规定修改记录的课程号只能来自 course 表。

9. 在 school 数据库的 score 表上创建一个 UPDATE 触发器，规定修改记录的分数只能在 1～100 范围内。

10. 在 school 数据库的 teacher 表上创建一个 DELETE 触发器，规定不能删除任课教师的记录。

第16章 SQL Server 的安全管理

数据的安全性是指保护数据以防止因不合法的使用而造成数据的泄密和破坏，这就要采取一定的安全保护措施。在数据库管理系统中用检查口令等手段来检查用户身份，只有合法的用户才能进入数据库系统。当用户对数据库执行操作时，系统自动检查用户是否有权限执行这些操作。本章主要介绍 SQL Server 的身份验证模式及其设置、登录账号和用户账号的设置、角色的创建以及权限设置等。

16.1 SQL Server 安全体系结构

大多数数据库管理系统都是运行在某一特定操作系统平台下的应用程序，SQL Server 也不例外，SQL Server 的整个安全体系结构从顺序上可以分为认证和授权两个部分，其安全机制可以分为下面 5 个层级：

① 客户机安全机制；

② 网络传输安全机制；

③ 实例级别安全机制；

④ 数据库级别安全机制；

⑤ 对象级别安全机制。

这些层级由高到低，所有的层级之间相互联系。每个安全等级都好像一道门，如果门没有上锁，或者用户拥有开门的钥匙，则用户可以通过这道门达到下一个安全等级。如果通过了所有的门，用户就可以实现对数据的访问了，其关系可以用图 16.1 来表示。

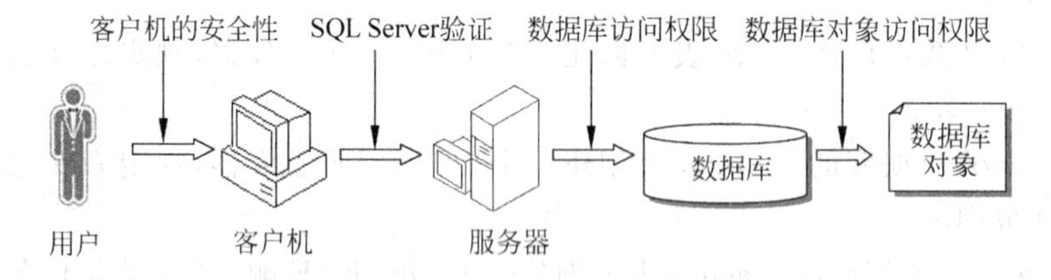

图 16.1　SQL Server 的安全等级

1. 客户机的安全性

数据库管理系统需要运行在某一特定的操作系统平台下，客户机操作系统的安全性直接影响 SQL Server 的安全性。在用户用客户机通过网络访问 SQL Server 服务器时，用户首先要获得客户机操作系统的使用权限。保护操作系统的安全性是操作系统管理员或网络管理员的任务。

2. 网络传输的安全性

SQL Server 对关键数据进行了加密，即使攻击者通过了防火墙和服务器上的操作系统达到了数据库，还要对数据进行破解。SQL Server 有下面两种对数据加密的方式。

- 数据加密：数据加密执行所有数据库级别的加密操作，消除了应用程序开发人员创建定制的代码来加密和解密数据的过程，数据在写到磁盘上时进行加密，在从磁盘读的时候进行解密。使用 SQL Server 来管理加密和解密，可以保护数据库中的业务数据且不必对现有的应用程序做任何更改。
- 备份加密：对备份进行加密可以防止数据泄露和被篡改。

3. 实例级别的安全性

实例级别的安全性也就是 SQL Server 的服务器安全性，SQL Server 的服务器通过有效地管理身份验证和授权以及仅向有需求的用户提供访问权限来控制数据的访问权。管理和设计合理的登录方式是数据库管理员(DBA)的重要任务，也是 SQL Server 安全体系中 DBA 可以发挥主动性的第一道防线。

4. 数据库的安全性

在用户通过 SQL Server 服务器的安全性检验以后，将直接面对不同的数据库入口，这是用户将接受的第三次安全性检验。在建立用户的登录账号信息时，SQL Server 会提示用户选择默认的数据库，以后用户每次连接上服务器后都会自动转到默认的数据库上。对于任何用户来说，master 数据库的门总是打开的，如果在设置登录账号时没有指定默认的数据库，则用户的权限将局限在 master 数据库以内。

用户的登录信息(用户名和密码)不会存储在 master 数据库中，而是直接存储在用户数据库中。这是非常安全的，因为用户只需要在用户数据库中进行 DML 操作，而无须进行数据库实例级别的操作。

5. 数据库对象的安全性

数据库对象的安全性是核查用户权限的最后一个安全等级。在创建数据库对象时，SQL Server 自动把该数据库对象的拥有权赋予该对象的创建者，对象的拥有者可以实现对该对象的完全控制。在默认情况下，只有数据库的拥有者可以在该数据库下进行操作。当一个非数据库拥有者想访问数据库中的对象时，必须事先由数据库拥有者赋予用户对指定对象执行特定操作的权限。例如，一个用户想访问 school 数据库的 student 表中的信息，则必须在成为数据库用户的前提下获得由 school 数据库拥有者分配的 student 表的访问权限。

16.2 SQL Server 的身份验证模式和设置

16.2.1 SQL Server 的身份验证模式

用户连接到 SQL Server 账户称为 SQL Server 登录。为了实现 SQL Server 服务器的安全性，SQL Server 对用户的登录访问进行下面两个阶段的检验。

- 身份验证阶段(Authentication)：用户在 SQL Server 上获得对任何数据库的访问权限之前，必须登录到 SQL Server 上，并且被认为是合法的。SQL Server 或者

Windows 对用户进行身份验证,如果身份验证通过,用户就可以连接到 SQL Server 上,否则服务器将拒绝用户登录,从而保证了系统安全。

- 许可确认阶段(Permission Validation):用户身份验证通过后,登录到 SQL Server 上,系统检查用户是否有访问服务器上数据的权限。

在安装过程中,必须为数据库引擎选择身份验证模式,可供选择的模式有两种,即 Windows 身份验证模式和混合模式(Windows 身份验证或 SQL Server 身份验证)。Windows 身份验证模式会启用 Windows 身份验证并禁用 SQL Server 身份验证。混合模式会同时启用 Windows 身份验证和 SQL Server 身份验证。Windows 身份验证始终可用,并且无法禁用。

SQL Server 系统身份验证过程如图 16.2 所示。

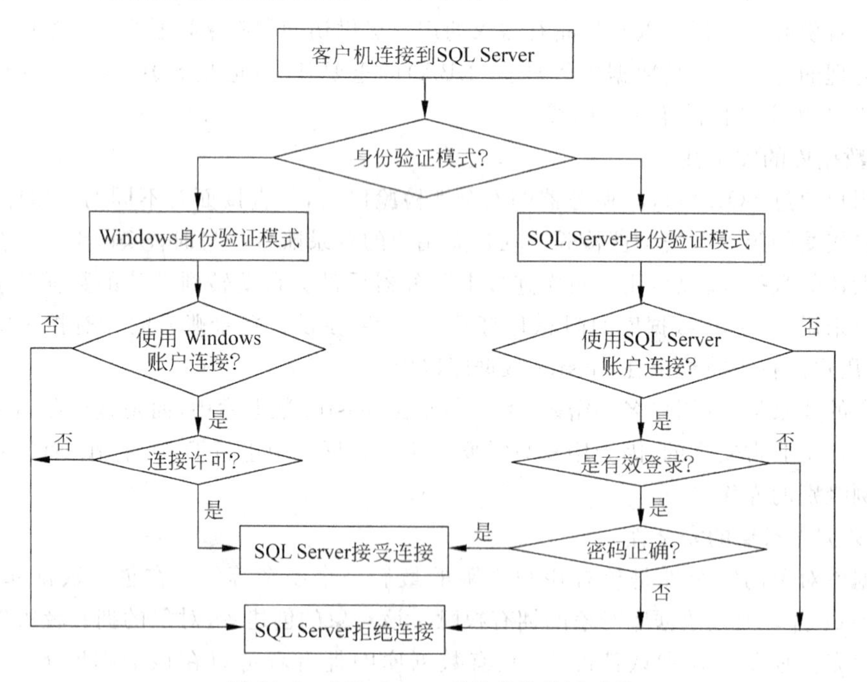

图 16.2 SQL Server 系统身份验证过程

1. 通过 Windows 身份验证进行连接

当用户通过 Windows 用户账户连接时,SQL Server 使用操作系统中的 Windows 主体标记验证账户名和密码。也就是说,用户身份由 Windows 进行确认,SQL Server 不要求提供密码,也不执行身份验证。Windows 身份验证是默认身份验证模式,并且比 SQL Server 身份验证更为安全,它使用 Kerberos 安全协议(一种网络身份验证协议),提供有关强密码复杂性验证的密码策略强制,还提供账户锁定支持,并且支持密码过期。通过 Windows 身份验证完成的连接有时也称为可信连接,这是因为 SQL Server 信任由 Windows 提供的凭据。

在 Windows 身份验证模式中,每个客户机/服务器连接开始时都会进行身份验证。客户机和服务器轮流依次执行一系列操作,这些操作用于向连接每一端的一方确认另一端的一方是真实的。如果身份验证成功,则会话设置完成,从而建立了一个安全的客户机/服务器会话。

2. 通过 SQL Server 身份验证进行连接

当使用 SQL Server 身份验证时，在 SQL Server 中创建的登录名并不基于 Windows 用户账户。用户名和密码均通过使用 SQL Server 创建并存储在 SQL Server 中。通过 SQL Server 身份验证进行连接的用户每次连接时必须提供其凭据(登录名和密码)。当使用 SQL Server 身份验证时，必须为所有 SQL Server 账户设置强密码。

SQL Server 身份验证的缺点如下：

- 如果用户是具有 Windows 登录名和密码的 Windows 域用户，还必须提供另一个用于连接的(SQL Server)登录名和密码。
- SQL Server 身份验证无法使用 Kerberos 安全协议。
- SQL Server 登录名不能使用 Windows 提供的其他密码策略。

SQL Server 身份验证的优点如下：

- 允许 SQL Server 支持那些需要进行 SQL Server 身份验证的旧版应用程序和由第三方提供的应用程序。
- 允许 SQL Server 支持具有混合操作系统的环境，在这种环境中并不是所有的用户均由 Windows 域进行验证。
- 允许用户从未知的或不可信的域进行连接。例如，既定客户使用指定的 SQL Server 登录名进行连接以接收其订单状态的应用程序。
- 允许 SQL Server 支持基于 Web 的应用程序，在这些应用程序中用户可创建自己的标识。
- 允许软件开发人员通过使用基于已知的预设 SQL Server 登录名的复杂权限层次结构来分发应用程序。

16.2.2 设置身份验证模式

在第一次安装 SQL Server 或者使用 SQL Server 连接其他服务器的时候，需要指定身份验证模式。对于已经指定身份验证模式的 SQL Server 服务器，可以通过 SQL Server 管理控制器进行修改。其具体设置步骤如下：

① 启动 SQL Server 管理控制器，右击要设置认证模式的服务器(这里为本地的 LCB-PC\SQLEXPRESS 服务器)，从出现的快捷菜单中选择“属性”命令，如图 16.3 所示。

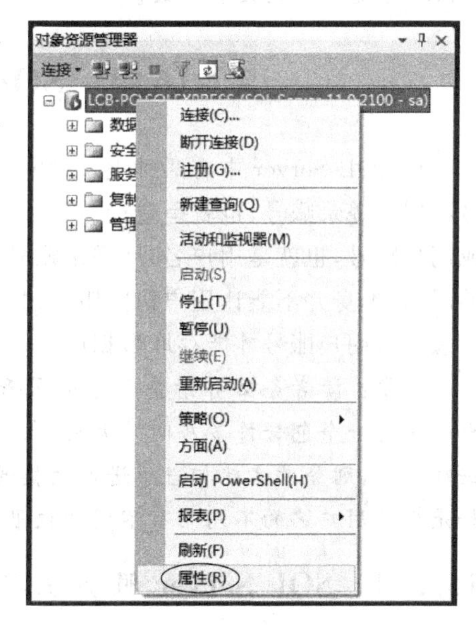

图 16.3 选择“属性”命令

② 出现“服务器属性”对话框，在左边的列表中选择“安全性”选项卡，如图 16.4 所示。在“服务器身份验证”选项框中可以重新选择身份验证模式，同时在“登录审核”中还可以选择跟踪记录用户登录时的哪种信息，例如，“仅限成功的登录”表示记录所有的成功登录。这里保持默认值。

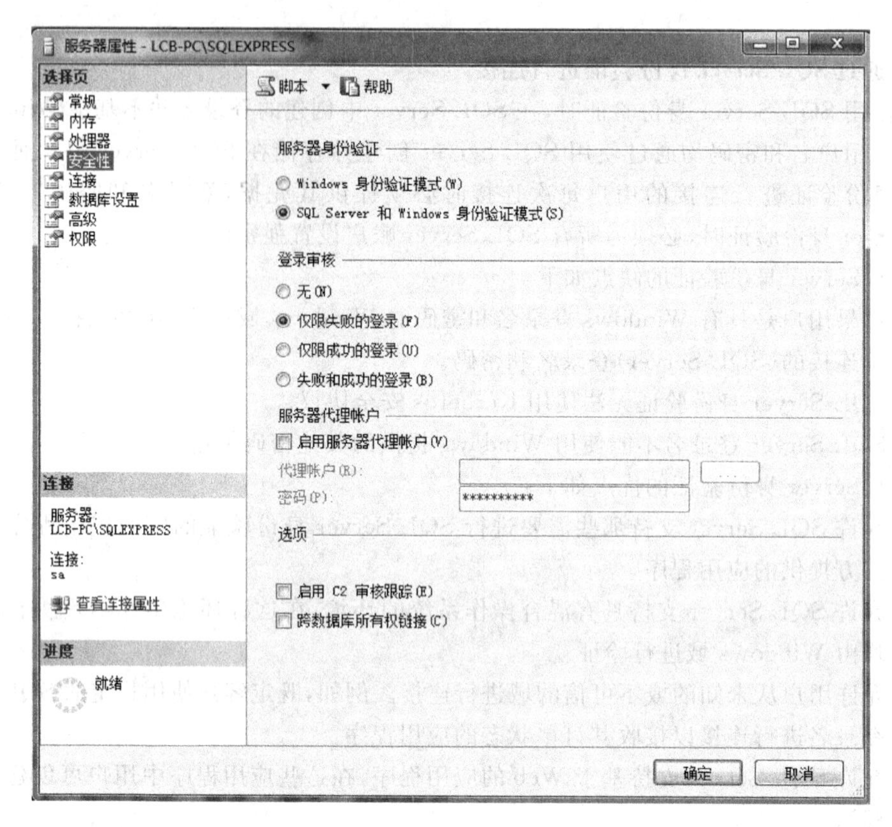

图 16.4 “安全性”对话框

③ 修改完毕后,单击“确定”按钮即可。

注意:修改身份验证模式后,必须首先停止 SQL Server 服务,然后重新启动 SQL Server 才能使新的设置生效。

16.3 SQL Server 账号管理

在 SQL Server 中有两种类型的账户,一类是登录服务器的登录账号(即服务器登录账号或用户登录账号,也就是登录名);另一类是使用数据库的用户账号(即数据库用户账号或用户账号,也就是用户名)。登录账号是指能登录到 SQL Server 的有效账号,属于服务器的层面,本身并不能让用户访问服务器中的数据库,而登录者要使用服务器中的数据库时,必须要有用户账号才能存取数据库。

注意:读者务必弄清楚登录账号和用户账号之间的差别。可以这样想象,假设 SQL Server 是一个包含许多房间的大楼,每一个房间代表一个数据库,房间里的资料可以表示数据库对象,则登录名就相当于进入大楼的钥匙,而每个房间的钥匙就是用户名,房间中的资料是根据用户名的不同而有不同的权限的。

16.3.1 SQL Server 服务器登录账号管理

不管使用哪种身份验证模式,用户都必须先具备有效的用户登录账号(登录名)。管理员可以通过 SQL Server 管理控制器对 SQL Server 2005 中的登录账号进行创建、修改、删除等管理。

1. 创建登录账号

下面通过一个示例来说明创建登录账号的操作过程。

【例 16.1】 使用 SQL Server 管理控制器创建一个登录账号 ABC/123(登录账号/密码)。

解：其操作步骤如下。

① 启动 SQL Server 管理控制器，在“对象资源管理器”中展开“LCB-PC\SQLEXPRESS”结点。

② 展开“安全性”结点，选中“登录名”，可以看到已有的登录名列表，例如 sa。然后右击，在出现的快捷菜单中选择“新建登录名”命令，如图 16.5 所示。

③ 出现“登录名-新建”对话框，左侧列表中包含有 5 个选项卡，“常规”选项卡如图 16.6 所示。其中各项的功能说明如下。

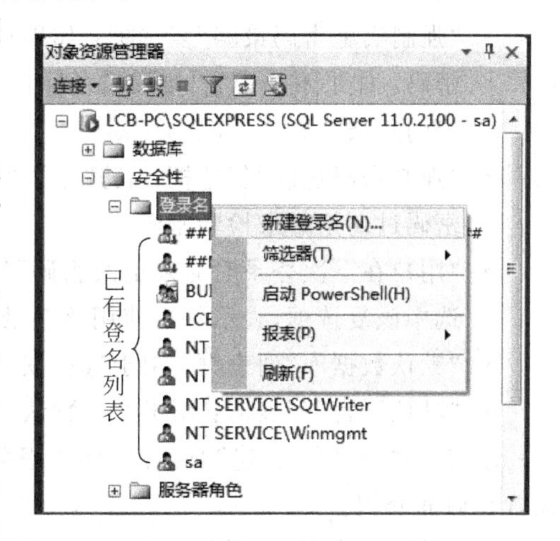

图 16.5 选择“新建登录名”命令

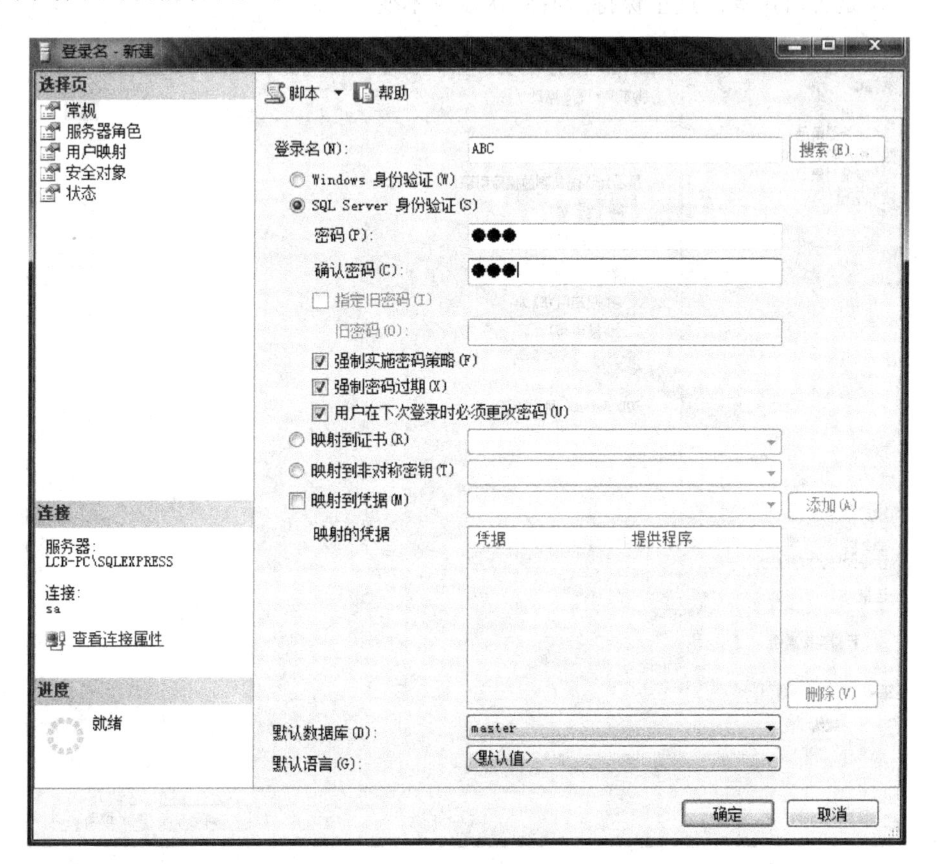

图 16.6 “常规”选项卡

- “登录名”文本框：用于输入登录名。这里在其中输入所创建登录名 ABC。
- 身份验证区：用于选择身份验证信息。这里选中“SQL Server 身份验证”模式，在“密码”与“确认密码”输入登录时采用的密码，这里均输入“123”，其他保持默认值。
- “强制实施密码策略”复选框：如果选中它，表示按照一定的密码策略来检验设置的密码；如果不选中它，则设置的密码可以为任意位数。该选项可以确保密码达到一定的复杂性。
- “强制密码过期”复选框：若选中了“强制实施密码策略”，就可以选中该复选框使用密码过期策略来检验密码。
- “用户在下次登录时必须更改密码”复选框：若选中了“强制实施密码策略”，就可以选中该复选框，表示每次使用该登录名都必须更改密码。
- “默认数据库”列表框：用于选择默认工作数据库。
- “默认语言”列表框：用于选择默认工作语言。

④ 有关“登录名-新建”对话框中的“服务器角色”、“用户映射”和“安全对象”选项卡的设置在后面介绍。

⑤ 切换到“状态”选项卡，如图 16.7 所示，在其中可以设置是否允许登录名连接到数据库引擎以及是否启用等。这里保持所有默认设置不变。

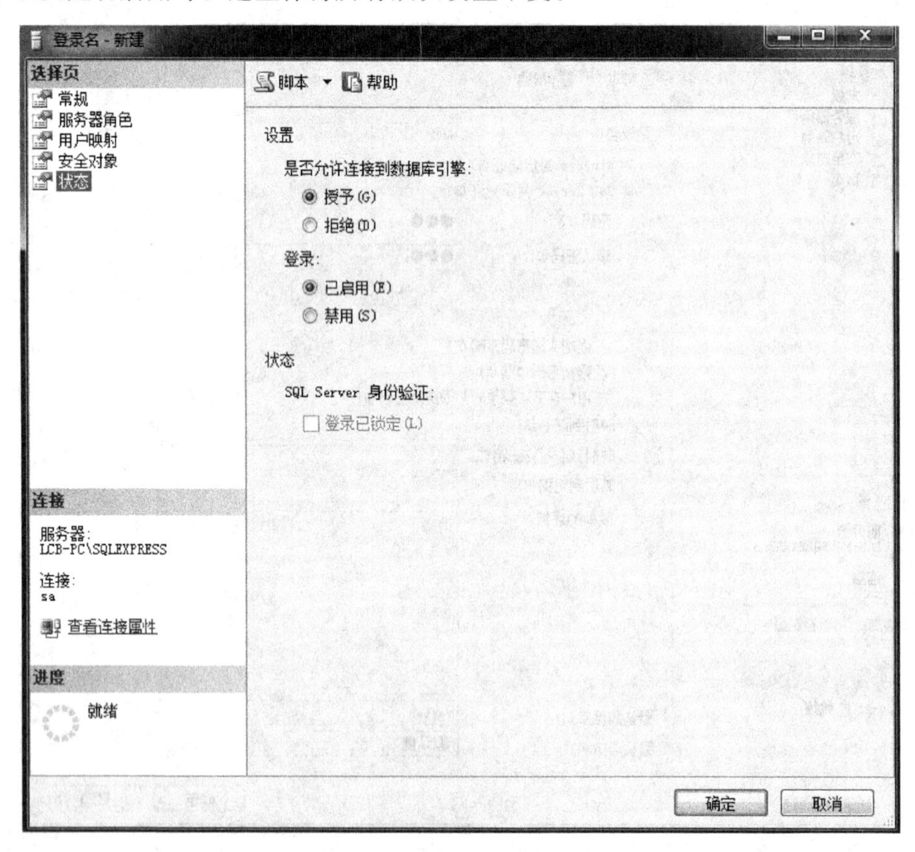

图 16.7 “状态”选项卡

⑥ 单击“确定”按钮，即可完成创建 SQL Server 登录名 ABC。

用户也可以使用 CREATE LOGIN 命令创建登录名，其基本语法格式如下：

```
CREATE LOGIN 登录名 WITH [ PASSWORD = '密码' ]
     [,DEFAULT_DATABASE = 指派给登录名的默认数据库 ]
     [,DEFAULT_LANGUAGE = 指派给登录名的默认语言 ]
     [,CHECK_EXPIRATION = { ON | OFF}]
     [,CHECK_POLICY = { ON | OFF} ]
}
```

其中，CHECK_EXPIRATION 仅适用于 SQL Server 登录名，指定是否对此登录账户强制实施密码过期策略(默认值为 OFF)；CHECK_POLICY 仅适用于 SQL Server 登录名，指定应对此登录名强制实施运行 SQL Server 的计算机的 Windows 密码策略(默认值为 ON)。

例如上述操作对应的命令如下：

```
CREATE LOGIN ABC WITH PASSWORD = '123', DEFAULT_DATABASE = master,
  DEFAULT_LANGUAGE = [简体中文],CHECK_EXPIRATION = OFF, CHECK_POLICY = ON
GO
```

创建了 ABC 登录名后，在已有的登录名列表中会看到 ABC。现在，用户就可以通过登录名 ABC 登录到 SQL Server(对新建的登录名进行验证)，不过登录的服务器仍然是“LCB-PC\SQLEXPRESS”，即本地 SQL Server 服务器。

2. 修改和删除登录名

(1) 修改登录名

用户可以使用 SQL Server 管理控制器修改登录名，其操作步骤是用 sa 登录账号启动 SQL Server 管理控制器，在“对象资源管理器”中展开“LCB-PC\SQLEXPRESS”结点，展开“安全性|登录名|ABC”结点，然后右击，在出现的快捷菜单中选择“属性”命令，在出现的“登录名-属性”对话框中进行相应的修改。

当然，也可以使用 ALTER LOGIN 命令创建登录名，其基本语法格式如下：

```
ALTER LOGIN 登录名 WITH [ PASSWORD = '密码']
     [, DEFAULT_DATABASE = 将指派给登录名的默认数据库 ]
     [, DEFAULT_LANGUAGE = 指派给登录名的默认语言 ]
     [, NAME = 登录的新名称 ]
```

例如将登录名 ABC/123 改为 ABC1/12345 的命令如下：

```
ALTER LOGIN ABC WITH NAME = ABC1
ALTER LOGIN ABC1 WITH PASSWORD = '12345'
GO
```

注意： *修改登录名后，只有在重新启动 SQL Server 后才能使新的设置生效。*

(2) 删除登录名

删除一个登录名十分简单，其操作步骤是用 sa 登录账号启动 SQL Server 管理控制器，在“对象资源管理器”中展开“LCB-PC\SQLEXPRESS”结点，展开“安全性|登录名|ABC”结点，然后右击，在出现的快捷菜单中选择“删除”命令。

当然，也可以使用 DROP LOGIN 命令删除登录名，其基本语法格式如下：

```
DROP LOGIN 登录名
```

例如删除登录名 ABC 的命令如下：

```
DROP LOGIN ABC
GO
```

注意：不能删除正在登录的登录名，也不能删除拥有任何安全对象、服务器级对象或 SQL Server 代理作业的登录名。

说明：后面的示例需使用 ABC 登录名，这里保留 ABC 登录名，并不真的删除它。

16.3.2 SQL Server 数据库用户账号管理

在数据库中，一个用户或工作组取得合法的登录账号，只表明该登录账号通过了 Windows 认证或者 SQL Server 认证，能够登录（或连接）到 SQL Server 服务器，不表明可以对数据库和数据库对象进行某些操作，只有当其同时拥有了用户账号后才能够访问数据库。

在一个数据库中，用户账号唯一标识一个用户，用户对数据库的访问权限以及对数据库对象的所有关系都是通过用户账号来控制的。用户账号总是基于数据库，即两个不同的数据库可以有两个相同的用户账号，并且一个登录账号总是与一个或多个数据库用户账号相对应。

如图 16.8 所示，有 4 个不同的登录账号有权登录到 SQL Server 数据库（分别为 user1、user2、user3 和 user4），但在第一个数据库的系统用户表中只有两个用户账号（user1 和 user2），在第二个数据库的系统用户表中只有 3 个用户账号（user1、user2 和 user3），在第三个数据库的系统用户表中只有两个用户账号（user1 和 user4）。若以 user1 登录账号登录到 SQL Server，可以访问这 3 个数据库，若以 user2 登录账号登录到 SQL Server，只能访问第二个数据库。

注意：在图 16.8 中，登录账号和用户账号名称相同（这是一种典型的情况），实际上，登录账号和用户账号可以不同名，而且一个登录账号可以关联多个用户账号。

DBA 可以通过 SQL Server 管理控制器对 SQL Server 中的用户账号进行创建、修改、删除等管理。

1. 创建用户账号

下面通过一个示例来说明创建用户账号的操作过程。

【例 16.2】 使用 SQL Server 管理控制器创建 school 数据库的一个用户账号 dbuser1。

解：其操作步骤如下。

① 用 sa 登录账号启动 SQL Server 管理控制器，在“对象资源管理器”中展开“LCB-PC\SQLEXPRESS”结点。

② 选择“数据库|school|安全性|新建|用户”命令。

③ 出现“数据库用户-新建”对话框，左侧列表中包含有 5 个选项卡，“常规”选项卡如图 16.9 所示，其中各项的功能说明如下。

- “用户名”文本框：用于输入用户名。这里输入用户账号名“dbuser1”。

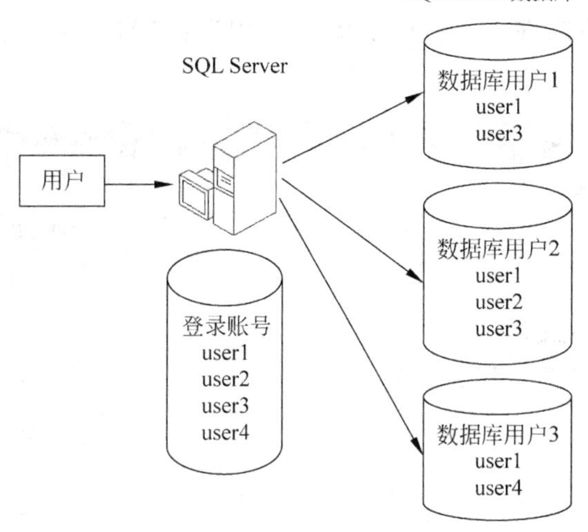

图 16.8　SQL Server 登录账号和数据库用户账号

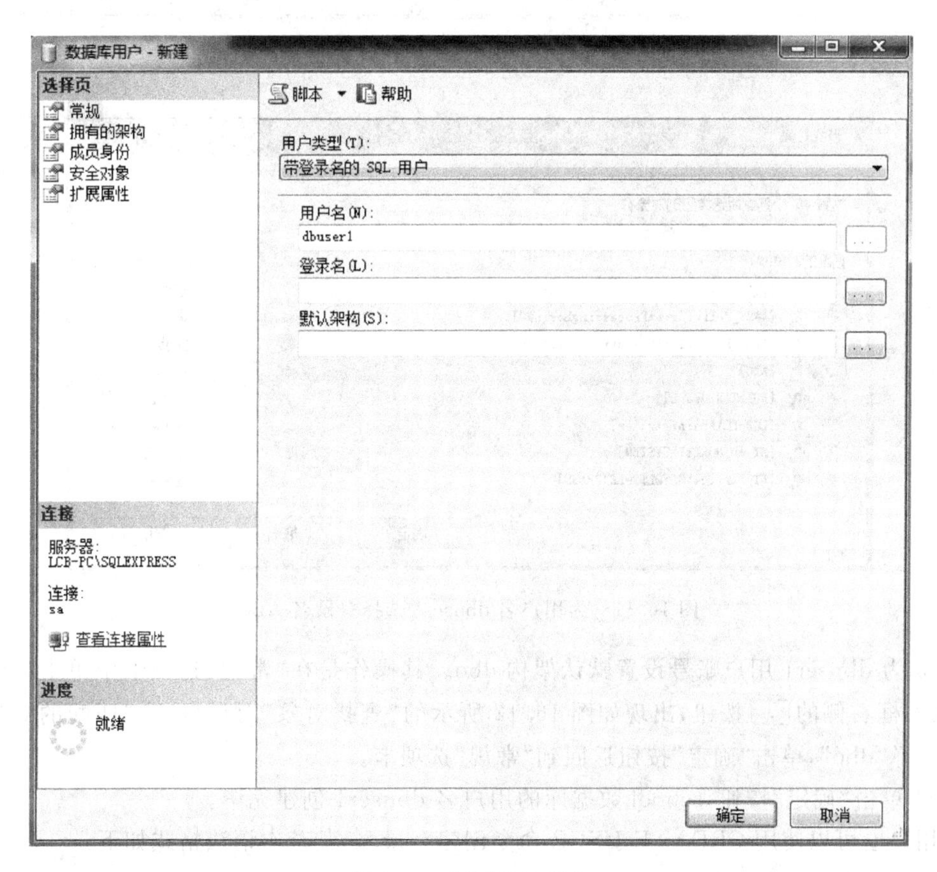

图 16.9　“常规”选项卡

- “登录名”文本框：通过其后的[...]按钮为它选择一个已经创建好的某个登录名。
- “默认架构”文本框：用于设置该数据库的默认架构。

④ 为 dbuser1 用户账号设置登录账号 ABC。其操作是单击“登录名”文本框右侧的

[...]按钮，出现如图 16.10 所示的“选择登录名”对话框，单击“浏览”按钮，出现如图 16.11 所示的“查找对象”对话框，在“匹配的对象”列表中选择“ABC”，然后单击两次“确定”按钮返回到“常规”选项卡。

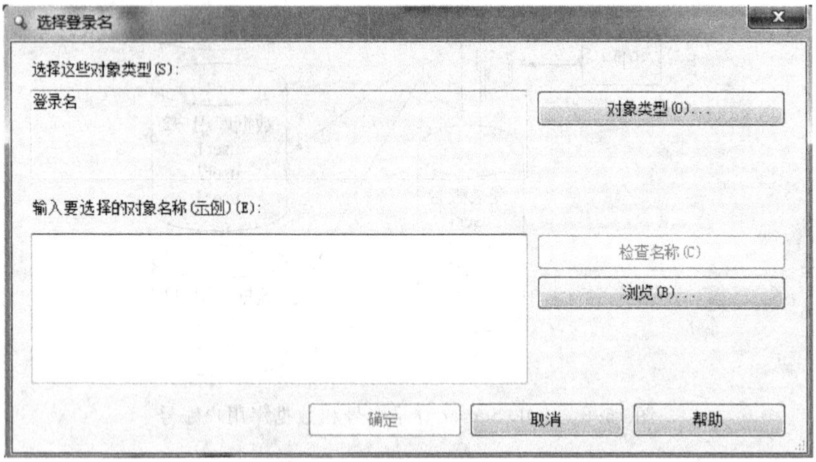

图 16.10 “选择登录名”对话框

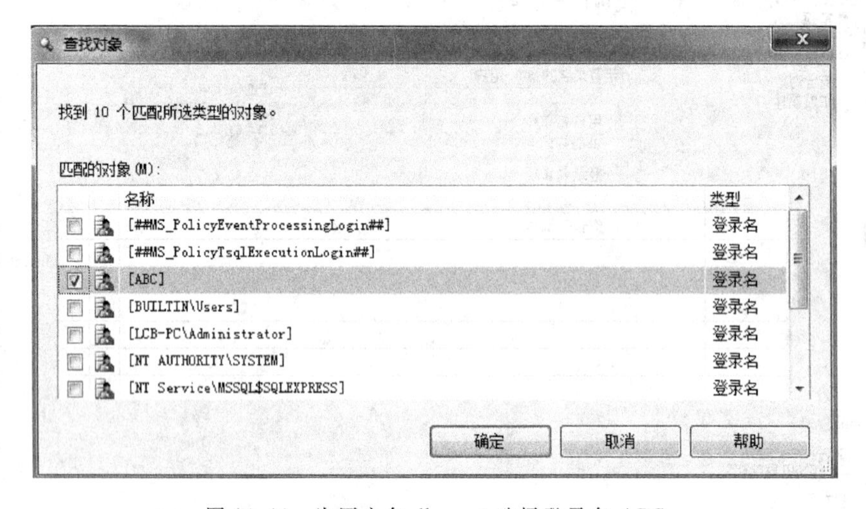

图 16.11 为用户名 dbuser1 选择登录名 ABC

⑤ 为 dbuser1 用户账号设置默认架构 dbo。其操作是在“常规”选项卡中单击“默认架构”文本框右侧的[...]按钮，出现如图 16.12 所示的“查找对象”对话框，在“匹配的对象”列表中选择“dbo”，单击“确定”按钮返回到“常规”选项卡。

⑥ 单击“确定”按钮，school 数据库的用户名 dbuser1 创建完毕。

用户也可以使用 CREATE USER 命令创建登录名，其基本语法格式如下：

```
CREATE USER 用户名
    [ { { FOR | FROM }
      { LOGIN 登录名
        | CERTIFICATE 用户的证书
        | ASYMMETRIC KEY 非对称密钥
```

```
        }
        | WITHOUT LOGIN
    ]
    [ WITH DEFAULT_SCHEMA = 架构名]
```

其中,WITHOUT LOGIN 指定不应将用户映射到现有登录名,DEFAULT_SCHEMA 指定服务器为此数据库用户解析对象名时将搜索的第一个架构。

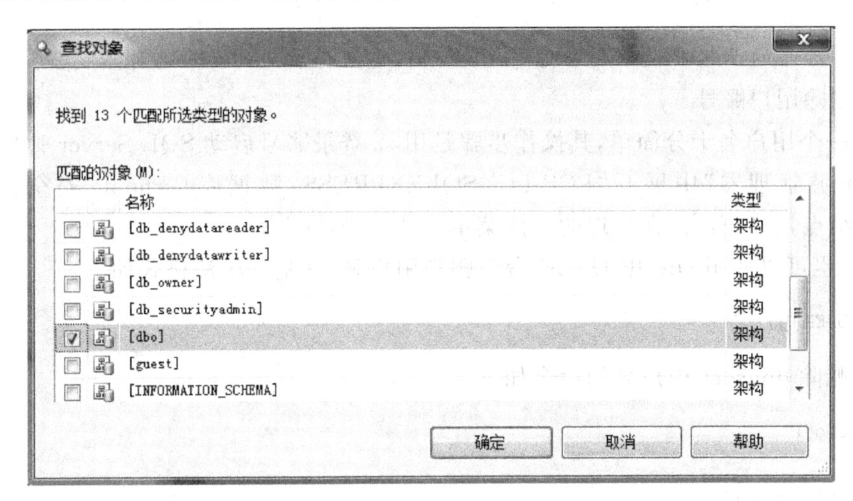

图 16.12　在"匹配的对象"列表中选择 dbo

例如上述操作对应的命令如下：

```
USE [School]
GO
CREATE USER dbuser1 FOR LOGIN ABC WITH DEFAULT_SCHEMA = dbo
GO
```

此时在"数据库|school|安全性|用户"列表中可以看到 dbuser1 用户账号。这样当以登录名"ABC"登录到 SQL Server 时可以访问数据库 school,因为 school 数据库中存在 dbuser1 用户。

注意：每个登录账号在一个数据库中只能有一个用户账号,但是每个登录账号可以在不同的数据库中各有一个用户账号。

2. 修改和删除用户账号

(1) 修改用户账号

用户可以使用 SQL Server 管理控制器修改用户名,其操作步骤是用 sa 登录账号启动 SQL Server 管理控制器,在"对象资源管理器"中展开"LCB-PC\SQLEXPRESS|数据库|school|安全性|用户|dbuser1"结点,然后右击,在出现的快捷菜单中选择"属性"命令,在出现的"数据库用户-dbuser1"对话框中进行相应的修改。

当然,也可以使用 ALTER USER 命令修改登录名,其基本语法格式如下：

```
ALTER USER 用户名
  WITH [NAME = 新用户名]
  [, DEFAULT_SCHEMA = 架构 ]
  [, LOGIN  = 用户重新映射的登录名]
```

```
[,PASSWORD = '新密码']
```

例如以下命令将用户账号 dbuser1 修改为 dbuser2：

```
USE school
GO
ALTER USER dbuser1 WITH NAME = dbuser2
GO
```

说明：后面的示例要使用用户账号 dbuser1，这里保留 dbuser1 名称不变。

(2) 删除用户账号

删除一个用户名十分简单，其操作步骤是用 sa 登录账号启动 SQL Server 管理控制器，在“对象资源管理器”中展开“LCB-PC\SQLEXPRESS | 数据库 | school | 安全性 | 用户 | dbuser1”结点，然后右击，在出现的快捷菜单中选择“删除”命令。

当然，也可以使用 DROP USER 命令删除用户名，其基本语法格式如下：

```
DROP USER 用户名
```

例如删除 dbuser1 用户名的命令如下：

```
USE school
GO
DROP USER dbuser1
GO
```

说明：后面的示例需使用 school 数据库的用户账号 dbuser1，在这里并不真的删除它。

16.4 权限和角色

权限是针对用户而言的，若用户想对 SQL Server 进行某种操作，就必须具备使用该操作的权限。角色是指用户对 SQL Server 进行的操作类型，可以将一个角色授予多个用户，这样这些用户都具有了相应的权限，从而方便用户权限的设置。

16.4.1 权限

SQL Server 的权限分为 3 种，一是登录权限，确定能不能成功登录到 SQL Server 系统；二是数据库用户权限，确定成功登录到 SQL Server 后能不能访问其中具体的数据库；三是具体数据库中表的操作权限，确定有了访问某个具体的数据库的权限后能不能对其中的表执行基本的增、删、改、查操作。

1. 授予权限

前面建立了 school 数据库的 dbuser1 用户，并没有对 school 数据库中的表等对象的操作权限。下面通过一个示例授予它相应的权限。

【例 16.3】 使用 SQL Server 管理控制器授予 dbuser1 用户对 school 数据库中 student 表的 Alter、Delete、Insert、Select、Update 权限。

解：其操作步骤如下。

① 用 sa 登录账号启动 SQL Server 管理控制器，在“对象资源管理器”中展开“LCB-PC\

SQLEXPRESS”结点。

② 展开“数据库|school|安全性|用户|dbuser1”结点，然后右击，在出现的快捷菜单中选择“属性”命令。

③ 在出现的“数据库用户-dbuser1”对话框中选择“安全对象”，出现如图 16.13 所示的“安全对象”选项卡，单击“搜索”按钮，出现“添加对象”对话框，选中“特定类型的所有对象”单选按钮，如图 16.14 所示，单击“确定”按钮，出现“选择对象类型”对话框，选中“表”类型，如图 16.15 所示，单击“确定”按钮。

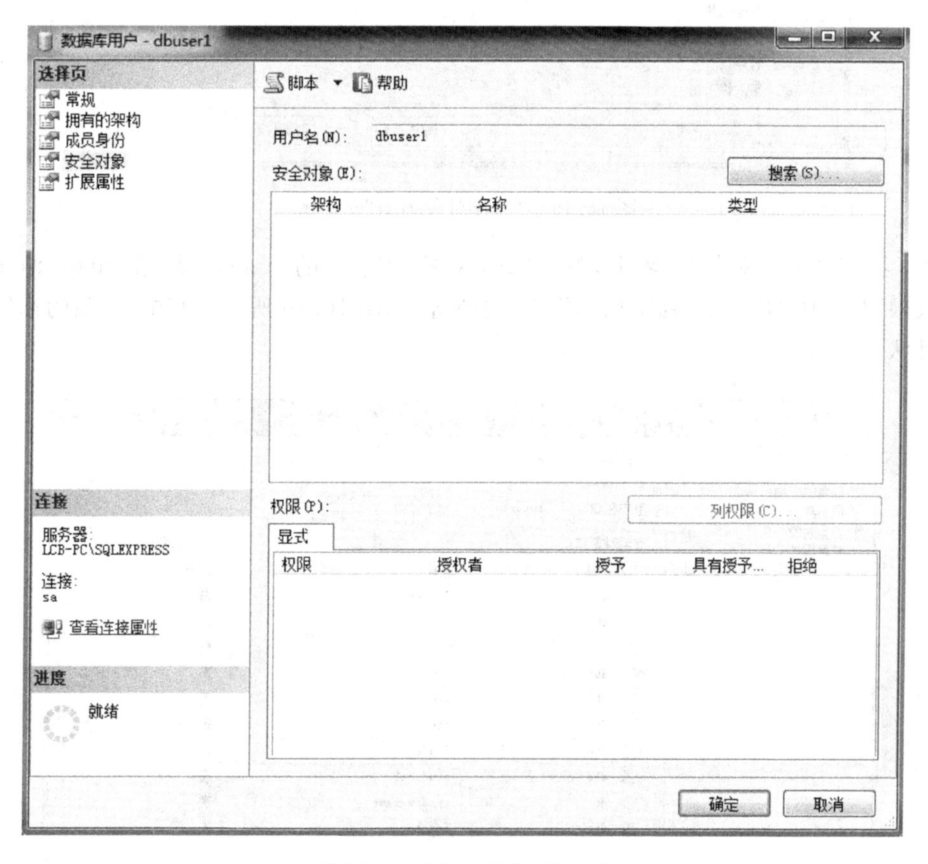

图 16.13 “安全对象”选项卡

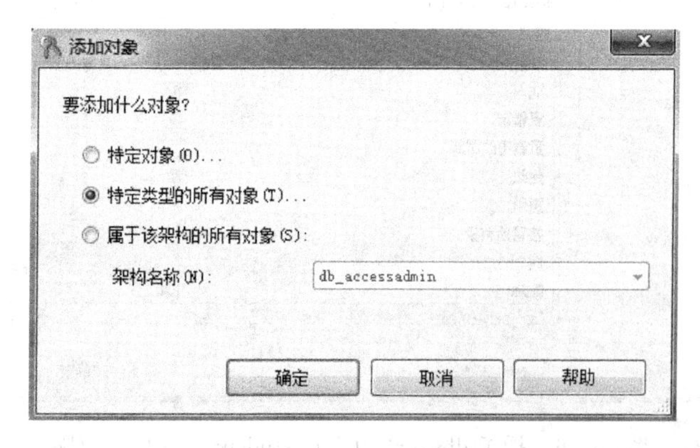

图 16.14 “添加对象”对话框

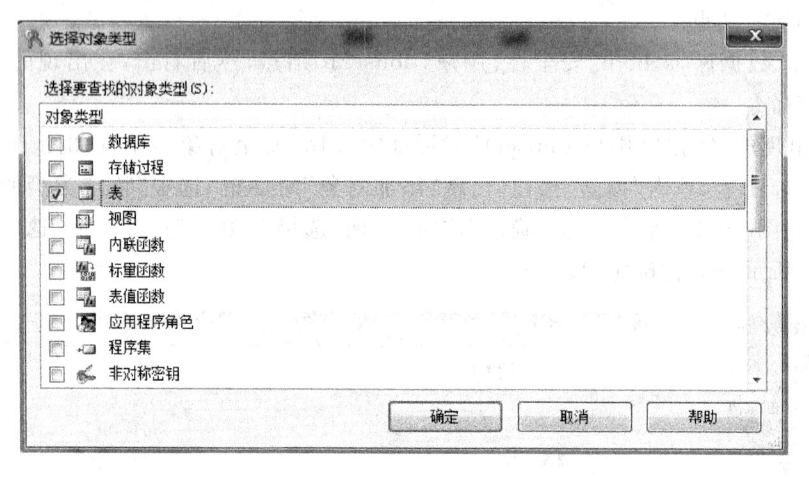

图 16.15 “选择对象类型”对话框

④ 返回到“安全对象”选项卡，单击“安全对象”列表中的 student 表，在“dbo. student 的显式权限”列表中的“授予”列中选择插入、更改等，如图 16.16 所示。其中，权限的选择方格有 3 种状况。

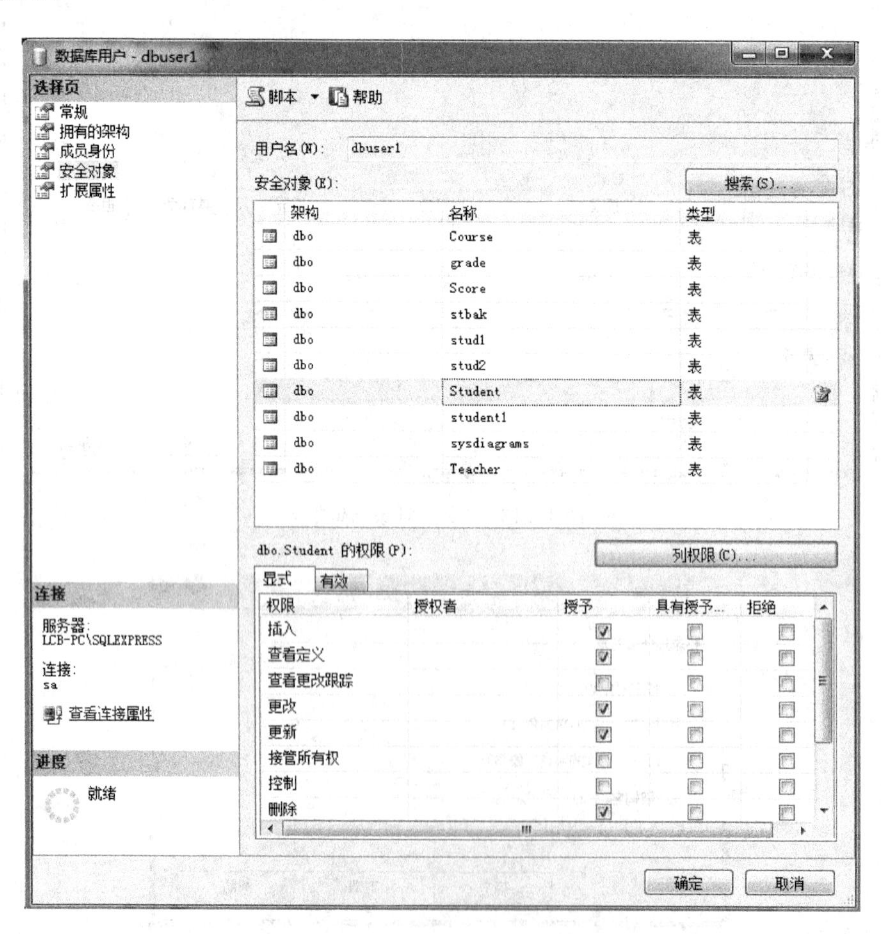

图 16.16 授予 dbuser1 用户对 student 表的操作权限

• √(授予权限)：表示授予对指定的数据对象的该项操作权限。
• ×(禁止权限)：表示禁止对指定的数据对象的该项操作权限。
• 空(撤销权限)：表示撤销对指定的数据对象的该项操作权限。

然后单击"确定"按钮，这样就为 dbuser1 用户授予了对 student 表的表结构进行修改，以及删除记录、插入记录、查询记录和修改记录的操作权限。

当然，也可以使用 GRANT 命令给用户账号授权，例如上述操作对应的命令如下：

```
USE school
GO
GRANT Alter,Delete,Insert,Select,Update ON student TO dbuser1
GO
```

2. 禁止或撤销权限

禁止或撤销权限的操作与授予权限的操作相似，进入图 16.16 所示的对话框中除去相应的权限前的☑，单击"确定"按钮即可。

可以使用 DENY 命令禁止用户的某些权限，例如以下命令禁止用户 dbuser1 对表 student 的 DELETE 权限：

```
USE school
DENY DELETE ON student TO dbuser1
GO
```

可以使用 REVOKE 命令撤销用户的某些权限，例如以下命令撤销用户 dbuser1 的 CREATE TABLE 语句权限：

```
USE school
GO
REVOKE CREATE TABLE TO dbuser1
GO
```

注意：撤销权限的作用类似于禁止权限，它们都可以删除用户或角色的指定权限。但是撤销权限仅仅删除用户或角色拥有的某些权限，并不禁止用户或角色通过其他方式继承已被撤销的权限。

16.4.2 角色

像例 16.3 那样为每个用户授予 school 数据库中每个对象的操作权限是十分烦琐的，也不便于集中管理，为此 SQL Server 提出了角色的概念。角色是一种对权限集中管理的机制，每个角色都设定了对 SQL Server 进行的操作类型，即某些权限。当若干个用户账号都被赋予同一个角色时，它们都继承了该角色拥有的权限；若角色的权限变更了，这些相关的用户账号权限都会发生变更。因此，角色可以方便管理员对用户账号权限的集中管理。

根据权限的划分将角色分为服务器角色和数据库角色，前者用于对登录账号授权，后者用于对用户账号授权。登录名、用户名和角色之间的关系如图 16.17 所示。

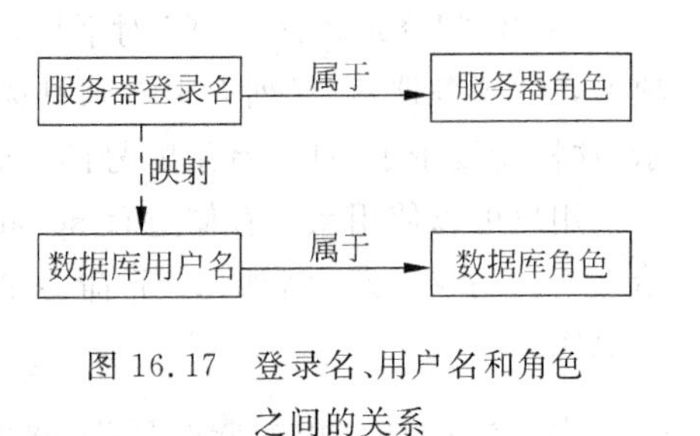

图 16.17 登录名、用户名和角色之间的关系

1. 服务器角色

服务器级角色的权限作用域为服务器范围，也称为"固定服务器角色"，因为它是由SQL Server分配特定的权限，用户不能更改固定服务器角色的权限。但用户可以向服务器级角色中添加SQL Server登录名等，从而将服务器级角色的权限分配给登录名。SQL Server默认创建的9个固定服务器角色如表16.1所示。

表 16.1　固定服务器角色及相应的权限

角色名称	权　　限
sysadmin	系统管理员，可以在 SQL Server 中执行任何活动
setupadmin	安装管理员，可以管理链接服务器和启动过程
serveradmin	服务器管理员，可以设置服务器范围的配置选项，关闭服务器
securityadmin	安全管理员，可以管理登录和 CREATE DATABASE 权限，还可以读取错误日志和更改密码
processadmin	进程管理员，可以管理在 SQL Server 中运行的进程
diskadmin	磁盘管理员，可以管理磁盘文件
dbcreator	数据库创建者，可以创建、更改和删除数据库
bulkadmin	批量管理员，可以执行 BULK INSERT 语句，从而执行大容量数据插入操作
public	每个 SQL Server 登录名均属于 public 服务器角色。如果未向某个服务器主体授予或拒绝对某个安全对象的特定权限，该用户将继承授予该对象的 public 角色的权限。当用户希望该对象对所有用户可用时，只需对任何对象分配 public 权限即可。用户无法更改 public 中的成员关系

(1) 通过固定服务器角色为登录账号授权

为登录账号授予权限有两种方式，一种是将某个服务器角色权限授予一个或多个登录账号；另一种方式是为一个登录账号授予一个或多个服务器角色权限。下面的示例介绍后者的操作过程。

【例 16.4】 使用SQL Server管理控制器将登录账号ABC作为固定服务器sysadmin角色的成员，即授予ABC登录账号sysadmin的权限。

解：其操作步骤如下。

① 用sa登录账号启动SQL Server管理控制器，在"对象资源管理器"中展开"LCB-PC\SQLEXPRESS"结点。

② 展开"安全性|登录名"结点，下方列出了所有的登录名，选中登录名"ABC"，然后右击，在出现的快捷菜单中选择"属性"命令。

③ 出现"登录属性-ABC"对话框，在选择页下单击"服务器角色"，出现"服务器角色"选项卡，在"服务器角色"列表中看到只选中了"public"，单击"sysadmin"选中它，如图16.18所示，这样就授予了ABC登录账号的sysadmin的权限，单击"确定"按钮。

用户可以使用系统存储过程sp_addsrvrolemember将某个固定服务器角色的权限分配给一个登录账号。例如，以下命令将sysadmin固定服务器角色的权限分配给登录账号ABC：

```
EXEC sp_addsrvrolemember 'ABC','sysadmin'
```

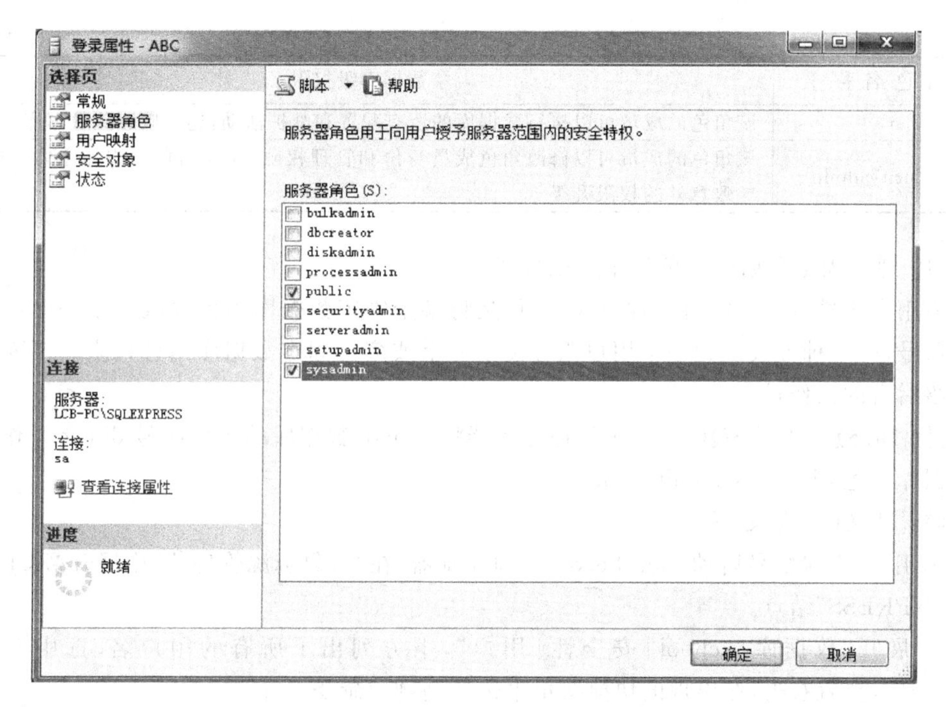

图 16.18　为 ABC 登录账号授予 sysadmin 的权限

(2) 自定义服务器角色

从 SQL Server 2012 版本开始，用户可以创建自己的服务器角色。

用户自定义服务器角色提高了灵活性、可管理性，并且有助于使职责划分更加规范。自定义服务器角色可以被删除和修改，也可以像固定服务器角色那样授予登录账号，这里不再详述。

2. 数据库角色

数据库角色是指对数据库具有相同访问权限的用户和组的集合，数据库角色对应于单个数据库，可以为数据库中的多个数据库对象分配一个数据库角色，从而为该角色的用户授予对这些数据库对象的访问权限。SQL Server 的数据库角色分为两种，即固定数据库角色(由系统创建，不能删除、修改和增加)和自定义数据库角色。固定数据库角色及其相应的权限如表 16.2 所示。

表 16.2　固定数据库角色及其相应的权限

角色名称	数据库级权限
db_accessadmin	该角色的成员可以为 Windows 登录名、Windows 组和 SQL Server 登录名添加或删除数据库访问权限
db_backupoperator	该角色的成员可以备份数据库
db_datareader	该角色的成员可以从所有用户表中读取所有数据
db_datawriter	该角色的成员可以在所有用户表中添加、删除或更改数据
db_ddladmin	该角色的成员可以在数据库中运行任何数据定义语言(DDL)命令
db_denydatareader	该角色的成员不能读取数据库内用户表中的任何数据
db_denydatawriter	该角色的成员不能添加、修改或删除数据库内用户表中的任何数据

续表

角色名称	数据库级权限
db_owner	该角色的成员可以执行数据库的所有配置和维护活动，还可以删除数据库
dh_securityadmin	该角色的成员可以修改角色成员身份和管理权限，向此角色中添加主体可能会导致意外的权限升级

(1) 通过固定数据库角色为用户账号授权

为用户账号授予权限有两种方式，一种是将某个固定数据库角色权限授予一个或多个用户账号，另一种方式是为一个用户账号授予一个或多个固定数据库角色权限。下面的示例介绍后者的操作过程。

【例 16.5】 使用 SQL Server 管理控制器将 school 数据库的用户账号 dbuser1 作为固定数据库角色 db_accessadmin 的成员。

解：其操作步骤如下。

① 用 sa 登录账号启动 SQL Server 管理控制器，在"对象资源管理器"中展开"LCB-PC\SQLEXPRESS"结点。

② 展开"数据库 | school | 安全性 | 用户"，下方列出了所有的用户名，选中登录名"dbuser1"，然后右击，在出现的快捷菜单中选择"属性"命令。

③ 出现"数据库用户-dbuser1"对话框，在选择页下单击"成员身份"，出现"成员身份"选项卡，在"数据库角色成员身份"列表中选择"db_accessadmin"，如图 16.19 所示，这样就授予了用户 dbuser1 数据库角色 db_accessadmin 的权限，单击"确定"按钮。

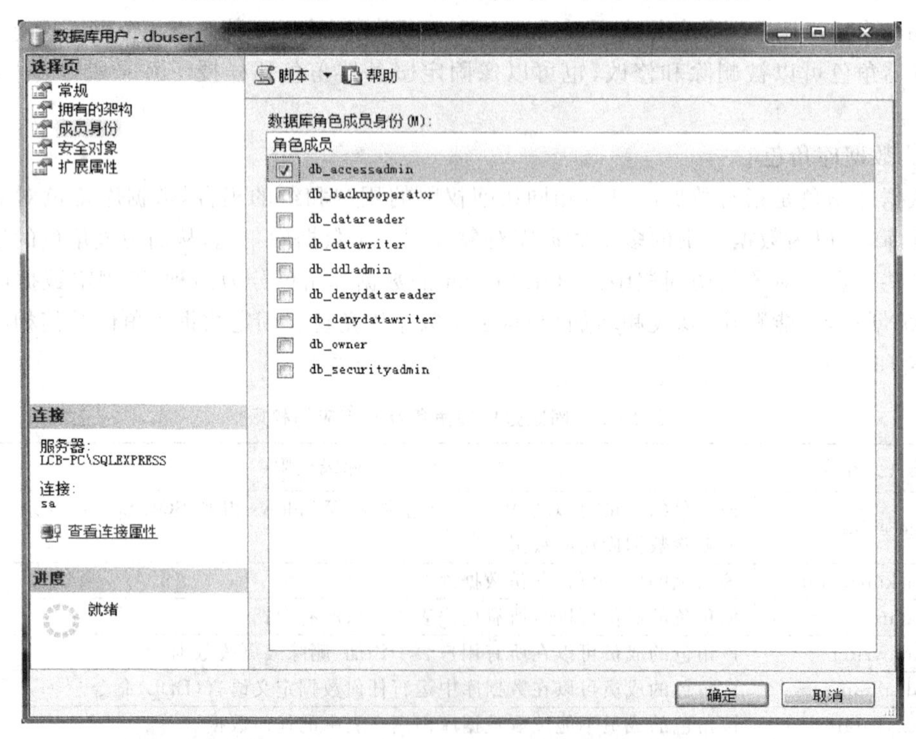

图 16.19 为 dbuser1 用户授予数据库角色 db_accessadmin 的权限

用户可以使用系统存储过程 sp_addrolemember 将某个固定数据库角色的权限分配给一个用户账号。例如，以下命令将 db_accessadmin 固定数据库角色的权限分配给一个用户账号 dbuser1：

```
USE school
GO
EXEC sp_addrolemember 'db_accessadmin','dbuser1'
GO
```

(2) 自定义数据库角色

用户自定义数据库角色提高了灵活性、可管理性，并且有助于使职责划分更加规范。自定义数据库角色可以被删除和修改，也可以像固定数据库角色那样授予用户账号，这里不再详述。

16.5 架　　构

大家在前面很多地方看到过“架构”(Schema)一词。那么什么是架构呢？微软的官方定义是“数据库架构是一个独立于数据库用户的非重复命名空间，可以将架构视为对象的容器”。

一个对象只能属于一个架构，就像一个文件只能存放于一个文件夹中一样。与文件夹不同的是，架构是不能嵌套的，因此在访问某个数据库中的数据库对象时应该引用它的全名“架构名.对象名”。例如：

```
USE school
SELECT * FROM dbo.student
```

其中，dbo 就是架构名，为什么有的时候写“SELECT * FROM student”也可以执行呢？这是因为 SQL Server 有默认的架构(default schema)，当只给出表名时，SQL Server 会自动加上当前登录用户的默认架构(当用户没有创建架构时，默认架构为 dbo)。

在 SQL Server 2000 版本中，用户和架构是隐含关联的，即每个用户拥有与其同名的架构，因此删除一个用户时必须先删除或修改这个用户所拥有的所有数据库对象。

从 SQL Server 2005 版本开始，架构和创建它的数据库用户不再关联，因此数据库对象的全称变为“服务器名.数据库名.架构名.对象名”。

用户和架构分离的好处如下：

- 多个用户可以通过角色或组成员关系拥有同一个架构。
- 删除数据库用户变得极为简单。
- 删除数据库用户不需要重命名与用户名同名的架构所包含的对象，因此也无须对显式引用数据库对象的应用程序进行修改和测试。
- 多个用户可以共享同一个默认架构来统一命名。
- 共享默认架构使得开发人员可以为特定的应用程序创建特定的架构来存放对象，这比仅使用管理员架构要好。
- 在架构和架构所包含的对象上设置权限比以前的版本拥有更高的可管理性。

SQL Server 有关架构的一些特点如下：

- 一个架构中不能包含相同名称的对象，相同名称的对象可以在不同的架构中存在。
- 一个架构只能有一个所有者，所有者可以是用户、数据库角色或应用程序角色。
- 一个数据库角色可以拥有一个默认架构和多个架构。
- 多个数据库用户可以共享单个默认架构。

在 SQL Server 管理控制器中可以通过展开"数据库|school|安全性|架构"结点，然后右击，在出现的快捷菜单中选择"新建架构"命令来创建 school 数据库的架构，其操作过程十分简单，这里不再详述。

当然，也可以使用 CREATE SCHEMA 命令创建架构。例如，以下命令在数据库 school 中创建 dbo1 架构：

```
USE school
GO
CREATE SCHEMA dbo1 AUTHORIZATION dbo
GO
```

在创建架构后，可以像角色一样授权。

练习题 16

1. SQL Server 安全机制有哪 5 个层级？
2. SQL Server 登录账号和用户账号有什么区别？
3. 简述 SQL Server 系统身份验证的过程。
4. 简述 SQL Server 中权限和角色之间的关系。
5. 简述何为固定数据库角色？
6. 简述何为数据库所有者(dbo)？
7. 设置 SQL Server 架构有什么好处？

第17章 数据文件安全和灾难恢复

数据库的安全不仅仅需要通过权限设置、加密等方式来保证，更需要保证数据文件不被损坏、不丢失。本节介绍数据文件安全和灾难恢复的相关内容。

17.1 数据文件安全概述

对于数据库系统而言，数据文件的安全是至关重要的，任何数据的丢失和损坏都可能导致严重的后果。一个高可用性的 DBMS 应该提供充分的数据保护手段。目前，引发数据文件危险的情况主要如下。

- 系统故障：由硬件故障、软件错误的原因导致内存中的数据或日志内容突然被破坏，事务处理中止，但物理介质和日志并没有被破坏。
- 事务故障：指事务的执行最后没有达到正常提交而产生的故障。
- 介质故障：由物理存储介质的故障发生读/写错误，或者 DBA 不小心删除了重要的文件而产生的故障。

针对各类数据文件的安全问题，SQL Server 从数据备份到系统架构设计提供了以下解决技术：

- 数据库备份和还原；
- 数据库分离和附加；
- 数据库镜像；
- 数据库快照；
- 日志传送；
- 故障转移群集；
- AlwaysOn。

按照数据备份的方式，这些技术可分为 3 类。

- 冷备技术：特点是无故障转移，在发生系统故障时可能造成数据丢失，例如数据库备份和还原、数据库分离和附加等。
- 温备技术：特点是手工故障转移，在发生系统故障时可能造成数据丢失，例如日志传送等。
- 热备技术：特点是自动故障转移，无数据丢失，例如数据库镜像、故障转移群集和 AlwaysOn 等。

下面分别介绍上述技术。在实际应用中，可能需要使用多种技术相结合构建综合的数据文件安全和灾难恢复解决方案。

17.2 数据库备份和还原

备份是指从 SQL Server 数据库或其事务日志中将数据或日志记录复制到备份设备(例如磁盘),以创建数据备份或日志备份。还原是一种包括多个阶段的过程,用于将指定 SQL Server 备份中的所有数据和日志页复制到指定数据库,然后通过应用记录的更改使该数据在时间上向前移动,以前滚备份中记录的所有事务。SQL Server 备份和还原组件为保护存储在 SQL Server 数据库中的关键数据提供了基本安全保障。为了最大限度地降低灾难性数据丢失的风险,需要定期备份数据库,以保留对数据所做的修改。

17.2.1 数据库备份和还原概述

1. 备份类型

备份是指从 SQL Server 数据库或其事务日志中将数据或日志记录复制到备份设备(例如磁盘),以创建数据备份或日志备份。SQL Server 提供了以下 3 种常用的备份类型。

- 完整数据库备份:包含特定数据库或者一组特定的文件组或文件中的所有数据,以及可以恢复这些数据的足够的日志,将它们复制到另外一个备份设备上。
- 差异数据库备份:只备份上次数据库备份后发生更改的数据。其比完整数据库备份小,并且备份速度快,可以进行经常备份。
- 事务日志备份:备份上一次事务日志备份后对数据库执行的所有事务日志。使用事务日志备份可以将数据库恢复到故障点或特定的即时点。一般情况下,事务日志备份比数据库备份使用的资源少,可以经常创建事务日志备份,以减小丢失数据的危险。

不同的备份类型适用的范围也不同。全备份可以只用一步操作完成数据的全部备份,但执行时间比较长。差异备份和日志备份都不能独立地作为一个备份集来使用,需要进行一次全备份。

2. 数据恢复模式

SQL Server 备份和还原操作发生在数据库的恢复模式的上下文中。恢复模式旨在控制事务日志维护。恢复模式是一种数据库属性,它控制如何记录事务,事务日志是否需要(以及允许)备份,以及可以使用哪些类型的还原操作。通常有以下 3 种恢复模式。

- 简单恢复模式:无日志备份,最新备份之后的更改不受保护。在发生灾难时,这些更改必须重做。另外,只能恢复到备份的结尾。
- 完整恢复模式:需要日志备份,数据文件丢失或损坏不会导致丢失工作,可以恢复到任意时点(例如应用程序或用户错误之前)。
- 大容量日志恢复模式:需要日志备份,是完整恢复模式的附加模式,允许执行高性能的大容量复制操作,通过使用最小方式记录大多数大容量操作,减少日志空间使用量。如果在最新日志备份后发生日志损坏或执行大容量日志记录操作,则必须重做自该次备份之后所做的更改。

在创建好数据库后,可以选择其数据库恢复模式。下面通过一个示例说明使用 SQL Server 管理控制器选择数据库恢复类型的操作过程。

【例 17.1】 为数据库 school 选择数据库恢复模式为“完整”。

解：其操作步骤如下。

① 启动 SQL Server 管理控制器，在“对象资源管理器”中展开“LCB-PC\SQLEXPRESS”服务器。

② 展开“数据库”结点，选中“school”，然后右击，在出现的快捷菜单中选择“属性”命令。

③ 出现“数据库属性-school”对话框，切换到“选项”选项卡，如图 17.1 所示，下拉其中的“恢复模式”组合框，可以看到其中有“完整”、“大容量日志”和“简单” 3 个选项，分别对应数据库的 3 种恢复模式。这里选中“完整”选项，即将 school 数据库设置成完全恢复模式，单击“确定”按钮。

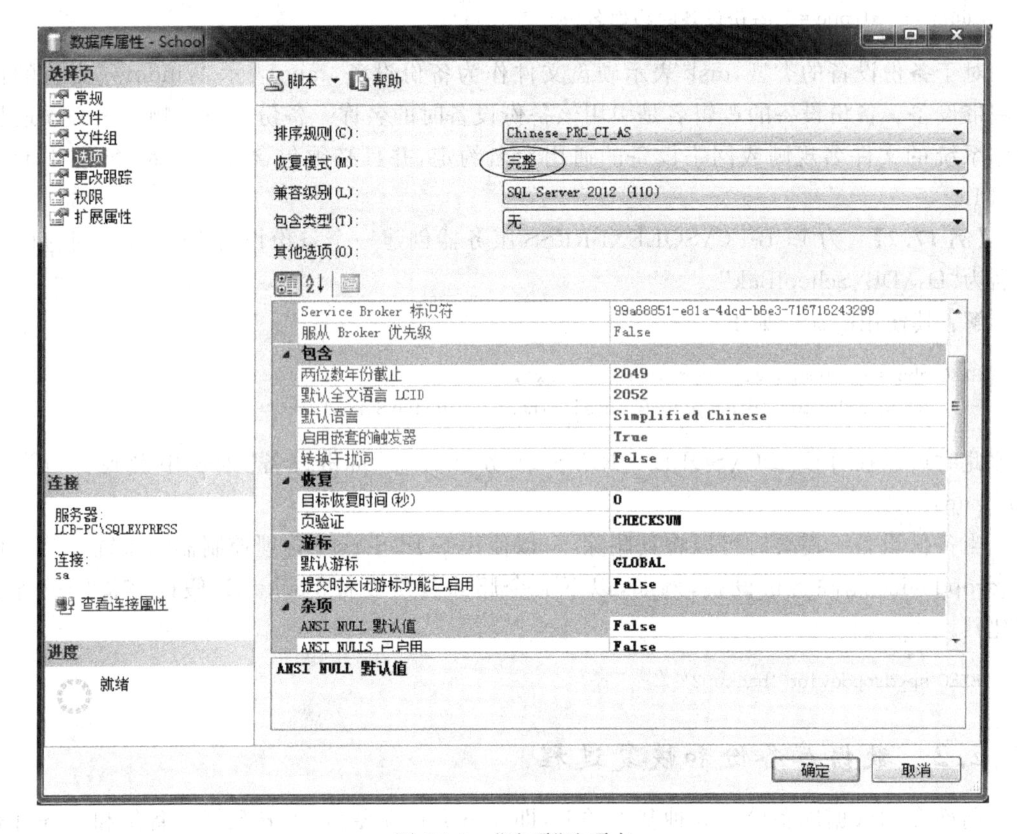

图 17.1 “选项”选项卡

这样就为 school 数据库选择了“完整”数据库恢复模式，该模式的选择对后面进行数据库的备份操作是十分重要的。

当然，也可以通过 ALTER DATABASE 命令中的 RECOVERY 子句指定数据库的恢复模式。例如，以下命令便是将 school 数据库设置为完整恢复模式：

```
ALTER DATABASE school SET RECOVERY FULL
```

其中，FULL 表示完整恢复模式。使用 BULK_LOGGED 和 SIMPLE 分别表示大容量日志和简单恢复模式。

3. 备份设备

备份或还原操作中使用的磁带机或磁盘驱动器称为备份设备。它是创建备份和恢复数据库的前提条件，在创建备份时，必须选择要将数据写入的备份设备。设备可以分为磁盘设备、磁带设备以及物理和逻辑设备。

如果使用逻辑设备备份数据库，在备份数据库之前首先创建一个保存数据库备份的备份设备，可以利用 SQL Server 管理控制器和 sp_addumpdevice 系统存储过程创建数据库备份设备，后者的基本语法格式如下：

```
sp_addumpdevice [@devtype = ]'备份设备类型',
[@logicalname = ]'备份设备的逻辑名',
[@physicalname = ]'备份设备的物理名'
```

对于备份设备的类型，disk 表示硬盘文件作为备份设备，tape 表示 Windows 支持的任何磁带设备。备份设备的逻辑名是引用该备份设备时的名称。备份设备的物理名必须遵从操作系统的文件名规则或网络设备的通用命名约定，并且必须包含完整的路径，它不能为 NULL。

【例 17.2】 为 LCB-PC\SQLEXPRESS 服务器创建一个备份设备 Backup1，对应的物理名为“D:\DB\SchoolBak”。

解：其使用的命令如下。

```
EXEC dbo.sp_addumpdevice @devtype = 'disk',
    @logicalname = 'Backup1', @physicalname = ' D:\DB\SchoolBak'
```

此时可以在“LCB-PC\SQLEXPRESS|服务器对象|备份设备”列表中看到备份设备“Backup1”。

当备份设备不需要时可以将其删除，可以使用 SQL Server 管理控制器和系统存储过程 sp_dropdevice 删除备份设备，例如，以下命令删除备份设备 Backup2（假设该备份设备已创建）：

```
EXEC sp_dropdevice 'backup2'
```

17.2.2 数据库备份和恢复过程

前面介绍数据库备份有 3 种基本类型，即完整数据库备份、差异数据库备份和事务日志备份，对应的恢复也有完整数据库恢复、差异数据库恢复和事务日志恢复。实际上，SQL Server 还提供了灵活的备份和恢复类型的组合，例如完整＋差异数据库备份与恢复、完整＋日志数据库备份与恢复、完整＋差异＋日志数据库备份与恢复等。

本小节以完整数据库备份和恢复为例介绍数据库备份和恢复过程，其他类型基本相似。

1. 完整数据库备份

下面通过一个示例说明使用 SQL Server 管理控制器进行完整数据库备份的操作过程。

【例 17.3】 对数据库 school 进行“完整”类型的数据库备份，其备份设备为 Backup1。

解：其操作步骤如下。

① 启动 SQL Server 管理控制器，在“对象资源管理器”中展开“LCB-PC\SQLEXPRESS”服务器。

② 展开“数据库”结点，选中“school”，然后右击，在出现的快捷菜单中选择“任务|备份”命令。

③ 出现“备份数据库-school”对话框，如图 17.2 所示(图中的“恢复模式”是在上例中选定的，这里不要更改)，对其中主要功能项的说明如下。

- “备份集过期时间”区域：用于设置指定在多少天后此备份集才会过期，从而可被覆盖。此值的范围为 0～99 999，0 表示备份集将永不过期，也可以指定备份集过期从而可被覆盖的具体日期。
- “目标”选项组：通过“目标”选项组可以为备份文件添加物理设备或逻辑设备。

图 17.2 “常规”选项卡

④ 在“目标”选项组中有一个默认值，通过单击“删除”按钮将它删除。单击“添加”按钮，会出现如图 17.3 所示的“选择备份目标”对话框，选中“备份设备”单选按钮，从组合框中选中例 17.2 创建的备份设备 Backup1，单击“确定”按钮返回。

⑤ 单击“确定”按钮，数据库备份操作开始运行。这里是备份整个数据库，所以可能会需要较长的一段时间。备份完成之后，出现“对数据库'school'的备份已成功完成”的消息框，表示数据库 school 备份成功，再单击“确定”按钮，即可完成数据库 school 的备份操作。

当然，也可以使用 BACKUP DATABASE 命令实现数据库备份，完整数据库备份的基本语法格式如下：

```
BACKUP DATABASE 源数据库 TO 备份设备[WITH DIFFERENTIAL]
```

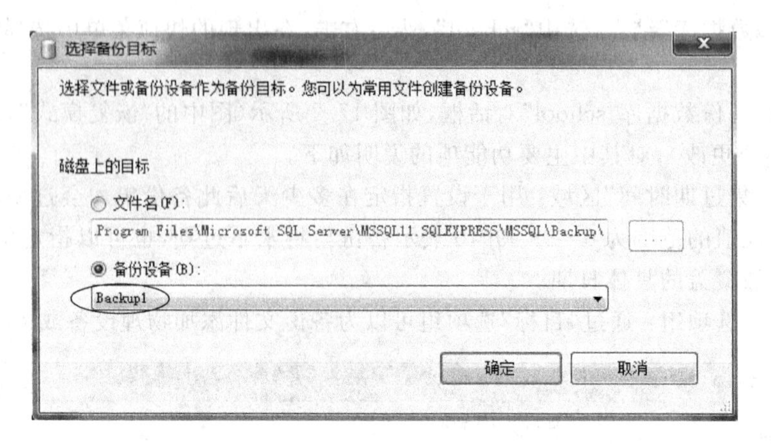

图 17.3 “选择备份目标”对话框

其中，WITH DIFFERENTIAL 指定数据库备份或文件备份应该只包含上次完整备份后更改的数据库或文件部分。差异备份一般会比完整备份占用更少的空间。对于上一次完整备份后执行的所有单个日志备份，使用该选项可以不必再进行备份。

例如，以下命令将 school 数据库备份到 Backup1 备份设备中：

```
BACKUP DATABASE school TO Backup1
```

2. 完整数据库恢复

下面通过一个示例说明使用 SQL Server 管理控制器进行完整数据库恢复的操作过程。

【例 17.4】 对数据库 school 从 Backup1 备份设备进行“完整”类型的数据库恢复。

解：其操作步骤如下。

① 启动 SQL Server 管理控制器，在“对象资源管理器”中展开“LCB-PC\SQLEXPRESS”服务器。

② 展开“数据库”结点，选中“school”，然后右击，在出现的快捷菜单中选择“任务|还原|数据库”命令。

③ 出现“还原数据库-school”对话框，首先出现的是如图 17.4 所示的“常规”选项卡。

④ 选中“源”中的“设备”单选按钮，单击其右侧的[...]按钮，在出现的对话框中为其选择备份设备 Backup1，单击“确定”按钮返回到“还原数据库-school”对话框。

⑤ 单击“确定”按钮，系统开始数据库恢复工作，完毕后出现“成功还原了数据库 school”的消息框，单击“确定”按钮，即可完成数据库 school 的恢复操作。

当然，也可以使用 RESTORE DATABASE 命令实现数据库恢复，用于完整数据库备份的基本语法格式如下：

```
RESTORE DATABASE 源数据库[FROM 备份设备]
    [WITH [RECOVERY | NORECOVERY |REPLACE]]
```

其中，RECOVERY 指示还原操作回滚任何未提交的事务；NORECOVERY 指示还原操作不回滚任何未提交的事务；REPLACE 指定即使存在另一个具有相同名称的数据库，SQL Server 也应该创建指定的数据库及其相关文件。

例如，以下命令从 Backup1 备份设备恢复 school 数据库：

```
USE master
RESTORE DATABASE school FROM Backup1 WITH REPLACE
```

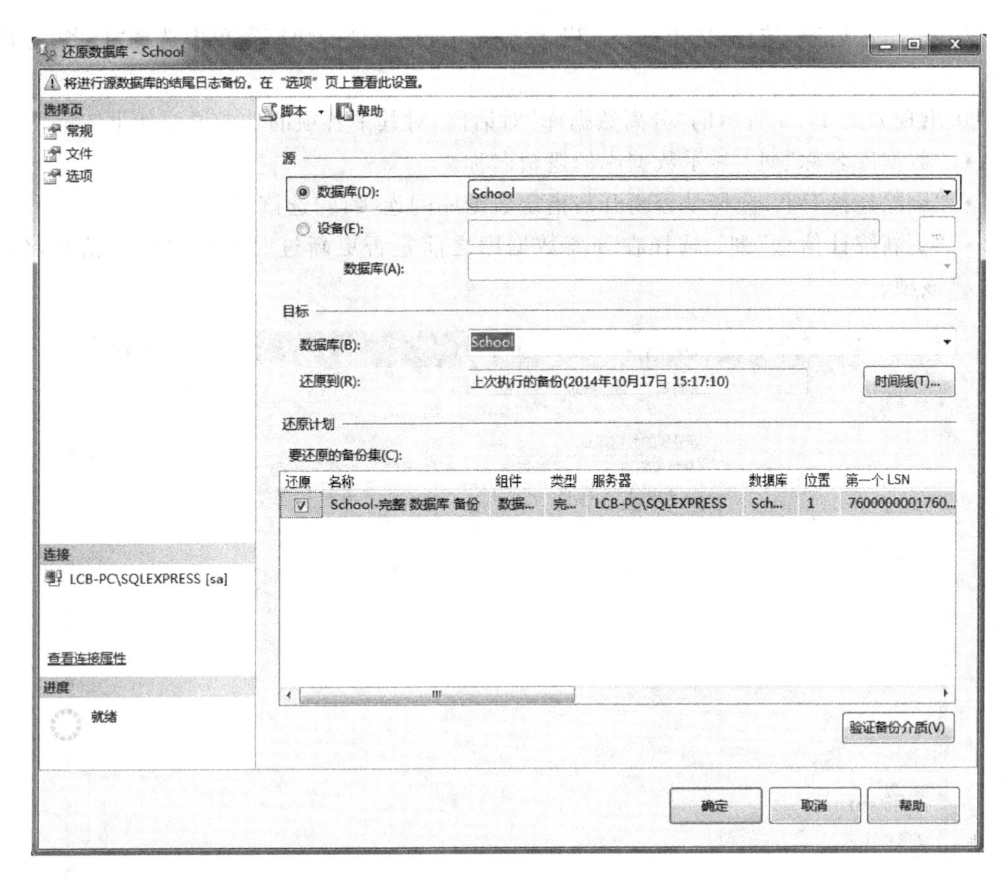

图 17.4 "常规"选项卡

17.3 数据库的分离和附加

在进行系统维护之前或发生硬件故障之后，需要将数据库进行转移，其方法之一就是采用数据库的分离和附加。分离就是将用户数据库从服务器的管理中脱离出来，同时保持数据文件和日志文件的完整性和一致性。与分离对应的操作是附加数据库，将数据重新置于SQL Server的管理之下。数据库的分离和附加是一种静态的数据复制方法，其实现和管理十分简单。

注意：数据库的分离和附加不适合系统数据库。

17.3.1 分离用户数据库

可以使用SQL Server管理控制器分离用户数据库，下面通过一个例子说明分离用户数据库的操作过程。

【例 17.5】 将数据库school从SQL Server中分离。

解：其操作步骤如下。

① 启动 SQL Server 管理控制器，在“对象资源管理器”中展开“LCB-PC\SQLEXPRESS”服务器。

② 展开“数据库”结点，选中“school”，然后右击，在出现的快捷菜单中选择“任务|分离”命令。

③ 出现如图 17.5 所示的“分离数据库”对话框，对其中各项的功能说明如下。

- “数据库名称”列：显示数据库的逻辑名称。
- “删除连接”列：选择是否断开与指定数据库的连接，勾选该项。
- “更新统计信息”列：选择在分离数据库之前是否更新过时的优化统计信息，勾选该项。

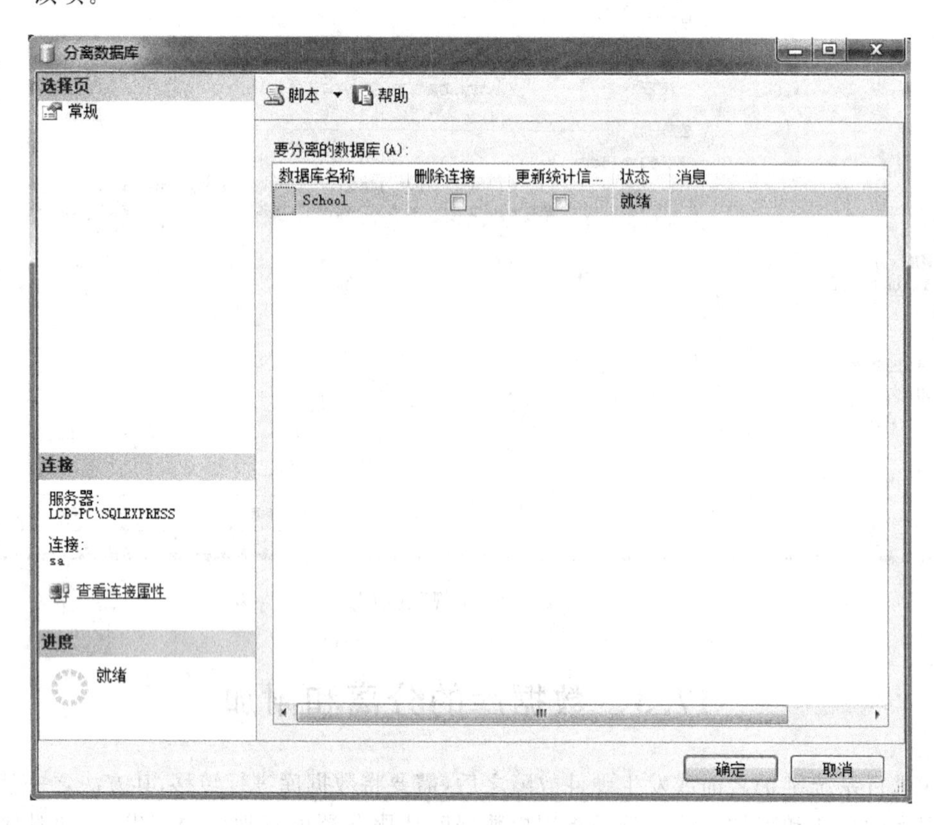

图 17.5 “分离数据库”对话框

④ 单击“确定”按钮完成 school 数据库的分离，此时在“对象资源管理器”中的“数据库”结点下看不到 school 数据库了，表明分离成功。

17.3.2 附加用户数据库

分离后的数据库的数据和事务日志文件可以重新附加到同一个或其他 SQL Server 实例。分离和附加数据库操作适合将数据库更改到同一台计算机的不同 SQL Server 实例或移动数据库。

【例 17.6】 将上例分离的数据库 school 附加到 SQL Server 中(假设 school 数据库的数据库文件和日志文件存放在 D:\DB 文件夹中)。

解：其操作步骤如下。

① 启动 SQL Server 管理控制器，在“对象资源管理器”中展开“LCB-PC\SQLEXPRESS”服务器。

② 选中“数据库”，然后右击，从出现的快捷菜单中选择“附加”命令。

③ 出现“附加数据库”对话框，单击其中的“添加”按钮。

④ 出现“定位数据库文件-LCB-PC\SQLEXPRESS”对话框，选择“D:\DB\school.mdf”文件，单击“确定”按钮。

⑤ 返回到“附加数据库”对话框，如图 17.6 所示，单击“确定”按钮，SQL Server 自动附加数据库 school。此时在“数据库”列表中又可以看到 school 数据库了，表明附加成功。

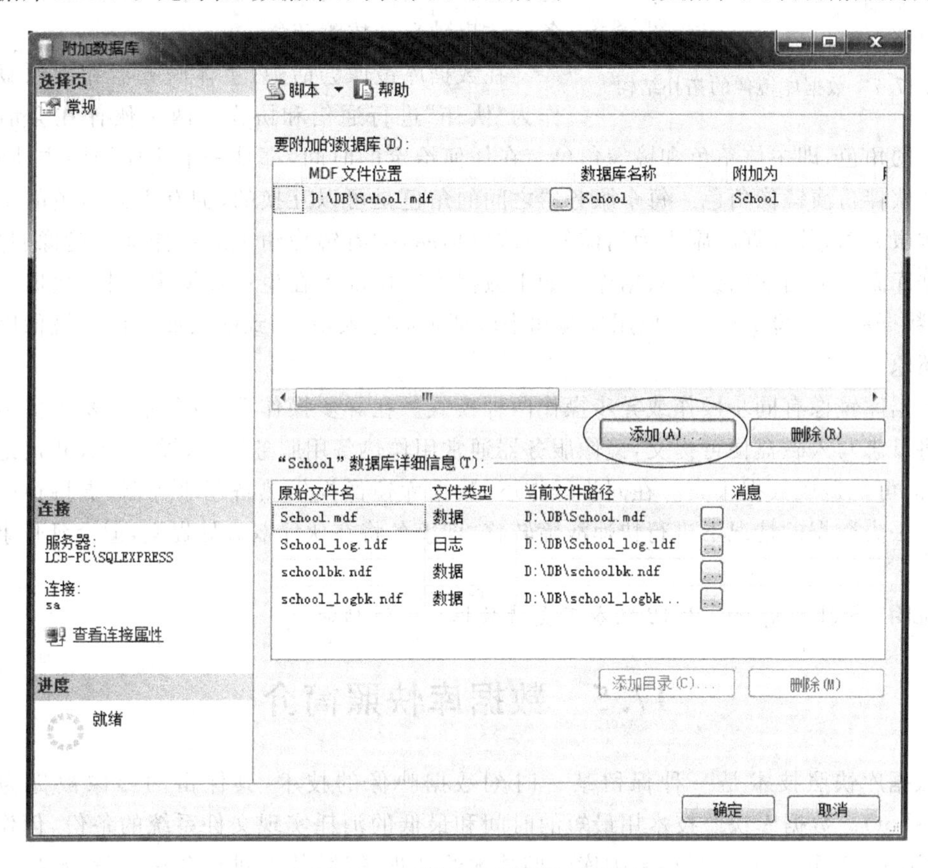

图 17.6 “附加数据库”对话框

17.4 数据库镜像简介

数据库镜像是用于提高数据库可用性的主要软件解决方案。镜像基于每个数据库实现，并且只适用于使用完整恢复模式的数据库，简单恢复模式和大容量日志恢复模式不支持数据库镜像。数据库镜像采用热备份来应对数据库或者服务器故障。

数据库镜像维护一个数据库的两个副本，这两个副本必须驻留在 SQL Server 数据库引擎的不同服务器实例上。通常，这些服务器实例驻留在不同位置的计算机上。当启动数据库上的数据库镜像操作时，在这些服务器实例之间形成一种关系，称为“数据库镜像会话”。

数据库镜像的拓扑结构如图 17.7 所示，其中一个服务器实例使数据库服务于客户端，称为主服务器，另一个服务器实例则根据镜像会话的配置和状态充当热备用或温备用服务器，称为镜像服务器。具有自动故障转移功能的高安全性模式要求使用第 3 个服务器实例，称为见证服务器，与前两种服务器不同的是，见证服务器并不能用于数据库，它通过验证主服务器是否已启用并运行来支持自动故障转移，只有在镜像服务器和见证服务器与主服务器断开连接之后且保持相互连接时，镜像服务器才启动自动故障转移。

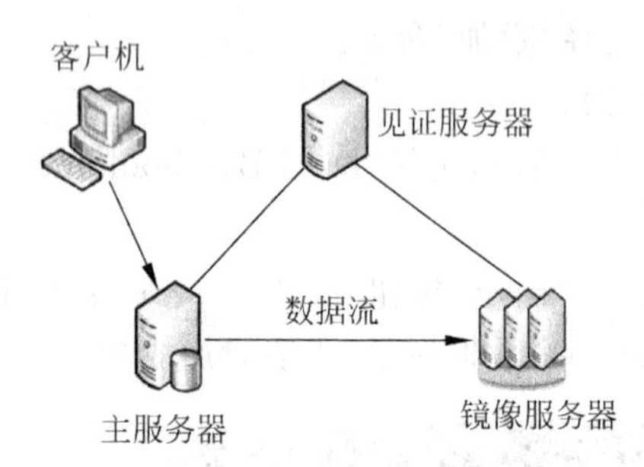

图 17.7　数据库镜像的拓扑结构

在数据库镜像会话中，主体服务器和镜像服务器作为“伙伴”进行通信和协作。两个伙伴在会话中扮演互补的角色，即主体角色和镜像角色。在任何给定的时间，都是一个伙伴扮演主体角色，另一个伙伴扮演镜像角色。每个服务器之间的角色是可以互换的，拥有主体角色的伙伴称为主体服务器，其数据库副本为当前的主体数据库，拥有镜像角色的伙伴称为镜像服务器，其数据库副本为当前的镜像数据库。如果数据库镜像部署在生产环境中，则主数据库即为“生产数据库”。SQL Server 使用校验和来验证页面写入，不一致的页面可以从镜像服务器自动还原。

数据库镜像有同步操作或异步操作两种模式。在异步操作下，事务不需要等待镜像服务器将日志写入磁盘便可提交，镜像服务器通常用作热备用服务器，这样可最大程度地提高性能，但可能造成数据丢失。在同步操作下，数据库镜像提供热备用服务器，支持在已提交事务不丢失数据的情况下进行快速故障转移，即事务将在伙伴双方处提交，但会延长事务滞后时间。

说明：SQL Express 2012 版本不支持数据库镜像功能。

17.5　数据库快照简介

数据库快照技术是一种保留某一时刻数据映像的技术，其保留的影像被称为快照(Snapshot)。数据库快照技术用最短的时间和最低的消耗实现文件系统的备份，创作出数据的“影子”图像。因此，采用数据库快照技术给数据拍照，能在进行备份、下载数据库或者转移数据的同时保证应用不受影响而继续运行。

数据库快照是当前数据库的只读静态视图，不包括那些还没有提交的事务，所以快照提供了只读的、一致性的数据库的副本。如果源数据库出现用户错误，还可将源数据库恢复到创建快照时的状态，丢失的数据仅限于创建快照后数据库更新的数据。

在创建数据库快照时，每个数据库快照在事务上与源数据库一致。在源数据库所有者显式删除之前，快照始终存在。这里的源数据库指的是在其上创建快照的数据库。数据库快照与源数据库相关，数据库快照必须和数据库在同一个服务器实例上，此外，如果源数据库因某种原因不可用，则它的所有数据库快照也将不可用。

在 SQL Server 中索引一种称为“稀疏文件”的文件来存储复制的原始页，稀疏文件是

NTFS文件系统提供的文件(所以数据库快照只适合NTFS文件系统,稀疏文件需要的磁盘空间要比其他文件格式少很多)。最初,稀疏文件实质上是空文件,不包含用户数据,并且未被分配存储用户数据的磁盘空间。对于每一个快照文件,SQL Server创建了一个保存在高速缓存中的比特图,数据库文件的每一页对应一个比特位,表示该页是否被复制到快照中。当源数据库发生改变时,SQL Server会查看比特图来检查该页是否已经被复制,如果没有被复制,则将其复制到快照中,然后更新源数据库,即"写入时复制操作";如果该页已经复制过,将不需要再复制了。

首次创建稀疏文件时,稀疏文件占用的磁盘空间非常少。随着数据写入数据库快照,NTFS会将磁盘空间逐渐分配给相应的稀疏文件。随着源数据库中更新的页越来越多,文件的大小也不断增大。

数据库快照在数据页级运行。在第一次修改源数据库页之前,系统先将原始页从源数据库复制到快照,快照将存储原始页,保留它们在创建快照时的数据记录,如图17.8所示,在修改源数据库的一个页时,系统将在源数据库中修改对应的一个页复制到数据库快照中。对已修改页中的记录进行后续更新不会影响快照的内容。

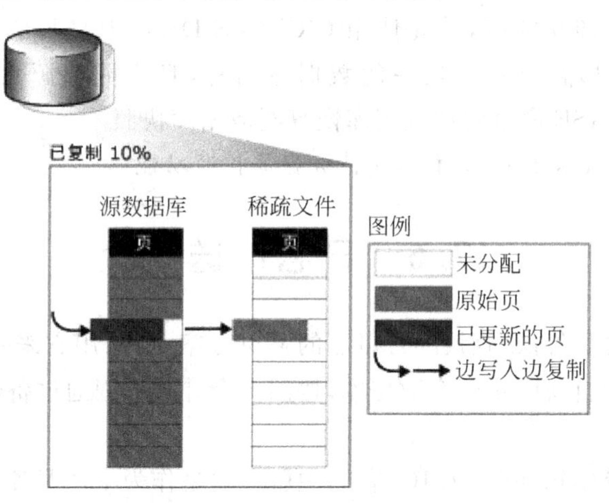

图17.8　快照中包含来自源数据库中的一个页

对于用户而言,数据库快照似乎始终保持不变,因为对数据库快照的读操作始终访问原始数据页,如果未更新源数据库中的页,则对快照的读操作将从源数据库读取原始页;如果已更新源数据库中的页,对快照的读操作仍访问原始页,该原始页现在存储在稀疏文件中。图17.9表示一个快照查询对数据库的访问情况,源数据库的9个页被访问到,有一个页是通过快照访问的,因为该页被更新过了。从中可以看到,就用户来说,对数据库快照的读操作与页驻留的位置无关。

显然,在数据库快照中比特图是十分重要的。由于比特图保存在高速缓存中,而不是在数据库文件中,所以在SQL Server关闭后,比特图不复存在,只有在数据库启动时系统自动进行重建。

注意:由于数据库快照是静态的,因此没有新数据可用。为了让用户能够使用相对较新的数据,必须定期创建新的数据库快照,并通过应用程序将传入客户端连接定向到最新的快照。

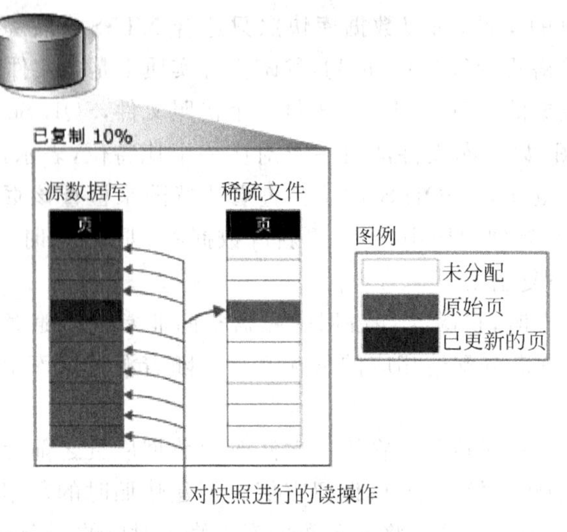

图 17.9　读取数据库快照

在使用数据库快照功能时，首先使用 CREATE DATABASE 命令创建一个数据库快照，每个数据库快照都需要一个唯一的数据库名称，且不能与源数据库同名，然后使用 RESTORE DATABASE 命令将源数据库恢复到数据库快照。

说明：SQL Express 2012 版本不支持数据库快照功能。

17.6　日志传送简介

日志传送是一种代价低、直接的且可靠的解决方案，可以用它来获取高可靠性，可以用来以固定的时间频率自动同步两个数据库，按照一个计划日程通过备份、复制和还原事务日志完成上述任务。

日志传送的拓扑结构如图 17.10 所示，主服务器是作为生产服务器的 SQL Server 数据库引擎实例，辅助服务器是想要在其中保留主数据库备用副本的服务器，可选的第 3 个服务器(称为监视服务器)记录备份和还原操作的历史记录及状态，还可以在无法按计划执行这些操作时引发警报。

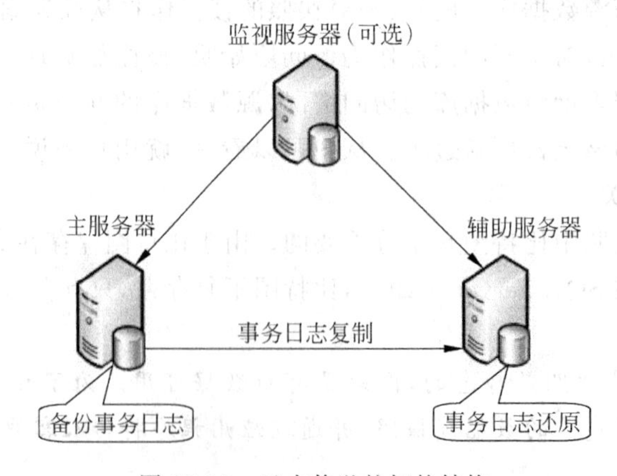

图 17.10　日志传送的拓扑结构

日志传送主要由下面3项操作组成：

① 在主服务器中备份事务日志。

② 将事务日志文件复制到辅助服务器。

③ 在辅助服务器中还原日志备份。

日志可传送到多个辅助服务器，在这些情况下，将针对每个辅助服务器实例重复执行操作②和操作③。

日志传送涉及4项由专用SQL Server代理作业处理的作业，这些作业包括备份作业、复制作业、还原作业和警报作业。用户控制日志备份的频率，包括将日志备份复制到辅助服务器的频率以及将日志备份应用到辅助数据库的频率。例如在生产系统出现故障之后，为了减少使辅助服务器联机所需的工作，可以在创建每个事务日志备份后立即将其复制和还原。

1. 备份作业

在主服务器上为每个主数据库创建一个备份作业，它执行备份操作，将历史记录信息记录到本地服务器和监视服务器上，并删除旧的备份文件和历史记录信息。在默认情况下，每15分钟执行一次此作业，但是间隔可以自定义。启用日志传送后，将在主服务器上创建SQL Server代理作业类别“日志传送备份”。

2. 复制作业

在日志传送配置中，将针对辅助服务器创建复制作业。此作业将备份文件从主服务器复制到辅助服务器中的可配置目标，并在辅助服务器和监视服务器中记录历史记录，可自定义的复制作业计划应与备份计划相似。启用日志传送后，将在辅助服务器上创建SQL Server代理作业类别“日志传送复制”。

3. 还原作业

在辅助服务器上为每个日志传送配置创建一个还原作业。此作业将复制的备份文件还原到辅助数据库，它将历史记录信息记录在本地服务器和监视服务器上，并删除旧文件和旧历史记录信息。在启用日志传送时，辅助服务器上会创建SQL Server代理作业类别“日志传送还原”。

在给定的辅助服务器上，可以按照复制作业的频率计划还原作业，也可以延迟还原作业。使用相同的频率计划这些作业可以使辅助数据库尽可能地与主数据库保持一致，便于创建备用数据库。

4. 警报作业

如果使用了监视服务器，将在警报监视器服务器上创建一个警报作业。此警报作业由使用监视器服务器的所有日志传送配置中的主数据库和辅助数据库所共享。对警报作业进行的任何更改(例如重新计划作业、禁用作业或启用作业)会影响所有使用监视服务器的数据库。在启用日志传送时，监视服务器上会创建SQL Server代理作业类别“日志传送警报”。如果未使用监视服务器，将在本地主服务器和辅助服务器上创建一个警报作业。

有关在辅助服务器上添加辅助数据库和在主服务器上启用日志传送的过程可以使用SQL Server管理控制器和T-SQL实现，这里不再详述。

17.7 故障转移群集简介

故障转移群集是微软 Windows 操作系统针对服务器提供的一种服务，该服务用于防止单台服务器故障导致服务失效。

故障转移群集是一种高可用性的基础结构层，由多台计算机组成，如图 17.11 所示，每台计算机相当于一个冗余结点，整个群集系统允许某部分结点掉线、故障或损坏而不影响整个系统的正常运作。一台服务器接管发生故障的服务器的过程通常称为“故障转移”。

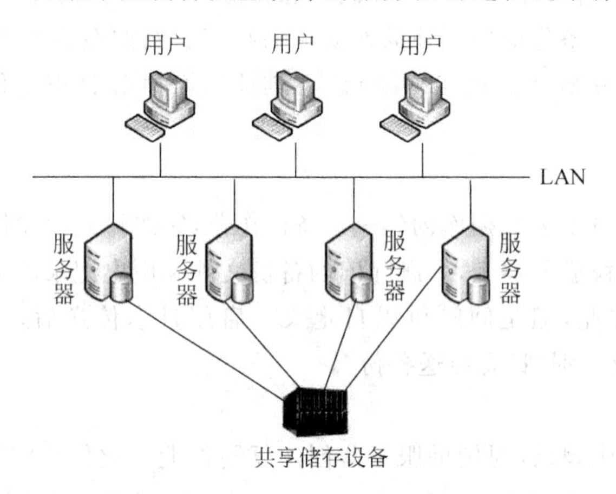

图 17.11　故障转移群集的拓扑结构

如果一台服务器变为不可用，则另一台服务器自动接管发生故障的服务器并继续处理任务。群集中的每台服务器在群集中至少有一台其他服务器确定为其备用服务器。

其工作原理是：故障转移群集必须基于域的管理模式部署，以“心跳机制”来监视各个结点的健康状况；备用服务器以心跳信号来确定活动服务器是否正常，要让备用服务器变成活动服务器，它必须确定活动服务器不再正常工作。

备用服务器必须首先将其状态与发生故障的服务器的状态进行同步，然后才能开始处理事务，主要有 3 种不同的同步方法。

- 事务日志：在事务日志方法中，活动服务器将其状态的所有更改记录到日志中。一个同步实用工具定期处理此日志，以更新备用服务器的状态，使其与活动服务器的状态一致。当活动服务器发生故障时，备用服务器必须使用此同步实用工具处理自上次更新以来事务日志中的任何添加内容。在对状态进行同步之后，备用服务器就成为活动服务器，并开始处理事务。
- 热备用：在热备用方法中，将把活动服务器内部状态的更新立即复制到备用服务器。因为备用服务器的状态是活动服务器状态的克隆，所以备用服务器可以立即成为活动服务器，并开始处理事务。
- 共享存储：在共享存储方法中，两台服务器都在共享存储设备（如存储区域网络或双主机磁盘阵列）上记录其状态。这样，因为不需要进行状态同步，故障转移可以立即发生。

故障转移群集针对具有长期运行的内存中状态或具有大型的、频繁更新的数据状态的应用程序而设计。这些应用程序称为状态应用程序，并且它们包括数据库应用程序和消息应用程序。故障转移群集的典型使用包括文件服务器、打印服务器、数据库服务器和消息服务器。

为了在 SQL Server 中实施故障转移群集，需要在“SQL Server 安装中心”选择“新的 SQL Server 故障转移群集安装”选项进行安装。在安装 SQL Server 故障转移群集之前，必须选择运行 SQL Server 的硬件和操作系统，还必须配置 Windows Server 故障转移群集（WSFC），检查网络和安全性，并了解将在故障转移群集上运行的其他软件的注意事项。

有关故障排除的基本步骤和从故障转移群集故障中恢复的方法比较复杂，感兴趣的读者可以参考相关文献，这里不再详述。

17.8 AlwaysOn 简介

SQL Server AlwaysOn 是 SQL Server 2012 中新增的、全面的高可用性和灾难恢复解决方案。在 AlwaysOn 之前，SQL Server 已有多种高可用性和数据恢复方案，例如数据库镜像、日志传送和故障转移集群，但都有其自身的局限性，而 AlwaysOn 作为一种新的解决方案，结合了数据库镜像和故障转移集群的优点。使用 AlwaysOn 可以提高应用程序的可用性，并且通过简化高可用性部署和管理方面的工作获得更好的硬件投资回报。

一方面，AlwaysOn 故障转移群集实例利用 Windows Server 故障转移群集（WSFC）功能通过冗余在服务器实例级别（故障转移群集实例（FCI））提供了本地高可用性。FCI 是在 Windows Server 故障转移群集（WSFC）结点上和（可能）多个子网中安装的单个 SQL Server 实例。在网络上，FCI 表现得好像是在单台计算机上运行的 SQL Server 实例，但它提供了从一个 WSFC 结点到另一个 WSFC 结点的故障转移（如果当前结点不可用）。

另一方面，在 SQL Server 2012 中引入了 AlwaysOn 可用性组功能，此功能可最大程度地提高一组用户数据库对企业的可用性。可用性组是一个容器，用于一组共同实现故障转移的数据库，可用性数据库是指属于可用性组的数据库。对于每个可用性数据库，可用性组将保留 1 个读/写副本（“主数据库”）和 1～4 个只读副本（“辅助数据库”），可使辅助数据库进行只读访问或某些备份操作。

可用性组在可用性副本级别进行故障转移。故障转移不是由诸如因数据文件丢失而使数据库成为可疑数据库、删除数据库或事务日志损坏等此类数据库问题导致的。

AlwaysOn 可用性组提供了一组丰富的选项来提高数据库的可用性并改进资源的使用情况，可以使用 SQL Server 管理控制器和 T-SQL 实现以下功能：

- 创建和配置可用性组，在某些环境中可以自动准备辅助数据库并且为每个数据库启动数据同步。
- 向现有可用性组添加一个或多个主数据库，在某些环境中，可以自动准备辅助数据库并且为每个数据库启动数据同步。
- 向现有可用性组添加一个或多个辅助副本，在某些环境中，此向导还可以自动准备辅助数据库并且为每个数据库启动数据同步。
- 启动对可用性组的手动故障转移，根据指定为故障转移目标的辅助副本的配置和状态可以指定计划的手动故障转移或强制手动故障转移。

- 监视 AlwaysOn 可用性组、可用性副本和可用性数据库,并且评估 AlwaysOn 策略的结果。

有关配置 SQL Server 以支持 AlwaysOn 可用性组,以及启用、管理和监视 AlwaysOn 可用性组的内容比较复杂,感兴趣的读者可以参考相关文献,这里不再详述。

练 习 题 17

1. 数据文件安全性和 SQL Server 的安全性有什么不同?
2. 什么是备份? 备份分为哪几种类型?
3. 什么是物理设备和逻辑设备?
4. 何为差异数据库备份?
5. 有哪几种数据恢复模式?
6. 进行数据库还原需要注意哪些点?
7. 什么是数据库的分离和附加? 与数据库备份和还原有什么不同?
8. 数据库镜像的同步操作和异步操作两种模式有什么不同?
9. 数据库快照和数据库镜像技术有什么不同?
10. 什么是 AlwaysOn 可用性组?

第18章 SQL Server 数据访问技术

ADO. NET 是微软新一代. NET 数据库的访问模型，是目前数据库程序设计师用来开发数据库应用程序的主要接口，目前已经得到了广泛的应用。本章介绍采用 Visual C#. NET 2012 利用 ADO. NET 访问 SQL Server 数据库的方法。

18.1 ADO. NET 模型

18.1.1 ADO. NET 简介

ADO. NET 是应用程序和数据源之间沟通的"桥梁"。通过 ADO. NET 所提供的对象，再配合 SQL 语句就可以访问数据库中的数据，而且凡是能通过 ODBC 或 OLEDB 接口访问的数据库(如 SQL Server、dBase、FoxPro、Excel、Access 和 Oracle 等)，也可通过 ADO. NET 来访问。

ADO. NET 可提高数据库的扩展性。ADO. NET 可以将数据库中的数据以 XML 格式传送到客户端(Client)的 DataSet 对象中，此时客户端可以和数据库服务器端离线，当客户端程序对数据进行新建、修改、删除等操作后，再和数据库服务器联机，将数据送回数据库服务器端完成更新的操作。如此一来，就可以避免客户端和数据库服务器联机时，虽然客户端不对数据库服务器做任何操作，却一直占用数据库服务器的资源。此种模型使得数据处理由相互连接的双层架构向多层式架构发展，因而提高了数据库的扩展性。

使用 ADO. NET 处理的数据可以通过 HTTP 传输。在 ADO. NET 模型中特别针对分布式数据访问提出了多项改进，为了适应互联网上的数据交换，ADO. NET 不论是内部运作或是与外部数据交换的格式都采用 XML 格式，因此能很轻易地直接通过 HTTP 来传输数据，而不必担心防火墙的问题，并且对于异质性(不同类型)数据库的集成也提供最直接的支持。

18.1.2 ADO. NET 体系结构

ADO. NET 模型主要希望在处理数据的同时不要一直和数据库联机，而发生一直占用系统资源的现象。为了解决此问题，ADO. NET 将访问数据和数据处理的部分分开，以达到离线访问数据的目的，使得数据库能够运行其他工作。

因此，将 ADO. NET 模型分成. NET Data Provider 和 DataSet 数据集两大部分，其中包含的主要对象及其关系如图 18.1 所示。

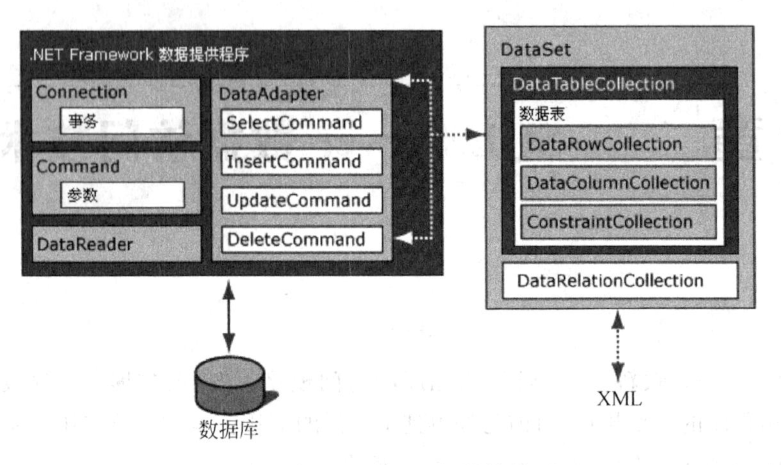

图 18.1　ADO.NET 的结构模型

1. .NET Data Provider

.NET Data Provider 是指访问数据源的一组类库，主要是为了统一对各类型数据源的访问方式而设计的一套高效能的类数据库。表 18.1 给出了.NET Data Provider 中包含的 4 个对象。

表 18.1　.NET Data Provider 中包含的 4 个对象及其说明

对象名称	功 能 说 明
Connection	提供和数据源的连接功能
Command	提供运行访问数据库命令，传送数据或修改数据的功能，例如运行 SQL 命令和存储过程等
DataAdapter	DataSet 对象和数据源之间的"桥梁"。DataAdapter 使用 4 个 Command 对象来运行查询、新建、修改、删除的 SQL 命令，把数据加载到 DataSet，或者把 DataSet 内的数据送回数据源
DataReader	通过 Command 对象运行 SQL 查询命令取得数据流，以便进行高速、只读的数据浏览

通过 Connection 对象可与指定的数据库进行连接，Command 对象用来运行相关的 SQL 命令(SELECT、INSERT、UPDATE 或 DELETE)，以读取或修改数据库中的数据。通过 DataAdapter 对象内所提供的 4 个 Command 对象进行离线式的数据访问，这 4 个 Command 对象分别为 SelectCommand、InsertCommand、UpdateCommand 和 DeleteCommand，其中，SelectCommand 用来将数据库中的数据读出并放到 DataSet 对象中，以便进行离线式的数据访问，至于其他 3 个命令对象(InsertCommand、UpdateCommand 和 DeleteCommand)则用来修改 DataSet 中的数据，并写回数据库中；通过 DataAdapter 对象的 Fill 方法可以将数据读到 DataSet 中；通过 Update 方法则可以将 DataSet 对象的数据更新到指定的数据库中。

在使用程序访问数据库之前，要先确定使用哪个 Data Provider(数据提供程序)来访问数据库，Data Provider 是一组用来访问数据库的对象，在.NET Framework 中提供了 SQL.NET Data Provider、OLE DB.NET Data Provider、ODBC.NET Data Provider 和 ORACLE .NET Data Provider 等数据提供程序。本章采用 SQL.NET Data Provider 访问 SQL Server 数据库，在对应的 ADO.NET 对象名称之前都要加上 Sql，如 SqlConnection、SqlCommand 等，使用

System. Data. SqlClient 命名空间。

2. DataSet

DataSet(数据集)是 ADO. NET 离线数据访问模型中的核心对象,主要在内存中暂存并处理各种从数据源中取回的数据。DataSet 对象其实就是一个存放在内存中的数据暂存区,这些数据必须通过 DataAdapter 对象与数据库做数据交换。在 DataSet 对象内部允许同时存放一个或多个不同的数据表(DataTable)对象。这些数据表是由数据列和数据域组成的,并包含有主索引键、外部索引键、数据表间的关系信息以及数据格式的条件限制。

DataSet 对象的作用像内存中的数据库管理系统,因此在离线时,DataSet 对象也能独自完成数据的新建、修改、删除、查询等操作,而不必一直局限在和数据库联机时才能做数据维护的工作。DataSet 对象可以用于访问多个不同的数据源、XML 数据或者作为应用程序暂存系统状态的暂存区。

数据库通过 Connection 对象连接后,便可以通过 Command 对象将 SQL 语法(如 INSERT、UPDATE、DELETE 或 SELECT)交由数据库引擎(例如 SQL Server)去运行,并通过 DataAdapter 对象将数据查询的结果存放到离线的 DataSet 对象中,进行离线数据修改,对降低数据库联机负担具有极大的帮助。至于数据查询部分,还通过 Command 对象设置 SELECT 查询语法和通过 Connection 对象设置数据库连接,运行数据查询后利用 DataReader 对象以只读的方式逐笔往下进行数据浏览。

18.1.3 ADO. NET 数据库的访问流程

ADO. NET 数据库访问的一般流程如下:

① 建立 Connection 对象,创建一个数据库连接。

② 在建立连接的基础上可以使用 Command 对象对数据库发送查询、新增、修改和删除等命令。

③ 创建 DataAdapter 对象,从数据库中取得数据。

④ 创建 DataSet 对象,将 DataAdapter 对象填充到 DataSet 对象(数据集)中。

⑤ 如果需要,可以重复操作,一个 DataSet 对象可以容纳多个数据集合。

⑥ 关闭数据库。

⑦ 在 DataSet 上进行所需要的操作。数据集的数据要输出到 Windows 窗体或者网页上,设定数据显示控件的数据源为数据集。

18.2 ADO. NET 的数据访问对象

ADO. NET 的数据访问对象有 Connection、Command、DataReader 和 DataAdapter 等。由于每种. NET Data Provider 都有自己的数据访问对象,它们的使用方式相似,本节主要介绍 SQL. NET Data Provider 的各种数据访问对象的使用,SQL. NET Data Provider 对应的命名空间为 System. Data. SqlClient。

18.2.1 SqlConnection 对象

当与数据库交互时首先应该创建连接,该连接告诉其余的代码它将与哪个数据库“打交道”。这种连接管理所有与特定数据库协议有关联的低级逻辑。SQL. NET Data Provider 数据提供程序使用 SqlConnection 类的对象来标识与一个数据库的物理连接。

1. SqlConnection 类的属性和方法

SqlConnection 对象表示与 SQL Server 数据源的一个会话或连接。SqlConnection 类的常用属性如表 18.2 所示。

表 18.2 SqlConnection 类的常用属性及其说明

属性	说明
ConnectionString	获取或设置用于打开数据库的字符串
ConnectionTimeout	获取在尝试建立连接时终止尝试并生成错误之前所等待的时间
Database	获取当前数据库或连接打开后要使用的数据库的名称
DataSource	获取数据源的服务器名或文件名
State	获取连接的当前状态,其取值及其说明如表 18.3 所示

表 18.3 State 枚举成员值

成员名称	说明
Broken	与数据源的连接中断,只有在连接打开之后才可能发生这种情况,可以关闭处于这种状态的连接,然后重新打开
Closed	连接处于关闭状态
Connecting	连接对象正在与数据源连接(该值是为此产品的未来版本保留的)
Executing	连接对象正在执行命令(该值是为此产品的未来版本保留的)
Fetching	连接对象正在检索数据(该值是为此产品的未来版本保留的)
Open	连接处于打开状态

SqlConnection 类的常用方法如表 18.4 所示。当 SqlConnection 对象超出范围时不会自动被关闭,因此在不再需要 SqlConnection 对象时必须调用 Close 方法显式关闭该连接。

表 18.4 SqlConnection 对象的方法

方法名称	说明
Open	使用 ConnectionString 所指定的属性设置打开数据库连接
Close	关闭与数据库的连接,这是关闭任何打开连接的首选方法
CreateCommand	创建并返回一个与 SqlConnection 关联的 SqlCommand 对象
ChangeDatabase	为打开的 SqlConnection 更改当前数据库

2. 建立连接字符串 ConnectionString

直接建立连接字符串的方式是先创建一个 SqlConnection 对象,将其 ConnectionString 属性设置为以下值:

```
Data Source = LCB - PC\\SQLEXPRESS;Initial Catalog = school;
    Persist Security Info = True;User ID = sa;Password = 12345
```

其中,Data Source 指出服务器名称;Initial Catalog 指出数据库名称;Persist Security Info 表示是否保存安全信息(可以简单地理解为 ADO. NET 在数据库连接成功后是否保存密码信息,True 表示保存,False 表示不保存,其默认为 False);User ID 指出登录名,

Password 指出登录密码。

【例 18.1】 设计一个 C# 控制台应用程序 proj1，说明直接建立连接字符串的连接过程。

解：启动 Visual Studio 2012，选择“文件|新建|项目”命令，单击“浏览”按钮，选中“D:\数据库原理与技术程序\ch18”文件夹，输入项目名称为“proj1”，如图 18.2 所示。然后单击“确定”按钮，在出现的程序编辑框中输入以下代码：

```
using System;
using System.Data;                              //新增
using System.Data.SqlClient;                    //新增
namespace proj1
{   class Program
    {   static void Main(string[] args)
        {   string mystr;
            SqlConnection myconn = new SqlConnection();
            mystr = "Data Source = LCB - PC\\SQLEXPRESS;Initial Catalog = school; " +
                "Persist Security Info = True;User ID = sa;Password = 12345";
            myconn.ConnectionString = mystr;
            myconn.Open();
            if (myconn.State == ConnectionState.Open)
                Console.WriteLine("成功连接到 SQL Server 数据库");
            else
                Console.WriteLine("连接到 SQL Server 数据库失败");
        }
    }
}
```

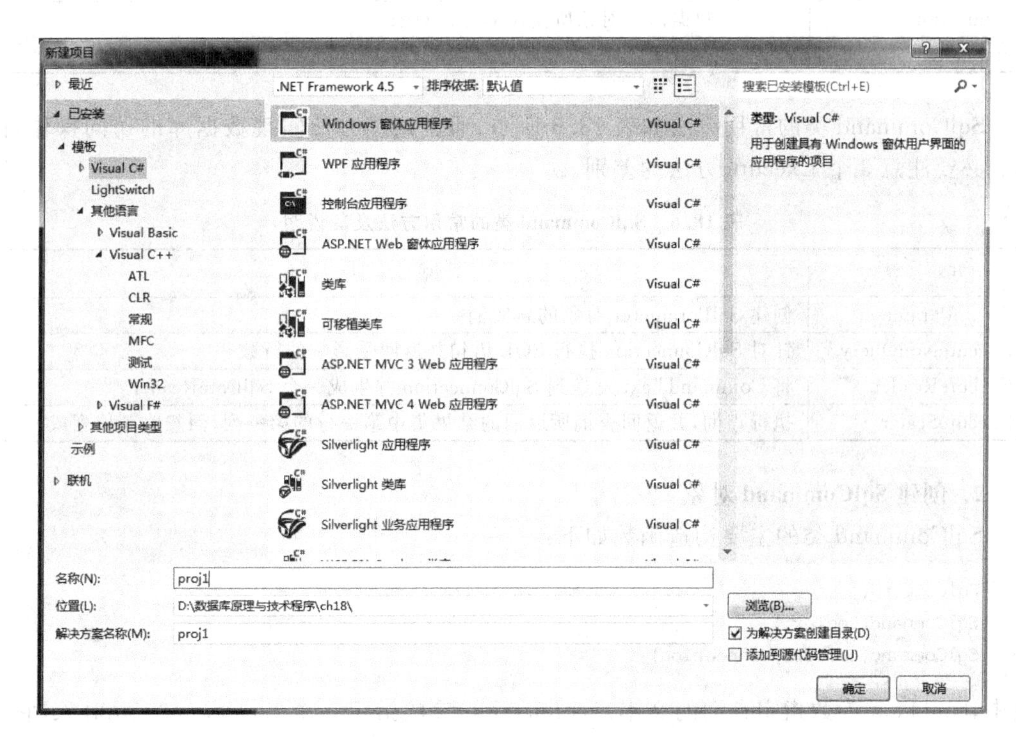

图 18.2 “新建项目”对话框

按 Ctrl+F5 组合键运行本程序，若输出“成功连接到 SQL Server 数据库”的信息，则表示连接成功。

18.2.2 SqlCommand 对象

在建立了数据连接之后，就可以执行数据访问操作了。对数据库的操作一般被概括为 CRUD—Create、Read、Update 和 Delete。在 ADO.NET 中定义 SqlCommand 类去执行这些操作。

1. SqlCommand 类的属性和方法

OldbCommand 类有自己的属性，其属性包含对数据库执行命令所需要的全部信息。SqlCommand 类的常用属性如表 18.5 所示。其中，CommandText 属性存储的字符串数据依赖于 CommandType 属性的类型。例如，当 CommandType 属性设置为 StoredProcedure 时，表示 CommandText 属性的值为存储过程的名称，如果 CommandType 属性设置为 Text，CommandText 应为 SQL 语句。如果不显式设置 CommandType 的值，则 CommandType 默认为 Text。

表 18.5 SqlCommand 类的常用属性及其说明

属　　性	说　　明
CommandText	获取或设置要对数据源执行的 SQL 语句或存储过程
CommandTimeout	获取或设置在终止执行命令的尝试并生成错误之前的等待时间
CommandType	获取或设置一个值，该值指示如何解释 CommandText 属性
Connection	数据命令对象所使用的连接对象
Parameters	参数集合(SqlParameterCollection)

SqlCommand 类的常用方法如表 18.6 所示，通过这些方法实现数据库的访问操作，读者务必要注意 3 个 Execute 方法的差别。

表 18.6 SqlCommand 类的常用方法及其说明

方　　法	说　　明
CreateParameter	创建 SqlParameter 对象的新实例
ExecuteNonQuery	针对 SqlConnection 执行 SQL 语句并返回受影响的行数
ExecuteReader	将 CommandText 发送到 SqlConnection 并生成一个 SqlDataReader
ExecuteScalar	执行查询，并返回查询所返回的结果集中第一行的第一列，而忽略其他列或行

2. 创建 SqlCommand 对象

SqlCommand 类的主要构造函数如下：

```
SqlCommand()
SqlCommand(cmdText)
SqlCommand(cmdText,connection)
```

其中，cmdText 参数指定查询的文本。connection 参数指定一个 SqlConnection 对象，它表示到 SQL Server 数据库的连接。例如，以下语句创建一个 SqlCommand 对象 mycmd：

```
SqlConnection myconn = new SqlConnection();
```

```
string mystr = "Data Source = LCB - PC\\SQLEXPRESS;Initial Catalog = school;" +
         "Persist Security Info = True;User ID = sa;Password = 12345";
myconn.ConnectionString = mystr;
myconn.Open();
SqlCommand mycmd = new SqlCommand("SELECT * FROM student", myconn);
```

3. 通过 SqlCommand 对象返回单个值

在 SqlCommand 的方法中，ExecuteScalar 方法用于执行返回单个值的 SQL 命令。例如，如果想获取 student 数据库中学生的总人数，则可以使用这个方法执行 SQL 查询“SELECT Count(*) FROM student”。

【例 18.2】 设计一个 C# 控制台应用程序 proj2，通过 SqlCommand 对象求 score 表中选修“3-105”课程的学生的平均分。

解：新建项目 proj2，对应的程序如下。

```
using System;
using System.Data;
using System.Data.SqlClient;
namespace proj2
{   class Program
    {   static void Main(string[] args)
        {   string mystr;
            SqlConnection myconn  =  new SqlConnection();
            SqlCommand mycmd  =  new SqlCommand();
            mystr =  "Data Source = LCB - PC\\SQLEXPRESS;Initial Catalog = school;"  +
                    "Persist Security Info = True;User ID = sa;Password = 12345";
            myconn.ConnectionString  =  mystr;
            myconn.Open();
            string mysql  =  "SELECT AVG(分数) FROM score WHERE 课程号 = '3 - 105'";
            mycmd.CommandText  =  mysql;
            mycmd.Connection  =  myconn;
            Console.WriteLine(mycmd.ExecuteScalar().ToString());
            myconn.Close();
        }
    }
}
```

上述代码采用直接建立连接字符串的方法建立连接，并通过 ExecuteScalar 方法执行 SQL 命令。按 Ctrl＋F5 组合键运行本程序，输出 85。

4. 通过 SqlCommand 对象执行修改操作

在 SqlCommand 的方法中，ExecuteNonQuery 方法执行不返回结果的 SQL 命令。该方法主要用来更新数据，通常使用它执行 UPDATE、INSERT 和 DELETE 语句。该方法不返回行，对于 UPDATE、INSERT 和 DELETE 语句，返回值为该命令所影响的行数，对于所有其他类型的语句，返回值为－1。

例如，以下代码用于将 score 表中所有不为空的分数均增加 5 分：

```
string mystr = "Data Source = LCB - PC\\SQLEXPRESS;Initial Catalog = school;" +
       "Persist Security Info = True;User ID = sa;Password = 12345";
SqlConnection myconn = new SqlConnection();
```

```
SqlCommand mycmd = new SqlCommand();
myconn.ConnectionString = mystr;
myconn.Open();
string mysql = "UPDATE score SET 分数 = 分数 + 5 WHERE 分数 IS NOT NULL";
mycmd.CommandText = mysql;
mycmd.Connection = myconn;
mycmd.ExecuteNonQuery();
myconn.Close();
```

5. 在数据命令中指定参数

SQL .NET Data Provider 支持执行命令中包含参数的情况，也就是说，可以使用包含参数的数据命令或存储过程执行数据筛选操作和数据更新等操作，其主要流程如下：

① 创建 Connection 对象，并设置相应的属性值。

② 打开 Connection 对象。

③ 创建 Command 对象并设置相应的属性值，其中 SQL 语句含有参数。

④ 创建参数对象，将建立好的参数对象添加到 Command 对象的 Parameters 集合中。

⑤ 给参数对象赋值。

⑥ 执行数据命令。

⑦ 关闭相关对象。

当数据命令文本中包含参数时，这些参数都必须有一个@前缀，它们的值可以在运行时指定。

数据命令对象 SqlCommand 的 Parameters 属性能够取得与 SqlCommand 相关联的参数集合(也就是 SqlParameterCollection)，从而通过调用其 Add 方法即可将 SQL 语句中的参数添加到参数集合中，每个参数是一个 Parameter 对象，其常用属性及说明如表 18.7 所示。

表 18.7 Parameter 的常用属性及其说明

属　性	说　明
ParameterName	用于指定参数的名称
SqlDbType	用于指定参数的数据类型，例如整型、字符型等
Value	设置输入参数的值
Size	设置数据的最大长度(以字节为单位)
Scale	设置小数位数
Direction	指定参数的方向，其中，ParameterDirection. Input 指明为输入参数，ParameterDirection. Output 指明为输出参数，ParameterDirection. InputOutput 指明为输入参数或者输出参数，ParameterDirection. ReturnValue 指明为返回值类型

【例 18.3】 设计一个 C# 控制台应用程序 proj3，通过 SqlCommand 对象求出指定学号的学生的平均分。

解：新建项目 proj3，对应的程序如下。

```
using System;
using System.Data;
using System.Data.SqlClient;
```

```
namespace proj3
{   class Program
    {   static void Main(string[] args)
        {   string no,mystr;
            Console.Write("学号:");
            no = Console.ReadLine();
            SqlConnection myconn = new SqlConnection();
            SqlCommand mycmd = new SqlCommand();
            mystr = "Data Source = LCB - PC\\SQLEXPRESS;Initial Catalog = school;" +
                "Persist Security Info = True;User ID = sa;Password = 12345";
            myconn.ConnectionString = mystr;
            myconn.Open();
            string mysql = "SELECT AVG(分数) FROM score WHERE 学号 = @xh";
            mycmd.CommandText = mysql;
            mycmd.Connection = myconn;
            mycmd.Parameters.Add("@xh", SqlDbType.Int, 5);
            mycmd.Parameters["@xh"].Value = no.Trim();
            Console.WriteLine("平均分为{0}",mycmd.ExecuteScalar().ToString());
            myconn.Close();
        }
    }
}
```

上述代码通过 ExecuteScalar 方法执行 SQL 命令，通过参数替换返回指定学号的平均分。按 Ctrl+F5 组合键运行本程序，输入学号“105”，输出平均分为 81.5。

6. 执行存储过程

用户可以通过数据命令对象 SqlCommand 执行 SQL Server 的存储过程。在存储过程中参数的设置方法与在 SqlCommand 对象中参数的设置方法相同。

存储过程可以拥有输入参数、输出参数和返回值。其输入参数用来接收传递给存储过程的数据值，输出参数用来将数据值返回给调用程序等。

对于执行存储过程的 SqlCommand 对象，需要将其 CommandType 属性设置为 StoredProcedure，将其 CommandText 属性设置为要执行的存储过程名。

【例 18.4】 设计一个 C# 控制台应用程序 proj4，通过执行第 14 章建立的存储过程 average 求出指定学号的学生的姓名和平均分。

解：新建项目 proj4，对应的程序如下。

```
using System;
using System.Data;
using System.Data.SqlClient;
namespace proj4
{   class Program
    {   static void Main(string[] args)
        {   string no,mystr;
            Console.Write("学号:");
            no = Console.ReadLine();
            SqlConnection myconn = new SqlConnection();
            SqlCommand mycmd = new SqlCommand();
            mystr = "Data Source = LCB - PC\\SQLEXPRESS;Initial Catalog = school;" +
                "Persist Security Info = True;User ID = sa;Password = 12345";
```

```
                myconn.ConnectionString = mystr;
                myconn.Open();
                mycmd.Connection = myconn;
                mycmd.CommandType = CommandType.StoredProcedure;
                mycmd.CommandText = "average";
                SqlParameter myparm1 = new SqlParameter();
                myparm1.Direction = ParameterDirection.Input;
                myparm1.ParameterName = "@st_no"; myparm1.SqlDbType = SqlDbType.Int;
                myparm1.Size = 5; myparm1.Value = no.Trim();
                mycmd.Parameters.Add(myparm1);
                SqlParameter myparm2 = new SqlParameter();
                myparm2.Direction = ParameterDirection.Output;
                myparm2.ParameterName = "@st_name";
                myparm2.SqlDbType = SqlDbType.Char;
                myparm2.Size = 10; mycmd.Parameters.Add(myparm2);
                SqlParameter myparm3 = new SqlParameter();
                myparm3.Direction = ParameterDirection.Output;
                myparm3.ParameterName = "@st_avg";
                myparm3.SqlDbType = SqlDbType.Float;
                myparm3.Size = 10; mycmd.Parameters.Add(myparm3);
                mycmd.ExecuteScalar();
                Console.WriteLine("{0}的平均分为{1}",
                    myparm2.Value.ToString().Trim(),myparm3.Value.ToString());
                myconn.Close();
            }
        }
    }
```

上述代码中调用存储过程 average 有 3 个参数，第一个参数@st_no 为输入参数，后两个参数@st_name、@st_avg 为输出型参数。通过 ExecuteScalar()方法执行后，将后两个输出型参数的值输出。按 Ctrl+F5 组合键运行本程序，输入学号“105”，输出平均分为 81.5。

18.2.3 SqlDataReader 对象

当执行返回结果集的命令时，需要一个方法从结果集中提取数据。处理结果集的方法有两个，一是使用 SqlDataReader 对象（数据阅读器），二是同时使用 SqlDataAdapter 对象（数据适配器）和 DataSet 对象。

不过，使用 SqlDataReader 对象从数据库中得到只读的、只能向前的数据流。使用 SqlDataReader 对象可以提高应用程序的性能，减少系统开销，因为同一时间只有一行记录在内存中。

1. SqlDataReader 类的属性和方法

SqlDataReader 类的常用属性如表 18.8 所示。其常用方法如表 18.9 所示。

表 18.8 SqlDataReader 类的常用属性及其说明

属　性	说　明
FieldCount	获取当前行中的列数
IsClosed	获取一个布尔值，指出 SqlDataReader 对象是否关闭
RecordsAffected	获取执行 SQL 语句时修改的行数

表 18.9　SqlDataReader 类的常用方法及其说明

方　法	说　明
Read	将 SqlDataReader 对象前进到下一行并读取，返回布尔值指示是否有多行
Close	关闭 SqlDataReader 对象
IsDBNull	返回布尔值，表示列是否包含 NULL 值
NextResult	将 SqlDataReader 对象移到下一个结果集，返回布尔值指示该结果集是否有多行
GetBoolean	返回指定列的值，类型为布尔值
GetString	返回指定列的值，类型为字符串
GetByte	返回指定列的值，类型为字节
GetInt32	返回指定列的值，类型为整型值
GetDouble	返回指定列的值，类型为双精度值
GetDataTime	返回指定列的值，类型为日期时间值
GetOrdinal	返回指定列的序号或数字位置(从 0 开始编号)
GetBoolean	返回指定列的值，类型为对象

2. 创建 SqlDataReader 对象

在 ADO.NET 中不能显式地使用 SqlDataReader 对象的构造函数创建 SqlDataReader 对象。实际上，SqlDataReader 类没有提供公有的构造函数，通常调用 Command 类的 ExecuteReader 方法，这个方法将返回一个 SqlDataReader 对象。例如，以下代码创建一个 SqlDataReader 对象 myreader：

```
SqlCommand cmd = new SqlCommand(CommandText, ConnectionObject);
SqlDataReader myreader = cmd.ExecuteReader();
```

注意：SqlDataReader 对象不能使用 new 来创建。

SqlDataReader 对象最常见的用法就是检索 SQL 查询或存储过程返回的记录。另外，SqlDataReader 是一个连接的、只向前的和只读的结果集。也就是说，当使用 SqlDataReader 对象时，必须保持连接处于打开状态。除此之外，可以从头到尾遍历记录集，而且也只能以这样的次序遍历。这就意味着不能在某条记录处停下来向回移动。记录是只读的，因此 SqlDataReader 类不提供任何修改数据库记录的方法。

注意：SqlDataReader 对象使用底层的连接，连接是它专有的。当 SqlDataReader 对象打开时，不能使用对应的连接对象执行其他任何任务，例如执行另外的命令等。当 SqlDataReader 对象的记录不再需要时，应该立刻关闭它。

3. 遍历 SqlDataReader 对象的记录

当 ExecuteReader 方法返回 SqlDataReader 对象时，当前光标的位置是在第一条记录的前面，必须调用 SqlDataReader 对象的 Read 方法把光标移动到第一条记录，然后第一条记录将变成当前记录。如果 SqlDataReader 对象中包含的记录不止一条，Read 方法就返回一个 Boolean 值 True。要想移动到下一条记录，需要再次调用 Read 方法。重复上述过程，直到最后一条记录，那时 Read 方法将返回 False。通常使用 while 循环来遍历记录：

```
while (myreader.Read())
{  //读取数据 }
```

只要 Read 方法返回的值为 True，就可以访问当前记录中包含的字段。

4. 访问字段中的值

每一个 SqlDataReader 对象都定义了一个 Item 属性，此属性返回一个代码字段属性的对象。Item 属性是 SqlDataReader 对象的索引。需要注意的是，Item 属性总是基于 0 开始编号：

```
myreader[字段名],myreader[字段索引]
```

可以把包含字段名的字符串传入 Item 属性，也可以把指定字段索引的 32 位整数传递给 Item 属性。例如，如果 SqlDataReader 对象 myreader 对应的 SQL 命令如下：

```
SELECT 学号,分数 FROM score
```

使用下面的任意一种方法都可以得到两个被返回字段的值：

```
myreader["学号"],myreader["分数"]
```

或者：

```
myreader[0],myreader[1]
```

【例 18.5】 设计一个 C# 控制台应用程序 proj5，通过 SqlDataReader 对象输出所有学生的记录。

解：新建项目 proj5，对应的程序如下。

```
using System;
using System.Data;
using System.Data.SqlClient;
namespace proj5
{    class Program
     {    static void Main(string[] args)
          {    string mystr;
               SqlConnection myconn = new SqlConnection();
               SqlCommand mycmd = new SqlCommand();
               mystr = "Data Source = LCB - PC\\SQLEXPRESS;Initial Catalog = school;" +
                    "Persist Security Info = True;User ID = sa;Password = 12345";
               myconn.ConnectionString = mystr;
               myconn.Open();
               string mysql = "SELECT * FROM student";
               mycmd.CommandText = mysql;
               mycmd.Connection = myconn;
               SqlDataReader myreader = mycmd.ExecuteReader();
               Console.WriteLine("学号   姓名   性别 出生日期   班号");
               while (myreader.Read())     //循环读取信息
               {    Console.WriteLine("{0} {1} {2} {3}\t{4}",
                         myreader["学号"].ToString(), myreader[1].ToString(),
                         myreader[2].ToString(), myreader[3].ToString(),
                         myreader[4].ToString());
               }
               myconn.Close();
               myreader.Close();
          }
     }
}
```

按 Ctrl＋F5 组合键运行本程序，输出所有学生的信息。

18.2.4 SqlDataAdapter 对象

SqlDataAdapter 对象（数据适配器）可以执行 SQL 命令以及调用存储过程、传递参数，重要的是取得数据结果集，在数据库和 DataSet 对象之间来回传输数据。

1. SqlDataAdapter 类的属性和方法

SqlDataAdapter 类的常用属性如表 18.10 所示，其常用方法如表 18.11 所示。使用 SqlDataAdapter 对象的主要目的是取得 DataSet 对象。另外，它还有一个功能，就是数据写回更新的自动化。因为 DataSet 对象为离线存取，因此，数据的添加、删除、修改都在 DataSet 中进行，当需要数据分批次写回数据库时，SqlDataAdapter 对象提供了一个 Update 方法，它会自动将 DataSet 中不同的内容取出，然后自动判断添加的数据并使用 InsertCommand 所指定的 INSERT 语句，修改的记录使用 UpdateCommand 所指定的 UPDATE 语句，删除的记录使用 DeleteCommand 指定的 DELETE 语句，从而更新数据库的内容。

表 18.10 SqlDataAdapter 类的常用属性及其说明

属　性	说　明
SelectCommand	获取或设置 SQL 语句或存储过程，用于选择数据源中的记录
InsertCommand	获取或设置 SQL 语句或存储过程，用于将新记录插入到数据源中
UpdateCommand	获取或设置 SQL 语句或存储过程，用于更新数据源中的记录
DeleteCommand	获取或设置 SQL 语句或存储过程，用于从数据集中删除记录
AcceptChangesDuringFill	获取或设置一个值，该值指示在任何 Fill 操作过程中时是否接受对行所做的修改
AcceptChangesDuringUpdate	获取或设置在 Update 期间是否调用 AcceptChanges
FillLoadOption	获取或设置 LoadOption，后者确定适配器如何从 SqlDataReader 中填充 DataTable
MissingMappingAction	确定传入数据没有匹配的表或列时需要执行的操作
MissingSchemaAction	确定现有 DataSet 架构与传入数据不匹配时需要执行的操作
TableMappings	获取一个集合，它提供源表和 DataTable 之间的主映射

表 18.11 SqlDataAdapter 类的常用方法及其说明

方　法	说　明
Fill	用来自动执行 SqlDataAdapter 对象的 SelectCommand 属性中相对应的 SQL 语句，以检索数据库中的数据，然后更新数据集中的 DataTable 对象，如果 DataTable 对象不存在，则创建它
FillSchema	将 DataTable 添加到 DataSet 中，并配置架构以匹配数据源中的架构
GetFillParameters	获取当执行 SQL SELECT 语句时由用户设置的参数
Update	用来自动执行 UpdateCommand、InsertCommand 或 DeleteCommand 属性对应的 SQL 语句，以使数据集中的数据更新数据库

在写回数据来源时，DataTable 与实际数据的数据表及列的对应可以通过 TableMappings 定义对应关系。

2. 创建 SqlDataAdapter 对象

利用构造函数来创建 SqlDataAdapter 对象。SqlDataAdapter 类有以下构造函数：

```
SqlDataAdapter()
SqlDataAdapter(selectCommandText)
SqlDataAdapter(selectCommandText,selectConnection)
SqlDataAdapter((selectCommandText,selectConnectionString)
```

其中,selectCommandText 是一个字符串,包含一个 SELECT 语句或存储过程。selectConnection 是当前连接的 SqlConnection 对象。selectConnectionString 是连接字符串。

采用上述第 3 个构造函数创建 SqlDataAdapter 对象的过程是先建立 SqlConnection 连接对象,接着建立 SqlDataAdapter 对象,在建立该对象的同时可以传递两个参数,即命令字符串(mysql)和连接对象(myconn)。例如：

```
SqlConnection myconn = new SqlConnection();
string mystr = "Data Source = LCB - PC\\SQLEXPRESS;Initial Catalog = school;" +
       "Persist Security Info = True;User ID = sa;Password = 12345";
myconn.ConnectionString = mystr;
myconn.Open();
string mysql = "SELECT * FROM student";
SqlDataAdapter myadapter = new SqlDataAdapter(mysql, myconn);
myconn.Close();
```

以上代码仅创建了 SqlDataAdapter 对象 myadapter,并没有使用它。在后面介绍 DataSet 对象时大量使用 SqlDataAdapter 对象。

3. 使用 Fill 方法

Fill 方法用于向 DataSet 对象填充从数据源中读取的数据。调用 Fill 方法的语法格式有多种,常见的格式如下：

```
SqlDataAdapter 对象名.Fill(DataSet 对象名,"数据表名")
```

其中,第一个参数是数据集对象名,表示要填充的数据集对象；第二个参数是一个字符串,表示本地缓冲区中建立的临时表的名称。例如,以下语句用 student 表数据填充数据集 mydataset1：

```
SqlDataAdapter1.Fill(mydataset1,"student")
```

在使用 Fill 方法时要注意以下几点：

① 如果调用 Fill()之前连接已关闭,则先将其打开以检索数据,数据检索完成后再将连接关闭。如果调用 Fill()之前连接已打开,连接仍然会保持打开状态。

② 如果数据适配器在填充 DataTable 时遇到重复列,它们将以"columnname1"、"columnname2"、"columnname3"……这种形式命名后面的列。

③ 如果传入的数据包含未命名的列,它们将以"column1"、"column2"的形式命名存入 DataTable。

④ 在向 DataSet 添加多个结果集时,每个结果集都放在一个单独的表中。

⑤ 可以在同一个 DataTable 中多次使用 Fill()方法。如果存在主键,则传入的行会与已有的匹配行合并；如果不存在主键,则传入的行会追加到 DataTable 中。

4. 使用 Update 方法

Update 方法用于将数据集 DataSet 对象中的数据按 InsertCommand 属性、DeleteCommand 属性和 UpdateCommand 属性所指定的要求更新数据源，即调用 3 个属性中所定义的 SQL 语句更新数据源。Update 方法常见的调用格式如下：

```
SqlDataAdapter 名称.Update(DataSet 对象名,[数据表名])
```

其中，第一个参数是数据集对象名称，表示要将哪个数据集对象中的数据更新到数据源；第二个参数是一个字符串，表示临时表的名称，它是可选项。

由于 SqlDataAdapter 对象介于 DataSet 对象和数据源之间，Update 方法只能将 DataSet 中的修改回存到数据源中，有关修改 DataSet 对象中数据的方法将在下一节介绍。当用户修改 DataSet 对象中的数据时，如何产生 SqlDataAdapter 对象的 InsertCommand、DeleteCommand 和 UpdateCommand 属性呢？

系统提供了 SqlCommandBuilder 类用于将用户对 DataSet 对象的数据操作自动产生相对应的 InsertCommand、DeleteCommand 和 UpdateCommand 属性。该类的构造函数如下：

```
SqlCommandBuilder(adapter)
```

其中，adapter 参数指出一个已生成的 SqlDataAdapter 对象。例如，以下语句创建一个 SqlCommandBuilder 对象 mycmdbuilder，用于产生 myadp 对象的 InsertCommand、DeleteCommand 和 UpdateCommand 属性，然后调用 Update 方法执行这些修改命令以更新数据源：

```
SqlCommandBuilder mycmdbuilder = new SqlCommandBuilder(myadp);
myadp.Update(myds, "student");
```

18.3 DataSet 对象

DataSet 是核心的 ADO.NET 数据库访问组件，主要用来支持 ADO.NET 的不连贯连接及分布数据处理。DataSet 是数据库在内存中的驻留形式，可以保证和数据源无关的一致的关系模型，实现同时对多个不同数据源的操作。

18.3.1 DataSet 对象概述

ADO.NET 包含多个组件，每个组件在访问数据库时具有自己的功能，如图 18.3 所示。首先通过 Connection 对象建立与实际数据库的连接，Command 组件发送数据库的操作命令。一种方式是使用 DataReader 对象（含有命令执行提取的数据库数据）与 C# 应用程序界面进行交互，另一种方式是通过 DataAdapter 对象将命令执行提取的数据库数据填充到 DataSet 对象中，再通过 DataSet 对象与 C# 应用程序界面进行交互，后一种方式功能更强。其中，DataView 是一个实现数据排序、查询等操作的对象。

数据集 DataSet 对象可以分为类型化数据集和非类型化数据集：

- 类型化数据集继承自 DataSet 基类，包含结构描述信息，是结构描述文件所生成类的实例，C# 对类型化数据集提供了较多的可视化工具支持，访问类型化数据集中的数据表和字段内容更加方便、快捷且不容易出错，类型化数据集提供了编译阶段的类型检查功能。

- 非类型化的 DataSet 没有对应的内建结构描述，本身所包括的表、字段等数据对象以集合的方式来呈现，对于动态建立的且不需要使用结构描述信息的对象则应该使用非类型化数据集，可以使用 DataSet 的 WriteXmlSchema 方法将非类型化数据集的结构导出到结构描述文件。

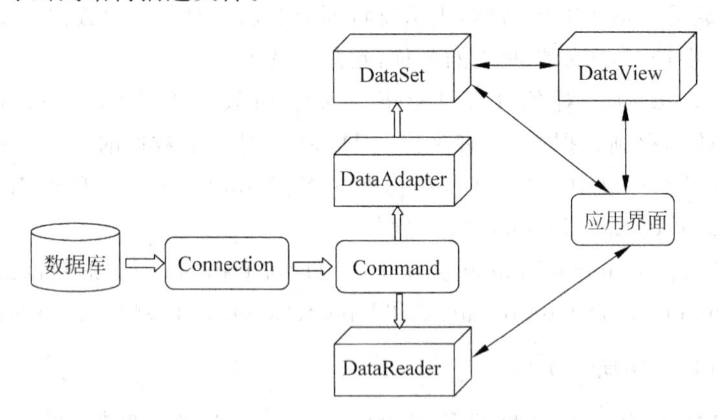

图 18.3　ADO.NET 组件访问数据库的方式

创建 DataSet 对象有多种方法，既可以使用设计工具，也可以使用程序代码创建 DataSet 对象。使用程序代码创建 DataSet 对象的语法格式如下：

```
DataSet 对象名 = new DataSet(); 或 DataSet 对象名 = new DataSet(dataSetName);
```

其中，dataSetName 为一个字符串，指出 DataSet 的名称。

18.3.2 DataSet 对象的属性和方法

1. DataSet 对象的属性

DataSet 对象的常用属性如表 18.12 所示。一个 DataSet 对象包含一个 Tables 属性（即表集合）和一个 Relations 属性（即表之间关系的集合）。

表 18.12　DataSet 对象的常用属性及其说明

属　性	说　明
CaseSensitive	获取或设置一个值，该值指示 DataTable 对象中的字符串比较是否区分大小写
DataSetName	获取或设置当前 DataSet 的名称
Relations	获取用于将表链接起来并允许从父表浏览到子表的关系的集合
Tables	获取包含在 DataSet 中的表的集合

DataSet 对象的 Tables 集合属性的基本架构如图 18.4 所示，理解这种复杂的架构关系对于使用 DataSet 对象是十分重要的。实际上，DataSet 对象如同内存中的数据库（由多个表构成），可以包含多个 DataTable 对象；一个 DataTable 对象如同数据库中的一个表，可以包含多个列和多个行，一个列对应一个 DataColumn 对象，一个行对应一个 DataRow 对象，而每个对象都有自己的属性和方法。

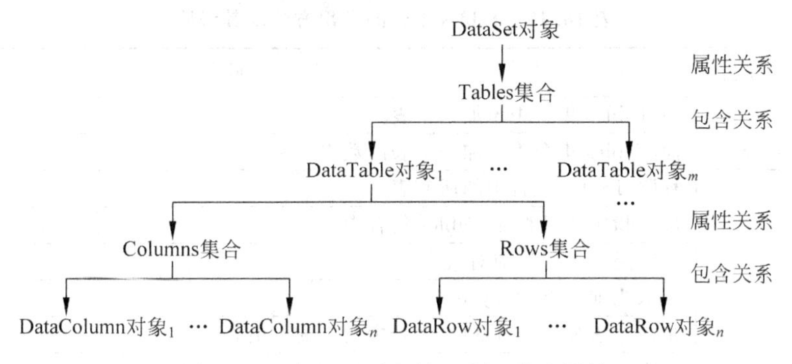

图 18.4 DataSet 对象的 Tables 集合属性

2. DataSet 对象的方法

DataSet 对象的常用方法如表 18.13 所示。

表 18.13 DataSet 对象的常用方法及其说明

方　法	说　明
AcceptChanges	提交自加载此 DataSet 或上次调用 AcceptChanges 以来对其进行的所有更改
Clear	通过移除所有表中的所有行来清除任何数据的 DataSet
CreateDataReader	为每个 DataTable 返回带有一个结果集的 DataTableReader，其顺序与 Tables 集合中表的显示顺序相同
GetChanges	获取 DataSet 的副本，该副本包含自上次加载以来或自调用 AcceptChanges 以来对该数据集进行的所有更改
HasChanges	获取一个值，该值指示 DataSet 是否有更改，包括新增行、已删除的行或已修改的行
Merge	将指定的 DataSet、DataTable 或 DataRow 对象的数组合并到当前的 DataSet 或 DataTable 中
Reset	将 DataSet 重置为其初始状态

18.3.3 Tables 集合和 DataTable 对象

DataSet 对象的 Tables 属性由表组成，每个表是一个 DataTable 对象。实际上，每一个 DataTable 对象代表了数据库中的一个表，每个 DataTable 数据表都由相应的行和列组成。

用户可以通过索引引用 Tables 集合中的一个表，例如，Tables[*i*]表示第 *i* 个表，其索引值从 0 开始编号。

1. Tables 集合的属性和方法

作为 DataSet 对象的一个属性，Tables 是一个表集合，其常用属性如表 18.14 所示，常用方法如表 18.15 所示。

表 18.14 Tables 集合的常用属性及其说明

Tables 集合的属性	说　明
Count	Tables 集合中表的个数
Item(项)	检索 Tables 集合中指定索引处的表

表 18.15 Tables 集合的常用方法及其说明

Tables 集合的方法	说明
Add	向 Tables 集合中添加一个表
AddRange	向 Tables 集合中添加一个表的数组
Clear	移除 Tables 集合中的所有表
Contains	确定指定表是否在 Tables 集合中
Equqls	判断是否等于当前对象
GetType	获取当前实例的 Type
Insert	将一个表插入到 Tables 集合中指定的索引处
IndexOf	检索指定的表在 Tables 集合中的索引
Remove	从 Tables 集合中移除指定的表
RemoveAt	移除 Tables 集合中指定索引处的表

2. DataTable 对象

DataSet 对象的属性 Tables 集合是由一个或多个 DataTable 对象组成的，DataTable 类的常用属性如表 18.16 所示，而一个 DataTable 对象包含一个 Columns 属性(即列集合)和一个 Rows 属性(即行集合)。DataTable 对象的常用方法如表 18.17 所示。

表 18.16 DataTable 对象的常用属性及其说明

属性	说明
CaseSensitive	指示表中的字符串比较是否区分大小写
ChildRelations	获取此 DataTable 的子关系的集合
Columns	获取属于该表的列的集合
Constraints	获取由该表维护的约束的集合
DataSet	获取此表所属的 DataSet
DefaultView	返回可用于排序、筛选和搜索 DataTable 的 DataView
ExtendedProperties	获取自定义用户信息的集合
ParentRelations	获取该 DataTable 的父关系的集合
PrimaryKey	获取或设置充当数据表主键的列的数组
Rows	获取属于该表的行的集合
TableName	获取或设置 DataTable 的名称

表 18.17 DataTable 对象的常用方法及其说明

方法	说明
AcceptChanges	提交自上次调用 AcceptChanges 以来对该表进行的所有更改
Clear	清除所有数据的 DataTable
Compute	计算用来传递筛选条件的当前行上的给定表达式
CreateDataReader	返回与此 DataTable 中的数据相对应的 DataTableReader
ImportRow	将 DataRow 复制到 DataTable 中，保留任何属性设置以及初始值和当前值
Merge	将指定的 DataTable 与当前的 DataTable 合并
NewRow	创建与该表具有相同架构的新 DataRow
Select	获取 DataRow 对象的数组

3. 建立包含在数据集中的表

建立包含在数据集中的表的方法主要有以下两种。

(1) 利用数据适配器的 Fill 方法自动建立 DataSet 中的 DataTable 对象

首先通过 SqlDataAdapter 对象从数据源中提取记录数据,然后调用其 Fill 方法,将所提取的记录存入 DataSet 中对应的表内,如果 DataSet 中不存在对应的表,Fill 方法会先建立表再将记录填入其中。例如,以下语句向 DataSet 对象 myds 中添加一个表 student 及其包含的数据记录:

```
SqlConnection myconn = new SqlConnection("Data Source = LCB - PC\\SQLEXPRESS; " +
    "Initial Catalog = school;Persist Security Info = True;User ID = sa;Password = 12345");
DataSet myds = new DataSet();
SqlDataAdapter myda = new SqlDataAdapter("SELECT * FROM student",myconn);
myda.Fill(myds, "student");
myconn.Close();
```

(2) 将建立的 DataTable 对象添加到 DataSet 中

首先建立 DataTable 对象,然后调用 DataSet 的表集合属性 Tables 的 Add 方法将 DataTable 对象添加到 DataSet 对象中。例如,以下语句向 DataSet 对象 myds 中添加一个表,并返回表的名称 student:

```
DataSet myds = new DataSet();
DataTable mydt = new DataTable("student");
myds.Tables.Add(mydt);
Console.WriteLine(myds.Tables["student"].TableName);    //输出"student"
```

18.3.4 Columns 集合和 DataColumn 对象

DataTable 对象的 Columns 属性是由列组成的,每个列是一个 DataColumn 对象。DataColumn 对象描述数据表列的结构,要向数据表中添加一个列,必须先建立一个 DataColumn 对象,设置其各项属性,然后将它添加到 DataTable 的列集合 DataColumns 中。

1. Columns 集合的属性和方法

Columns 集合的常用属性如表 18.18 所示,其常用方法如表 18.19 所示。

表 18.18 Columns 集合的常用属性及其说明

Columns 集合的属性	说 明
Count	Columns 集合中列的个数
Item(项)	检索 Columns 集合中指定索引处的列

表 18.19 Columns 集合的常用方法及其说明

Columns 集合的方法	说 明
Add	向 Columns 集合中添加一个列
AddRange	向 Columns 集合中添加一个列的数组
Clear	移除 Columns 集合中的所有列
Contains	确定指定列是否在 Columns 集合中

续表

Columns 集合的方法	说　明
Equqls	判断是否等于当前对象
GetType	获取当前实例的 Type
Insert	将一个列插入到 Columns 集合中指定的索引处
IndexOf	检索指定的列在 Columns 集合中的索引
Remove	从 Columns 集合中移除指定的列
RemoveAt	移除 Columns 集合中指定索引处的列

2. DataColumn 对象

DataColumn 对象的常用属性如表 18.20 所示，其方法很少使用。

表 18.20　DataColumn 对象的常用属性及其说明

属　性	说　明
AllowDBNull	获取或设置一个值，该值指示对于属于该表的行，此列中是否允许空值
Caption	获取或设置列的标题
ColumnName	获取或设置 DataColumnCollection 中的列的名称
DataType	获取或设置存储在列中的数据的类型
DefaultValue	在创建新行时获取或设置列的默认值
Expression	获取或设置表达式，用于筛选行、计算列中的值或创建聚合列
MaxLength	获取或设置文本列的最大长度
Table	获取列所属的 DataTable 对象
Unique	获取或设置一个值，该值指示列的每一行中的值是否必须是唯一的

例如，以下语句建立一个 DataSet 对象 myds，向其中添加一个 DataTable 对象 mydt，向 mydt 中添加 3 个列，列名分别为 ID、cName 和 cBook，数据类型均为 String：

```
DataTable mydt = new DataTable();
DataColumn mycol1 =  mydt.Columns.Add("ID", Type.GetType("System.String"));
mydt.Columns.Add("cName", Type.GetType("System.String"));
mydt.Columns.Add("cBook", Type.GetType("System.String"));
```

18.3.5　Rows 集合和 DataRow 对象

DataTable 对象的 Rows 属性由是行组成的，每个行是一个 DataRow 对象。DataRow 对象用来表示 DataTable 中单独的一条记录。每一条记录都包含多个字段，DataRow 对象用 Item 属性表示这些字段，在 Item 属性后加索引值或字段名可以表示一个字段的内容。

1. Rows 集合的属性和方法

Rows 集合的常用属性如表 18.21 所示，其常用方法如表 18.22 所示。

表 18.21　Rows 集合的常用属性及其说明

Rows 集合的属性	说　明
Count	Rows 集合中行的个数
Item	检索 Rows 集合中指定索引处的行

表 18.22　Rows 集合的常用方法及其说明

Rows 集合的方法	说　　明
Add	向 Rows 集合中添加一个行
AddRange	向 Rows 集合中添加一个行的数组
Clear	移除 Rows 集合中的所有行
Contains	确定指定行是否在 Rows 集合中
Equqls	判断是否等于当前对象
GetType	获取当前实例的 Type
Insert	将一个行插入到 Rows 集合中指定的索引处
IndexOf	检索指定的行在 Rows 集合中的索引
Remove	从 Rows 集合中移除指定的行
RemoveAt	移除 Rows 集合中指定索引处的行

2. DataRow 对象

DataRow 对象的常用属性如表 18.23 所示，其方法如表 18.24 所示。

表 18.23　DataRow 对象的常用属性及其说明

属　　性	说　　明
Item(项)	获取或设置存储在指定列中的数据
ItemArray	通过一个数组来获取或设置此行的所有值
Table	获取该行的 DataTable 对象

表 18.24　DataRow 对象的常用方法及其说明

方　　法	说　　明
AcceptChanges	提交自上次调用 AcceptChanges 以来对该行进行的所有更改
Delete	删除 DataRow 对象
EndEdit	终止发生在该行的编辑
IsNull	获取一个值，该值指示指定的列是否包含空值

【例 18.6】　设计一个 C# 控制台应用程序 proj6，向 student 表中插入一条学生记录。

解：新建项目 proj6，对应的程序如下。

```
using System;
using System.Data;
using System.Data.SqlClient;
namespace proj6
{   class Program
    {   static void Main(string[] args)
        {   string mystr;
            string xh;                      //学号
            string xm;                      //姓名
            string xb;                      //性别
            string csrq;                    //出生日期
            string bh;                      //班号
            Console.Write("学号:");xh = Console.ReadLine();
            Console.Write("姓名:"); xm = Console.ReadLine();
```

```
                Console.Write("性别:"); xb = Console.ReadLine();
                Console.Write("出生日期:"); csrq = Console.ReadLine();
                Console.Write("班号:"); bh = Console.ReadLine();
                if (xh == "" || xm == "" || xb == "" || csrq == "" || bh == "")
                {   Console.WriteLine("学生记录输入错误");
                    return;
                }
                try
                {   DataSet myds = new DataSet();
                    SqlConnection myconn = new SqlConnection();
                    SqlCommand mycmd = new SqlCommand();
                    mystr = "Data Source = LCB - PC\\SQLEXPRESS;Initial Catalog = school;" +
                        "Persist Security Info = True;User ID = sa;Password = 12345";
                    myconn.ConnectionString = mystr;
                    myconn.Open();
                    SqlDataAdapter myadp;
                    myadp = new SqlDataAdapter("SELECT * FROM student", myconn);
                    myadp.Fill(myds, "student");
                    DataRow myrow = myds.Tables["student"].NewRow();
                                        //myrow 为同结构的新行
                    myrow[0] = xh;      //学号
                    myrow[1] = xm;      //姓名
                    myrow[2] = xb;      //性别
                    myrow[3] = csrq;    //出生日期
                    myrow[4] = bh;      //班号
                    myds.Tables["student"].Rows.Add(myrow);
                                        //将 myrow 行添加到 student 表中
                    SqlCommandBuilder mycmdbuilder = new SqlCommandBuilder(myadp);
                    myadp.Update(myds, "student"); //更新数据源
                    myconn.Close();
                    Console.WriteLine("学生记录输入成功", "信息提示");
                }
                catch (Exception ex)
                {   Console.WriteLine("生日格式等输入错误"); }
            }
        }
    }
```

按 Ctrl+F5 组合键运行本程序,按提示输入一个学生信息,将其插入到 school 数据库的 student 表中。

练 习 题 18

1. 简述.NET Framework 数据提供程序的作用,它包含哪些核心对象?
2. 建立连接字符串 ConnectionString 的方法有哪些?
3. 简述 SqlCommand 对象的作用及其主要属性。
4. 简述 DataReader 对象的特点和作用。
5. 简述 SqlDataAdapter 对象的特点和作用。

6. 什么是 DataSet 对象？如何使用 DataSet 对象？

7. 简述 DataSet 对象的 Tables 集合属性的用途。

8. 设计一个 C#控制台应用程序，用于输出所有学生的成绩。

9. 设计一个 C#控制台应用程序，用于输出学生的最高分数。

10. 设计一个 C#控制台应用程序，用于输出某学号某课程号的等级。

附录A 部分练习题的参考答案

练习题2

2. 数据结构是刻画一个数据模型性质最重要的方面，通常按数据组织结构的类型来命名数据模型，如层次结构、网状图结构和关系结构的数据模型分别命名为层次模型、网状模型和关系模型。

3. 关系是一张二维表，即元组的集合。关系框架是一个关系的属性名表，形式化表示为$R(A_1,A_2,\cdots,A_n)$，其中R为关系名，A_i为关系的属性名。关系之间实现联系的手段是通过关系之间的公共属性来实现联系的。

6. 对应的E-R图如图A.1所示。

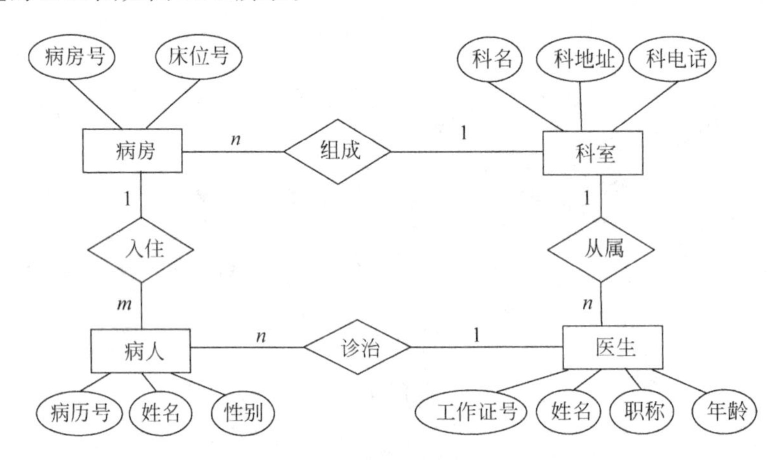

图A.1 医院病房管理E-R图

7. 该学校的教学管理E-R模型有以下实体：系、教师、学生、项目、课程。各实体属性如下：

系(系编号,系名,系主任)
教师(教师编号,教师姓名,职称)
学生(学号,姓名,性别,班号)
项目(项目编号,名称,负责人)
课程(课程编号,课程名,学分)

各实体之间的联系如下：

教师担任课程的 1∶n“任课”联系

教师参加项目的 n∶m“参加”联系

学生选修课程的 n∶m“选修”联系

系、教师和学生之间的所属关系的 1∶m∶n“领导”联系

对应的 E-R 模型如图 A.2 所示。

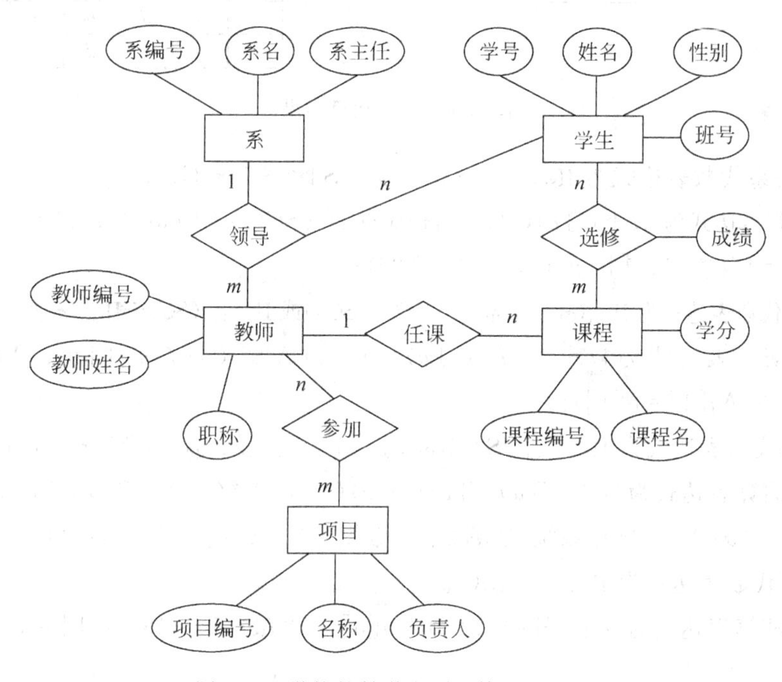

图 A.2　学校的教学和项目管理 E-R 图

练习题 3

3. 等值连接与自然连接的区别是：自然连接一定是等值连接，但等值连接不一定是自然连接，因为自然连接要求相等的分量必须是公共属性，而等值连接要求相等的分量不一定是公共属性；等值连接不把重复属性去掉，而自然连接要把重复属性去掉。

5. 计算结果如图 A.3 所示。

$R \bowtie S$

A	B	C
a	b	c
a	b	d
c	b	c
c	b	d
d	e	a

$R \underset{2<2}{\bowtie} S$

R.A	R.B	S.B	S.C
a	b	b	c
a	b	b	d
c	b	b	c
c	b	b	d

$\sigma_{A=C}(R \times S)$

R.A	R.B	S.B	S.C
a	b	e	a
c	b	b	c
d	e	b	d

图 A.3　关系运算结果

6. 计算结果如图 A.4 所示。

R_1

A	B	C
a	b	c
c	b	d

R_2

A	B	C
a	b	c
b	a	f
c	b	d
d	a	f

R_3

A	B	C
b	a	f

R_4

R.A	R.B	R.C	S.A	S.B	S.C
a	b	c	b	a	f
a	b	c	d	a	f
b	a	f	b	a	f
b	a	f	d	a	f
c	b	d	b	a	f
c	b	d	d	a	f

图 A.4　关系运算结果

7. ① 关系代数表达式为 $\Pi_{Sno,Sname}(\sigma_{Cname='数学'}(S \bowtie SC \bowtie C))$。

元组演算表达式为 $\{t \mid (\exists u)(\exists v)(\exists w)(S(u) \wedge SC(v) \wedge C(w) \wedge u[1]=v[1] \wedge v[2]=w[1] \wedge w[2]='数学' \wedge t[1]=u[1] \wedge t[2]=u[2])\}$。

② 关系代数表达式为 $\Pi_{Sno}(\sigma_{1=4 \wedge 2='1' \wedge 5='3'}(SC \times SC))$ 或 $\Pi_{Sno,Cno}(SC) \div \Pi_{Cno}(\sigma_{Cno='1' \vee Cno='3'}(C))$。

其元组演算表达式为 $\{t \mid (\exists u)(\exists v)(SC(u) \wedge SC(v) \wedge u[1]=v[1] \wedge u[2]='1' \wedge v[2]='3' \wedge t[1]=u[1])\}$。

③ 关系代数表达式为 $\Pi_{Sno,Sname}(S \bowtie (\sigma_{Cname='操作系统' \vee Cname='数据库'}(SC \bowtie C)))$。

其元组演算表达式为 $\{t \mid (\exists u)(\exists v)(\exists w)(S(u) \wedge SC(v) \wedge C(w) \wedge u[1]=v[1] \wedge v[2]=w[1] \wedge (w[2]='操作系统' \vee w[2]='数据库') \wedge t[1]=u[1] \wedge t[2]=u[2])\}$。

④ 关系代数表达式为 $\Pi_{Sno,Sname,Age}(\sigma_{Age \leqslant 20 \wedge Age \geqslant 18}(S))$。

其元组演算表达式为 $\{t \mid (\exists u)(S(u) \wedge u[5] \leqslant 20 \wedge u[5] \geqslant 18 \wedge t[1]=u[1] \wedge t[2]=u[2] \wedge t[3]=u[5])\}$。

⑤ 关系代数表达式为 $\Pi_{Sno,Sname,Grade}(\sigma_{Cname='数据库'}(S \bowtie SC \bowtie C))$。

其元组演算表达式为 $\{t \mid (\exists u)(\exists v)(\exists w)(S(u) \wedge SC(v) \wedge C(w) \wedge u[1]=v[1] \wedge v[2]=w[1] \wedge w[2]='数据库' \wedge t[1]=u[1] \wedge t[2]=u[2] \wedge t[3]=v[3])\}$。

⑥ 关系代数表达式为 $\Pi_{Sname,SD}(S \bowtie (\Pi_{Sno,Cno}(SC) \div \Pi_{Cno}(C)))$。

其元组演算表达式为 $\{t \mid (\exists u)(\forall v)(\exists w)(S(u) \wedge C(v) \wedge SC(w) \wedge u[1]=w[1] \wedge w[2]=v[1] \wedge t[1]=u[2] \wedge t[2]=u[4])\}$。

8. ① 从关系 R 中选取 R 的第 2 列与 S 的第 1 列中有相同值的元组。

② $\Pi_{1,2}(\sigma_{2=3}(R \times S))$。

③ $\{xy \mid R(xy) \wedge (\exists u)(S(uv) \wedge u=y)\}$。

练习题 4

2. 因为关系模式至少是 1NF 关系，即不包含重复组并且不存在嵌套结构，给出的数据集显然不可以直接作为关系数据库中的关系，改造为 1NF 的关系，如图 A.5 所示。

系　名	课程名	教师名
计算机系	DB	李军
计算机系	DB	刘强
机械系	CAD	金山
机械系	CAD	宋海
新闻系	CAM	王华
电子工程系	CTY	张红
电子工程系	CTY	曾键

图 A.5　改造为 1NF 的关系

3. 因为$U=\{A,B,C\}$，左部不同的属性集组合有 $2^3=8$ 种，即 Φ(空属性集)、A、B、C、AB、BC、AC、ABC。

① Φ→Φ。

② 因为$(A)^+=AC$，所以 $A\to\Phi$、$A\to A$、$A\to C$、$A\to AC$。

③ 因为$(B)^+=BC$，所以 $B\to\Phi$、$B\to B$、$B\to C$、$B\to BC$。

④ 因为$(C)^+=C$，所以 $C\to\Phi$、$C\to C$。

⑤ 因为$(AB)^+=ABC$，所以 $AB\to\Phi$、$AB\to AB$、$AB\to A$、$AB\to B$、$AB\to C$、$AB\to BC$、$AB\to AC$、$AB\to ABC$。

⑥ 因为$(BC)^+=BC$，所以 $BC\to\Phi$、$BC\to BC$、$BC\to B$、$BC\to C$。

⑦ 因为$(AC)^+=AC$，所以 $AC\to\Phi$、$AC\to AC$、$AC\to A$、$AC\to C$。

⑧ 因为$(ABC)^+=ABC$，所以 $ABC\to\Phi$、$ABC\to ABC$、$ABC\to A$、$ABC\to B$、$ABC\to C$、$ABC\to BC$、$ABC\to AB$、$ABC\to AC$。

所以 F^+ 共有 35 个函数依赖。

4. 根据候选码的定义，如果函数依赖 $X\to U$ 在 R 上成立，且不存在任何 $X'\subset X$，使得 $X'\to U$ 也成立，则称 X 是 R 的一个候选码。C、E 在所有函数依赖的右部都未出现，所以 C、E 必定是候选码中的成员，又因为$(CE)^+=ABCDEP$，即 $CE\to U$，所以 R 只有唯一一个候选码 CE。

5. ① 令 $X=(B)$，$X^{(0)}=B$，$X^{(1)}=BD$，$X^{(2)}=BD$，故 $B^+=BD$。

② A、B、C、D、E 在函数依赖集 F 中各个函数依赖的右部都出现过，所以候选码中可能包含 A、B、C、D、E。

由于 $A\to BC$(分解为 $A\to B$，$A\to C$)，$B\to D$，$E\to A$，故：

- 可除去 A、B、C、D，所以组成候选码的属性可能是 E。计算可知：$E^+=ABCDE=U$，所以 E 是一个候选码。
- 可除去 A、B、E，所以组成候选码的属性可能是 CD。计算可知：$(CD)^+=ABCDE=U$，但 $C^+=C$，$D^+=D$，所以 CD 是一个候选码。
- 可除去 B、C、D、E，所以组成候选码的属性可能是 A。计算可知：$A^+=ABCDE=U$，所以 A 是一个候选码。
- 可除去 A、D、E，所以组成候选码的属性可能是 BC。计算可知：$(BC)^+=ABCDE=U$，但 $B^+=BD$，$C^+=C$，所以 BC 是一个候选码。

则 R 的所有候选码是 A、BC、CD 和 E。

6. ① 它是 2NF。

因为 R 的候选关键字为课程名，而“课程名→教师名”，“教师名→课程名”不成立，教师名→教师地址，所以课程名$\xrightarrow{t}$教师地址，即存在非主属性教师地址对候选关键字课程名的传递函数依赖，因此 R 不是 3NF。

又因为不存在非主属性对候选关键字的部分函数依赖，所以 R 是 2NF。

② 存在删除操作异常，当删除某门课程时会删除不该删除的教师的有关信息。

③ 分解为高一级范式如图 A.6 所示。分解后，删除课程数据时，仅对关系 R_1 操作，教师地址信息在关系 R_2 中仍然保留，不会丢失教师方面的信息。

R_1

课程名	教师名
C_1	马千里
C_2	于得水
C_3	余快
C_4	于得水

R_2

课程名	教师地址
马千里	D_1
于得水	D_1
余快	D_2

图 A.6　分解后的关系

9. 令 $X=D, X^{(0)}=D$。

在 F 中找出左边是 D 子集的函数依赖，其结果是 $D\rightarrow HG$，所以 $X^{(1)}=X^{(0)}HG=DGH$，显然有 $X^{(1)}\neq X^{(0)}$。

在 F 中找出左边是 DGH 子集的函数依赖，若未找到，则 $X^{(2)}=DGH$。由于 $X^{(2)}=X^{(1)}$，则 $D_F^+=DGH$。

10. ρ 的无损联接性判断表如图 A.7 所示，没有全 a 行，由此判断不具有无损连接性。

R_i	A	B	C	D	E
AD	a_1				
AB	a_1	a_2			
BE		a_2			a_5
CDE			a_3	a_4	a_5
AE	a_1				a_5

图 A.7　无损连接性判断表

11. ① 因为在所有函数依赖的右部未出现的属性一定是候选码的成员，所以 C、E 必定是候选码中的成员；又因为$(CE)^+=ABCDE=U$，所以 CE 是 R 的唯一候选码。

② ρ 的最终无损连接性判断表如图 A.8 所示，其中有全 a 行，由此判断它具有无损连接性。

R_i	A	B	C	D	E
AB	a_1	a_2		a_4	
AE	a_1	a_2		a_4	a_5
CE	a_1	a_2	a_3	a_4	a_5
BCD	a_1	a_2	a_3	a_4	
AC	a_1	a_2	a_3	a_4	

图 A.8　无损连接性判断表

练习题 5

1. 数据库设计的目标是对于一个给定的应用环境提供一个确定的最优数据模型与处理模式的逻辑设计，以及一个确定的数据库存储结构与存取方法的物理设计，建立起既能反映现实世界信息和信息联系，满足用户数据要求和加工要求，又能被某个数据库管理系统所接受，同时能实现系统目标，并有效存取数据的数据库的过程。

3. 采用 E-R 方法进行数据库概念设计可以分成 3 步进行，首先设计局部 E-R 模式，然后把各局部 E-R 模式综合成一个全局的 E-R 模式，最后对全局 E-R 模式进行优化，得到最终的 E-R 模式，即概念模式。

4. 对应的 E-R 图如图 A.9 所示。设计相应的关系模型如下：

职工(职工号,姓名,地址,部门号),主码为职工号
部门(部门号,部门名,经理职工号),主码为部门号
产品(产品号,产品名,型号),主码为产品号
销售(日期,部门号,产品号,价格,数量),主码为(日期,部门号,产品号)
制造商(制造商编号,制造商名称,制造商地址),主码为制造商编号
生产(产品号,制造商编号,数量),主码为(产品号,制造商编号)

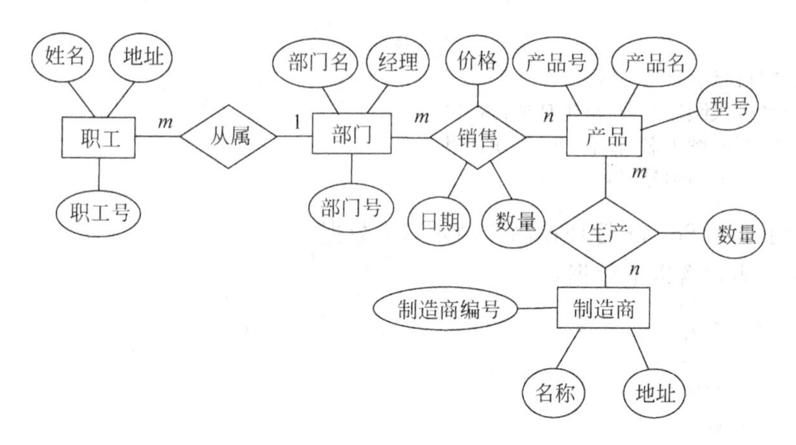

图 A.9　一个 E-R 图

5. 将分厂、设备处和部门统一为部门实体，汇总后的 E-R 图如图 A.10 所示。设计相应的关系模型如下：

部门(部门号、部门名、电话、地址)
职员(职员号、职员名、职务、年龄、性别,部门号)
设备(设备号、名称、规格、价格)
零件(零件号、名称、规格、价格)
生产(部门号,零件号,生产零件数量)
装配(设备号,零件号,设备所需零件数量)

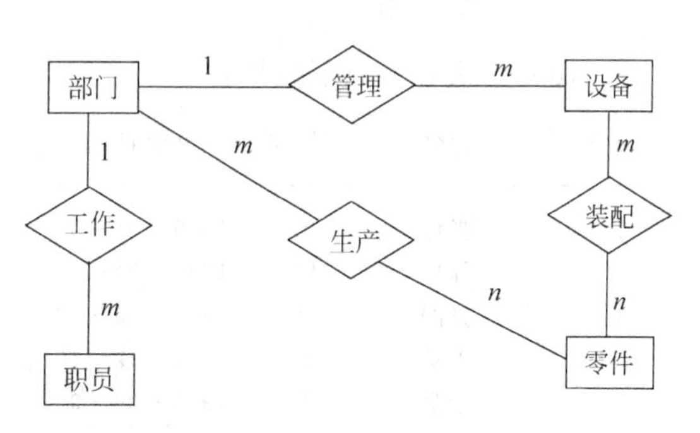

图 A.10　汇总后的 E-R 图

附录B 上机实验题

上机实验题 1

相关知识点：第 6 章～第 8 章。

实验目的：通过本实验熟悉 SQL Server 2012 系统，掌握使用 SQL Server 管理控制器创建数据库和数据表的方法。

实验内容：完成以下任务。

(1) 创建一个数据库 Library，其数据库文件存放在“D:\DB”文件夹中，包含以下 4 个关系表。

```
depart(班号,系名)
student(学号,姓名,性别,出生日期,班号)
book(图书编号,图书名,作者,定价,出版社)
borrow(学号,图书编号,借书日期)
```

(2) 使用 SQL Server 管理控制器输入以下数据。

① depart 表包含以下数据：

班号	系名
0501	计算机系
0502	计算机系
0801	电子工程系
0802	电子工程系

② student 表包含以下数据：

学号	姓名	性别	出生日期	班号
1	张任	男	1995-01-02	0501
2	程华	男	1996-01-10	0501
3	张丽	女	1995-06-07	0502
4	王英	女	1994-12-10	0502
5	李静	男	1995-04-05	0502
10	许兵	男	1995-08-10	0801
11	张功	男	1995-06-02	0801
12	李华	男	1994-10-03	0801
13	马超	男	1996-02-03	0802
14	曾英	女	1994-03-06	0802

③ book 表包含以下数据：

图书编号	图书名	作者	定价	出版社
10011	C程序设计	李洪	24	清华大学出版社
10012	C程序设计	李洪	24	清华大学出版社
10013	C习题解答	李洪	12	清华大学出版社
10014	C习题解答	李洪	12	清华大学出版社
10020	数据结构	徐华	29	人民邮电出版社
10021	数据结构	徐华	29	清华大学出版社
10023	高等数学	王涛	30	高等教育出版社
10034	软件工程	张明	34	机械工业出版社
20025	信息学	张港	35	清华大学出版社
20026	信息学	张港	35	清华大学出版社
20042	电工学	王民	30	人民邮电出版社
20056	操作系统	曾平	26	清华大学出版社
20057	操作系统	曾平	26	清华大学出版社
20058	操作系统	曾平	26	清华大学出版社
20067	数字电路	徐汉	32	高等教育出版社
20140	数据库原理	陈曼	32	高等教育出版社
20090	网络工程	黄军	38	高等教育出版社

④ borrow 表包含以下数据：

学号	图书编号	借书日期
1	10020	2013-12-05
1	20025	2013-11-08
1	20059	2014-04-11
2	10011	2013-10-02
2	10013	2014-04-03
3	10034	2014-04-10
3	20058	2014-04-11
4	10012	2014-04-06
5	10023	2014-02-03
10	20056	2014-02-05
12	20067	2014-03-06

要求：depart 表的“班号”列为主键，student 表的“学号”列为主键，book 表的“图书编号”列为主键，borrow 表的“学号”和“图书编号”列为主键。

上机实验题 2

相关知识点：第 9 章。

实验目的：通过本实验掌握使用 T-SQL 语言的使用方法。

实验内容：对于实验题 1 创建的 Library 数据库和表数据，编写程序实现以下功能并给出执行结果。

(1) 查询图书品种的总数目。

(2) 查询每种图书品种的数目。

(3) 查询各班的人数。

(4) 查询各系的人数。

(5) 查询借阅图书学生的学号、姓名、书名和借书日期。

(6) 查询借有图书的学生的学号和姓名。

(7) 查询每个学生的借书数目。

(8) 找出借书超过两本的学生的学号、姓名和所借图书册数。

(9) 查询借阅了“操作系统”一书的学生,输出学号、姓名及班号。

(10) 查询每个班的借书总数。

(11) 若图书编号以前 3 位数字进行分类,查询每类图书的平均价。

(12) 查询平均价高于 30 的图书类别。

(13) 查询图书类别的平均价、最高价。

(14) 假设借书期限为 45 天,查询过期未还图书的编号、书名和借书人的学号、姓名。

(15) 查询书名包括“工程”关键词的图书,输出书号、书名、作者。

(16) 查询现有图书中价格最高的图书,输出书名及作者。

(17) 查询所有借阅“C 程序设计”一书的学生的学号和姓名,再查询所有借了“C 程序设计”但没有借“C 习题解答”的学生的学号和姓名。

(18) 查询所有没有借书的学生的学号和姓名。

(19) 查询每个系所借图书的总数。

(20) 查询各出版社的图书总数。

(21) 查询各出版社的图书占图书总数的百分比(四舍五入到一位小数)。

(22) 查询各出版社的图书被借的数目。

上机实验题 3

相关知识点:第 10 章。

实验目的:通过本实验掌握 SQL Server 中程序设计和游标的使用方法。

实验内容:对于实验题 1 创建的 Library 数据库和表数据,编写满足以下各功能的程序。

(1) 对各出版社的图书比例情况进行分析,即图书比例高于 50%为“很高”,图书比例高于 30%为“较高”,图书比例高于 10%为“一般”,并按图书比例递增排列。

(2) 对各系学生的借书比例情况进行分析,即借书比例高于 50%为“很高”,借书比例高于 30%为“较高”,借书比例高于 10%为“一般”,并按借书比例递减排列。

(3) 采用游标方式对图书价格进行评价。

(4) 采用游标方式统计每个出版社图书的借出率。

上机实验题 4

相关知识点:第 11 章。

实验目的:通过本实验掌握使用 T-SQL 语句创建和使用索引与视图的方法。

实验内容:对于实验题 1 创建的 Library 数据库和表数据,编写满足以下各功能的程序。

(1) 如果经常按书名查询图书信息,在书名上建立非聚集索引,并输出 book 表中的记录，看输出的次序是否按书名排序。

（2）在 borrow 表的学号和图书编号列上建立非聚集索引，并输出该表中的记录，看输出记录的次序如何。

（3）建立一个视图，显示“0502”班学生的借书信息(只要求显示姓名和书名)。

（4）建立一个视图，显示所有学生的借书数目(只要求显示学号、姓名和数目)。

（5）删除前面创建的索引和视图。

上机实验题 5

相关知识点：第 12 章。

实验目的：通过本实验掌握使用 T-SQL 语句实现数据库完整性的各种方法。

实验内容：对于实验题 1 创建的 Library 数据库和表数据，编写满足以下各功能的程序。

（1）将 student 表中的性别列设置为只能取“男”或“女”值。

（2）将 student 表中的性别列的默认值设为“男”。

（3）修改 student 表，将其“班号”列作为 depart 表的“班号”的外键。

（4）将 borrow 表中的“学号”和“图书编号”定义为主键。

（5）删除前面创建的约束。

上机实验题 6

相关知识点：第 13 章。

实验目的：通过本实验掌握事务处理和数据锁定的各种方法。

实验内容：对于实验题 1 创建的 Library 数据库和表数据，编写满足以下各功能的程序或进行修改测试。

（1）建立一个事务向 depart 表中插入两个记录，并回滚该事务，最后查看 depart 表的变化情况。

（2）建立一个事务向 depart 表中插入 3 个记录，通过设置回滚点并回滚到该回滚点，最后只插入两个记录。

（3）执行以下查询建立 expb 表：

```
USE test
CREATE TABLE expb(C1 int default(0))
INSERT INTO expb VALUES(1)
```

SQL1 查询如下：

```
USE test
GO
BEGIN TRAN A
SELECT * FROM expb WITH(NOLOCK)
WAI TFOR DELAY '00:00:20'
COMMI T TRAN A
```

SQL2 查询如下：

```
USE test
GO
BEGIN TRAN B
SELECT * FROM expb WITH(NOLOCK)
WAI TFOR DELAY '00:00:10'
COMMI T TRAN B
```

启动 SQL1 后立即启动 SQL2，观察事务 B 所需要的执行时间。

（4）在第(3)题建立的 expb 表的基础上，有 SQL1 查询如下：

```
USE test
GO
BEGIN TRAN A
UPDATE expb WITH(HOLDLOCK) SET C1 = 10
WAI TFOR DELAY '00:00:20'
COMMI T TRAN A
```

SQL2 查询如下：

```
USE test
GO
BEGI N TRAN B
UPDATE expb WITH(HOLDLOCK) SET C1 = 20
WAI TFOR DELAY '00:00:10'
COMMI T TRAN B
```

启动 SQL1 后立即启动 SQL2，观察事务 B 所需要的执行时间。

上机实验题 7

相关知识点：第 14 章。

实验目的：通过本实验掌握使用函数和存储过程的设计和使用方法。

实验内容：对于实验题 1 创建的 Library 数据库和表数据，编写满足以下各功能的程序。

（1）在 Library 数据库中创建一个标量值函数 Sum(n)，求 $1+2+\cdots+n$ 之和，并用相关数据进行测试。

（2）在 Library 数据库中创建一个内联表值函数 nbook，返回指定系的学号、姓名、班号、所借图书名和借书日期，并用相关数据进行测试。

（3）在 Library 数据库中创建一个多语句表值函数 pbook，返回系名和该系所有学生所借图书的平均价格，并用相关数据进行测试。

（4）设计一个存储过程，查询每种图书品种的数目，并用相关数据进行测试。

（5）设计一个存储过程，采用模糊查询方式查找借阅指定书名的学生，输出学号、姓名、班号和书名，并用相关数据进行测试。

上机实验题 8

相关知识点：第 15 章。

实验目的：通过本实验掌握触发器的设计和使用方法。

实验内容：对于实验题 1 创建的 Library 数据库和表数据，编写满足以下各功能的程序。

(1) 在 borrow 上建立一个触发器，完成以下功能：如果读者借阅的书名是“网络工程”，就将该借书记录保存在 borrow1 表中(borrow1 表的结构与 borrow 相同)。

(2) 在 borrow 上建立一个触发器，完成以下功能：当删除 borrow 表中的任何记录时，将该记录保存在 borrow1 表中(borrow1 表的结构和 borrow 相同)。

(3) 删除前面创建的触发器。

上机实验题 9

相关知识点：第 16 章。

实验目的：通过本实验掌握使用 T-SQL 语句进行 SQL Server 安全管理的方法。

实验内容：对于实验题 1 创建的 Library 数据库和表数据，编写满足以下各功能的程序。

(1) 创建一个登录账号 Liblog，其密码为“123456”。

(2) 为 Liblog 登录账号在 Library 数据库中创建一个数据库用户账号 Liblog。

(3) 将 Library 数据库中建表的权限授予 libuser 数据库用户账号，然后收回该权限。

(4) 将 Library 数据库中表 student 上的 INSERT、UPDATE 和 DELETE 权限授予 libuser 数据库用户账号，然后收回该权限。

(5) 删除前面创建的登录账号 Liblog 和数据库用户账号 libuser。

上机实验题 10

相关知识点：第 17 章。

实验目的：通过本实验掌握使用 T-SQL 语句进行数据备份与恢复的方法。

实验内容：对于实验题 1 创建的 Library 数据库和表数据，编写满足以下各功能的程序。

(1) 创建一个数据库备份设备 backdisk，对应的磁盘文件为“D:\DB\backup.bak”。

(2) 将 Library 数据库备份到数据库备份设备 backdisk 中。

(3) 从 backdisk 恢复 Library 数据库。

(4) 删除备份设备 backdisk。

参 考 文 献

[1] 王珊,萨师煊.数据库系统概论.4版.北京:高等教育出版社,2006.
[2] 尹为民.数据库原理与技术.2版.北京:科学出版社,2010.
[3] 贾铁军,甘泉.数据库原理应用与实践——SQL Server 2012.北京:科学出版社,2013.
[4] 秦婧.SQL Server 2012王者归来——基础、安全、开发及性能优化.北京:清华大学出版社,2014.
[5] Patrick LeBlanc.SQL Server 2012从入门到精通.潘玉琪译.北京:清华大学出版社,2014.
[6] 赵松涛.SQL Server 2005系统管理实录.北京:电子工业出版社,2006.
[7] 宋晓峰.SQL Server 2005基础培训教程.北京:人民邮电出版社,2007.
[8] 董福贵,等.SQL Server 2005数据库简明教程.北京:电子工业出版社,2006.
[9] 孙明丽,等.SQL Server 2005完全手册.北京:人民邮电出版社,2006.
[10] 李昭原.数据库原理与应用.北京:科学出版社,1999.
[11] 赵杰,杨丽丽,陈雷.数据库原理与应用.北京:人民邮电出版社,2002.
[12] 刘耀儒.SQL Server 2005教程.北京:北京科海电子出版社,2001.
[13] 何文华,李萍.SQL Server 2000应用开发教程.北京:电子工业出版社,2004.
[14] 李春葆.C#程序设计教程.2版.北京:清华大学出版社,2010.
[15] 李春葆.SQL Server 2012数据库应用与开发教程.北京:清华大学出版社,2015.
[16] 李春葆,等.C#程序设计教程.2版.北京:清华大学出版社,2013.
[17] 李春葆,等.数据库原理与应用——基于SQL Server.北京:清华大学出版社,2012.
[18] 李春葆,等.数据库系统开发教程——基于SQL Server 2005+VB.NET 2005.北京:清华大学出版社,2011.
[19] 李春葆,曾慧.数据库原理习题与解析.3版.北京:清华大学出版社,2007.
[20] 李春葆,等.SQL Server 2005应用系统开发教程.北京:科学出版社,2009.

图书资源支持

感谢您一直以来对清华版图书的支持和爱护。为了配合本书的使用，本书提供配套的资源，有需求的读者请扫描下方的“书圈”微信公众号二维码，在图书专区下载，也可以拨打电话或发送电子邮件咨询。

如果您在使用本书的过程中遇到了什么问题，或者有相关图书出版计划，也请您发邮件告诉我们，以便我们更好地为您服务。

我们的联系方式：

地　　址：北京市海淀区双清路学研大厦 A 座 714

邮　　编：100084

电　　话：010-83470236　010-83470237

客服邮箱：2301891038@qq.com

QQ：2301891038（请写明您的单位和姓名）

资源下载：关注公众号“书圈”下载配套资源。

资源下载、样书申请

书圈

图书案例

清华计算机学堂

观看课程直播